Python 数据可视化

快速入门到精通

明日科技 编著

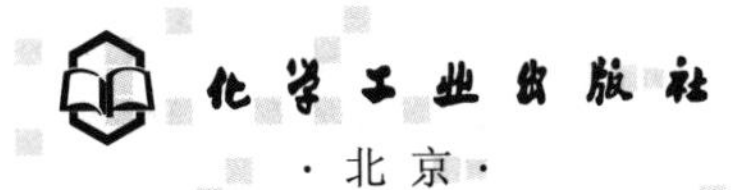

·北京·

内容简介

《Python数据可视化快速入门到精通》是一本侧重介绍各种数据可视化工具+案例的Python数据可视化图书，为了保证读者可以学以致用，在实践方面循序渐进地进行3个层次的实践：基础知识实践、进阶知识实践和综合应用实践。

本书全面介绍了数据可视化知识，从学习到实践的角度出发，以帮助读者快速掌握Python各种数据可视化工具，既可以学习，又可以作为查询工具。本书通过各种实例、案例，将每一款数据可视化工具的使用与实际应用相结合，力求使读者短时间内掌握多款数据可视化工具，畅游职场。

全书共分15章，主要分为3个篇章，即基础篇、提高篇和案例篇。

基础篇：包括认识数据可视化、搭建Python数据可视化环境以及Python基础绘图工具。

提高篇：是基础篇的提升，包括Python各种数据可视化工具的介绍与使用，如Matplotlib的进阶应用、Pandas内置绘图大全、Seaborn图表、第三方图表Pyecharts、Plotly图表、Bokeh图表。

案例篇：基于不同技术方向的实用案例，包括Matplotlib+Pandas实现商业图表之渐变饼形图、Matplotlib+NumPy实现商业图表之对比分析双向柱形图、Matplotlib+Animation实现动态图表、Matplotlib+Pandas+PyQt5实现嵌入交互式图表、Matplotlib+NumPy实现趣味绘图。

本书提供大量丰富的资源，力求为读者打造一本基础+应用+实践一体化、精彩的Python数据可视化工具书。

本书不仅适合初学者、入行数据分析人员、与数据打交道（与数据相关）人员、对数据感兴趣的人员，也适合从事其他岗位想掌握数据可视化工具的职场人员。

图书在版编目（CIP）数据

Python数据可视化快速入门到精通 / 明日科技编著. 北京 : 化学工业出版社，2024. 8. -- ISBN 978-7-122-44871-2

Ⅰ. TP311. 561

中国国家版本馆CIP数据核字第2024ET2728号

责任编辑：曾　越　雷桐辉　　文字编辑：徐　秀　师明远
责任校对：王鹏飞　　装帧设计：王晓宇

出版发行：化学工业出版社
（北京市东城区青年湖南街13号　邮政编码100011）
印　　装：高教社（天津）印务有限公司
787mm×1092mm　1/16　印张20½　字数505千字
2024年11月北京第1版第1次印刷

购书咨询：010-64518888　　售后服务：010-64518899
网　　址：http://www.cip.com.cn
凡购买本书，如有缺损质量问题，本社销售中心负责调换。

定　　价：99.00元

前言

庞大的数据堆积在你面前，显然不如图表来得直观、清晰，正所谓“一图胜千言”。

Python 语言简单易学、数据处理简单高效，对于初学者来说容易上手。在科学计算、数据分析、数学建模和数据挖掘等方面，Python 占据了越来越重要的地位。另外，Python 第三方扩展库不断更新，在数据可视化方面也提供了大量的工具。

本书侧重各种 Python 数据可视化工具的介绍与实践，主要包括基础绘图工具 Turtle，最常用的 Matplotlib，用于统计分析的 Seaborn，以及适合网页应用的第三方图表 Pyecharts、Plotly 图表和 Bokeh 图表。为保证读者学以致用，循序渐进地进行 3 个层次的篇章介绍：基础篇、提高篇和案例篇。

本书内容

全书共分为 15 章，主要通过“基础篇（4 章）+ 提高篇（6 章）+ 案例篇（5 章）” 3 大维度一体化的方式讲解，具体的学习结构如下所示。

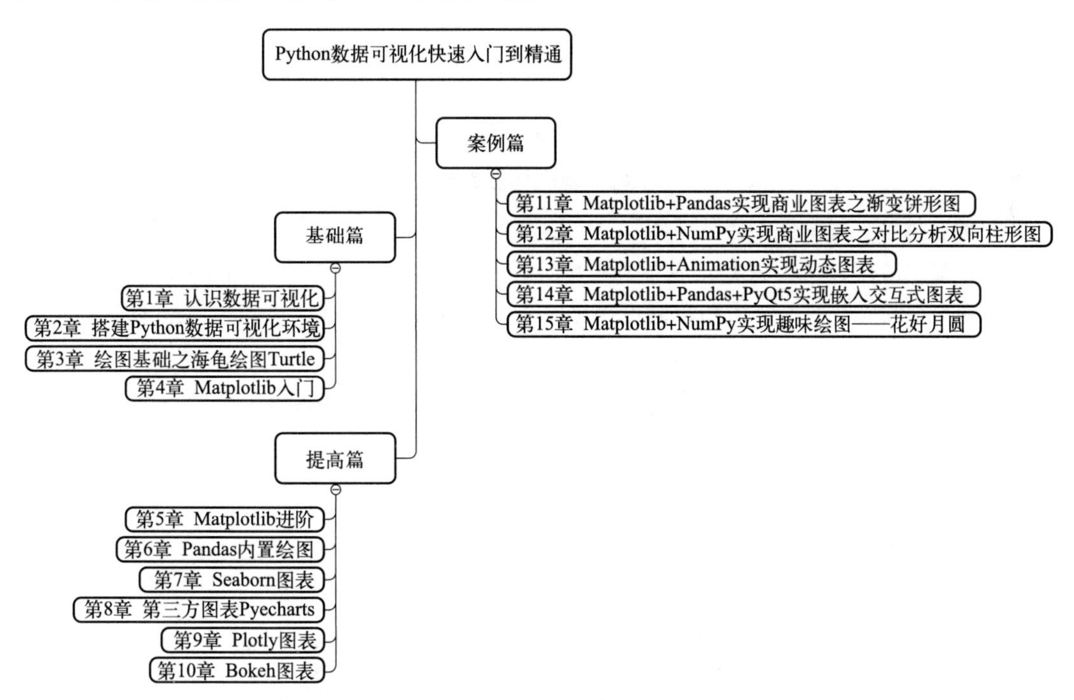

本书特色

1. 工具多、介绍全面

书中介绍了诸多款 Python 数据可视化工具，每一款工具的介绍都是从基础开始不断进阶，全面细致，不仅可以学习，还可以作为日常查阅的工具书。

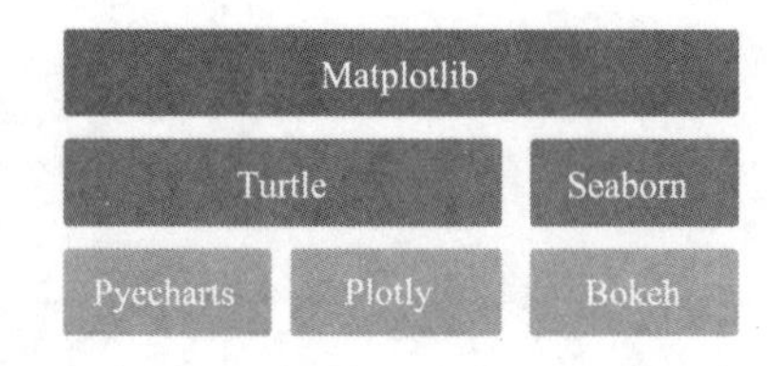

2. 实例丰富、学以致用

书中介绍的每一款数据可视化工具都结合了大量的实例以及非常详细的注释信息，力求使读者能够快速了解和使用该工具，提升学习效率，缩短学习路径。

实例 4.4　绘制体温折线图（实例位置：资源包\Code\04\04）

上述举例，数据是通过 range() 函数随机创建的。下面导入 Excel 体温表，分析 14 天基础体温情况，程序代码如下：

```
01 import pandas as pd                              # 导入数据处理 pands 模块
02 import matplotlib.pyplot as plt                  # 导入 matplotlib.pyplot 模块
03 df=pd.read_excel('../../datas/ 体温 .xls')       # 读取 Excel 文件
04 x =df[' 日期 ']                                  # x 轴数据
05 y=df[' 体温 ']                                   # y 轴数据
06 plt.plot(x,y)                                    # 绘制折线图
07 plt.show()                                       # 显示图表
```

运行程序，输出结果如图 4.18 所示。

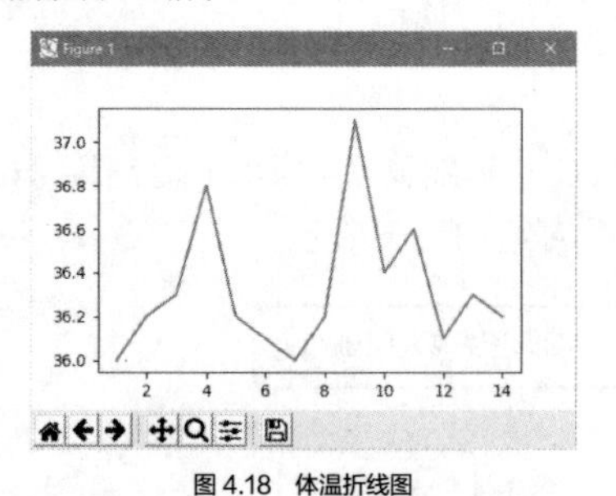

图 4.18　体温折线图

实例代码与运行结果

3. 提升技能、综合运用

通过案例应用，带领读者完成各种实用性较强并结合不同技术的 Python 数据可视化案例，让读者不断提升数据分析和数据可视化技能，从而快速了解和掌握每一款数据可视化工具的使用方法，提升综合运用的能力。

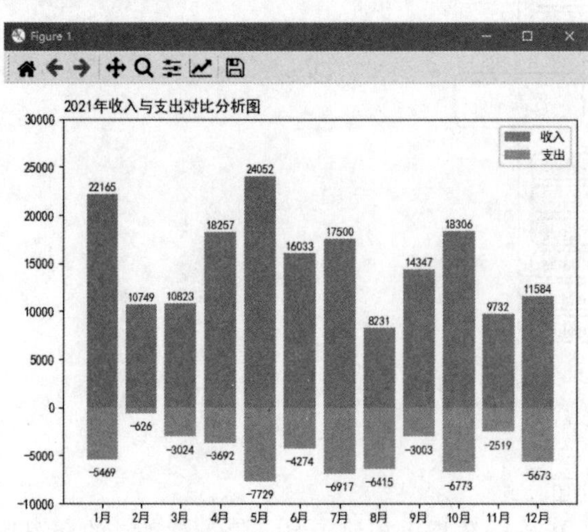

案例　Matplotlib+NumPy 实现商业图表之对比分析双向柱形图

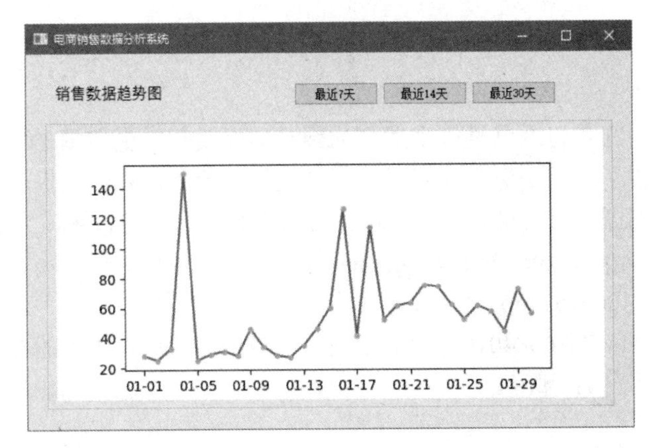

案例　Matplotlib+Pandas+PyQt5 实现嵌入交互式图表

4. 精彩栏目、贴心提示

本书根据实际学习的需要，设置了“注意”“说明”等许多贴心的小栏目，辅助读者轻松理解所学知识，规避编程陷阱。

5. 丰富资源、边学边练

本书提供了丰富的学习资源，包含视频、源代码、实战练习等。读者可访问我社官网 > 服务 > 资源下载页面：www.cip.com/Service/Download 搜索本书并获取配书资源的下载链接。

本书读者对象

（1）Python 的编程爱好者。
（2）参加毕业设计的学生。
（3）相关培训机构的老师和学生。
（4）大中专院校的老师和学生。
（5）数据分析师。
（6）职场人员。

本书约定

推荐操作系统及Python语言版本		
Windows 10	Python 3.9	
本书介绍的开发环境		
PyCharm 2021	Anaconda3.8	Jupter NoteBook
PC	ANACONDA	jupyter
商业集成开发环境	数据分析标准开发环境	在线编辑器

读者服务

为方便解决读者在学习本书过程中遇到的疑难问题及获取更多图书配套资源，我们在明日学院网站为您提供了社区服务和配套学习服务支持。此外，我们还提供了质量反馈信箱及售后服务电话等，如图书有质量问题，可以及时联系我们，我们将竭诚为您服务。

质量反馈信箱：mingrisoft@mingrisoft.com

售后服务电话：4006751066

售后服务 QQ 群：576760840（若此群已满，请根据提示加入相应的群）

微信公众号：明日 IT 部落

致读者

本书由明日科技的 Python 开发团队策划并组织编写，主要编写人员有高春艳、王小科、赛思琪、王国辉、李磊、赛奎春、赵宁、张鑫、周佳星、葛忠月、宋万勇、田旭、王萍、李颖、杨丽、刘媛媛、何平、依莹莹、吕学丽、钟成浩、徐丹、王欢、张悦、岳彩龙、牛秀丽、宋禹蒙、于英鹏、段霄雷、宛佳秋、杜明哲、王孔磊等。在编写本书的过程中，我们本着科学、严谨的态度，力求精益求精，但疏漏之处在所难免，敬请广大读者批评指正。

感谢您阅读本书，希望本书能成为您编程路上的领航者。

编者

目录

第1篇 基础篇 001

第1章 认识数据可视化……002

1.1 什么是数据可视化……002
1.2 数据可视化的作用……002
1.3 数据可视化常用工具……003
1.4 如何选择适合的图表类型……004
1.5 图表的基本组成……005

第2章 搭建 Python 数据可视化环境……007

2.1 Python 概述……007
2.2 搭建 Python 开发环境……008
2.2.1 安装 Python……008
2.2.2 使用 IDLE 编写“hello world”……012
2.3 集成开发环境 PyCharm……014
2.3.1 下载 PyCharm……014
2.3.2 安装 PyCharm……015
2.3.3 运行 PyCharm 创建工程……018
2.3.4 第一个 Python 程序“Hello World!”……019
2.4 数据分析标准环境 Anaconda……022
2.4.1 下载 Anaconda……022
2.4.2 安装 Anaconda……023
2.5 Jupyter Notebook 开发工具……025
2.5.1 认识 Jupyter Notebook……025
2.5.2 新建一个 Jupyter Notebook 文件……025
2.5.3 在 Jupyter Notebook 中编写“Hello World”……025

第3章 绘图基础之海龟绘图 Turtle……029

3.1 认识海龟绘图……029
3.1.1 Turtle 模块……029
3.1.2 海龟绘图的坐标系……030
3.1.3 海龟绘图的关键要素……030
3.1.4 绘制第一幅图……030
实例 3.1 绘制一只向前爬行的小海龟……030

3.2 窗口控制……032
3.2.1 设置窗口的尺寸和初始位置……032
3.2.2 设置窗口标题……032
3.2.3 设置窗口的背景颜色……033
3.2.4 设置窗口的背景图片……034
3.2.5 清空屏幕上的绘图……035
3.2.6 关闭窗口……035
3.3 画笔设置……035
3.3.1 画笔初始形状……036
3.3.2 设置画笔颜色……037
3.3.3 落笔与抬笔……038
实例 3.2 绘制两条不同颜色的平行线……039
3.3.4 设置线条粗细……040
3.3.5 隐藏与显示海龟光标……040
3.3.6 设置画笔的速度……041
3.4 输入 / 输出文字……042
3.4.1 输出文字……042
3.4.2 输入文字……043
3.5 绘制图形……045
3.5.1 绘制线条……045
实例 3.3 绘制折线……045
3.5.2 绘制矩形……046
实例 3.4 绘制一个简单的柱子……046
3.5.3 绘制柱形图……047
实例 3.5 绘制销量分析柱形图……047
3.6 综合案例——绘制奥运五环标志……049
3.7 实战练习……050
第 4 章 Matplotlib 入门……051
4.1 Matplotlib 概述……051
4.1.1 Matplotlib 简介……051
4.1.2 安装 Matplotlib……054
4.1.3 Matplotlib 图表之初体验……056
实例 4.1 在 PyCharm 中绘制图表……056
实例 4.2 Jupyter Notebook 中绘制图表……056
4.2 图表的常用设置……057
4.2.1 基本绘图 plot() 函数……057
实例 4.3 绘制简单折线图……057
实例 4.4 绘制体温折线图……057
4.2.2 设置画布……060
实例 4.5 自定义画布……060
4.2.3 设置坐标轴……060
实例 4.6 为体温折线图的轴设置标题……061

实例 4.7 为折线图设置刻度 1 ……062
实例 4.8 为折线图设置刻度 2 ……062
实例 4.9 为折线图设置坐标范围 ……063
4.2.4 添加文本标签 ……063
实例 4.10 为折线图添加基础体温文本标签 ……065
4.2.5 设置标题和图例 ……065
4.2.6 添加注释 ……068
实例 4.11 为图表添加注释 ……070
4.2.7 设置网格线 ……071
4.2.8 设置参考线（辅助线）……071
实例 4.12 为图表添加水平参考线 ……072
4.2.9 选取范围 ……072
实例 4.13 为图表添加选取范围 ……073
4.2.10 图表布局 ……073
4.2.11 保存图表 ……074
4.3 常用图表的绘制 ……074
4.3.1 绘制折线图 ……075
实例 4.14 绘制学生语数外各科成绩分析图 ……075
4.3.2 绘制柱形图 ……076
实例 4.15 5 行代码绘制简单的柱形图 ……076
实例 4.16 绘制线上图书销售额分析图 ……077
实例 4.17 绘制各平台图书销售额分析图 ……077
4.3.3 绘制直方图 ……078
实例 4.18 绘制简单直方图 ……079
实例 4.19 直方图分析学生数学成绩分布情况 ……079
4.3.4 绘制饼形图 ……080
实例 4.20 绘制简单饼形图 ……081
实例 4.21 通过饼形图分析各省销量占比情况 ……082
实例 4.22 绘制分裂饼形图 ……082
实例 4.23 环形图分析各省销量占比情况 ……083
实例 4.24 内嵌环形图分析各省销量占比情况 ……084
4.3.5 绘制散点图 ……085
实例 4.25 绘制简单散点图 ……085
实例 4.26 散点图分析销售收入与广告费的相关性 ……086
4.3.6 绘制面积图 ……086
实例 4.27 绘制简单面积图 ……087
实例 4.28 面积图分析线上图书销售情况 ……087
实例 4.29 堆叠面积图分析各平台图书销售情况 ……088
4.3.7 绘制箱形图 ……088
实例 4.30 绘制简单箱形图 ……089
实例 4.31 绘制多组数据的箱形图 ……089
实例 4.32 通过箱形图判断异常值 ……091
4.3.8 绘制热力图 ……091
实例 4.33 绘制简单热力图 ……092
实例 4.34 热力图对比分析学生各科成绩 ……092

4.3.9 雷达图……093
实例 4.35 雷达图分析男生女生各科成绩差异……093
4.3.10 气泡图……094
实例 4.36 气泡图分析成交商品件数与访客数……094
4.3.11 棉棒图……095
实例 4.37 简单的棉棒图……096
4.3.12 误差棒图……096
实例 4.38 绘制误差为 1 的误差棒图……097
4.4 综合案例——京东电商单品销量同比增长情况分析……097
4.5 实战练习……099

2 第 2 篇 提高篇 101

第 5 章 Matplotlib 进阶……102
5.1 Matplotlib 颜色设置……102
5.1.1 常用颜色……102
5.1.2 Matplotlib 可识别的颜色格式……102
实例 5.1 不同颜色格式的运用……103
5.1.3 Matplotlib 颜色映射……104
实例 5.2 颜色映射的运用……105
5.2 Matplotlib 处理日期时间……105
5.2.1 dates 模块……105
5.2.2 设置坐标轴日期的显示格式……107
实例 5.3 设置日期显示格式……107
5.2.3 设置坐标轴日期刻度标签……108
实例 5.4 设置 x 轴日期刻度为星期……108
5.3 次坐标轴（双坐标轴）……109
5.3.1 共享 x 坐标轴 [twinx() 函数]……109
实例 5.5 绘制双 y 轴图表……109
5.3.2 共享 y 坐标轴 [twiny() 函数]……110
实例 5.6 绘制双 x 轴图表……111
5.4 绘制多个子图表……111
5.4.1 subplot() 函数……111
实例 5.7 使用 subplot 函数绘制多子图的空图表……112
实例 5.8 绘制包含多个子图的图表……112
5.4.2 subplots() 函数……114
实例 5.9 使用 subplots() 函数绘制多子图的空图表……114
实例 5.10 使用 subplots() 函数绘制多子图图表……115
5.4.3 add_subplot() 函数……116
实例 5.11 使用 add_subplot() 函数绘制多子图图表……116
5.4.4 子图表共用一个坐标轴……116
实例 5.12 多个子图共用一个 y 轴……116

5.5 绘制函数图像 117
5.5.1 一元一次函数图像 117
实例 5.13 绘制一元一次函数图像 117
5.5.2 一元二次函数图像 118
实例 5.14 绘制一元二次函数图像 118
5.5.3 正弦函数图像 118
实例 5.15 绘制正弦函数图像 118
5.5.4 余弦函数图像 119
实例 5.16 绘制余弦函数图像 119
5.5.5 S 形生长曲线［Sigmoid() 函数］ 120
实例 5.17 绘制高中生物 S 形曲线 120
5.6 形状与路径 121
5.6.1 形状（patches 模块） 121
5.6.2 路径（path 模块） 122
实例 5.18 使用 path 模块绘制矩形路径 123
5.6.3 绘制圆（Circle 模块） 124
实例 5.19 绘制圆形 125
5.6.4 绘制矩形（Rectangle 模块） 126
实例 5.20 使用 Rectangle 模块绘制矩形 126
5.7 绘制 3D 图表 127
5.7.1 3D 柱形图 127
实例 5.21 绘制 3D 柱形图 127
5.7.2 3D 曲面图 128
实例 5.22 绘制 3D 曲面图 128
5.8 综合案例——图形的综合应用 128
5.9 实战练习 130
第 6 章 Pandas 内置绘图 132
6.1 Pandas 概述 132
6.1.1 Pandas 简介 132
6.1.2 安装 Pandas 132
6.2 Pandas 家族成员 133
6.2.1 Series 对象 135
实例 6.1 创建一列数据 135
实例 6.2 创建一列“物理”成绩 136
6.2.2 DataFrame 对象 136
实例 6.3 通过列表创建成绩表 137
实例 6.4 通过字典创建成绩表 138
6.3 Pandas 处理数据 138
6.3.1 读取数据 138
实例 6.5 读取 Excel 文件 138
6.3.2 数据抽取 139
实例 6.6 抽取指定的数据 139

6.4 Pandas 数据可视化……140
6.4.1 DataFrame.plot() 函数……140
6.4.2 绘制折线图……141
实例 6.7 绘制简单折线图……141
实例 6.8 绘制多折线图……142
6.4.3 绘制柱形图……143
实例 6.9 绘制带日期的柱形图……143
实例 6.10 多柱形图……144
实例 6.11 堆叠（面积）柱形图……145
6.4.4 绘制饼形图……145
实例 6.12 标准饼形图……145
6.4.5 绘制直方图……146
实例 6.13 绘制得分直方图……146
6.4.6 绘制散点图……147
实例 6.14 绘制学历与薪资散点图……147
6.4.7 绘制箱形图……148
实例 6.15 绘制箱形图……149
实例 6.16 按学历分析薪资异常数据……149
6.5 综合案例——折线图 + 柱形图分析销售收入……150
6.6 实战练习……152
第 7 章 Seaborn 图表……153
7.1 Seaborn 入门……153
7.1.1 Seaborn 简介……153
7.1.2 安装 Seaborn……154
7.1.3 Seaborn 图表之初体验……154
实例 7.1 绘制简单的柱形图……154
7.2 Seaborn 图表的基本设置……155
7.2.1 背景风格……155
7.2.2 边框控制……156
7.3 常用图表的绘制……156
7.3.1 绘制折线图……156
实例 7.2 绘制学生语文成绩折线图 1……156
实例 7.3 绘制学生语文成绩折线图 2……157
实例 7.4 多折线图分析学生各科成绩……157
7.3.2 绘制直方图……157
实例 7.5 绘制简单直方图……158
7.3.3 绘制条形图……158
实例 7.6 多条形图分析学生各科成绩……159
7.3.4 绘制散点图……160
实例 7.7 散点图分析“小费”……160
7.3.5 绘制线性回归模型 [lmplot() 函数]……161
实例 7.8 线性回归图表分析“小费”……161

7.3.6 绘制箱形图 [boxplot() 函数]……162
实例 7.9 箱形图分析“小费”异常数据……162
7.3.7 绘制核密度图 [kdeplot() 函数]……162
实例 7.10 核密度图分析鸢尾花……163
7.3.8 绘制提琴图 [violinplot() 函数]……163
实例 7.11 提琴图分析“小费”……164
7.4 综合案例——堆叠柱形图可视化数据分析图表的实现……164
7.5 实战练习……165
第 8 章 第三方图表 Pyecharts……166
8.1 Pyecharts 概述……166
8.1.1 Pyecharts 简介……166
8.1.2 安装 Pyecharts……166
8.1.3 绘制第一张图表……167
实例 8.1 绘制简单的柱状图……167
8.1.4 Pyecharts 1.0 以上版本对方法的链式调用……168
8.2 Pyecharts 图表的组成……169
8.2.1 主题风格……169
实例 8.2 为图表更换主题……170
8.2.2 图表标题……171
实例 8.3 为图表设置标题……172
8.2.3 图例……173
实例 8.4 为图表设置图例……174
8.2.4 提示框……175
实例 8.5 为图表设置提示框……176
8.2.5 视觉映射……177
实例 8.6 为图表添加视觉映射……177
8.2.6 工具箱……179
实例 8.7 为图表添加工具箱……179
8.2.7 区域缩放……180
实例 8.8 为图表添加区域缩放……181
8.3 Pyecharts 图表的绘制……182
8.3.1 柱状图——Bar 模块……182
实例 8.9 绘制多柱状图……182
8.3.2 折线 / 面积图——Line 模块……183
实例 8.10 绘制折线图……184
实例 8.11 绘制面积图……185
8.3.3 饼形图——Pie 模块……186
实例 8.12 饼形图分析各地区销量占比情况……186
8.3.4 箱形图——Boxplot 模块……187
实例 8.13 绘制简单的箱形图……187
8.3.5 涟漪特效散点图——EffectScatter 模块……187
实例 8.14 绘制简单的散点图……187

8.3.6 词云图——WordCloud 模块 …… 188
实例 8.15 绘制词云图分析用户评论内容 …… 189
8.3.7 热力图——HeatMap 模块 …… 190
实例 8.16 热力图统计双色球中奖数字出现的次数 …… 190
8.3.8 水球图——Liquid 模块 …… 191
实例 8.17 绘制水球图 …… 191
8.3.9 日历图——Calendar 模块 …… 192
实例 8.18 绘制加班日历图 …… 192
8.4 综合案例——柱形图 + 折线图双 y 轴图表的绘制 …… 193
8.5 实战练习 …… 196

第 9 章 Plotly 图表 …… 198

9.1 Plotly 入门 …… 198
9.1.1 Plotly 简介 …… 198
9.1.2 安装 Plotly …… 198
9.1.3 Plotly 绘图原理 …… 199
实例 9.1 绘制第一张 Plotly 图表 …… 199
实例 9.2 使用 expression 模块绘制图表 …… 200
9.1.4 Plotly 保存图表的方式 …… 201
实例 9.3 生成 HTML 网页格式的图表文件 …… 201
9.2 基础图表 …… 202
9.2.1 折线图和散点图 …… 202
实例 9.4 绘制多折线图 …… 202
实例 9.5 绘制散点图 …… 203
9.2.2 柱形图和水平条形图 …… 204
实例 9.6 绘制简单的柱形图 …… 204
实例 9.7 绘制多柱形图 …… 204
实例 9.8 堆叠柱形图 …… 205
实例 9.9 绘制水平条形图 …… 206
9.2.3 饼形图和环形图 …… 206
实例 9.10 绘制饼形图 …… 207
实例 9.11 绘制环形图 …… 207
9.3 图表细节设置 …… 208
9.3.1 图层布局函数 Layout() …… 208
9.3.2 添加图表标题（title） …… 209
9.3.3 添加文本标记（text） …… 210
实例 9.12 为折线图添加文本标记 …… 210
实例 9.13 为散点图添加文本标记 …… 211
实例 9.14 为柱形图添加文本标记 …… 211
9.3.4 添加注释文本（annotation） …… 211
实例 9.15 标记股票最高收盘价 …… 212
9.4 统计图表 …… 213
9.4.1 直方图 …… 213

实例 9.16　绘制直方图 ……214
9.4.2　箱形图 ……215
实例 9.17　绘制简单的箱形图 ……215
实例 9.18　多个箱子的箱形图 ……216
9.4.3　热力图 ……216
实例 9.19　实现 RGB 图形数据 ……216
实例 9.20　绘制颜色图块 ……217
实例 9.21　绘制简单热力图 ……218
9.4.4　等高线图 ……218
实例 9.22　绘制等高线图 ……218
9.5　绘制多子图表 ……219
9.5.1　绘制基本的子图表 ……219
实例 9.23　绘制一个简单的多子图表 ……219
9.5.2　自定义子图位置 ……220
实例 9.24　绘制一个包含 3 个子图的图表 ……220
9.5.3　子图可供选择的图形类型 ……221
9.6　三维图绘制 ……221
实例 9.25　绘制 3D 散点图 ……221
9.7　绘制表格 ……222
9.7.1　Table() 函数 ……222
实例 9.26　绘制学生成绩表 ……223
实例 9.27　将 Excel 数据绘制成网页表格 ……223
9.7.2　create_table() 函数 ……224
实例 9.28　将 DataFrame 数据生成表格 ……224
实例 9.29　数据表格与折线图混合图表 ……225
9.8　综合案例——用户画像 ……226
9.9　实战练习 ……228
第 10 章　Bokeh 图表 ……229
10.1　Bokeh 入门 ……229
10.1.1　安装 Bokeh ……229
10.1.2　Bokeh 的基本概念 ……229
10.1.3　绘制第一张图表（折线图）……230
实例 10.1　绘制简单的折线图 ……230
实例 10.2　绘制多折线图 ……231
实例 10.3　使用 multi_line() 方法绘制多折线图 ……232
10.1.4　数据类型 ……233
实例 10.4　使用字典类型数据绘制图表 ……233
实例 10.5　使用 NumPy 数组类型数据绘制图表 ……234
实例 10.6　使用 DataFrame 类型数据绘制图表 ……234
实例 10.7　通过 ColumnDataSource 传递字典数据绘制图表 ……234
实例 10.8　通过 ColumnDataSource 传递 DataFrame 数据绘制图表 ……235

实例 10.9 通过 ColumnDataSource 传递分组统计数据绘制图表……236
10.2 绘制基本图表……237
10.2.1 散点图……237
实例 10.10 使用 circle() 方法绘制散点图……237
10.2.2 组合图表……237
实例 10.11 折线图 + 散点图组合图表……237
10.2.3 条形图……238
实例 10.12 绘制垂直条形图……238
实例 10.13 绘制水平条形图……239
10.2.4 饼（环）形图……239
实例 10.14 绘制饼形图……239
实例 10.15 绘制环形图……240
10.3 图表设置……241
10.3.1 图表的布局……241
实例 10.16 垂直方向布局多个图表……241
实例 10.17 水平方向布局多个图表……241
实例 10.18 通过网格布局多个图表……242
10.3.2 配置绘图工具……242
实例 10.19 在图表上显示工具栏……243
实例 10.20 为图表指定平移、滑轮缩放和悬停工具……244
10.3.3 设置视觉属性……244
实例 10.21 为图表设置主题样式……245
实例 10.22 使用调色板为图表设置颜色……246
实例 10.23 使用颜色映射器为图表设置颜色……246
10.3.4 图表注释……247
实例 10.24 为图表设置标题……247
实例 10.25 设置图表标题颜色和大小等……248
实例 10.26 为图表设置双标题……248
实例 10.27 为图表添加图例……249
实例 10.28 指定图例所显示的位置……249
实例 10.29 图例自动分组……250
10.4 可视化交互……250
10.4.1 微调器……250
实例 10.30 通过微调器调节散点图中散点的大小……251
10.4.2 选项卡……252
实例 10.31 为图表添加选项卡……252
10.4.3 滑块（自定义 js 回调）……252
实例 10.32 通过滑块调整图表……253
10.5 综合案例……254
10.6 实战练习……255

3 第 3 篇 案例篇 257

第 11 章 Matplotlib+Pandas 实现商业图表之渐变饼形图……258
11.1 案例描述……258

11.2 实现过程……259
11.2.1 数据准备……259
11.2.2 数据处理……259
11.2.3 绘制渐变饼形图……260
11.3 关键技术……262

第 12 章 Matplotlib+NumPy 实现商业图表之对比分析双向柱形图……264
12.1 案例描述……264
12.2 实现过程……265
12.2.1 数据准备……265
12.2.2 绘制双向柱形图……265
12.3 关键技术……267

第 13 章 Matplotlib+Animation 实现动态图表……269
13.1 案例描述……269
13.2 实现过程……270
13.2.1 数据准备……270
13.2.2 绘制双 y 轴动态图表……270
13.2.3 程序调试……272
13.3 关键技术……274

第 14 章 Matplotlib+Pandas+PyQt5 实现嵌入交互式图表……275
14.1 案例描述……275
14.2 界面设计环境安装与配置……277
14.3 实现过程……278
14.3.1 窗体设计……278
14.3.2 .ui 文件转换为 .py 文件……279
14.3.3 主程序模块……280
14.4 关键技术……283

第 15 章 Matplotlib+NumPy 实现趣味绘图——花好月圆……285
15.1 案例描述……285
15.2 实现过程……286
15.2.1 图案设计草图……286
15.2.2 算法公式……286
15.2.3 绘制“花好月圆”……287
15.3 关键技术……289

附录……291
附录 1 Matplotlib 速查表……291
附录 2 颜色值速查表……296
附录 3 Matplotlib 颜色图……300
附录 4 Plotly 配色……303
附录 5 Turtle 常见命令速查表……307

Python

第 1 篇
基础篇

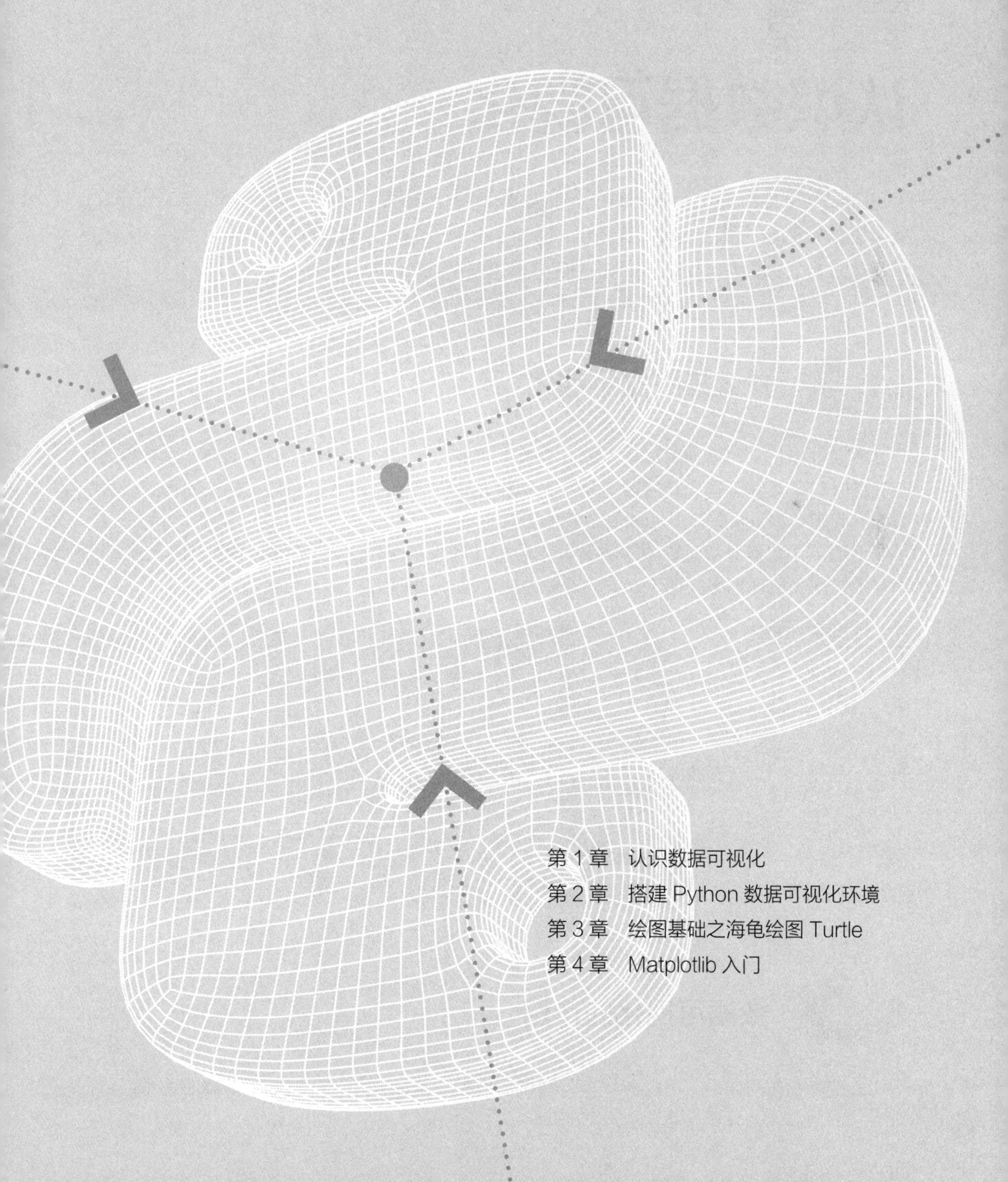

第 1 章　认识数据可视化
第 2 章　搭建 Python 数据可视化环境
第 3 章　绘图基础之海龟绘图 Turtle
第 4 章　Matplotlib 入门

第1章
认识数据可视化

学习数据分析不是最终的目的，实现数据可视化才是王道。一款好的数据可视化工具可以让你的学习和工作事半功倍。本章首先带领大家了解数据可视化、介绍常用数据可视化工具，以及如何选择适合的图表类型等。

1.1 什么是数据可视化

数据可视化旨在借助图形化手段，清晰有效地传达与沟通信息。而现如今，大数据、人工智能时代，数据可视化是指通过绘图工具和方法将集中的数据以图形、图像的形式表现出来，并利用数据分析发现其中未知信息的处理过程。

例如，在数据分析过程中，将大量的数据（图1.1）统计分析后通过绘图工具绘制出一张精美的图表展现出来（图1.2），这个过程就是数据可视化。

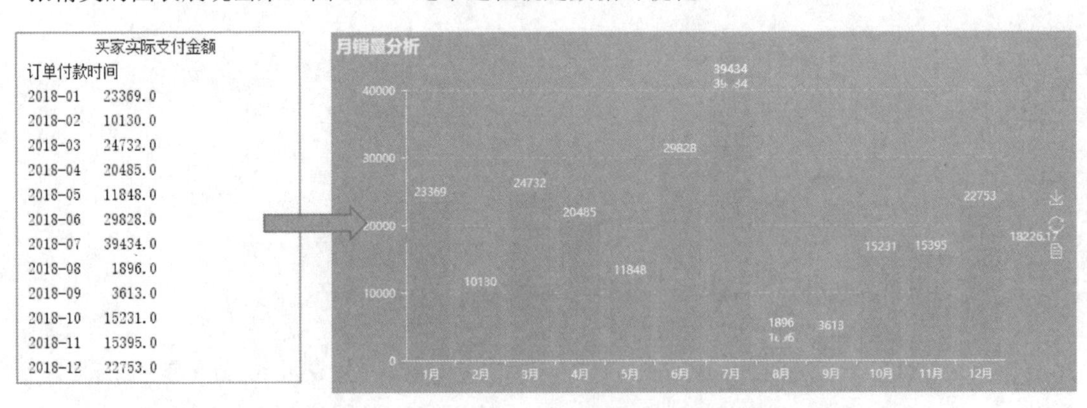

	买家实际支付金额
订单付款时间	
2018-01	23369.0
2018-02	10130.0
2018-03	24732.0
2018-04	20485.0
2018-05	11848.0
2018-06	29828.0
2018-07	39434.0
2018-08	1896.0
2018-09	3613.0
2018-10	15231.0
2018-11	15395.0
2018-12	22753.0

图1.1　数据展示　　　　图1.2　数据可视化

1.2 数据可视化的作用

数据可视化的作用，不仅能够直观地展示数据，更能够体现数据之间隐藏的关系。数据可视化更加直观、生动和具体，比数据表更有表现力。它将复杂的统计数据简单化、通俗化、形象化，使人一目了然，便于理解和比较。数据可视化将数据以图形、图表的形式展示出来，使我们能够快速、直观地了解数据变化趋势、数据比较结果、数据所占比例等。因此，数据可视化对数据分析、数据挖掘起到了关键性的作用。

1.3　数据可视化常用工具

工欲善其事，必先利其器，选择一款合适的数据可视化工具尤为重要。数据可视化工具非常多，本书主要介绍 Python 常用的数据可视化工具，从绘图基础模块 Turtle 开始讲起，到 Matplotlib、Pandas 内置绘图大全、Seaborn 图表、第三方图表 Pyecharts、Plotly 图表和 Bokeh 图表。这些工具各有特点，在日常工作中可以配合使用。

（1）Turtle

Turtle 模块就是人们常说的海龟绘图，它是 Python 内置的一个比较有趣的模块。Turtle 模块提供了一些简单的绘图方法，可以根据我们编写的控制指令（代码），让一个“海龟”在屏幕上来回移动，而且在它爬行的路径上还绘制了图形。通过 Turtle 模块，不仅可以在屏幕上绘制图形，还可以看到整个绘制过程，非常有趣。Turtle 模块的优点是无须安装，但只适合初学者练手，并不适合 Python 数据可视化。

（2）Matplotlib

Maplotlib 是最基础的 Python 可视化库。学习 Python 数据可视化，首先应从 Maplotlib 学起，然后再学习其他库作为拓展。它是一个 Python 2D 绘图库，常用于数据可视化，能以多种硬拷贝格式和跨平台的交互式环境生成出版物质量的图形。

Matplotlib 非常强大，绘制各种各样的图表游刃有余，只需几行代码就可以绘制各种图表。

（3）Pandas 内置绘图大全

Pandas 是 Python 数据分析中最重要的库，它不仅可以处理数据、分析数据，而且还内置了绘图函数，可以像 Matplotlib 一样实现数据可视化，绘制各种图表。它的优点就是方便快捷，因为 Pandas 内置绘图函数可以直接跟着数据处理结果，例如 groupby 分组统计后直接绘制折线图。

Pandas 内置绘图函数简单快捷，如果想快速出图使用它就可以了。

（4）Seaborn 图表

Seaborn 是一个基于 Matplotlib 的高级可视化效果库，偏向于统计图表。因此，针对的主要是数据挖掘和机器学习中的变量特征选取。相比 Matplotlib，它的语法相对简单，绘制图表不需要花很多功夫去修饰，但是它绘图方式比较局限，不够灵活。

（5）第三方图表 Pyecharts

Pyecharts 是一个用于生成 Echarts 图表的类库。Echarts 是百度开源的一个数据可视化 JS 库。用 Echarts 生成的图可视化效果非常好，而 Pyecharts 则是专门为了与 Python 衔接，方便在 Python 中直接使用的可视化数据分析图表。使用 Pyecharts 可以生成独立的网页格式的图表，还可以在 flask、django 中直接使用，非常方便。

（6）Plotly 图表

Plotly 是一个基于 JavaScript 的动态绘图模块，所以绘制出来的图表可以与 Web 应用集成。该模块不仅提供了丰富而又强大的绘图库，还支持各种类型的绘图方案，绘图的种类丰富、效果美观、方便保存和分享。

（7）Bokeh 图表

Anaconda 开发环境中还集成了一个叫作 Bokeh 的模块，该模块同样可以根据数据集绘制对应的图表，来满足数据可视化的多种需求。

以上这些工具本书都进行了详细的介绍并配备实例和综合案例，读者可根据需要进行选择学习与使用。

1.4 如何选择适合的图表类型

数据分析图表的类型包括条形图、柱状图、折线图、饼图、散点图、面积图、环形图、雷达图等。此外，通过图表的相互叠加还可以生成复合型图表。

不同类型的图表适用不同的场景，可以按使用目的选择合适的图表类型。下面通过一张框架图来说明，如图 1.3 所示。

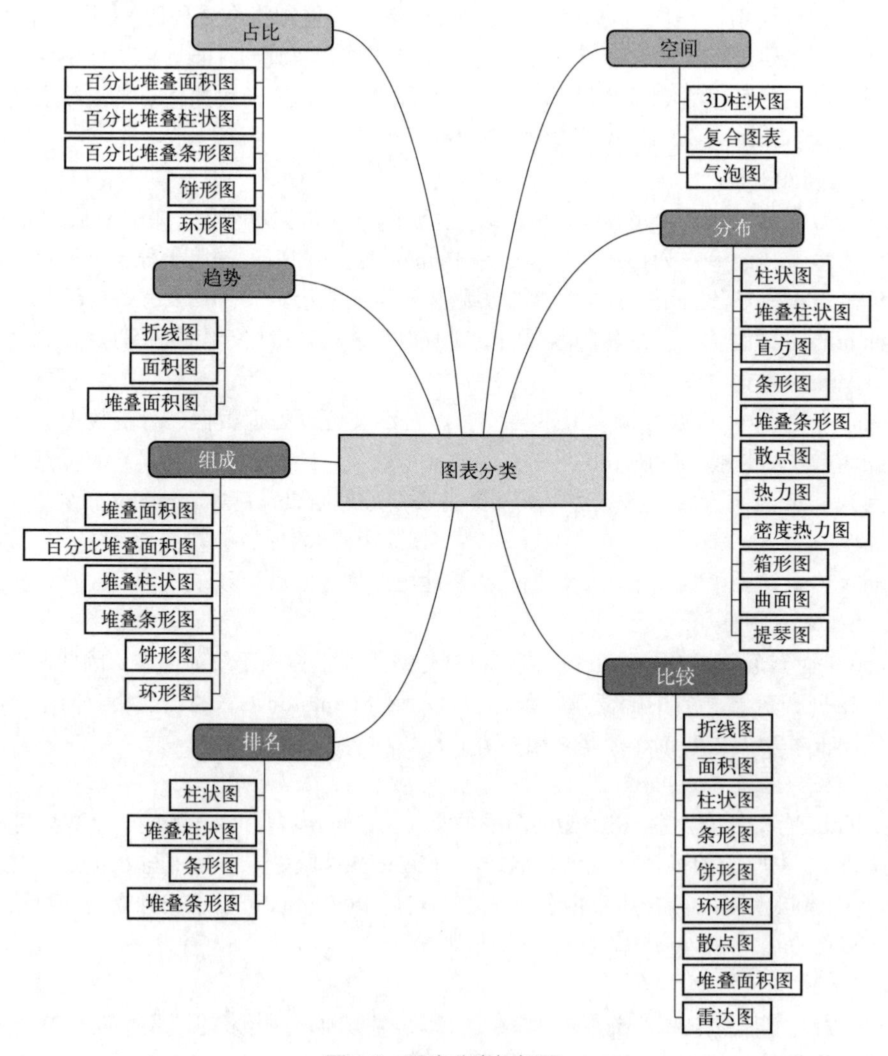

图 1.3　图表分类框架图

1.5 图表的基本组成

数据分析图表有很多种，一张完整的图表一般包括：画布、图表标题、绘图区、数据系列、坐标轴、坐标轴标题、图例、文本标签、网格线等，如图 1.4 所示。

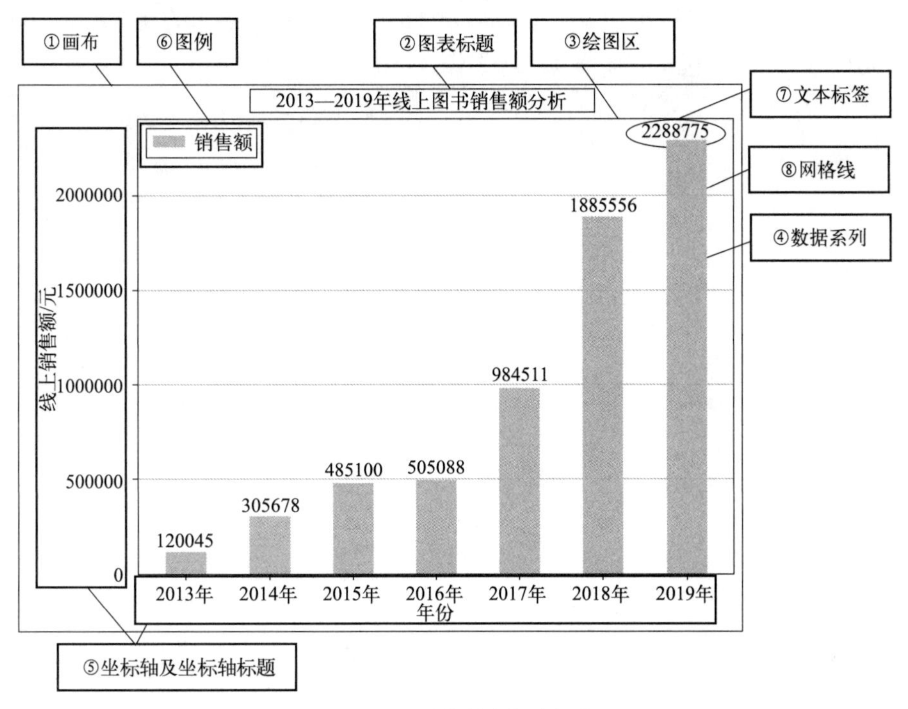

图 1.4　图表的基本组成部分

下面详细介绍各个组成部分的功能。

① 画布：图中最大的白色区域，作为其他图表元素的容器。

② 图表标题：用来概况图表内容的文字，常用的功能有设置字体、字号及字体颜色等。

③ 绘图区：画布中的一部分，即显示图形的矩形区域，可改变填充颜色、位置，以便图表展示更好的图形效果。

④ 数据系列：在数据区域中，同一列（或同一行）数值数据的集合构成一组数据系列，也就是图表中相关数据点的集合。图表中可以有一组到多组数据系列，多组数据系列之间通常采用不同的图案、颜色或符号来区分。图 1.4 中销售额就是数据系列。

⑤ 坐标轴及坐标轴标题：坐标轴是标识数值大小及分类的垂直线和水平线，上面有标定数据值的标志（刻度）。一般情况下，水平轴（X 轴）表示数据的分类；坐标轴标题用来说明坐标轴的分类及内容，分为水平坐标轴和垂直坐标轴。图 1.4 中 X 轴的标题是“年份”，Y 轴的标题是“线上销售额 / 元”。

⑥ 图例：是指示图表中系列区域的符号、颜色或形状，定义数据系列所代表的内容。图例由两部分构成：图例标示，代表数据系列的图案，即不同颜色的小方块；图例项，与图例标示对应的数据系列名称，一种图例标示只能对应一种图例项。

⑦ 文本标签：用于为数据系列添加说明文字。

⑧ 网格线：贯穿绘图区的线条，类似标尺可以衡量数据系列数值的标准。常用的功能有设置网格线宽度、样式、颜色、坐标轴等。

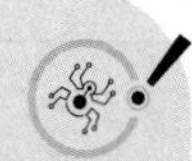

小结

通过本章的学习，能使读者了解数据可视化的重要性、常用的数据可视化工具、日常学习工作中如何选择适合的图表类型，以及图表的基本组成。这些都是 Python 数据可视化需要了解的基本常识。

通过本章的学习，可以为后面系统学习 Python 数据可视化奠定基础。

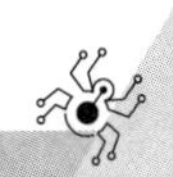

第 2 章 搭建 Python 数据可视化环境

工欲善其事，必先利其器。Python 作为数据可视化环境，包括高效高级的数据结构，其提供的数据处理、绘图、数据可视化、数组计算、机器学习等相关模块，使数据可视化工作变得简单高效。使用 Python 少不了 IDLE（集成开发和学习环境）或者集成开发环境 PyCharm，以及适合数据分析数据可视化的标准环境 Anaconda、Jupyter Notebook。本章将介绍这几款开发工具，以便为后期 Python 数据可视化做准备。

2.1 Python 概述

本节简单了解什么是 Python 以及 Python 的版本。

（1）Python 特点

Python 英文本义是指“蟒蛇”，是 1989 年由荷兰人 Guido van Rossum 发明的一种面向对象的解释型高级编程语言，命名为 Python，标志如图 2.1 所示。Python 的设计哲学为优雅、明确、简单。实际上，Python 也始终贯彻这个理念，以至于现在网络上流传着“人生苦短，我用 Python”的说法。可见 Python 有着简单、开发速度快、节省时间和容易学习等特点。

图 2.1　Python 的标志

Python 简单易学，而且还提供了大量的第三方扩展库，如 Pandas、Matplotlib、NumPy、Scipy、Scikit-Learn、Keras 和 Gensim 等，这些库不仅可以对数据进行处理、挖掘、可视化展示，其自带的分析方法模型也使得数据分析变得简单高效，只需编写少量的代码就可以得到分析结果。因此，使得 Python 在数据分析、机器学习及人工智能等领域占据了越来越重要的地位，并成为科学领域的主流编程语言。图 2.2 所示是 2022 年 7 月编程语言排行榜，Python 冲到了第一。

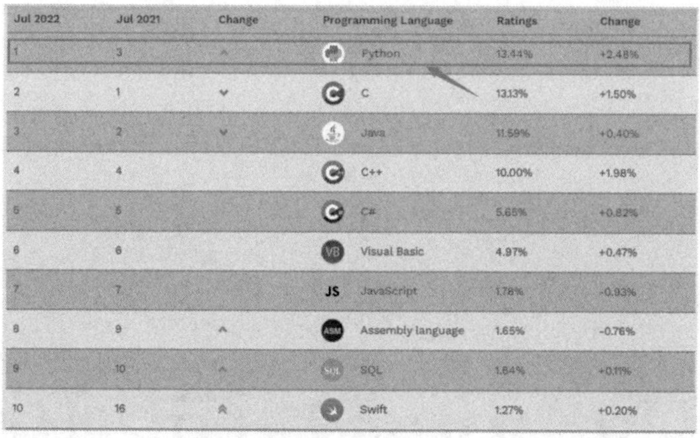

Jul 2022	Jul 2021	Change	Programming Language	Ratings	Change
1	3	↑	Python	13.44%	+2.48%
2	1	↓	C	13.13%	+1.50%
3	2	↓	Java	11.59%	+0.40%
4	4		C++	10.00%	+1.98%
5	5		C#	5.65%	+0.82%
6	6		Visual Basic	4.97%	+0.47%
7	7		JavaScript	1.78%	-0.93%
8	9	↑	Assembly language	1.65%	-0.76%
9	10	↑	SQL	1.64%	+0.11%
10	16	⇑	Swift	1.27%	+0.20%

图 2.2 TIOBE 编程语言排行榜 TOP10（2022 年 7 月）

（2）Python 版本

Python 自发布以来，主要有三个版本：1994 年发布的 Python 1.0 版本（已过时）、2000 年发布的 Python 2.0 版本（截至 2020 年 7 月份更新到 2.7.18，已停止更新）和 2008 年发布的 3.0 版本（截至 2021 年 5 月份已经更新到 3.9.5）。

2.2 搭建 Python 开发环境

2.2.1 安装 Python

1. 查看计算机操作系统的位数

现在很多软件，尤其是编程工具，为了提高开发效率，分别对 32 位操作系统和 64 位操作系统做了优化，推出了不同的开发工具包。Python 也不例外，所以安装 Python 前，需要了解计算机操作系统的位数。

在桌面找到“此电脑”图标（由于笔者使用的 Windows 10 系统，而 Windows 7 为“计算机”），右键单击该图标，在打开的菜单中选择“属性”菜单项（图 2.3），将弹出如图 2.4 所示的“系统”窗体，在“系统类型”标签处标示着本机是 64 位操作系统还是 32 位操作系统，该信息就是操作系统的位数。图 2.4 中所展示的计算机操作系统的位数为 64 位。

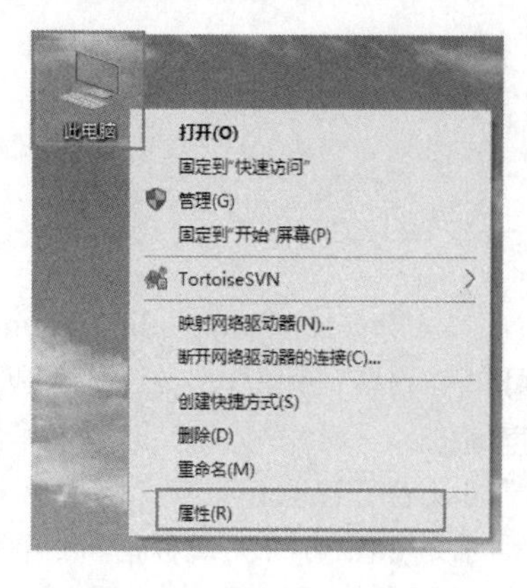

图 2.3 选择“属性”菜单项

图 2.4 查看系统类型

2. 下载 Python 安装包

在 Python 的官方网站中，可以方便地下载 Python 的开发环境，具体下载步骤如下：

① 打开浏览器（如 Google Chrome 浏览器），输入 Python 官方网站，将鼠标移动到 Downloads 菜单上，单击 Windows 菜单项，如图 2.5 所示。

图 2.5　Python 官方网站首页

② 根据 Windows 操作系统的位数选择需要下载的 Python 3.9.5 安装包，由于笔者的电脑是 64 位的 Windows 操作系统，所以选择下载 64 位系统安装包，如图 2.6 所示。

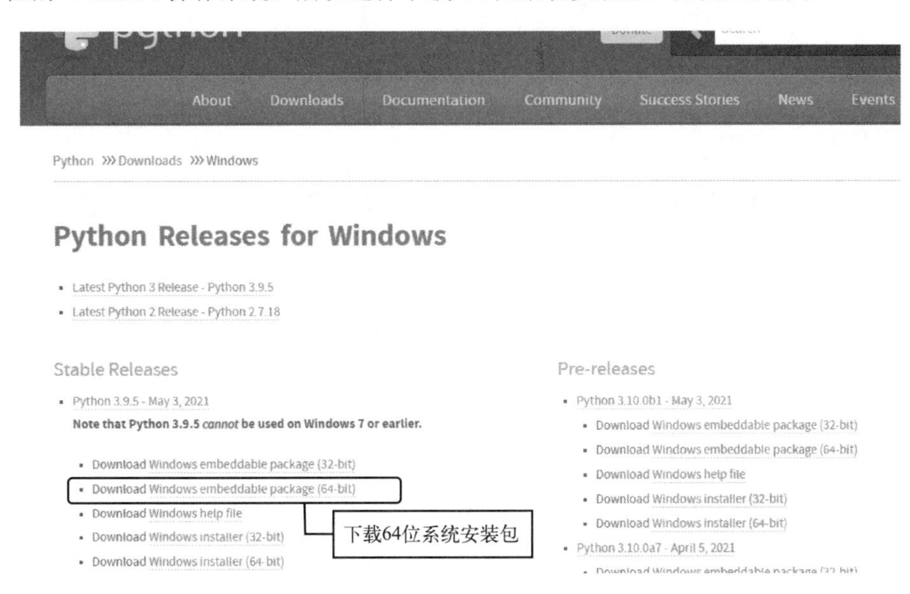

图 2.6　适合 Windows 系统的 Python 下载列表

③ 弹出新建下载任务窗口，如图 2.7 所示，单击“下载”按钮，开始下载 Python 3.9.5 安装包。

④ 下载完成后，在指定位置找到安装文件，准备安装 Python。

3. 在 Windows 64 位系统上安装 Python

① 双击下载后得到的安装文件，如 python-3.9.5-amd64.exe，将显示安装向导对话框，选中“Add Python 3.9 to PATH”复选框，让安装程序自动配置环境变量，如图 2.8 所示。

图 2.7　准备下载 Python

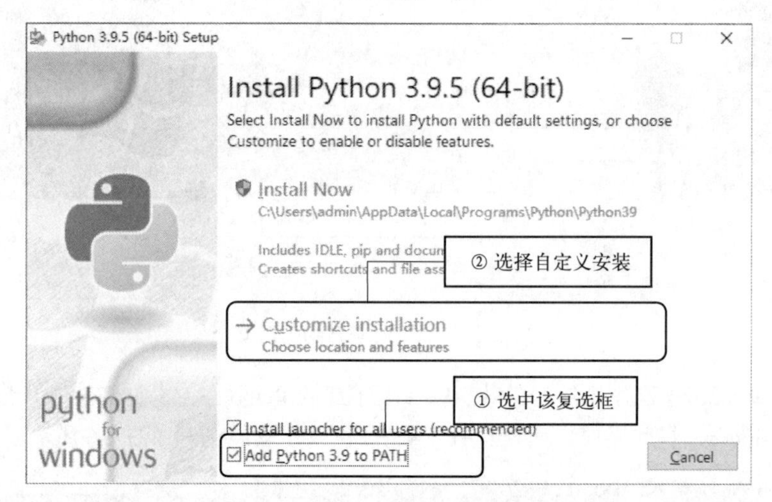

图 2.8　Python 安装向导

注意

一定要选中“Add Python 3.9 to PATH”复选框，否则在后面学习中会出现“XXX 不是内部或外部命令”的错误。

② 单击“Customize installation”按钮，进行自定义安装（自定义安装可以修改安装路径），在弹出的“安装选项”对话框中采用默认设置，如图 2.9 所示。

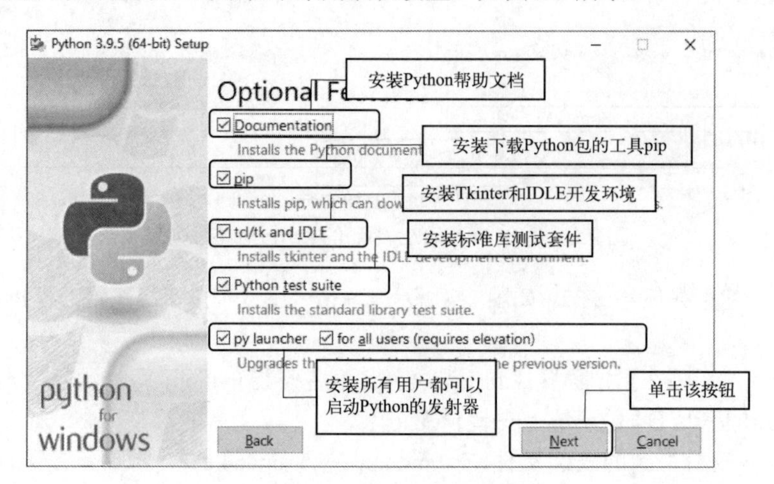

图 2.9　设置“安装选项”对话框

③ 单击“Next”按钮，将打开“高级选项”对话框，在该对话框中，设置安装路径，例如“E:\Python\Python 3.9”（建议 Python 的安装路径不要放在操作系统的安装路径，否则一旦操作系统崩溃，在 Python 路径下编写的程序将非常危险），其他采用默认设置，如图 2.10 所示。

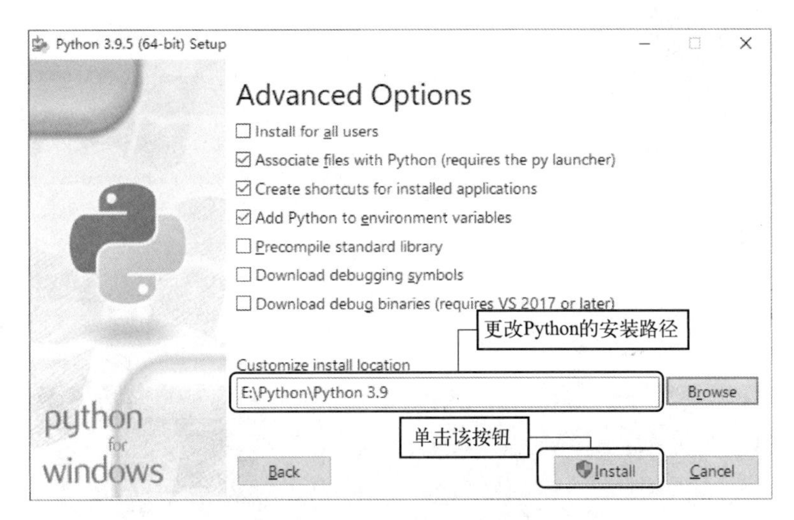

图 2.10 “高级选项”对话框

④ 单击“Install”按钮，开始安装 Python，如图 2.11 所示。

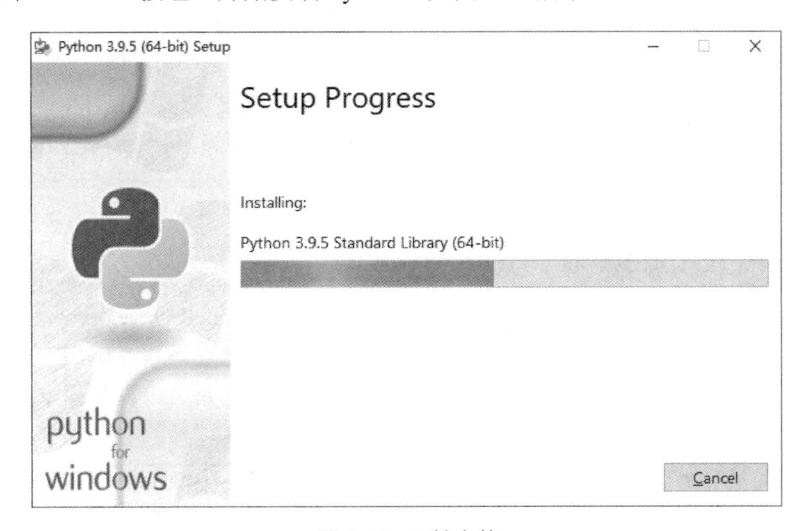

图 2.11　开始安装

⑤ 安装完成后将显示如图 2.12 所示的对话框。

4. 测试 Python 是否安装成功

Python 安装完成后，需要检测 Python 是否成功安装。例如，在 Windows 10 系统中检测 Python 是否成功安装，可以单击 Windows 10 系统的开始菜单，在桌面左下角“搜索件”文本框中输入 cmd 命令，然后按下〈Enter〉键，启动“命令提示符”窗口，在当前的命令提示符后面输入“python”，按下〈Enter〉键，如果出现如图 2.13 所示的信息，则说明 Python 安装成功，同时也进入交互式 Python 解释器中。

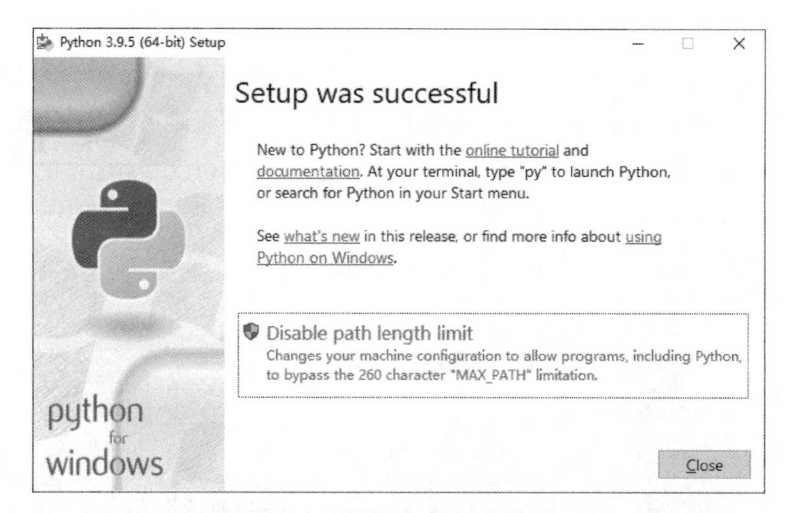

图 2.12 “安装完成”对话框

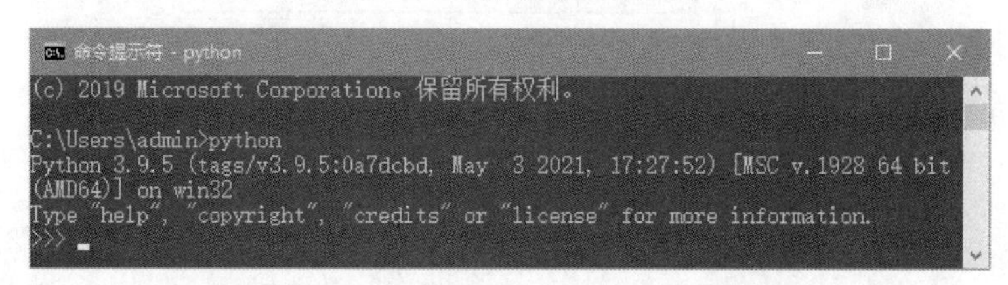

图 2.13 在命令行窗口中运行的 Python 解释器

图2.13中的信息是笔者电脑中安装的Python的相关信息，其中包括Python的版本、该版本发行的时间、安装包的类型等。因为选择的版本不同，这些信息可能会有所差异，但只要命令提示符变为“>>>”即说明Python已经安装成功，正在等待用户输入Python命令。

2.2.2 使用 IDLE 编写“hello world”

安装 Python 后，会自动安装一个 IDLE。IDLE 全称 Integrated Development and Learning Environment（集成开发和学习环境），它是 Python 的集成开发环境。IDLE 是一个 Python Shell（可以在打开的 IDLE 窗口的标题栏上看到），程序开发人员可以利用 Python Shell 与 Python 交互。下面将详细介绍如何使用 IDLE 开发 Python 程序。

打开 IDLE 时，单击 Windows 10 系统的开始菜单，然后依次选择“Python 3.9”→“IDLE (Python 3.9 64-bit)”菜单项，即可打开 IDLE 窗口，如图 2.14 所示。

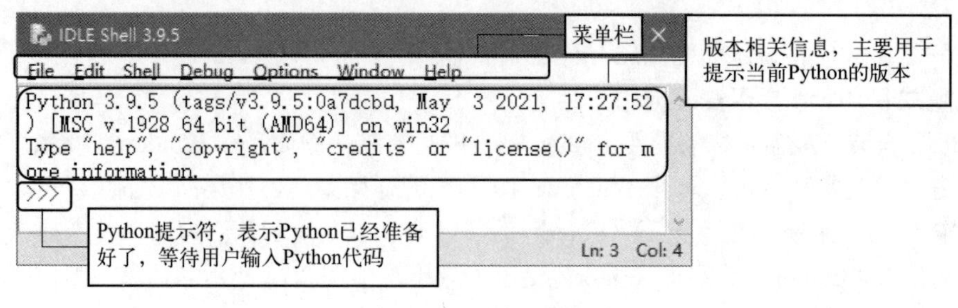

图 2.14 IDLE 窗口

在 Python 提示符“＞＞＞”右侧输入代码时，每写完一条语句，并且按下 <Enter> 键，就会执行一条，而在实际开发时，通常不能只包含一行代码，如果需要编写多行代码时，可以单独创建一个文件保存这些代码，在全部编写完毕后，一起执行。具体方法如下：

① 在 IDLE 主窗口的菜单栏上，选择 File → New File 命令，打开一个新窗口，在该窗口中，可以直接编写 Python 代码，并且输入一行代码后按下 <Enter> 键，将自动换到下一行，等待继续输入，如图 2.15 所示。

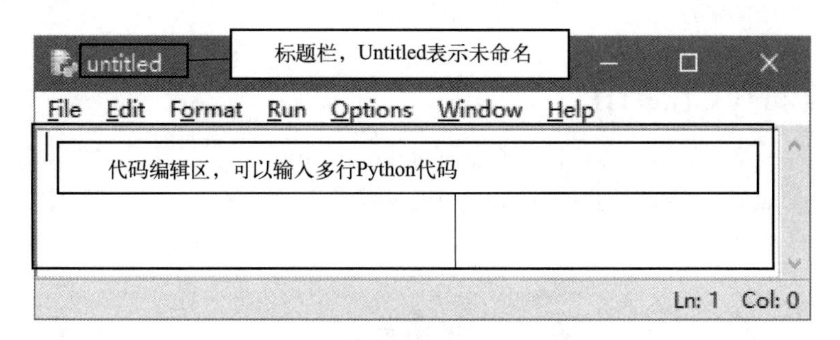

图 2.15　新创建的 Python 文件窗口

② 在代码编辑区中，编写“hello world”程序，代码如下：

```
print("hello world")
```

③ 编写完成的代码效果如图 2.16 所示。按下快捷键 <Ctrl + S> 保存文件，这里将其保存为 demo.py，其中，.py 是 Python 文件的扩展名。

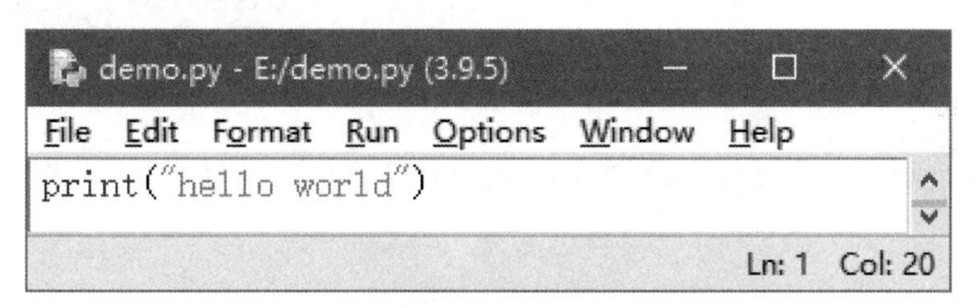

图 2.16　编辑代码后的 Python 文件窗口

④ 运行程序。在菜单栏中选择“Run”→“Run Module”菜单项（或按下 <F5> 键），运行效果如图 2.17 所示。

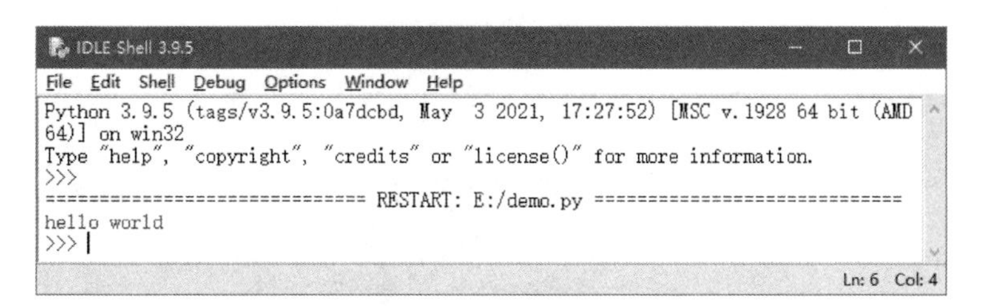

图 2.17　运行结果

程序运行结果会在 IDLE 中呈现，每运行一次程序，就在 IDLE 中呈现一次。

2.3 集成开发环境 PyCharm

PyCharm 是由 Jetbrains 公司开发的 Python 集成开发环境，是专门开发 Python 程序的商业集成开发环境，由于其具有智能代码编辑器，从而实现了自动代码格式化、代码完成、智能提示、重构、单元测试、自动导入和一键代码导航等功能，目前已成为 Python 专业开发人员和初学者使用的有力工具。下面介绍 PyCharm 工具的使用方法。

2.3.1 下载 PyCharm

PyCharm 的下载非常简单，可以直接到 Jetbrains 公司官网下载，具体步骤如下：

① 打开 PyCharm 官网，选择 Developer Tools 菜单下的 PyCharm 项，如图 2.18 所示，进入下载 PyCharm 界面。

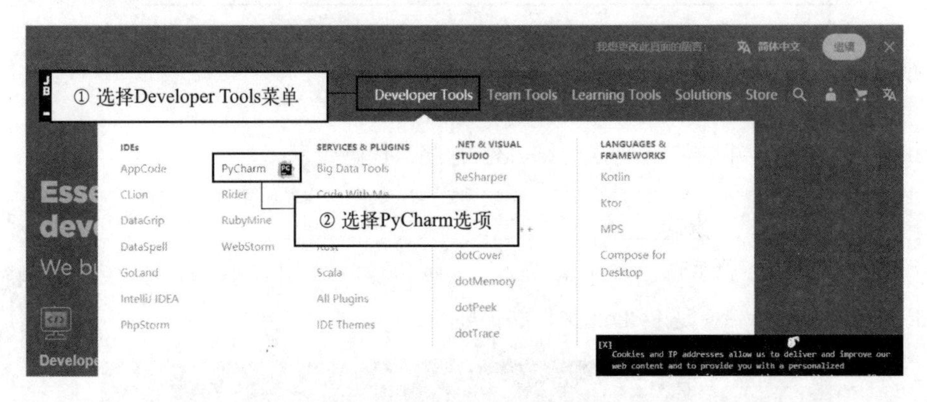

图 2.18　PyCharm 官网页面

② 在 PyCharm 下载页面，单击“DOWNLOAD”按钮，如图 2.19 所示，进入 PyCharm 环境选择和版本选择界面。

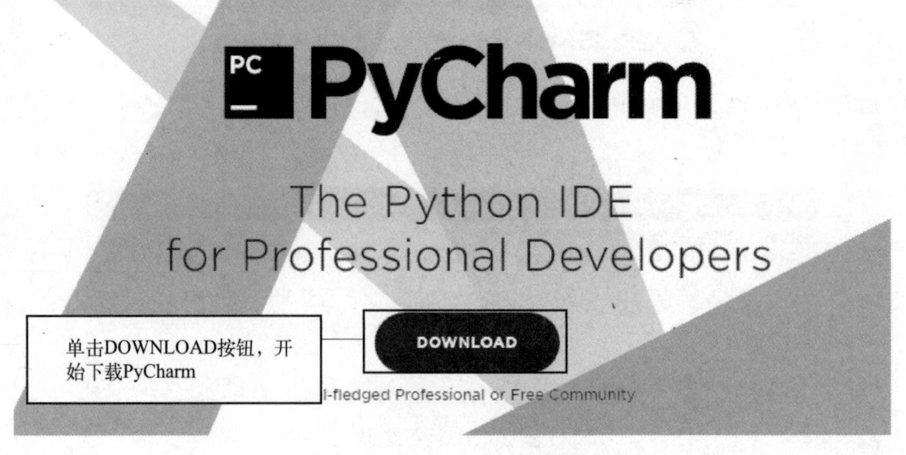

图 2.19　PyCharm 下载页面

③ 选择下载 PyCharm 的操作系统平台为 Windows，下载版本为社区版 PyCharm（Community），然后单击“Download”按钮，如图 2.20 所示。

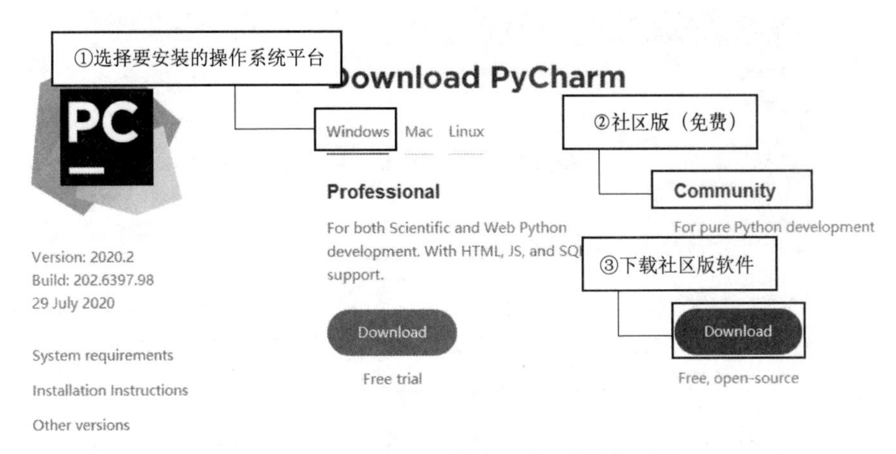

图 2.20　PyCharm 环境与版本下载选择页面

④ 弹出“新建下载任务”窗口，单击“下载”按钮，开始下载，如图 2.21 所示。

图 2.21　下载 PyCharm

⑤ 下载完成后，在计算机指定位置找到该文件。

2.3.2　安装 PyCharm

安装 PyCharm 的步骤如下：

① 双击 PyCharm 安装包进行安装，在欢迎界面单击“Next”按钮进入软件安装路径设置界面。

② 在软件安装路径设置界面，设置合理的安装路径。这里建议不要把软件安装到操作系统所在的路径，否则当出现操作系统崩溃等特殊情况而必须重做操作系统时，PyCharm 程序路径下的程序将被破坏。当 PyCharm 默认的安装路径为操作系统所在的路径时，建议更改，另外安装路径中建议不要使用中文字符。笔者选择的安装路径为“E:\Program Files\JetBrains\PyCharm”，如图 2.22 所示。单击“Next”按钮，进入创建快捷方式界面。

③ 在创建桌面快捷方式界面（Create Desktop Shortcut）中设置 PyCharm 程序的快捷方式。如果计算机操作系统是 32 位，选择“32-bit launcher”，否则选择“64-bit launcher”。这里的计算机操作系统是 64 位系统，所以选择“64-bit launcher”；接下来设置关联文件（Create Associations），勾选“.py”左侧的复选框，这样以后再打开 .py 文件（.py 文件是 python 脚本文件，接下来我们编写的很多程序都是 .py 的）时，会默认调用 PyCharm 打开，如图 2.23 所示。

④ 单击“Next”按钮，进入选择开始菜单文件夹界面，如图 2.24 所示，该界面不用设置，采用默认即可，单击“Install”按钮（安装大概 10min，请耐心等待）。

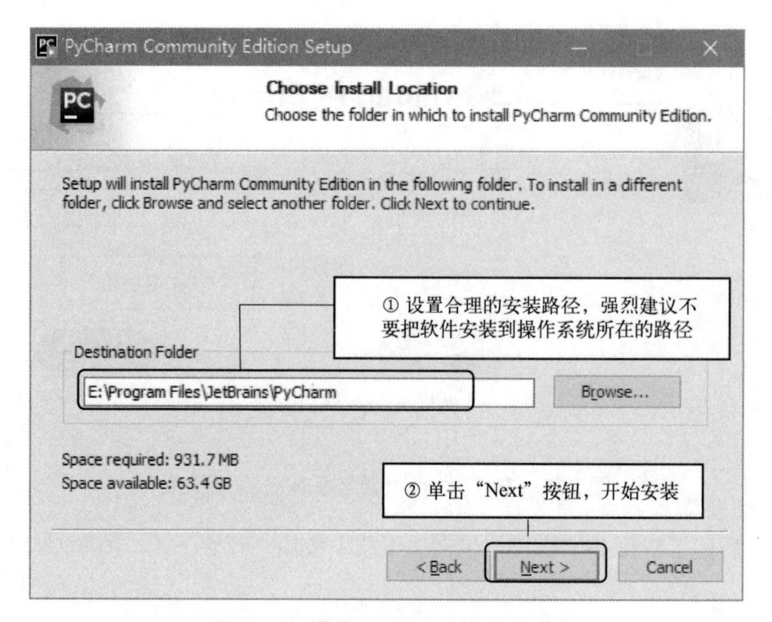

图 2.22　设置 PyCharm 安装路径

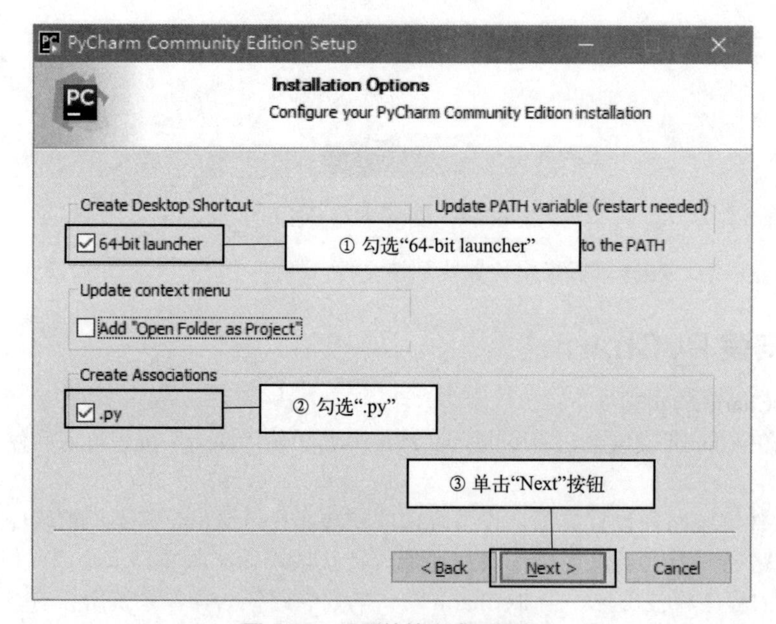

图 2.23　设置快捷方式和关联

⑤ 安装完成后，单击"Finish"按钮，结束安装，如图 2.25 所示。也可以选中"Run PyCharm Community Edition"前面的单选框，单击"Finish"按钮，这样可以直接运行 PyCharm 开发环境。

⑥ PyCharm 安装完成后，会在开始菜单中建立一个文件夹，如图 2.26 所示，单击"JetBrains PyCharm Community Edition..."，启动 PyCharm 程序。另外，快捷打开 PyCharm 的方式是单击桌面快捷方式"PyCharm Community Edition 2021.1.1 x64"，图标如图 2.27 所示。

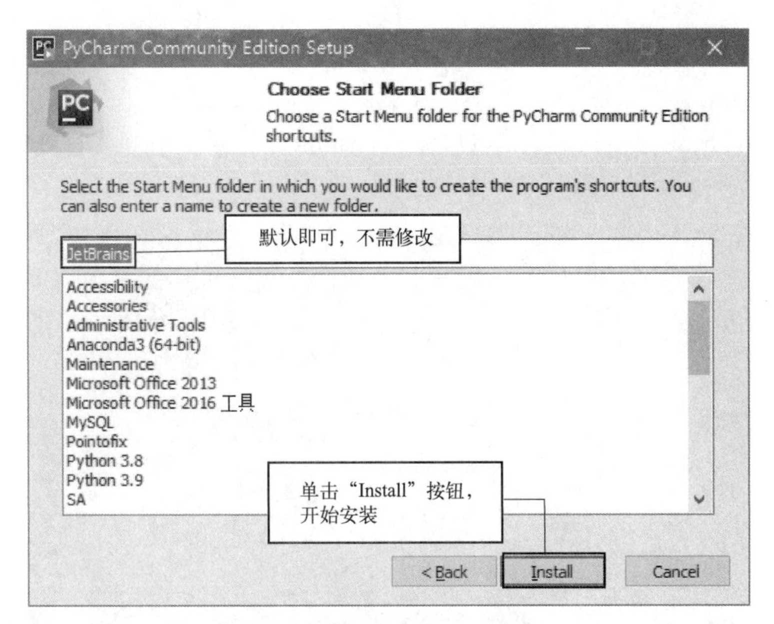

图 2.24　选择开始菜单文件夹界面

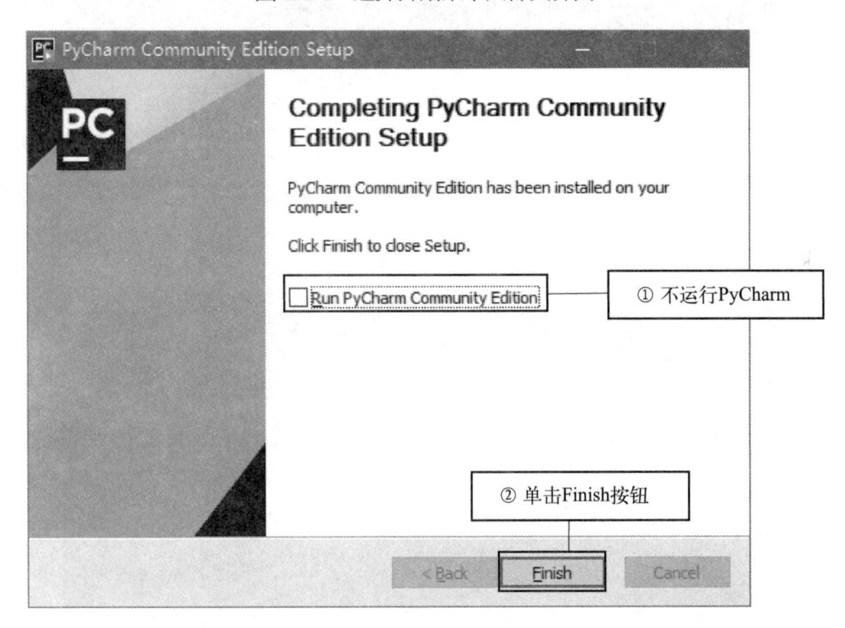

图 2.25　完成安装

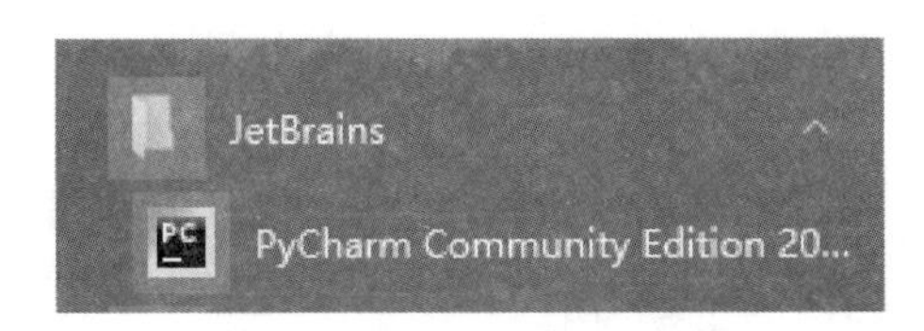

图 2.26　PyCharm 菜单

图 2.27　PyCharm 桌面快捷方式

2.3.3 运行 PyCharm 创建工程

运行 PyCharm 开发环境并创建工程，具体步骤如下：

① 单击 PyCharm 桌面快捷方式，启动 PyCharm 程序，在左侧列表中选择“Projects”，然后单击“New Project”，如图 2.28 所示，创建一个新的工程文件。

图 2.28　创建新的工程文件

② PyCharm 会自动为新的工程文件设置一个存储路径。为了更好地管理工程，最好设置一个容易管理的存储路径，可以在存储路径输入框直接输入工程文件放置的存储路径，也可以通过单击右侧的存储路径选择按钮，打开路径选择对话框进行选择（存储路径不能为已经设置的 Python 存储路径），其他采用默认，如图 2.29 所示。

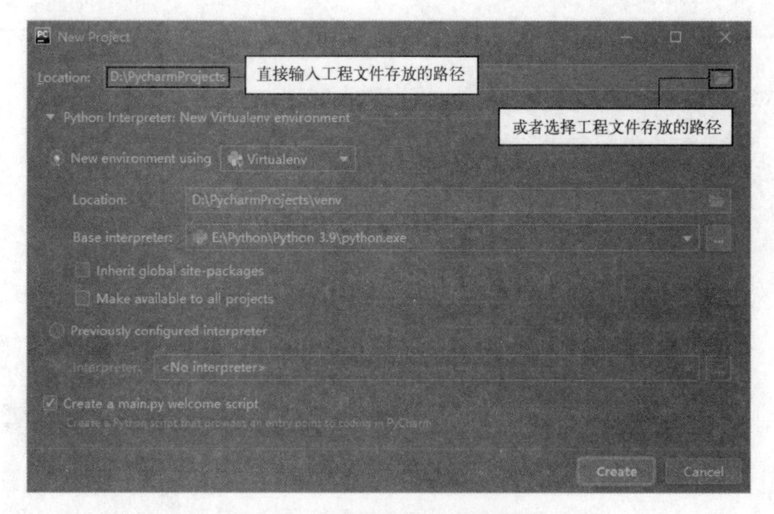

图 2.29　设置 Python 存储路径

创建工程文件前，必须保证安装Python，否则创建PyCharm工程文件时会出现“Interpreter field is empty.”提示，并且“Create”按钮不可用。

③ 单击“Create”按钮，即可创建一个工程，并且打开如图 2.30 所示的工程列表。

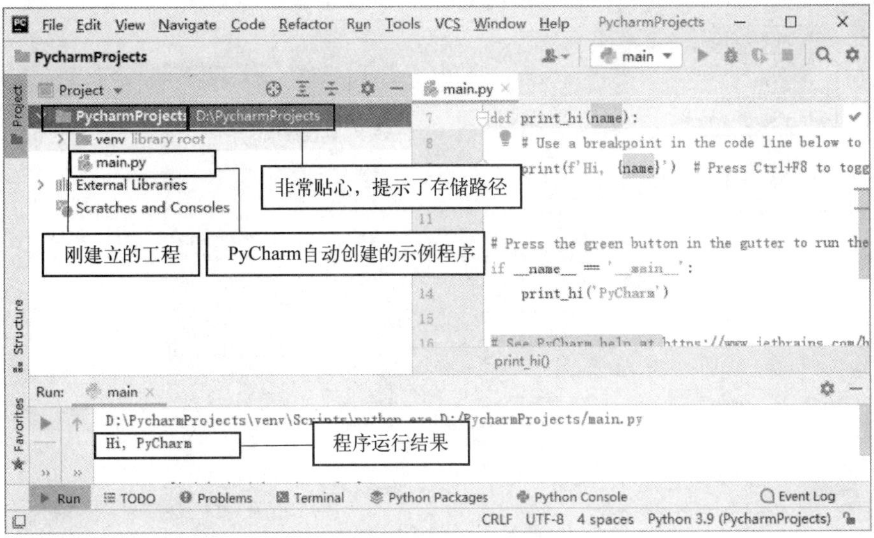

图 2.30　工程列表

④ 程序初次启动时会显示“每日一贴”窗口，每次提供一个 PyCharm 功能的小贴士。如果要关闭“每日一贴”功能，可以将显示“每日一贴”的复选框勾选掉，单击“Close”按钮即可关闭“每日一贴”，如图 2.31 所示。如果关闭“每日一贴”后，想要再次显示“每日一贴”，可以在 PyCharm 开发环境的菜单中依次选择“Help”→“tip of the day”菜单项，启动“每日一贴”窗口。

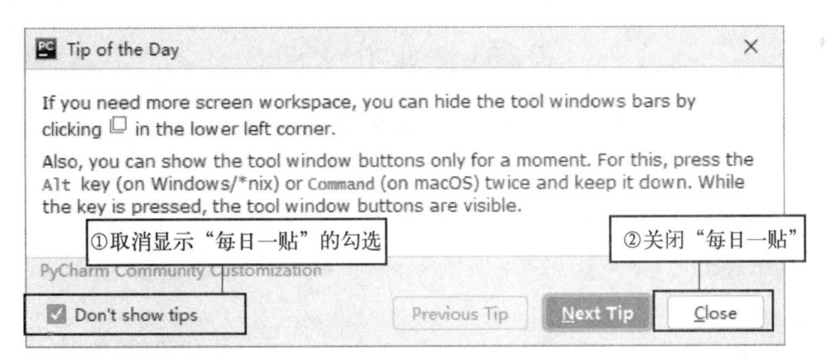

图 2.31　PyCharm“每日一贴”

2.3.4　第一个 Python 程序“Hello World!”

通过前面的学习已经学会如何启动 PyCharm 开发环境，接下来在该环境中编写“Hello World！”程序，具体步骤如下：

① 右键单击新建好的“PycharmProjects”项目，在弹出的菜单中选择“New”→“Python File”菜单项（注意：一定要选择 Python File 项，这个至关重要，否则后续无法学习），如图 2.32 所示。

② 在新建文件对话框输入要创建的 Python 文件名“first”，双击“Python file”选项，如图 2.33 所示，完成新建 Python 文件工作。

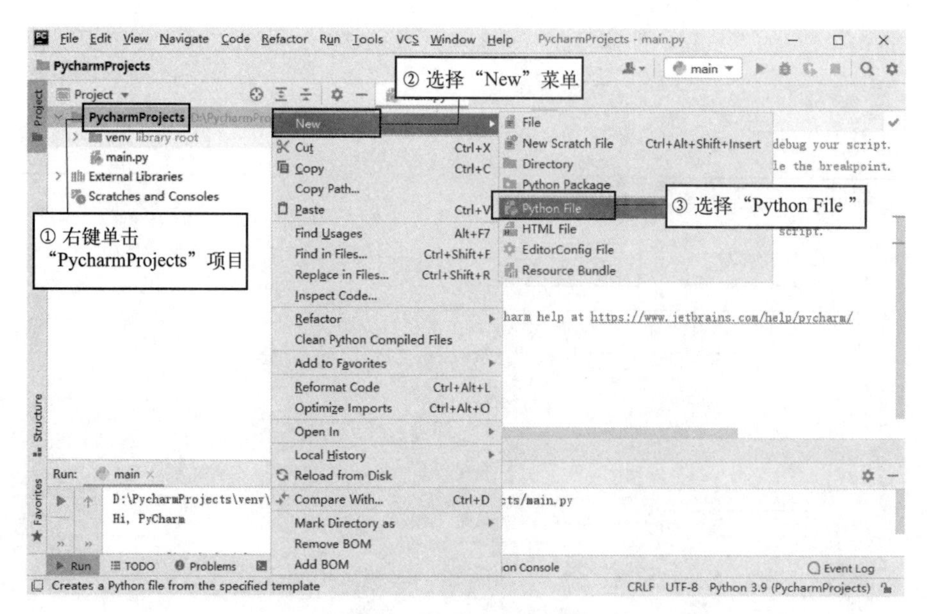

图 2.32　新建 Python 文件

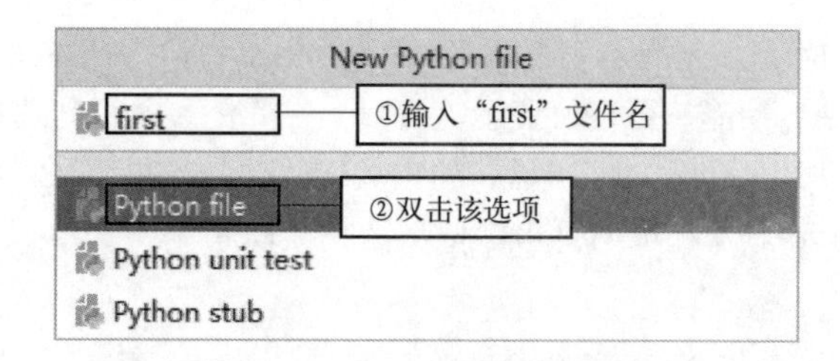

图 2.33　新建文件对话框

③ 在新建文件的代码编辑区输入代码 "print ("Hello World!")"，如图 2.34 所示。

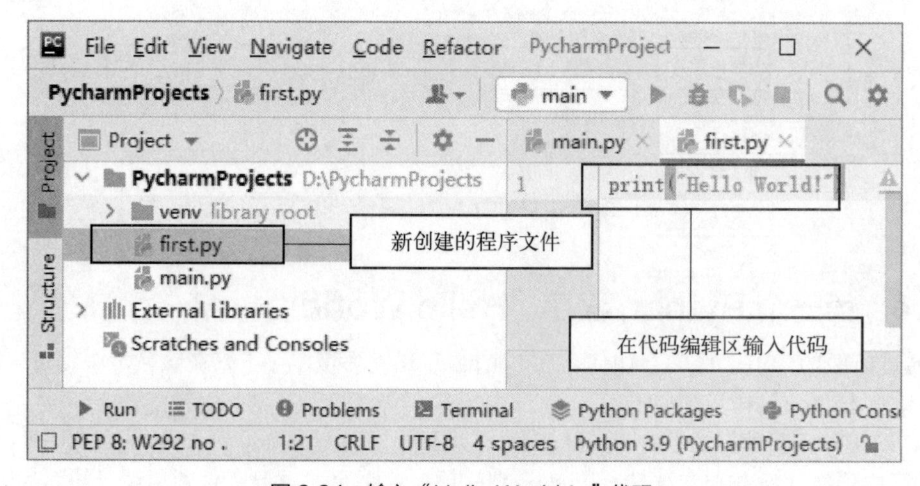

图 2.34　输入 "Hello World！ " 代码

④ 在代码编辑区中，单击鼠标右键，在弹出的快捷菜单中选择 "Run..." 菜单项，运行程序，如图 2.35 所示。

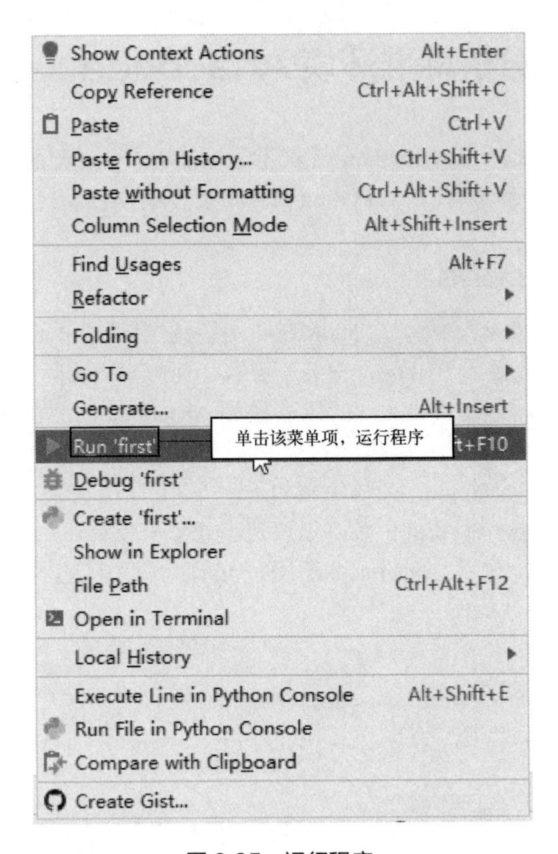

图 2.35　运行程序

⑤ 如果程序代码没有错误，将显示运行结果，如图 2.36 所示。

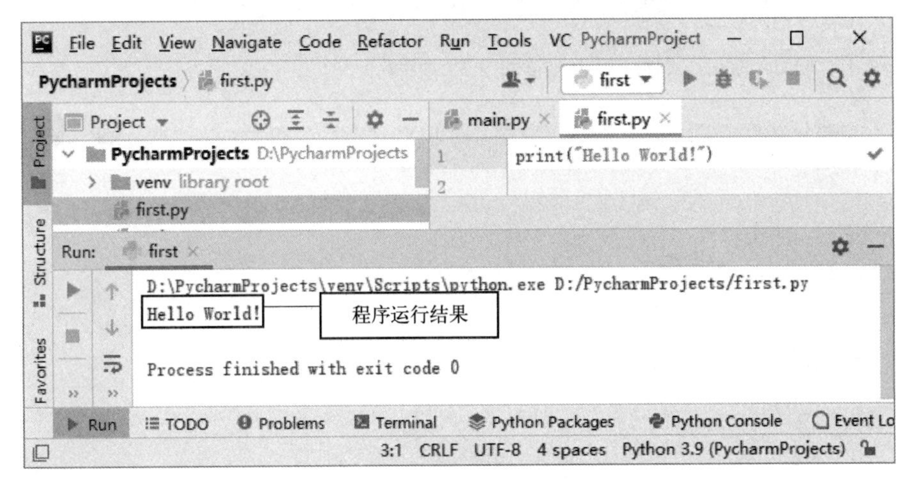

图 2.36　程序运行结果

在编写程序时，有时代码下面还弹出黄色的小灯泡，它是用来干什么的？其实程序没有错误，只是PyCharm对代码提出的一些改进建议或提醒，如添加注释、创建使用源等。显示黄色灯泡不会影响到代码的运行结果。

2.4 数据分析标准环境 Anaconda

Anaconda 是适合数据分析的 Python 开发环境，它是一个开源的 Python 发行版本，其中包含了 conda（包管理和环境管理）、Python 等 180 多个科学包及其依赖项。

2.4.1 下载 Anaconda

Anaconda 的下载文件比较大（约 500MB），因为它附带了 Python 中最常用的数据科学包。如果计算机上已经安装了 Python，安装不会有任何影响。实际上，脚本和程序使用的默认 Python 是 Anaconda 附带的 Python，所以安装完 Anaconda 已经自带安装好了 Python，无须另外安装。

下面介绍如何下载 Anaconda，具体步骤如下：

① 首先查看计算机操作系统的位数，以决定下载哪个版本。

② 下载 Anaconda。进入 Anaconda 官网，在菜单栏中选择安装 Anaconda 个人版 Individual Edition 菜单项，如图 2.37 所示。

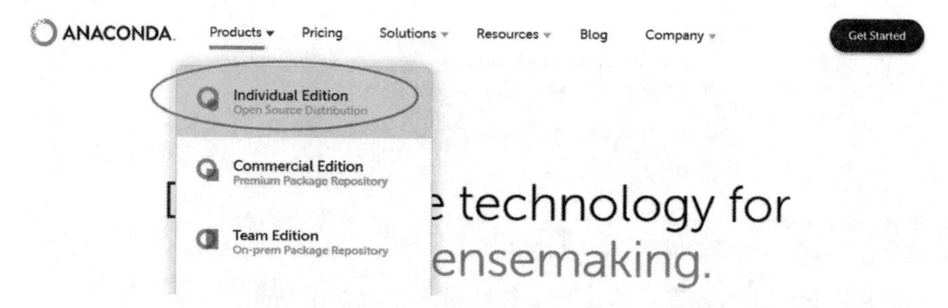

图 2.37　选择安装 Anaconda 个人版 Individual Edition 菜单项

③ 单击“Download”下载按钮，如图 2.38 所示。

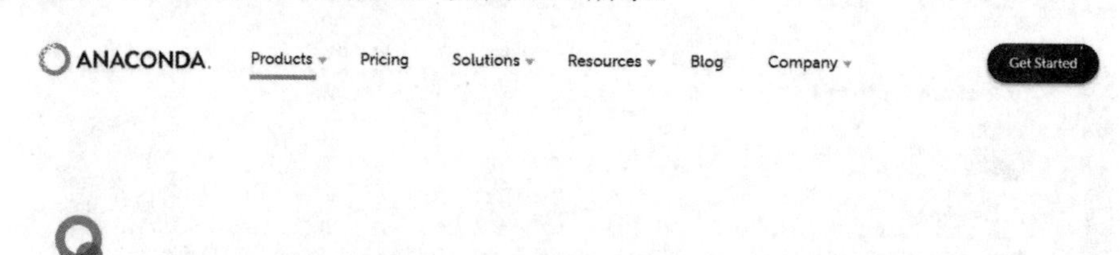

图 2.38　单击“Download”下载按钮

④ 根据计算机配置选择相应的操作系统（Windows/macOS/Linux），我们选择“Windows”，同时 Python 版本为 Python 3.8，另外，注意选择与本机操作系统相同的位数，如图 2.39 所示。

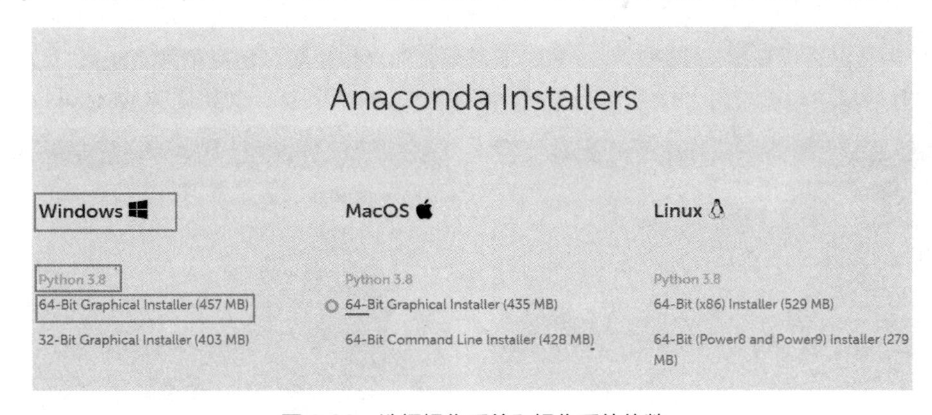

图 2.39　选择操作系统和操作系统位数

⑤ 开始下载 Anaconda，此时会弹出“新建下载任务”窗口，指定下载文件的保存位置，单击“下载”按钮，如图 2.40 所示，开始下载。

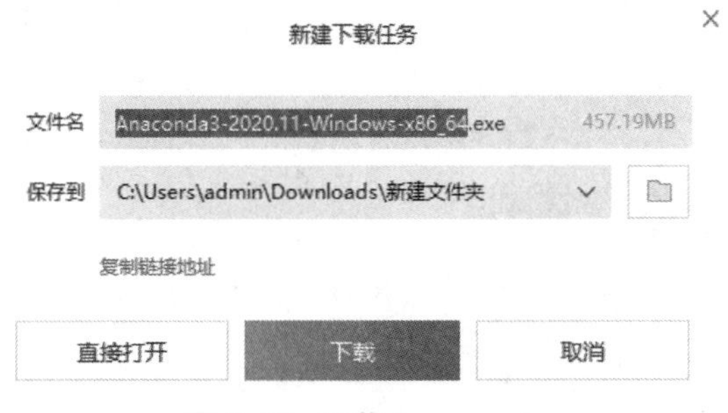

图 2.40　下载 Anaconda

2.4.2　安装 Anaconda

下载完成后，开始安装 Anaconda，具体步骤如下：

① 如果是 Windows 10 操作系统，注意在安装 Anaconda 软件的时候，鼠标右键单击“安装软件”→选择“以管理员的身份运行”，如图 2.41 所示。

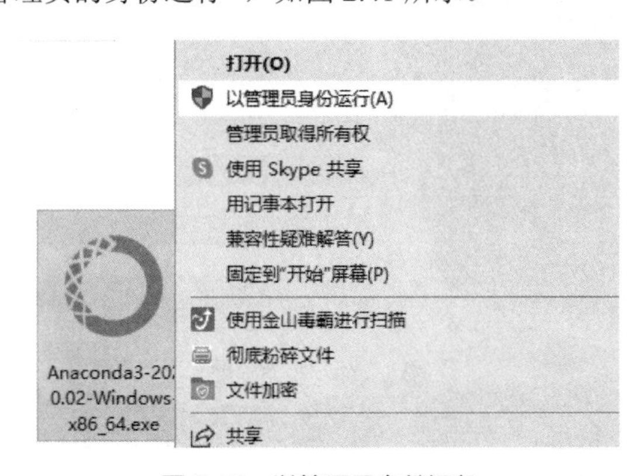

图 2.41　以管理员身份运行

② 单击“Next”下一步按钮。

③ 单击“I Agree”按钮接受协议，选择安装类型，如图 2.42 所示，然后单击“Next”按钮。

④ 安装路径选择默认路径即可，暂时不需要添加环境变量，然后单击“Next”按钮，在弹出的对话框中勾选如图 2.43 所示的选项，单击“Install”按钮，开始安装 Anaconda。

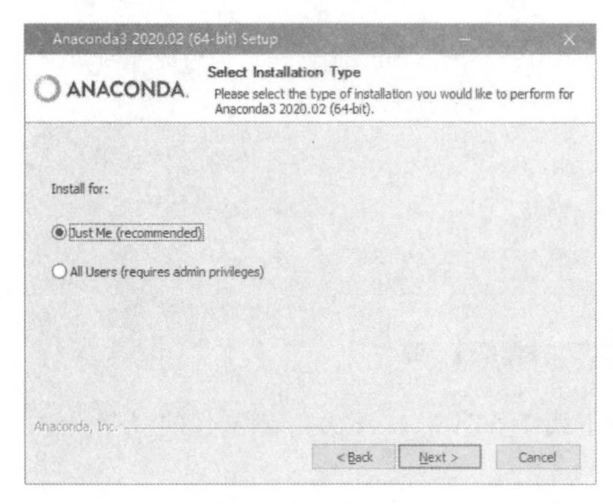

图 2.42 选择安装类型

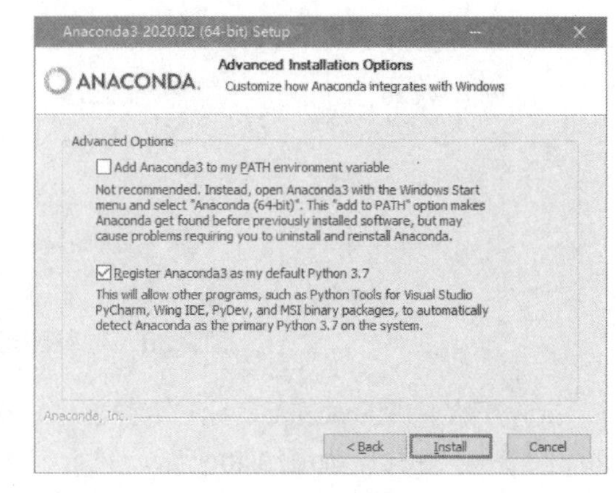

图 2.43 安装选项

⑤ 等待安装完成后，继续单击“Next”按钮，之后的操作都是如此。安装完成后，系统开始菜单会显示增加的程序，如图 2.44 所示，这就表示 Anaconda 已经安装成功了。

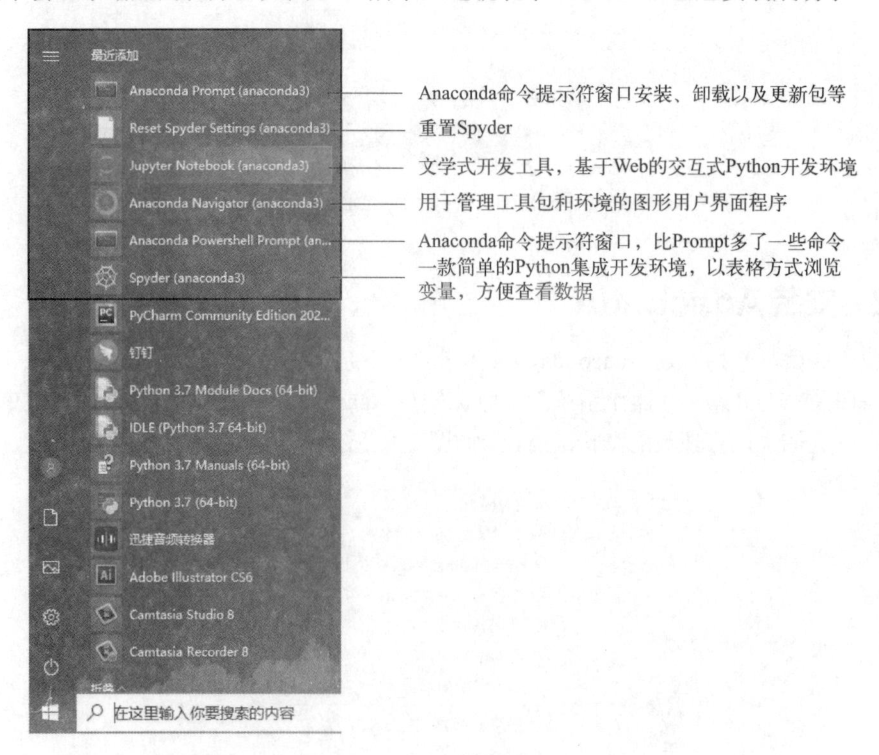

图 2.44 安装完成

⑥ 单击 Jupyter Notebook，会弹出一个黑框，如图 2.45 所示，之后会打开如图 2.46 所示的界面，这说明环境已经配置好了。

图 2.45　准备运行 Jupyter Notebook

图 2.46　Jupyter Notebook 界面

2.5　Jupyter Notebook 开发工具

2.5.1　认识 Jupyter Notebook

Jupyter Notebook 是一款在线编辑器、Web 应用程序，它可以在线编写代码，创建和共享文档，支持实时编写代码、数学方程式、说明文本和可视化数据分析图表。

Jupyter Notebook 的用途包括数据清理、数据转换、数值模拟、统计建模、机器学习等。目前，数据挖掘领域中最热门的比赛 Kaggle（举办机器学习竞赛、托管数据库、编写和分享代码的平台）里的资料都是 Jupyter 格式。对于机器学习新手来说，学会使用 Jupyter Notebook 非常重要。

下面为笔者使用 Jupyter Notebook 分析的天气数据，效果如图 2.47 所示。

从图 2.47 可以看出，Jupyter Notebook 将编写的代码、说明文本和可视化数据分析图表组合在一起并同时显示出来，非常直观，而且还支持导出各种格式，如 HTML、PDF、Python 等格式。

2.5.2　新建一个 Jupyter Notebook 文件

在系统开始菜单的搜索框输入 Jupyter Notebook（不区分大小写），运行 Jupyter Notebook，新建一个 Jupyter Notebook 文件，单击右上角的“New”按钮，由于我们创建的是 Python 文件，因此选择 Python 3，如图 2.48 所示。

2.5.3　在 Jupyter Notebook 中编写“Hello World”

上一节我们已经创建好了文件，下面开始编写代码。文件创建完成后会打开如图 2.49 所示的窗口，在代码框中输入代码，如 print(‘Hello World’)，效果如图 2.50 所示。

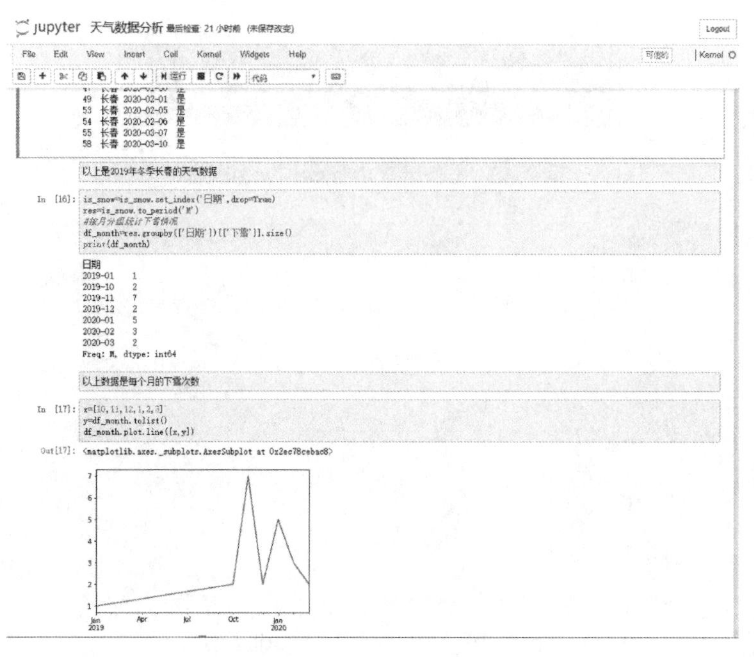

图 2.47 Jupyter Notebook 中编写代码

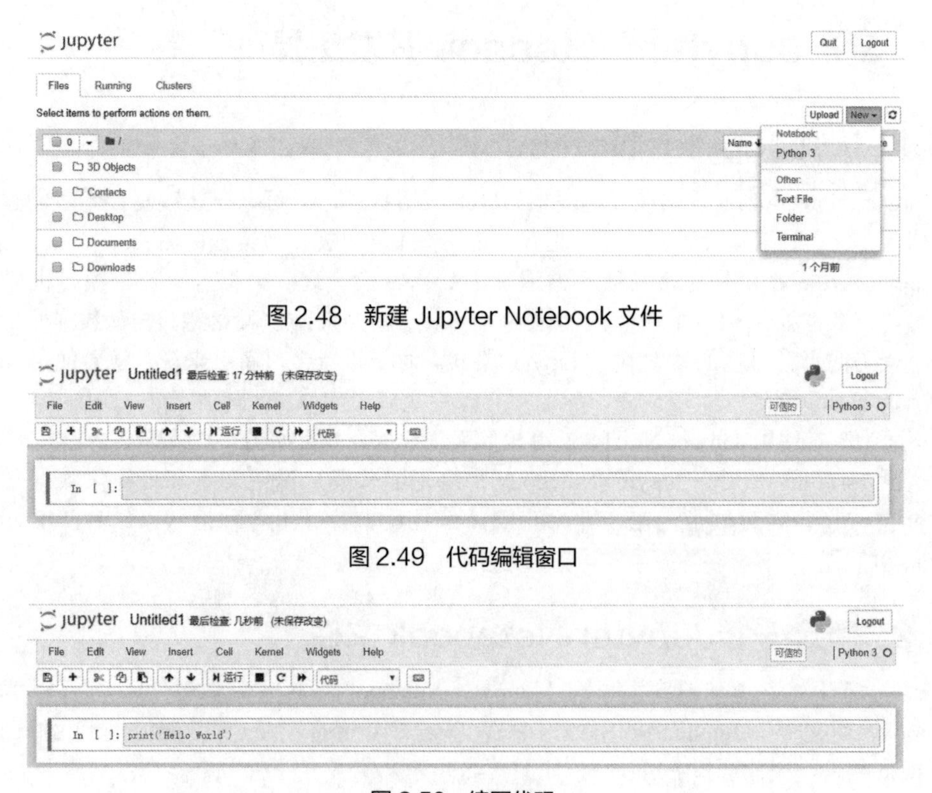

图 2.48 新建 Jupyter Notebook 文件

图 2.49 代码编辑窗口

图 2.50 编写代码

☑ 运行程序

单击“运行”按钮或者使用快捷键 Ctrl+Enter 组合键，然后输出“Hello World”，效果如图 2.51 所示，这就表示程序运行成功了。

图 2.51　运行程序

☑　重命名 Jupyter Notebook 文件

例如，命名为“hello world”，首先单击 File 菜单选择“Rename”菜单项，如图 2.52 所示，在打开的“重命名”窗口中输入文件名，如图 2.53 所示，单击“重命名”按钮即可。

图 2.52　重命名菜单　　　　图 2.53　重命名

☑　保存 Jupyter Notebook 文件

最后一步保存 Jupyter Notebook 文件，也就是保存程序。常用格式有两种，一种是 Jupyter Notebook 的专属格式，另一种是 Python 文件。

Jupyter Notebook 的专属格式：单击 File 菜单选择“Save and Checkpoint”菜单项，将 Jupyter Notebook 文件保存在默认路径下，文件格式默认为 ipynb。

Python 格式：它是我们常用的文件格式。单击 File 菜单选择“Download as”菜单项，在弹出的子菜单中选择“Python(.py)”，如图 2.54 所示，打开“新建下载任务”窗口，此处选择文件保存路径，如图 2.55 所示，单击“下载”按钮，即可将 Jupyter Notebook 文件保存为 Python 格式，并保存在指定路径下。

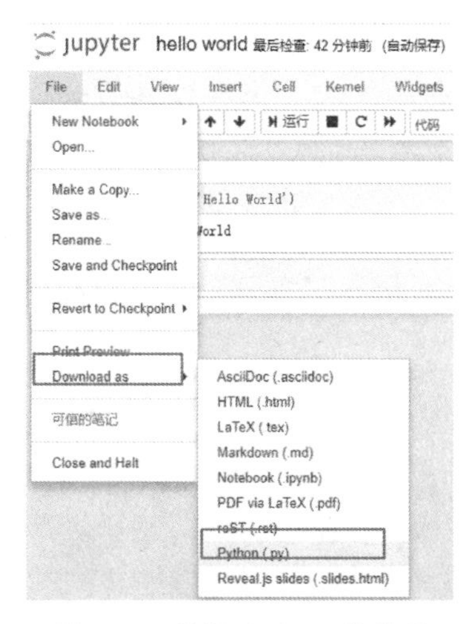

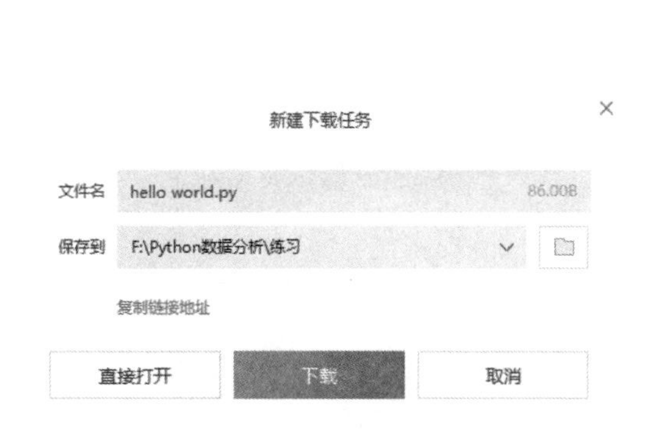

图 2.54　选择 Python 菜单项　　　　图 2.55　指定保存路径

小结

本章介绍了诸多款开发工具，如 Python 自带的 IDLE、集成开发环境 PyCharm，适合数据分析的标准环境 Anaconda 和 Jupyter Notebook 开发工具。但是，这里建议大家有选择性地学习，对于初学者来说，学会使用 Python 自带的 IDLE 和集成开发环境 PyCharm 即可。由于本书采用的开发环境是 PyCharm，所以建议首先学习 PyCharm，对于其他开发工具先了解即可。

第3章 绘图基础之海龟绘图 Turtle

海龟绘图是 Python 内置的一个比较有趣的模块。它提供了一些简单的绘图方法，对于初学者很轻松就能编写出很多有趣的实例。本章将主要介绍海龟绘图的基础知识，并通过它实现绘制简单的图形和柱形图实例。

3.1 认识海龟绘图

海龟绘图是 Python 内置的一个比较有趣的模块，模块名称为 Turtle。它最初源于 20 世纪 60 年代的 Logo 语言，之后成了 Python 的内置模块。

海龟绘图提供了一些简单的绘图方法，可以根据我们编写的控制指令（代码），让一个“海龟”在屏幕上来回移动，而且在它爬行的路径上还绘制了图形。通过海龟绘图，不仅可以在屏幕上绘制图形，还可以看到整个绘制过程。

3.1.1 Turtle 模块

海龟绘图是 Python 内置的模块，在使用前需要导入该模块，可以使用以下几种方法导入。

☑ 直接使用 import 语句导入海龟绘图模块，代码如下：

```
import turtle
```

通过该方法导入后，需要通过模块名来使用其中的方法、属性等。

☑ 在导入模块时为其指定别名，代码如下：

```
import turtle as t
```

通过该方法导入后，可以通过模块别名 t 来使用其中的方法、属性等。

☑ 通过 from…import 导入海龟绘图模块的全部定义，代码如下：

```
from turtle import *
```

通过该方法导入后，可以直接使用其中的方法、属性等。

3.1.2 海龟绘图的坐标系

在学习海龟绘图之前，需要先了解海龟绘图的坐标系。海龟绘图采用的是平面坐标系，即画布（窗口）的中心为原点（0，0），横向为*x*轴，纵向为*y*轴。*x*轴控制水平位置，*y*轴控制垂直位置。例如，一个400×320的画布，对应的坐标系如图3.1所示。

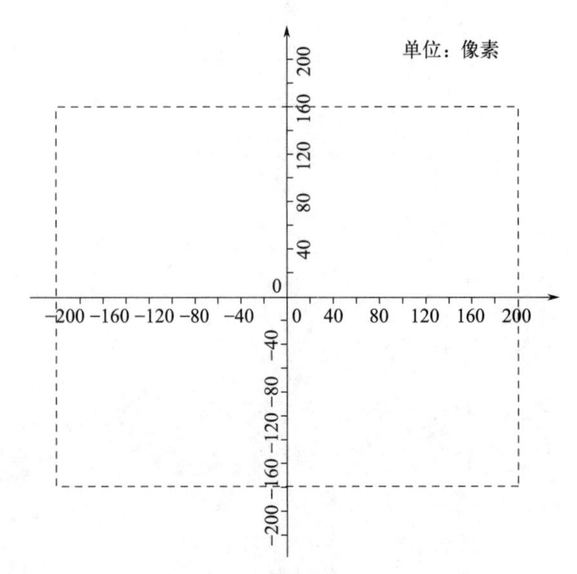

图3.1　海龟绘图坐标系

在图3.1中，虚线框为画布大小。海龟活动的空间为虚线框以内。即*x*轴的移动区间为−200~200；*y*轴的移动区间为−320~320。同数学中一样，表示海龟所在位置（即某一点）的坐标为（*x*, *y*）。

3.1.3 海龟绘图的关键要素

采用海龟绘图有3个关键要素，即方向、位置和画笔。在进行海龟绘图时，主要就是控制这些要素来绘出我们想要的图形。下面分别进行介绍。

☑ 方向

在进行海龟绘图时，方向主要用于控制海龟的移动方向。主要有以下两个方法进行设置。

- left()/lt() 方法：让海龟左转（逆时针）指定度数。
- right()/rt() 方法：让海龟右转（顺时针）指定度数。
- setheading()/seth() 方法：设置海龟的朝向为0（东）、90（北）、180（西）或270（南）。

☑ 位置

在进行海龟绘图时，位置主要用于控制海龟移动的距离。主要有以下5个方法进行设置。

- forward(distance)：让海龟向前移动指定距离，参数distance为有效数值。
- backward(distance)：让海龟向后退指定距离，参数distance为有效数值。
- goto(x,y)：让海龟移动到画布中的特定位置，即坐标（*x*,*y*）所指定的位置。
- setx(x)：设置海龟的横坐标到*x*，纵坐标不变。
- sety(y)：设置海龟的纵坐标到*y*，横坐标不变。
- home()：海龟移至初始坐标(0,0)，并设置朝向为初始方向。

☑ 画笔

在进行海龟绘图时，画笔就相当于现实生活中绘图所用的画笔。在海龟绘图中，通过画笔可以控制线条的粗细、颜色和运动的速度。关于画笔的详细介绍请参见3.3节。

3.1.4 绘制第一幅图

下面我们就来绘制第一只海龟，以此来了解海龟绘图的基本步骤。

实例 3.1　绘制一只向前爬行的小海龟（实例位置：资源包\Code\03\01）

创建一个Python文件，在该文件中，首先导入turtle模块，然后通过RawTurtle类的子类Turtle（别名为Pen）创建一只小海龟并命名，再调用forward()方法向前移动200像素。

程序代码如下：

```
01 import turtle                  # 导入海龟绘图模块
02 t = turtle.Turtle()            # 创建一只小海龟，命名为 t
03 t.forward(200)                 # 向前爬行 200 像素
04 turtle.done()                  # 海龟绘图程序的结束语句（开始主循环）
```

在上面的代码中，第2行代码也可替换为：“t = turtle.Pen()”；最后一行也可以替换为“turtle.mainloop()”。

运行程序，在打开的窗口中，可以看见一个箭头从屏幕中心的位置向右移动，并且留下一条 200 像素的线，效果如图 3.2 所示。

在图 3.2 中，并没有一只海龟，这是因为海龟绘图默认情况下，光标形状为箭头，可以通过海龟的 shape() 方法进行修改。如果想要修改为海龟形状，可以在实例 3.1 的代码中添加以下代码：

```
t.shape('turtle')    # 设置为海龟形状
```

再次运行程序，将显示如图 3.3 所示的效果，其中的箭头变为一只小海龟。

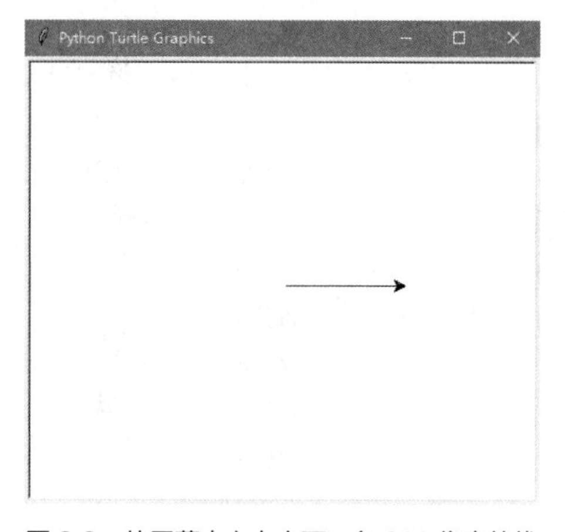

图 3.2　从屏幕中心向右画一条 200 像素的线

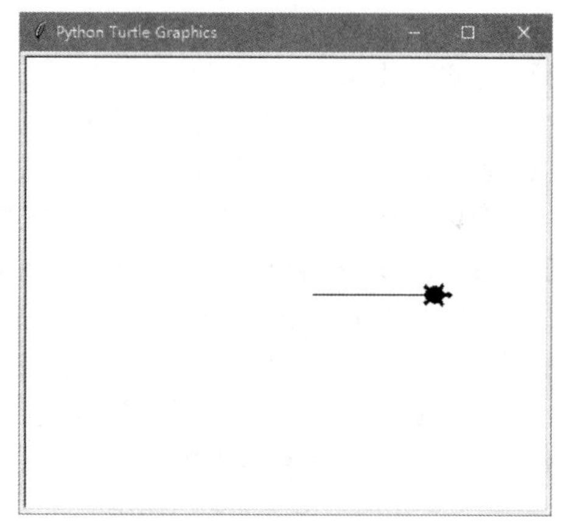

图 3.3　改变光标的形状

如果在屏幕上只需要有一只小海龟，那么也可以不创建海龟对象，直接使用turtle作为海龟对象即可。例如，实例3.1的代码也可以修改为以下代码：

```
01 turtle.forward(100)            # 向前爬行 100 像素
02 turtle.shape('turtle')         # 设置为海龟形状
03 turtle.done()                  # 海龟绘图程序的结束语句（开始主循环）
```

另外，在 3.1.1 节介绍导入 turtle 模块的几种方法时，介绍了通过 from…import 语句导入全部定义。通过该方法导入模块后，如果屏幕中只有一只海龟，则可以将代码简化为以下内容：

```
01 from turtle import *                # 导入海龟绘图的全部定义
02 forward(100)                        # 向前爬行 100 像素
03 shape('turtle')                     # 设置为海龟形状
04 turtle.done()                       # 海龟绘图程序的结束语句（开始主循环）
```

3.2 窗口控制

海龟绘图窗口就是运行了导入 turtle 模块并调用了绘图方法的 Python 文件后，打开的窗口。该窗口默认的宽度为屏幕的 50%，高度为屏幕的 75%，背景为白色，位于屏幕的中心位置。在绘图时，我们可以设置它的大小、颜色和初始位置等。另外，也可以设置它的标题、背景颜色、背景图片等。下面分别进行介绍。

3.2.1 设置窗口的尺寸和初始位置

在海龟绘图中，提供了 setup() 方法设置海龟绘图窗口的尺寸、颜色和初始位置。setup() 方法的语法格式如下：

```
turtle.setup(width="width", height="height", startx="leftright", starty="topbottom")
```

参数说明：

☑ width：设置窗口的宽度，可以是表示大小为多少像素的整型数值，也可以是表示屏幕占比的浮点数值；默认为屏幕的 50%。

☑ height：设置窗口的高度，可以是表示大小为多少像素的整型数值，也可以是表示屏幕占比的浮点数值；默认为屏幕的 50%。

☑ startx：设置窗口的 *x* 轴位置，设置为正值，表示初始位置距离屏幕左边缘多少像素，负值表示距离右边缘多少像素，None 表示窗口水平居中。

☑ starty：设置窗口的 *y* 轴位置，设置为正值，表示初始位置距离屏幕上边缘多少像素，负值表示距离下边缘多少像素，None 表示窗口垂直居中。

例如，设置窗口宽度为 400，高度为 300，距离屏幕左边缘 50 像素，上边缘 30 像素，代码如下：

```
turtle.setup(width=400, height=300, startx=50, starty=30)
```

再例如，设置宽度和高度都为屏幕的 50%，并且位于屏幕中心，代码如下：

```
turtle.setup(width=.5, height=.5, startx=None, starty=None)
```

3.2.2 设置窗口标题

海龟绘图的主窗口默认的标题为“Python Turtle Graphics”。可以通过 title() 方法为其设置新的标题。title() 方法的语法如下：

```
turtle.title(titlestring)
```

其中，titlestring 参数用于指定标题内容。

例如，将海龟绘图窗口的标题设置为“绘制第一只海龟”，代码如下：

```
turtle.title('绘制第一只海龟')
```

运行结果如图 3.4 所示。

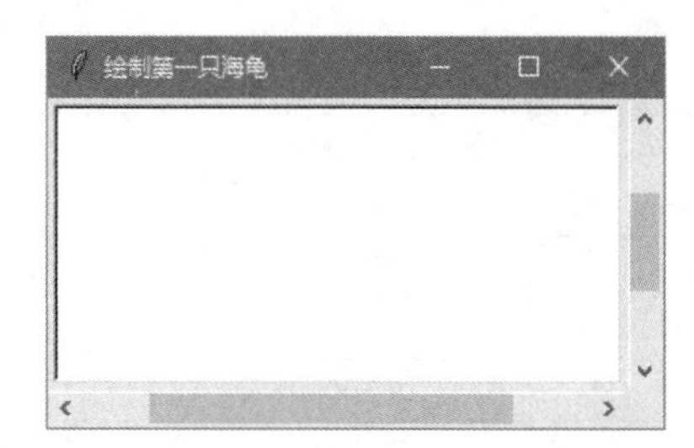

图 3.4　设置窗口的标题

3.2.3　设置窗口的背景颜色

海龟绘图的主窗口默认的背景颜色为白色，通过 bgcolor() 方法可以改变其背景颜色。bgcolor() 方法的语法格式如下：

```
turtle.bgcolor(*args)
```

args 参数为可变参数，可以是一个颜色字符串（可以使用英文颜色或者十六进制颜色值，常用的颜色字符串如表 3.1 所示），也可以是 3 个取值范围在 0~cmode 之间的数值（如 1.0，0.5，0.5，分别代表 r，g，b 的值），还可以是一个取值范围相同的包括 3 个数值元素（取值范围在 0~cmode）的元组［如 (1.0，0.5，0.5)，分别代表 r，g，b 的值］。

cmode 为颜色模式，其值为数值 1.0 或 255。海龟绘图默认为 1.0。如果想要设置为 255，可以通过以下代码设置：

```
turtle.colormode(255)
```

执行上面代码后，cmode 的值为 255，此时 args 参数可以设置为“(192,255,128)”或者“192,255,128”。

表 3.1　常用的颜色字符串

中文颜色	英文颜色	十六进制颜色值	255 模式颜色值	1.0 模式颜色值
浅粉色	lightpink	#FFB6C1	255,182,193	1.0,0.73,0.75
粉红色	pink	#FFC0CB	255,192,203	1.0,0.75,0.79
深粉色	deeppink	#FF1493	255,20,147	1.0,0.07,0.57
紫色	purple	#800080	128,0,128	0.5,0,0.5
纯蓝色	blue	#0000FF	0,0,255	0,0,1
宝蓝色	royalblue	#4169E1	65,105,225	0.25,0.4,0.88
天蓝色	skyblue	#87CEEB	135,206,235	0.53,0.8,0.92
浅蓝色	lightblue	#ADD8E6	173,216,230	0.67,0.79,0.9

续表

中文颜色	英文颜色	十六进制颜色值	255 模式颜色值	1.0 模式颜色值
蓝绿色	cyan	#00FFFF	0,255,255	0,1,1
墨绿色	darkslategray	#2F4F4F	47,79,79	0.18,0.31,0.31
淡绿色	lightgreen	#90EE90	144,238,144	0.56,0.93,0.56
绿黄色	lime	#00FF00	0,255,0	0,1,0
纯绿色	green	#008000	0,128,0	0,0.5,0
纯黄色	yellow	#FFFF00	255,255,0	1,1,0
金色	gold	#FFD700	255,215,0	1,0.84,0
橙色	orange	#FFA500	255,165,0	1,0.65,0
纯红色	red	#FF0000	255,0,0	1,0,0
浅灰色	lightgray	#D3D3D3	211,211,211	0.83,0.83,0.83
灰色	gray	#808080	128,128,128	0.5,0.5,0.5
纯黑色	black	#000000	0,0,0	0,0,0
纯白色	white	#FFFFFF	255,255,255	1,1,1

例如，设置窗口背景颜色为淡绿色，可以使用下面的代码：

```
turtle.bgcolor('lightgreen')
```

或者

```
turtle.bgcolor(0.56,0.93,0.56)
```

再或者

```
05 turtle.colormode(255)    # 设置颜色模式
06 turtle.bgcolor(144,238,144)
```

3.2.4 设置窗口的背景图片

在海龟绘图中，可以使用 bgpic() 方法为窗口设置指定的图片作为背景。bgpic() 方法的语法如下：

```
turtle.bgpic(picname=None)
```

其中，picname 参数用于指定背景图片的路径。可以使用相对路径或者绝对路径。例如，将要作为背景的图片放置在与 Python 文件相同的目录下，名称为 mrbg.png，那么可以使用下面的代码将其设置为窗口的背景。

```
turtle.bgpic('mrbg.png')
```

效果如图 3.5 所示。

图 3.5 为窗口设计背景图片

3.2.5　清空屏幕上的绘图

在海龟绘图中，清空屏幕上绘图主要有 3 个方法。下面分别进行介绍。

☑　reset() 方法

reset() 方法用于复位绘图，即删除屏幕中指定海龟的绘图，并且让该海龟回到原点并设置所有变量为默认值。

例如，要删除屏幕上名称为 t_ufo 的海龟的绘图，并让它回到原点，可以使用以下代码：

```
turtle.reset()
```

☑　clear() 方法

clear() 方法用于从屏幕中删除指定海龟的绘图，不移动海龟。海龟的状态和位置以及其他海龟的绘图不受影响。

例如，要删除屏幕上名称为 t_ufo 的海龟的绘图，并让它在原地不动，可以使用以下代码：

```
turtle.clear()
```

☑　clearscreen() 方法

clearscreen() 方法不仅会清空绘图，也清空背景颜色及图片，并且海龟会回到原点。

例如，要删除屏幕上所有海龟的绘图，并让它回到原点，可以使用以下代码：

```
turtle.clearscreen()
```

clearscreen() 方法清空屏幕时，将海龟窗口重置为初始状态，即白色背景，无背景图片，无事件绑定并启用追踪。

3.2.6　关闭窗口

在海龟绘图中，可以通过 bye() 方法关闭窗口。例如，在绘制图形后，直接关闭当前窗口，代码如下：

```
turtle.bye()
```

在海龟绘图中，也可以使用 exitonclick() 方法实现单击鼠标左键时关闭窗口。

3.3　画笔设置

在窗口中，坐标原点（0,0）的位置默认有一个指向 x 轴正方向的箭头（或小乌龟），这就相当于我们的画笔。在海龟绘图中，通过画笔可以控制线条的粗细、颜色、运动的速度以及是否显示光标等样式。下面分别进行介绍。

3.3.1 画笔初始形状

在海龟绘图中，默认的画笔形状为箭头，可以通过 shape() 方法修改为其他样式。shape() 方法的语法格式如下：

```
turtle.shape(name=None)
```

其中，name 参数为可选参数，用于指定形状名，如没有指定形状名，则返回当前的形状名。常用的形状名有 arrow（向右的等腰三角形）、turtle（海龟）、circle（实心圆）、square（实心正方形）、triangle（向右的正三角形）或 classic（箭头）6 种，如图 3.6 所示。

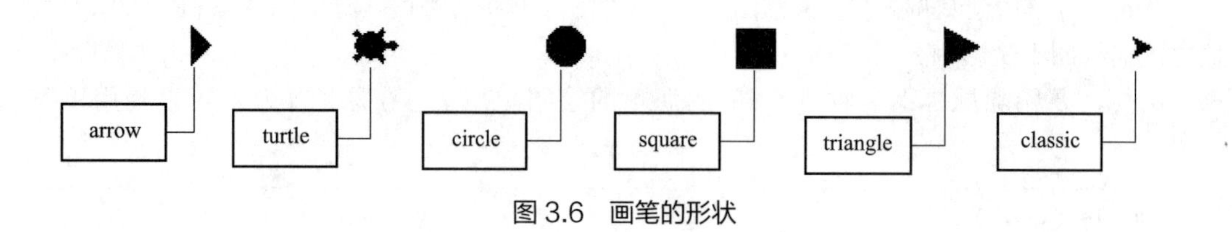

图 3.6　画笔的形状

注意

画笔的样式设置后，如果不改变为其他状态，那么会一直有效。

例如，先获取当前的画笔形状，然后将画笔形状修改为实心圆，再获取画笔的形状，代码如下：

```
01 from turtle import *                        # 导入 turtle 的全部定义
02 print('修改前：',turtle.shape())             # 获取当前画笔形状
03 turtle.shape(name = 'circle')               # 设置当前画笔形状为实心圆
04 print('修改后：',turtle.shape())             # 获取修改后画笔形状
05 turtle.done()                               # 海龟绘图程序的结束语句（开始主循环）
```

运行程序，将显示如图 3.7 所示的效果。

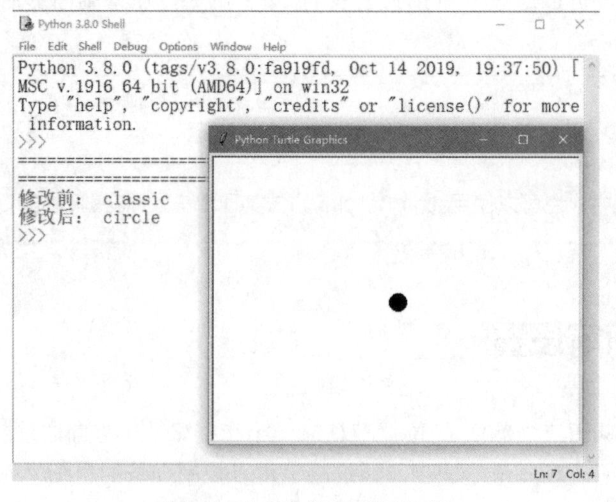

图 3.7　改变并获取画笔的形状

在海龟绘图中，一个画笔形状会跟随海龟光标移动。如果想要在海龟移动过的某个位置留下海龟形状，可以使用 stamp() 方法在当前光标处印制一枚印章，该印章不会跟随海龟光标移动。例如，想要在当前光标位置印制一枚印章，可以使用下面的代码。

```
01 t = turtle.Pen()
02 stampid = t.stamp()
```

3.3.2 设置画笔颜色

在海龟绘图中，画笔的默认颜色为黑色，可以使用 pencolor() 或者 color() 方法修改画笔的颜色。下面分别进行介绍。

☑ pencolor() 方法：用于修改画笔的颜色，同时画笔形状会添加一圈所指定颜色的描述，但是内部还是默认的黑色。pencolor() 方法的语法格式如下：

```
turtle.pencolor(*args)
```

args 参数为可变参数，可以是一个颜色字符串（可以使用英文颜色或者十六进制颜色值，常用的颜色字符串如表 3.1 所示），也可以是 3 个取值范围在 0~cmode 之间的数值（如 1.0,0.5,0.5，分别代表 r,g,b 的值），还可以是一个取值范围相同的包括 3 个数值元素（取值范围在 0~cmode）的元组［如 (1.0,0.5,0.5)，分别代表 r,g,b 的值］。

例如，使用 pencolor() 方法设置画笔颜色为红色，并且让海龟向前移动 100 像素，可以使用下面的代码：

```
03 import turtle                    # 导入海龟绘图模块
04 turtle.pencolor('red')           # 设置画笔颜色
05 turtle.forward(100)              # 向上移动 100 像素
06 turtle.done()                    # 海龟绘图程序的结束语句（开始主循环）
```

或者

```
07 import turtle                    # 导入海龟绘图模块
08 turtle.pencolor(1,0,0)           # 设置画笔颜色
09 turtle.forward(100)              # 向上移动 100 像素
10 turtle.done()                    # 海龟绘图程序的结束语句（开始主循环）
```

再或者

```
11 import turtle                    # 导入海龟绘图模块
12 turtle.colormode(255)            # 设置颜色模式
13 turtle.pencolor(255,0,0)         # 设置画笔颜色
14 turtle.forward(100)              # 向上移动 100 像素
15 turtle.done()                    # 海龟绘图程序的结束语句（开始主循环）
```

运行上面 3 段代码中任何一段，都将显示如图 3.8 所示的结果。

☑ color() 方法：用于获取或修改画笔的颜色，整个画笔的形状均为所设置的颜色。color() 方法的语法格式如下：

```
turtle.color(*args)
```

args 参数值设置与 pencolor() 方法参数值的设置完全相同，这里将不再赘述。也可以设置两种颜色，分别用于指定轮廓颜色和填充颜色。例如，“turtle.color(‘red’ ,’ yellow’)”

表示轮廓颜色为红色，填充颜色为黄色。

例如，使用 color() 方法设置画笔颜色为红色，并且让海龟向前移动 100 像素，可以使用下面的代码：

```
16 import turtle                    # 导入海龟绘图模块
17 turtle.color('red')              # 同时设置画笔和填充色
18 turtle.forward(100)              # 向上移动 100 像素
19 turtle.done()                    # 海龟绘图程序的结束语句（开始主循环）
```

运行结果如图 3.9 所示。对比图 3.8 与图 3.9 可以看出 pencolor() 方法与 color() 方法的区别。

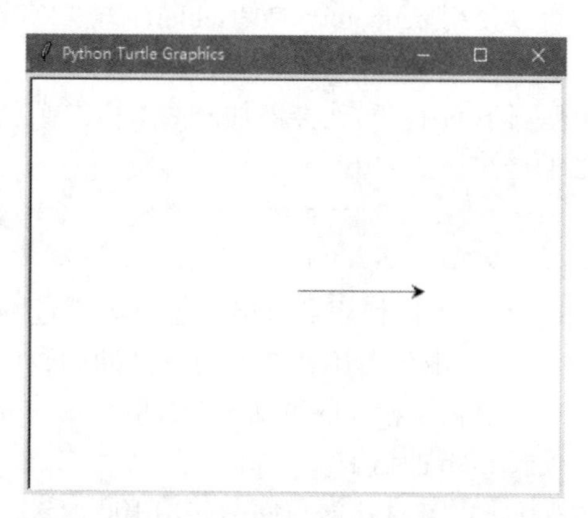

图 3.8　使用 pencolor() 方法设置画笔的颜色

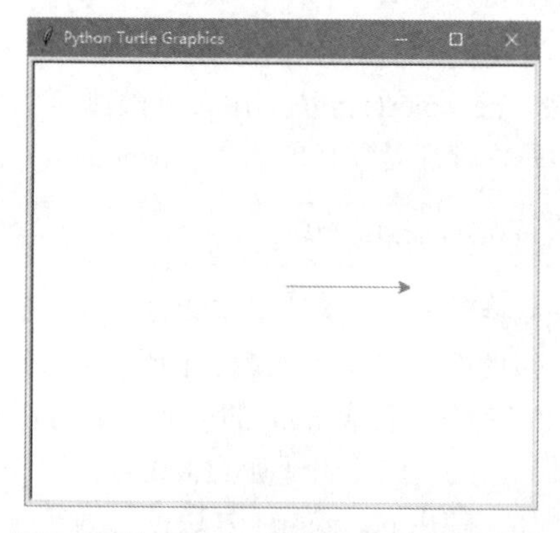

图 3.9　使用 color() 方法设置画笔的颜色

3.3.3　落笔与抬笔

本节我们先来画两条不同颜色的平行线。要实现该功能需要进行以下操作。

设置画笔颜色→绘制第一条直线→向左旋转 90 度→移动一段距离→再向左旋转 90 度→设置画笔颜色→绘制第二条直线。

根据以上分析编写代码如下：

```
20 import turtle                    # 导入海龟绘图模块
21 turtle.color('red')              # 同时设置画笔和填充色
22 turtle.forward(200)              # 向前移动 200 像素
23 turtle.left(90)                  # 逆时针旋转 90 度
24 turtle.forward(30)               # 向前移动 30 像素
25 turtle.left(90)                  # 逆时针旋转 90 度
26 turtle.color('green')            # 同时设置画笔和填充色
27 turtle.forward(200)              # 向前移动 200 像素
28 turtle.done()                    # 海龟绘图程序的结束语句（开始主循环）
```

运行上面的代码，将显示如图 3.10 所示的结果。

从图 3.10 可以看出，并没实现我们想要的绘制两条平行线。这是因为在移动海龟时，默认会留下“足迹”。如果有时只想实现移动，而不想画线，那么需要设置画笔的抬起（简称抬笔）和落下（简称落笔）状态。当抬笔时不画线，落笔时再画线。

☑ 实现抬笔功能时，可以使用下面 3 种方法。

- ➢ turtle.penup()
- ➢ turtle.pu()
- ➢ turtle.up()

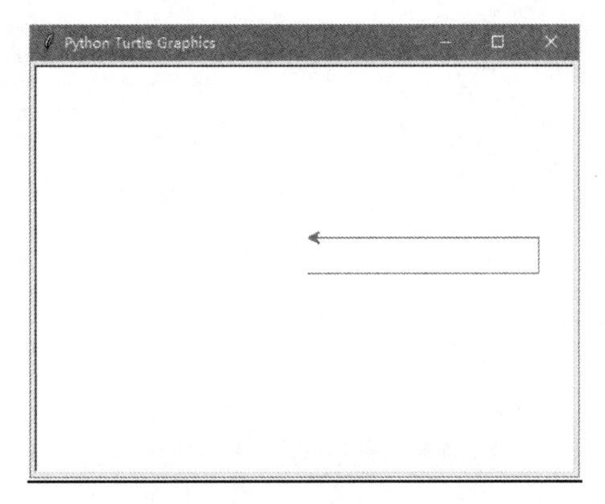

图3.10　绘制两条不同颜色的平行线（未完成）

这三种方法的功能是一样的，使用哪种方法都可以。

☑ 实现落笔功能时，可以使用下面3种方法。

- turtle.pendown()
- turtle.pd()
- turtle.down()

这三种方法的功能是一样的，使用哪种方法都可以。

实例 3.2 绘制两条不同颜色的平行线（实例位置：资源包 \Code\03\02）

首先导入海龟绘图模块，并且设置画笔颜色为红色，然后逆时针旋转 90°，并且移动 30 像素，再逆时针旋转 90°，并且设置落笔，最后设置画笔颜色为绿色，并且画一条绿色的线，代码如下：

```
01 import turtle                         # 导入海龟绘图模块
02 turtle.color('red')                   # 同时设置画笔和填充色
03 turtle.forward(200)                   # 向前移动 200 像素
04 turtle.left(90)                       # 逆时针旋转 90 度
05 turtle.penup()                        # 抬笔
06 turtle.forward(30)                    # 向前移动 30 像素
07 turtle.left(90)                       # 逆时针旋转 90 度
08 turtle.pendown()                      # 落笔
09 turtle.color('green')                 # 同时设置画笔和填充色
10 turtle.forward(200)                   # 向前移动 200 像素
11 turtle.done()                         # 海龟绘图程序的结束语句（开始主循环）
```

运行程序，效果如图 3.11 所示。

技巧：海龟绘图还提供了判断画笔是否落下的方法 turtle.isdown()，当画笔落下时该方法返回 True，抬起时返回 False。例如，想要实现当画笔状态为落笔状态时设置为抬笔，可以使用下面的代码：

```
01 if turtle.isdown():
02     turtle.penup()  # 抬笔
```

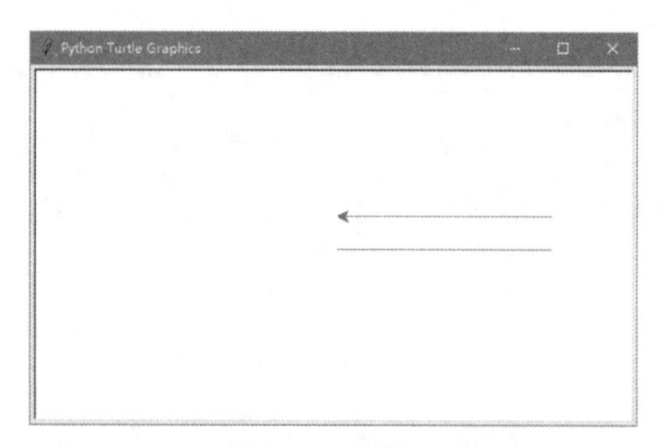

图 3.11 绘制两条不同颜色的平行线（完成）

3.3.4 设置线条粗细

在海龟绘图中，默认的线条粗细为 1 像素。如果想改变线条粗细，可以通过以下两个方法中的任意一个实现：

```
turtle.pensize(width=None)
或
turtle.width(width=None)
```

其中，width 为可选参数，如果不指定，则获取当前画笔的粗细，否则使用设置的值改变画笔的粗细。

例如，修改实例 3.2，将第二条绿色的线的粗细设置为 5 像素。修改后的代码如下：

```
01 import turtle                    # 导入海龟绘图模块
02 turtle.color('red')              # 同时设置画笔和填充色
03 turtle.forward(200)              # 向画笔方向移动 200 像素
04 turtle.left(90)                  # 逆时针旋转 90 度
05 turtle.penup()                   # 抬笔
06 turtle.forward(30)               # 向画笔方向移动 30 像素
07 turtle.left(90)                  # 逆时针旋转 90 度
08 turtle.pendown()                 # 落笔
09 turtle.width(5)                  # 设置线的粗细为 5 像素
10 turtle.color('green')            # 同时设置画笔和填充色
11 turtle.forward(200)              # 向画笔方向移动 200 像素
12 turtle.done()                    # 海龟绘图程序的结束语句（开始主循环）
```

第9行代码为在实例3.2的基础上新增加的代码。

修改后的运行效果如图 3.12 所示。

从图 3.12 中可以看出，设置线的粗细后，海龟的光标还是原来的大小，如果想要改变其大小，可以在设置粗细之前使用代码“turtle.resizemode('auto')”设置改变模式为自动。修改后的代码运行效果如图 3.13 所示。

3.3.5 隐藏与显示海龟光标

默认情况下，采用海龟绘图时，会显示海龟光标。例如，已经通过 shape() 方法将当前的光标样式设置为 turtle（海龟）。那么在绘图时，可以看见屏幕上有一只缓慢爬行的小海龟。

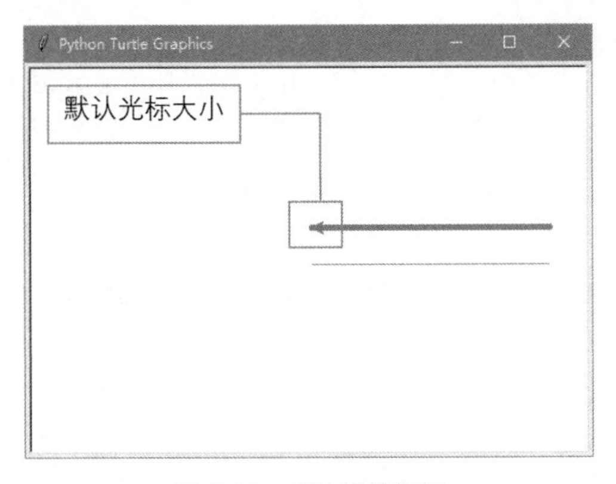

图 3.12　修改线的粗细

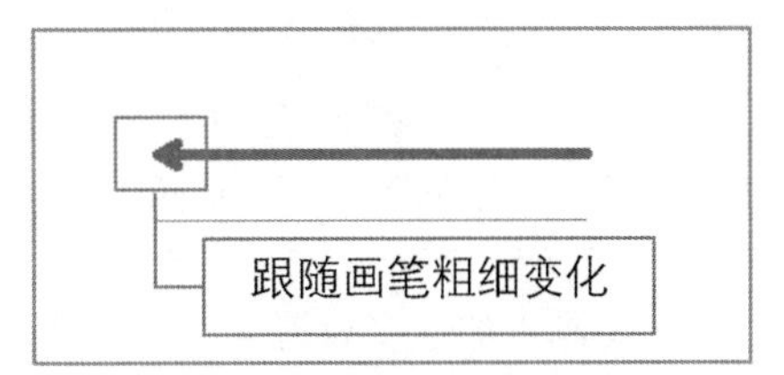

图 3.13　改变海龟的光标大小

对于此种情况，在绘制复杂图形时，势必会影响速度。因此，海龟绘图提供了以下隐藏或显示海龟光标的方法。

☑　showturtle() 或者 st() 方法：用于显示海龟光标。这两个方法任选其一即可。

☑　hideturtle() 或者 ht() 方法：用于隐藏海龟光标。这两个方法任选其一即可。

☑　isvisible() 方法：用于判断海龟光标是否可见。

例如，在默认情况下，让海龟向前爬行 100 像素，再隐藏海龟光标，并且让海龟向下爬行 100 像素，代码如下：

```
01 import turtle                    # 导入海龟绘图模块
02 turtle.shape('turtle')           # 改变海龟光标的形状为海龟
03 turtle.forward(100)              # 向画笔方向移动 100 像素
04 turtle.right(90)                 # 顺时针旋转 90 度
05 turtle.hideturtle()              # 隐藏海龟光标
06 turtle.forward(100)              # 向画笔方向移动 100 像素
07 turtle.done()                    # 海龟绘图程序的结束语句（开始主循环）
```

运行程序，可以看到在绘制水平直线时，有海龟在爬行，但是在绘制向下的直线时，就没有海龟在爬行了，效果如图 3.14 所示。

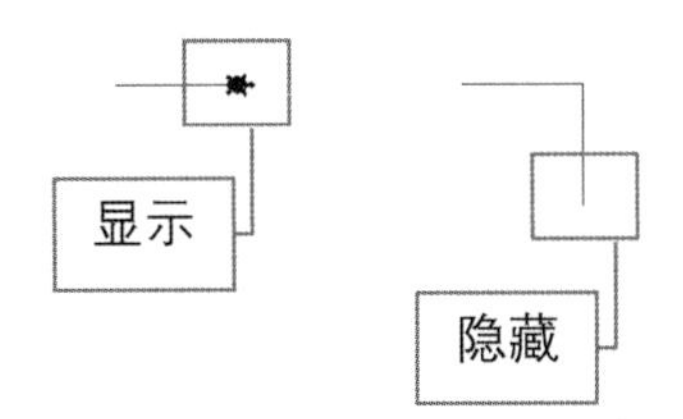

图 3.14　显示与隐藏海龟光标

3.3.6　设置画笔的速度

在海龟绘图时，默认是有绘制的动画效果的。并且速度的快慢可以通过 speed() 方法调整。speed() 方法的语法格式如下：

```
turtle.speed(speed=None)
```

其中，参数 speed 为可选参数，如果不指定，则获取当前的画笔速度。如果指定，需要将值设置为0~10之间的整数或速度字符串。速度字符串有fastest（最快）、fast（快）、normal（正常）、slow（慢）、slowest（最慢）。设置为速度值时，0表示最快，1表示最慢，然后逐渐加快。

注意

speed = 0 表示没有动画效果。forward()/back() 方法将使海龟向前 / 向后跳跃，同样的 left()/right() 方法将使海龟立即改变朝向。

例如，将画笔的速度设置为最快，代码如下：

```
turtle.speed(0)                                  # 设置画笔的速度，0 为最快
```

将画笔的速度设置为正常，代码如下：

```
turtle.speed(6)                                  # 设置画笔的速度，6 为正常
```

3.4 输入 / 输出文字

在海龟绘图中，也可以输入或者输出文字。下面分别进行介绍。

3.4.1 输出文字

输出文字可以使用 write() 方法实现，具体语法格式如下：

```
turtle.write(arg, move=False, align="left", font=("Arial", 8, "normal"))
```

参数说明：

☑ arg：必选参数，用于指定要输出的文字内容，该内容会输出到当前海龟光标所有位置。

☑ move：可选参数，用于指定是否移动画笔到文本的右下角，默认为False。

☑ align：可选参数，用于指定文字的对齐方式，其参数值为left（居左）、center（居中）或者right（居右）中的任意一个，默认为left。

☑ font：可选参数，用于指定字体、字号和字形，通过一个三元组（字体，字号，字形）。

字形的可设置值为normal（表示正常）、bold（粗体）、italic（斜体）、underline（下画线）等。

例如，在屏幕中心输出文字“命运给予我们的不是失望之酒，而是机会之杯。”指定字体为宋体，字号为18，字形为normal（表示正常），代码如下：

```
08 import turtle                # 导入海龟绘图模块
09 turtle.color('green')        # 填充颜色
10 turtle.up()                  # 抬笔
11 turtle.goto(-300,50)         # 将画笔移动到坐标为 x,y 的位置
12 turtle.down()                # 落笔
13 turtle.write(' 命运给予我们的不是失望之酒，而是机会之杯。',font=(' 宋体 ',18,'normal'))
14 turtle.done()                # 海龟绘图程序的结束语句（开始主循环）
```

运行上面的代码，将显示如图 3.15 所示的效果。

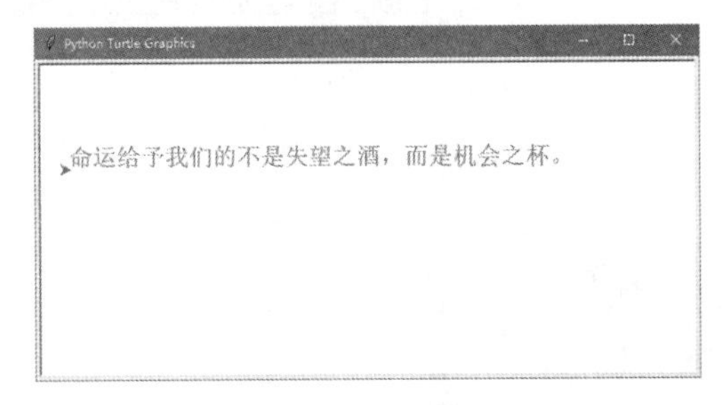

图 3.15　在屏幕中输出文字

从图 3.15 可以看出，输出文字时，海龟光标并没有移动，如果将第 6 行代码修改为以下代码：

```
turtle.write('命运给予我们的不是失望之酒，而是机会之杯。',True,font=('宋体',18,'normal'))
```

再次运行程序，将显示如图 3.16 所示的效果。

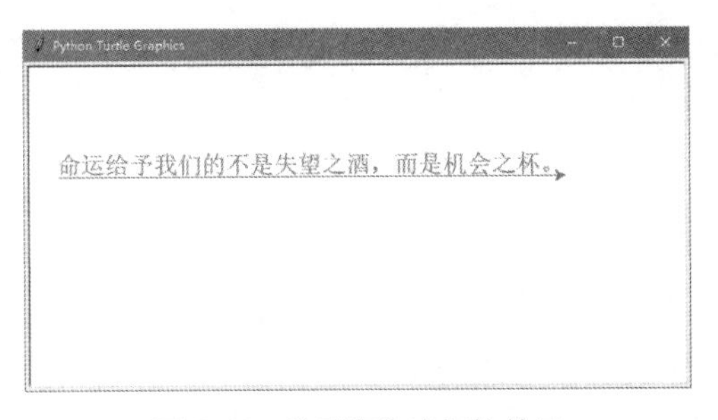

图 3.16　移动海龟光标的效果

3.4.2　输入文字

在海龟绘图中，如果想与用户交互，获取用户输入的文字，可以通过 textinput() 方法弹出一个输入对话框来实现。该方法的返回值为字符串类型。textinput() 方法的语法格式如下：

```
turtle.textinput(title, prompt)
```

参数说明：

☑ title：用于指定对话框的标题，显示在标题栏上。

☑ prompt：用于指定对话框的提示文字，提示要输入什么信息。

☑ 返回值：返回输入的字符串。如果对话框被取消则返回 None。

例如，先弹出输入对话框，要求用户输入一段文字，然后输出到屏幕上，代码如下：

```
15 import turtle                             # 导入海龟绘图模块
16 turtle.color('green')                     # 填充颜色
17 word = turtle.textinput('温馨提示：','请输入要打印的文字')          # 弹出输入对话框
18 turtle.write(word,True,font=('宋体',18,'italic'))                # 输出文字
19 turtle.done()                             # 海龟绘图程序的结束语句（开始主循环）
```

运行程序，将显示如图 3.17 所示的输入对话框，输入文字“学无止境”并单击“OK”按钮后，在屏幕上将显示如图 3.18 所示的文字。

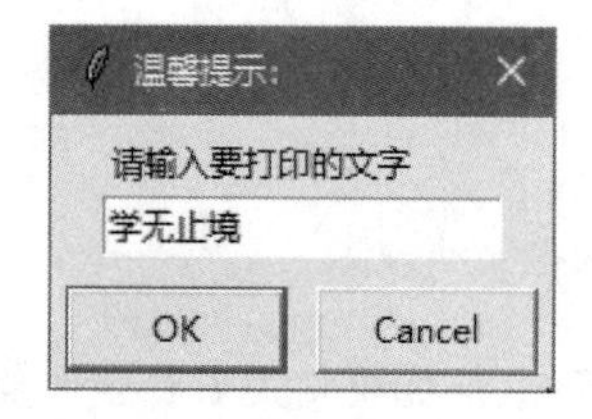

图 3.17　输入对话框（输入文字）

图 3.18　在屏幕中输出的效果

通过 textinput() 方法返回的内容为字符串，如果想要输入数值，可以使用 numinput() 方法实现，该方法的返回值为浮点类型。numinput() 方法的语法格式如下：

```
turtle.numinput(title, prompt, default=None, minval=None, maxval=None)
```

参数说明：

☑ title：必选参数，用于指定对话框的标题，显示在标题栏上。

☑ prompt：必选参数，用于指定对话框的提示文字，提示要输入什么信息。

☑ default：可选参数，用于指定一个默认数值。

☑ minval：可选参数，用于指定可输入的最小数值。

☑ maxval：可选参数，用于指定可输入的最大数值。

例如，先弹出输入对话框，要求用户输入一个 1~9 之间的数，然后输出到屏幕上，代码如下：

```
20 import turtle                                          # 导入海龟绘图模块
21 turtle.color('green')                                  # 填充颜色
22 # 数字输入框
23 num = turtle.numinput('温馨提示：','请输入 1~9 之间的数字：',default=1, minval=1, max
val=9)
24 turtle.write(num,True,font=('宋体',18,'normal'))  # 输出获取的数字
25 turtle.done()                                          # 海龟绘图程序的结束语句（开始主循环）
```

运行程序，将显示如图 3.19 所示的输入对话框，输入数字 0，并单击“OK”按钮后，将弹出“Too small”对话框，提示输入的值不允许，请重新输入，如图 3.20 所示，单击“确定”按钮，关闭“Toos mall”对话框，将返回到输入对话框，输入 7，并单击“OK”按钮后，在屏幕上将显示数字 7.0，如图 3.21 所示。

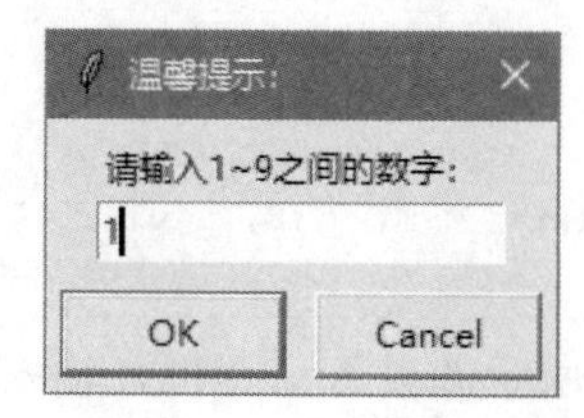

图 3.19　输入对话框（输入数字）

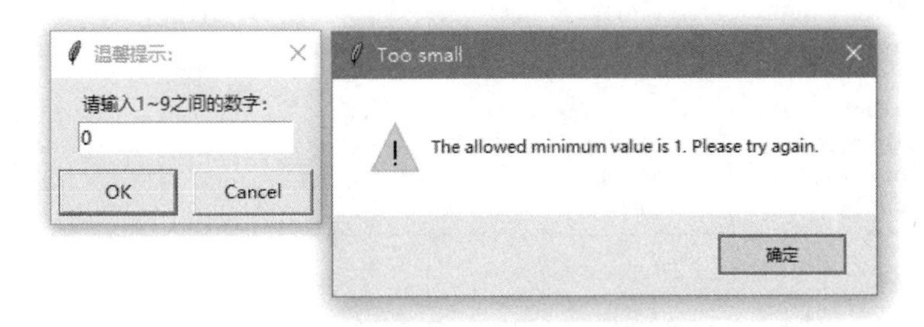

图 3.20　输入不允许的数值

图 3.21　输出对话框输入的数值

3.5 绘制图形

在前 3 节的实例中，我们一直绘制的都是直线，实际上，海龟绘图还可以绘制其他形状的图形以及简单的数据可视化。下面分别进行介绍。

3.5.1 绘制线条

在海龟绘图中，画笔处理落笔状态时，只要海龟移动就会绘制出移动轨迹线条。通过改变移动的方向和位置可以绘制出各种线条。在绘制线条时，主要通过 3.1.2 节介绍的控制方向和位置的方法实现。下面通过一个实例来演示如何绘制复杂的线条。

实例 3.3　绘制折线（实例位置：资源包 \Code\03\03）

通过逆时针旋转 90 度，并向前移动，再顺时针旋转 90 度，并向前移动，可以实现一级阶的绘制，重复多次这样的操作，就可以绘制出台阶的形状，代码如下：

```
import turtle                # 导入海龟绘图模块
turtle.color('blue')         # 画笔颜色为绿色
turtle.forward(40)           # 向前移动
turtle.left(90)              # 逆时针旋转 90 度
turtle.forward(20)           # 向前移动
turtle.right(90)             # 顺时针旋转 90 度
turtle.forward(20)           # 向前移动
turtle.left(90)              # 逆时针旋转 90 度
turtle.forward(20)           # 向前移动
turtle.right(90)             # 顺时针旋转 90 度
turtle.forward(20)           # 向前移动
turtle.left(90)              # 逆时针旋转 90 度
turtle.forward(20)           # 向前移动
turtle.right(90)             # 顺时针旋转 90 度
turtle.forward(20)           # 向前移动
turtle.left(90)              # 逆时针旋转 90 度
turtle.forward(20)           # 向前移动
turtle.right(90)             # 顺时针旋转 90 度
```

```
turtle.forward(20)          # 向前移动
turtle.left(90)             # 逆时针旋转 90 度
turtle.forward(20)          # 向前移动
turtle.right(90)            # 顺时针旋转 90 度
turtle.forward(40)          # 向前移动
turtle.done()               # 海龟绘图程序的结束语句（开始主循环）
```

运行程序，效果如图 3.22 所示。

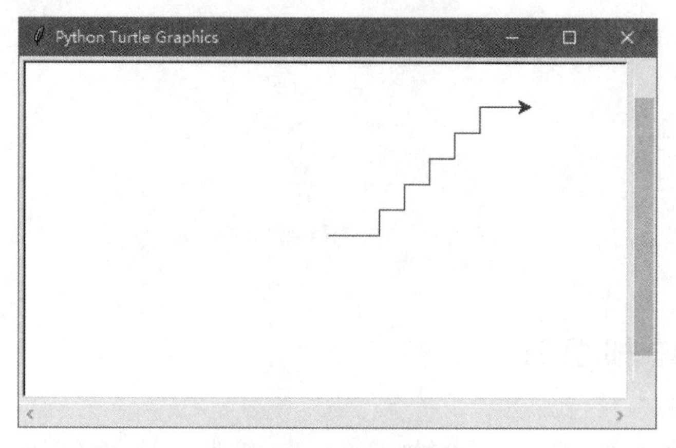

图 3.22　绘制折线

在绘制线条时，结合循环和不同的数据，便可以绘制出更多复杂、有趣的折线图图表。

3.5.2　绘制矩形

在海龟绘图中，没有提供绘制矩形的方法，不过可以使用旋转 + 移动位置来实现。下面看一个具体的实例。

实例 3.4　绘制一个简单的柱子（实例位置：资源包 \Code\03\04）

在学会绘图图表前，我们先来绘制一个简单的柱子，程序代码如下：

```
01 import turtle
02 # 设置窗口宽度高度和初始位置
03 turtle.setup(width=400, height=200, startx=50, starty=30)
04 # 创建一个 turtle 实例
05 t=turtle.Turtle()
06 # 将画笔抬起
07 t.penup()
08 # 跳到指定坐标（x 轴 y 轴）
09 t.goto(-80,70)
10 # 将画笔放下
11 t.pendown()
12 # 设置画笔颜色
13 t.pencolor('blue')
14 # 设置填充颜色
15 t.fillcolor('orange')
16 # 开始填充
17 t.begin_fill()
18 # 画柱形图的一个柱子
19 for i in range(2):
20     t.forward(50)
```

```
21      t.right(90)
22      t.forward(120)
23      t.right(90)
24 # 结束填充
25 t.end_fill()
26 # 最后一定要写，不然会报错
27 turtle.done()
```

运行程序，效果如图 3.23 所示。

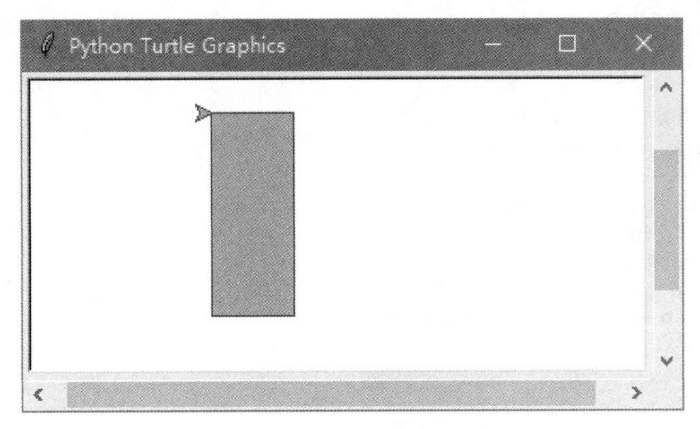

图 3.23　绘制一个简单的柱子

3.5.3　绘制柱形图

前面学习了如何绘制一个简单的柱子，那么多个柱子就组成了一个柱形图。

实例 3.5　绘制销量分析柱形图（实例位置：资源包 \Code\03\05）

下面使用 Turtle 绘制销量分析柱形图，程序代码如下：

```
01 import turtle
02 # 创建销量数据
03 data = {"1 月 ": 104, "2 月 ": 63, "3 月 ": 42, "4 月 ": 42, "5 月 ": 36, "6 月 ": 32,
04          "7 月 ": 28, "8 月 ": 28, "9 月 ": 27,"10 月 ": 26,"11 月 ":99,"12 月 ":77}
05 # 设置窗口宽度高度和初始位置
06 turtle.setup(width=850, height=500)
07 # 创建一个 turtle 实例
08 t = turtle.Pen()
09 # 修改画笔颜色为 " 红色 "
10 t.color("red")
11 # 绘制图形时的宽度
12 t.pensize(3)
13 # 设置画笔速度，0 为最快
14 t.speed(0)
15 # 自定义全局函数
16 # 指定坐标
17 def setpen(x, y):
18     t.penup()
19     t.goto(x, y)
20     t.pendown()
21 # 定义矩形函数
22 def rect(x, y, h, w=45):
23     setpen(x, y)
```

```
24      # 开始填充颜色
25      t.begin_fill()
26      # 绘制矩形
27      for i in range(2):
28          t.forward(w)
29          t.left(90)
30          t.forward(h)
31          t.left(90)
32          t.fillcolor('orange')
33      # 结束填充颜色
34      t.end_fill()
35  # 绘制柱形图
36  def bar():
37      # 设置起始坐标
38      start_x, start_y = -380, -200
39      # 指定坐标
40      setpen(start_x, start_y)
41      # 向前走 750 单位像素
42      t.forward(750)
43      # 使用 enumerate() 函数遍历集合
44      for i, d in enumerate(data.items()):
45          # 绘制矩形
46          # x 坐标根据数据索引乘以固定值递增
47          # y 坐标为起始位置
48          # 高度为 " 销量 " 乘以 4
49          rect(start_x + i * 65, start_y, d[1] * 4)
50          # 指定坐标（xcor() 画笔 x 坐标，t.ycor() 画笔 y 坐标）
51          setpen(t.xcor() + len(d[0]) * 4, t.ycor() - 25)
52          # x 轴标签输入文字为 " 月份 "
53          t.write(d[0], font=(' 宋体 ', 14, 'normal'))
54          # 指定坐标（柱子上方）
55          setpen(t.xcor() + len(d[0]) * 4, t.ycor() + d[1] * 4 + 30)
56          # 输入文字为 " 销量 "
57          t.write(d[1], font=(' 宋体 ', 14, 'normal'))
58  # 调用函数
59  bar()
60  # 结束绘图
61  turtle.done()
```

运行程序，效果如图 3.24 所示。

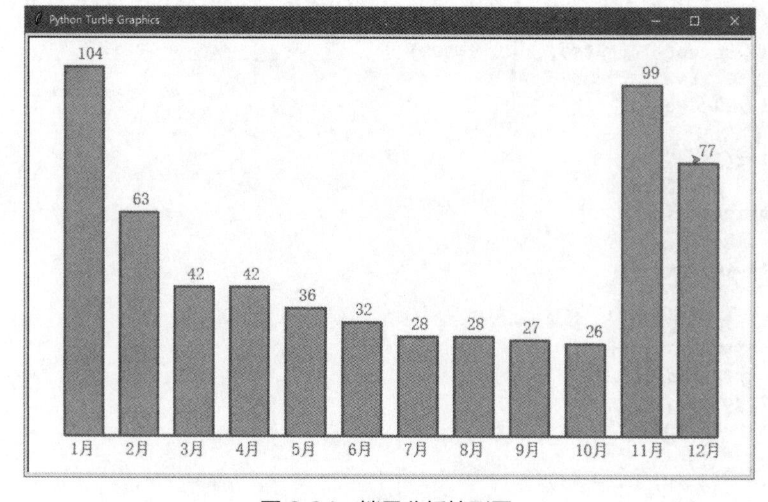

图 3.24　销量分析柱形图

3.6 综合案例——绘制奥运五环标志

奥运五环标志主要是由 5 个不同颜色的圆环组成。我们要绘制这样的图案，就可以通过绘制 5 个不同颜色的圆环来实现。绘制圆环可以通过小海龟的画圆技能来实现，即通过 circle() 方法实现。

绘制半径为 r 的圆形，如图 3.25 所示。

那么，应该怎样绘制这个五环图案呢？下面通过方格图来确定每个圆环的具体位置，该方格图如图 3.26 所示。

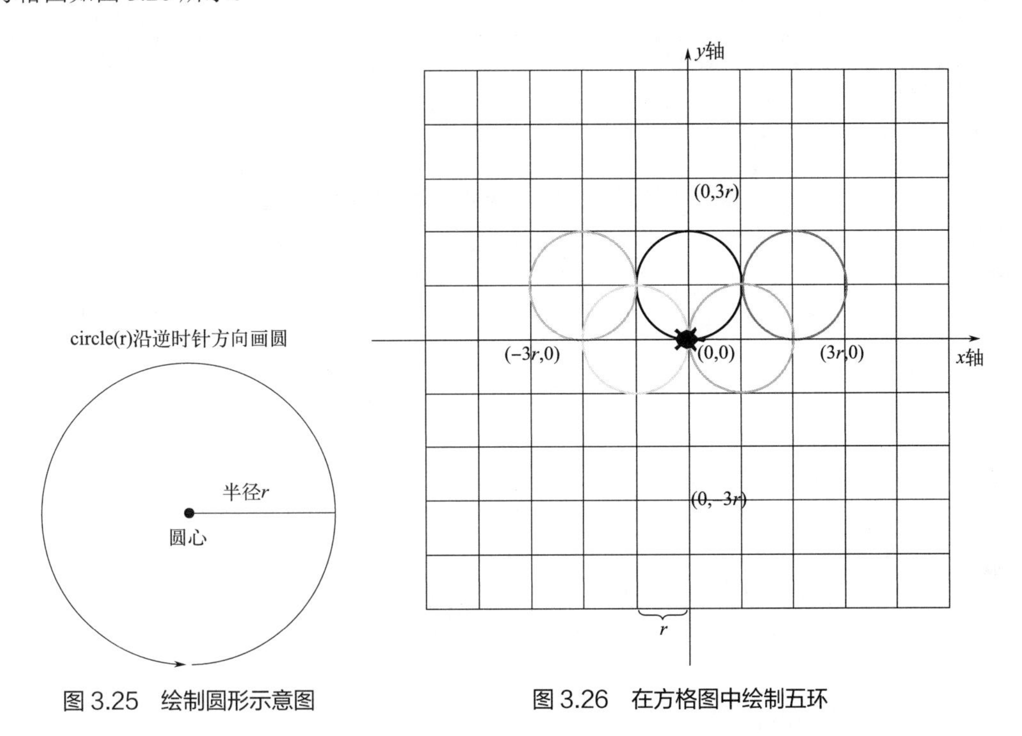

图 3.25　绘制圆形示意图　　图 3.26　在方格图中绘制五环

在图 3.26 中，每个格子的边长为圆环的半径，海龟所在位置为坐标原点，即（0,0）点。在 x 轴上，位于（0,0）点右侧的值均为正数，左侧的值均为负数；在 y 轴上，位于（0,0）点上方的值均为正数，下方的值均为负数。具体绘制过程如下：

☑　让小海龟向左水平移动两个格，并且以一个格的长度为半径绘制蓝色的圆环；

☑　让小海龟在当前位置前进两个格，并且以一个格的长度为半径绘制黑色的圆环；

☑　让小海龟在当前位置前进两个格，并且以一个格的长度为半径绘制红色的圆环；

☑　将小海龟移动到（0,0）点左下方格子的左下角的位置，并且以一个格的长度为半径绘制黄色的圆环；

☑　让小海龟在当前位置前进两个格，并且以一个格的长度为半径绘制绿色的圆环。

程序代码如下：

```
01 import turtle                      # 导入海龟绘图模块
02 turtle.shape('turtle')             # 显示海龟光标
03 turtle.width(10)                   # 画笔粗细
04 radius = 100                       # 圆的半径
```

```
05 colorlist = ['royalblue','black','red','yellow','green']          # 颜色列表
06 turtle.penup()                          # 抬笔
07 turtle.goto(radius*-2,0)                # 向左移动一个圆的距离
08 turtle.pendown()                        # 落笔
09 for i in range(5):                      # 循环 5 次
10     turtle.color(colorlist[i])          # 设置画笔颜色
11     turtle.circle(radius)               # 绘制圆
12     if i != 2:                          # 不是第 2 个圆时
13         turtle.penup()                  # 抬笔
14         turtle.forward(radius*2)        # 移动一个圆的距离
15         turtle.pendown()                # 落笔
16     else:
17         turtle.penup()                  # 抬笔
18         turtle.goto(radius*-1,radius*-1)         # 移动到第 2 行的第 1 个圆的位置
19         turtle.pendown()                # 落笔
20 turtle.done()                           # 海龟绘图程序的结束语句
```

运行程序，效果如图 3.27 所示。

图 3.27　绘制奥运五环标志

3.7 实战练习

下面给出创建销售数据的代码，然后结合前面所学知识点和实例，绘制销量分析折线图。

```
# 创建销量数据
data = {"1 月 ": 104, "2 月 ": 63, "3 月 ": 42, "4 月 ": 42, "5 月 ": 36, "6 月 ": 32,
        "7 月 ": 28, "8 月 ": 28, "9 月 ": 27,"10 月 ": 26,"11 月 ":99,"12 月 ":77}
```

小结

通过本章的学习，读者了解了 turtle 模块的基本使用方法，并能通过该模块绘制各种线条、输出文字、绘制矩形、绘制柱形图，基本能够实现一个简单的 Python 数据可视化实例。同时，通过综合案例学会了如何绘制一个漂亮的奥运五环标志，进一步巩固 turtle 模块的知识，以及对该模块的灵活应用。

第 4 章 Matplotlib 入门

在数据分析与机器学习中，我们经常用到大量的可视化操作。一张精美的图表，不仅能够展示大量的信息，更能够直观体现数据之间隐藏的关系。本章主要介绍Matplotlib 入门知识。

4.1 Matplotlib 概述

众所周知，Python 绘图库有很多，各有特点，而 Maplotlib 是最基础的 Python 可视化库。学习 Python 数据可视化，应首先从 Maplotlib 学起，然后再学习其他库作为拓展。

4.1.1 Matplotlib 简介

Matplotlib 是一个 Python 2D 绘图库，常用于数据可视化。它能够以多种硬拷贝格式和跨平台的交互式环境生成出版物质量的图形。

Matplotlib 非常强大，绘制各种各样的图表游刃有余，只需几行代码就可以绘制折线图（图 4.1 和图 4.2）、柱形图（图 4.3）、直方图（图 4.4）、饼形图（图 4.5）、散点图（图 4.6）等。

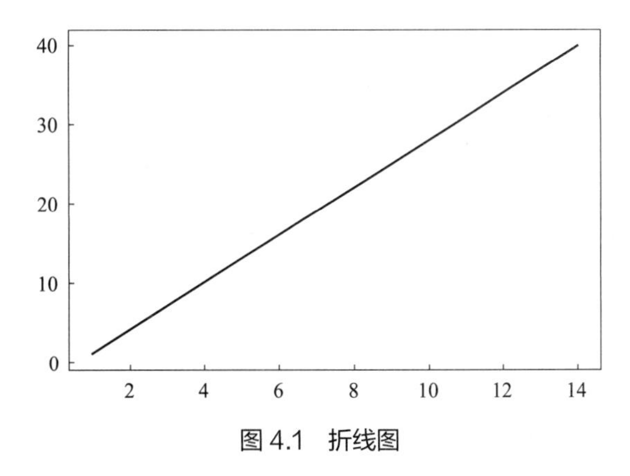

图 4.1　折线图

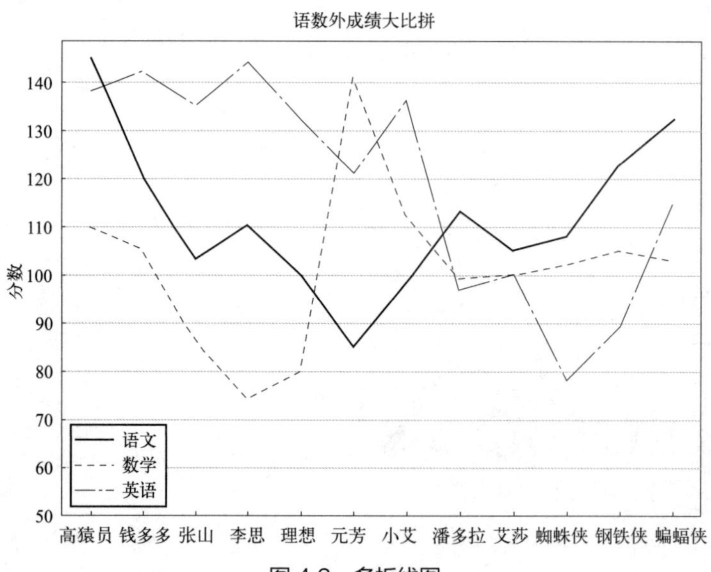

图 4.2　多折线图

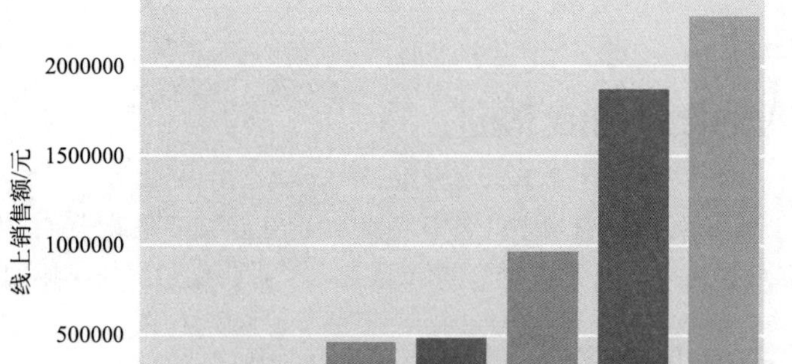

图 4.3　柱形图

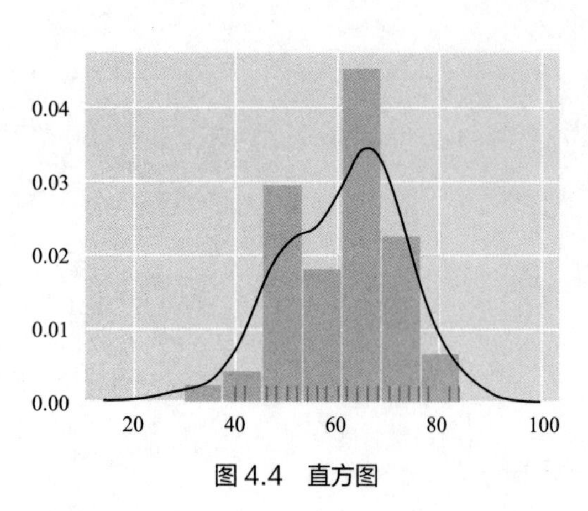

图 4.4　直方图

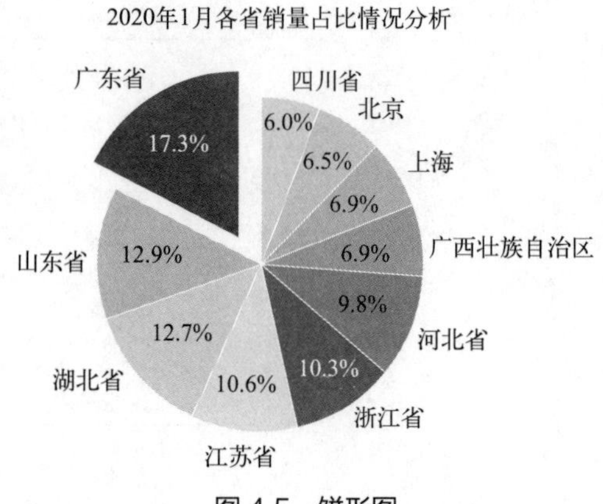

图 4.5　饼形图

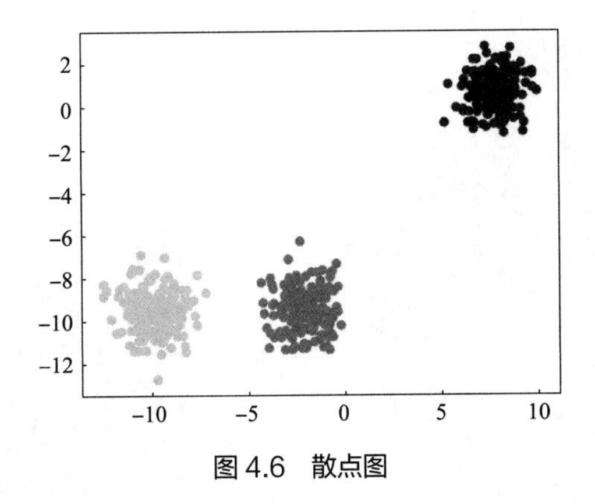

图 4.6　散点图

Matplotlib 不仅可以绘制以上最基础的图表，还可以绘制一些高级图表，如双 *y* 轴可视化数据分析图表（图 4.7）、堆叠柱形图（图 4.8）、渐变饼形图（图 4.9）、等高线图（图 4.10）。

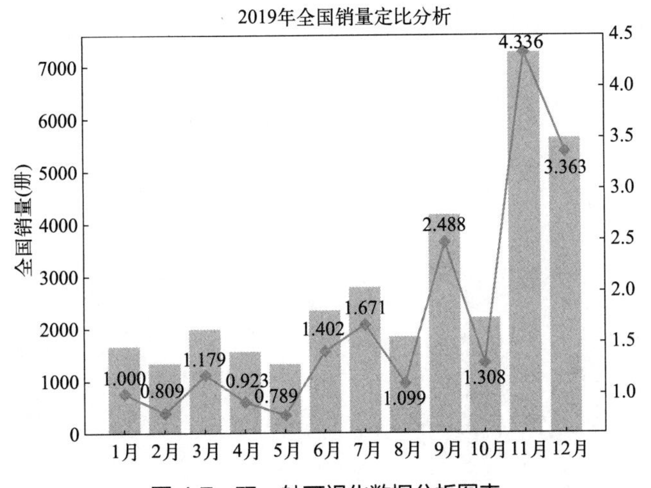

图 4.7　双 *y* 轴可视化数据分析图表

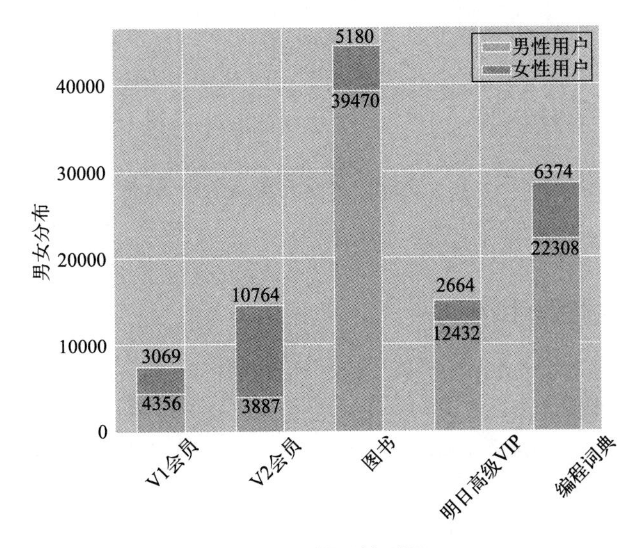

图 4.8　堆叠柱形图

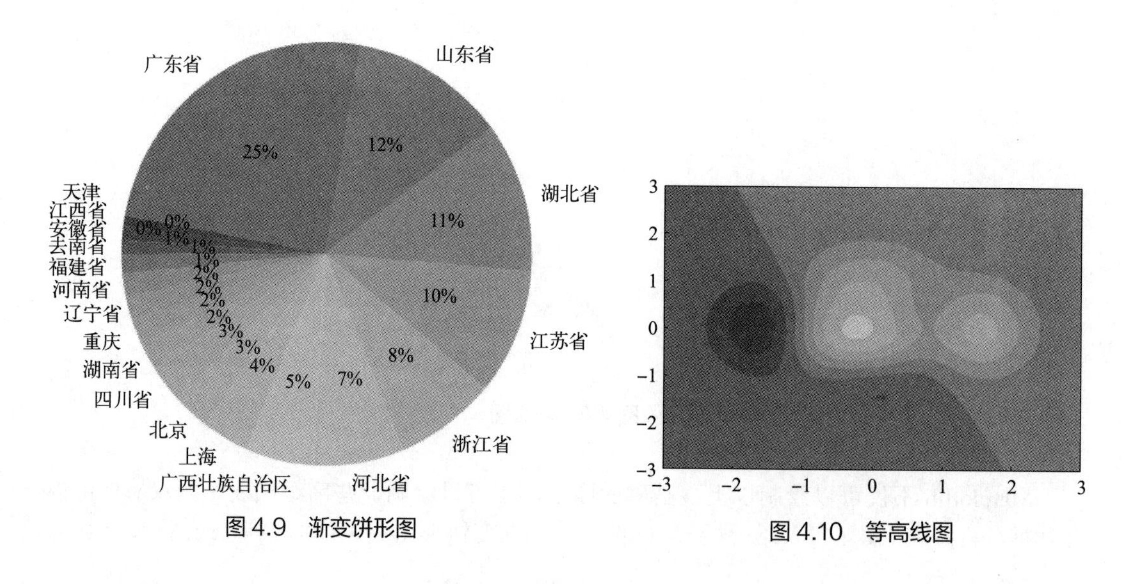

图 4.9　渐变饼形图　　图 4.10　等高线图

不仅如此，Matplotlib 还可以绘制 3D 图表。例如，三维柱形图（图 4.11）、三维曲面图（图 4.12）。

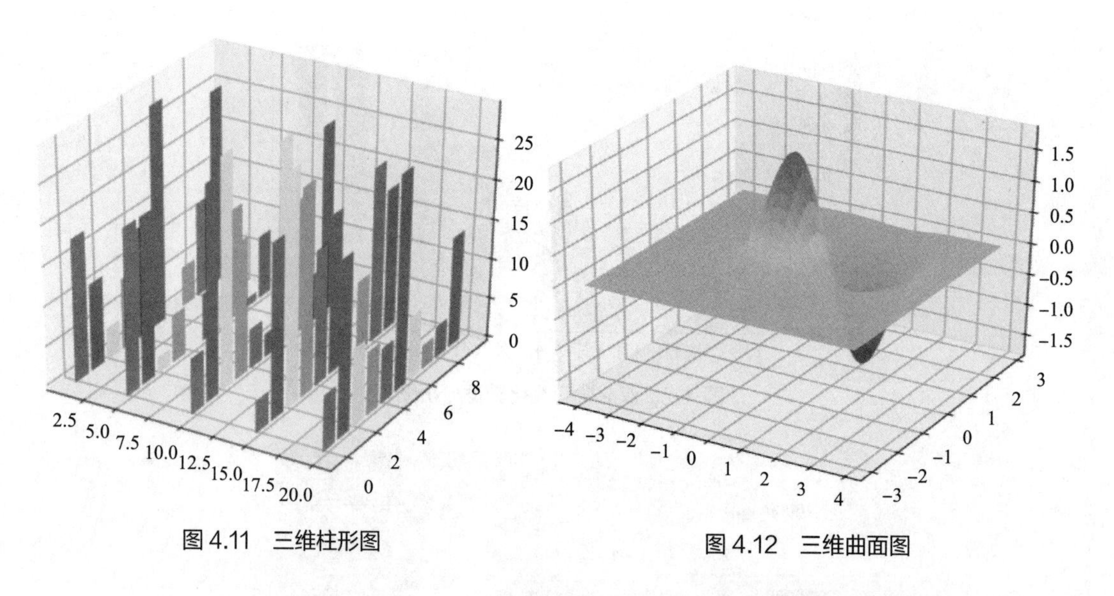

图 4.11　三维柱形图　　图 4.12　三维曲面图

综上所述，只要熟练地掌握 Matplotlib 的函数以及各项参数就能绘制出各种出乎意料的图表，满足数据分析的需求。

4.1.2　安装 Matplotlib

下面介绍如何安装 Matplotlib，安装方法有以下两种。

1. 通过 pip 工具安装

在系统搜索框中输入 cmd，单击“命令提示符”，打开“命令提示符”窗口，在命令提示符后输入安装命令：

```
pip install matplotlib
```

如果使用 Jupyter NoteBook 作为开发环境，则需要在系统搜索框中输入 Anaconda Prompt，打开“Anaconda Prompt”窗口，在命令提示符后输入安装命令：

```
pip install matplotlib
```

2. 通过 PyCharm 开发环境安装

如果使用 PyCharm 作为开发环境，则首先运行 Pycharm，选择“File”→“Settings”菜单项，打开“Settings”窗口，选择“Project Interpreter”选项，然后单击“+”（添加）按钮，如图 4.13 所示。

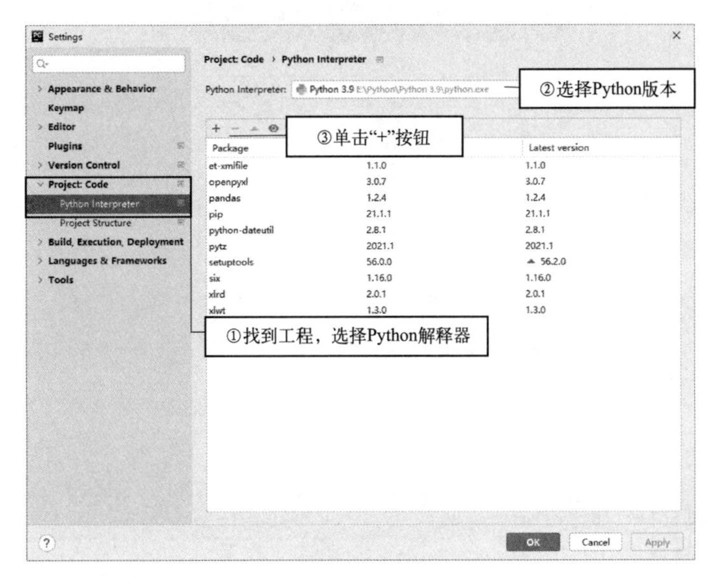

图 4.13 “Settings”窗口

单击“+”（添加）按钮，打开“Available Packages”窗口，在搜索文本框中输入需要添加的模块名称，例如“matplotlib”，然后在列表中选择需要安装的模块，如图 4.14 所示，单击“Install Package”按钮即可实现 Matplotlib 模块的安装。

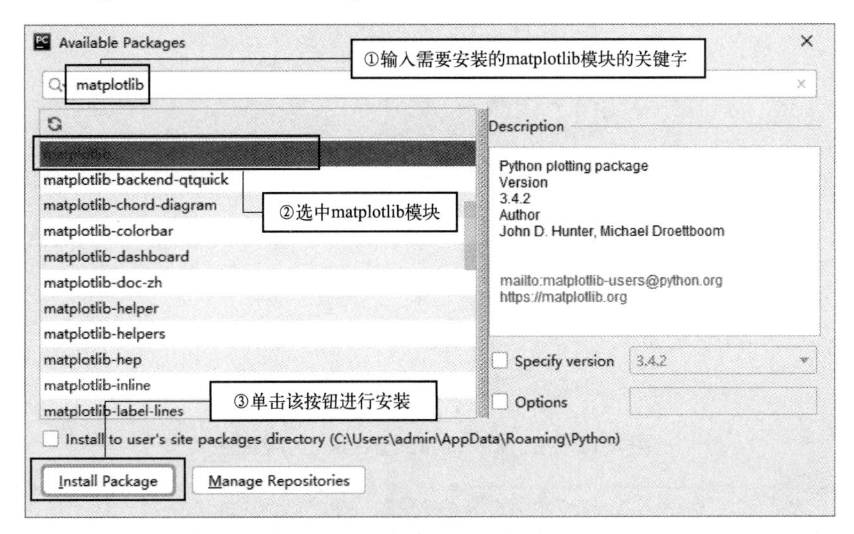

图 4.14　在 PyCharm 开发环境中安装 Matplotlib 模块

4.1.3 Matplotlib 图表之初体验

创建 Matplotlib 图表只需三步。下面开始绘制第一张图表。

实例 4.1 在 PyCharm 中绘制图表（实例位置：资源包 \Code\04\01）

① 引入 pyplot 模块。
② 使用 Matplotlib 模块的 plot() 函数绘制图表。
③ 使用 show() 函数显示图表，如图 4.15 所示。

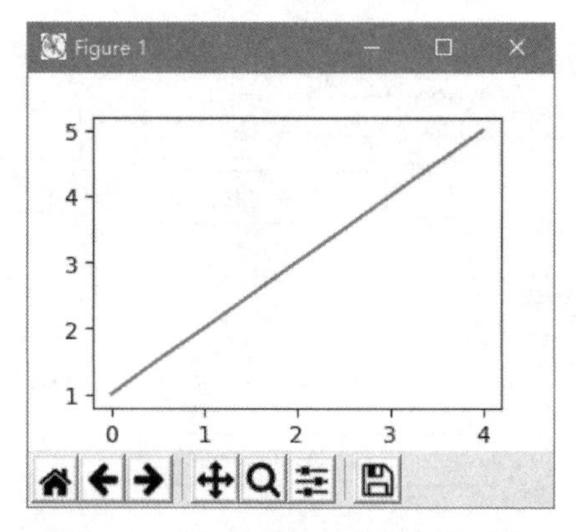

图 4.15 在 PyCharm 中绘制图表

程序代码如下：

```
21 import matplotlib.pyplot as plt            # 导入 matplotlib.pyplot 模块
22 plt.plot([1, 2, 3, 4,5])                   # 使用 plot() 函数绘制折线图
23 plt.show()                                 # 显示图表
```

实例 4.2 Jupyter Notebook 中绘制图表（实例位置：资源包 \Code\04\02）

在 Jupyter Notebook 中绘制图表，图表显示没有单独的窗口，而是直接嵌入 Jupyter Notebook 中，效果如图 4.16 所示。

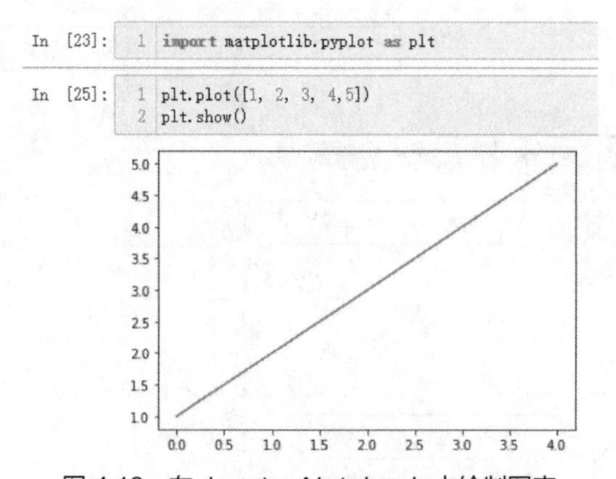

图 4.16 在 Jupyter Notebook 中绘制图表

说明：在实际学习和工作中，可以根据自己的需求选择适合的开发环境。

4.2 图表的常用设置

本节主要介绍图表的常用设置，主要包括颜色设置、线条样式、标记样式、设置画布、坐标轴、添加文本标签、设置标题和图例、添加注释文本、调整图表与画布边缘间距以及其他相关设置等。

4.2.1 基本绘图 plot() 函数

Matplotlib 基本绘图主要使用 plot() 函数，语法如下：

```
matplotlib.pyplot.plot(x,y,format_string,**kwargs)
```

参数说明：

☑ x：*x* 轴数据。

☑ y：*y* 轴数据。

☑ format_string：控制曲线格式的字符串，包括颜色、线条样式和标记样式。

☑ **kwargs：键值参数，相当于一个字典，比如输入参数为：(1,2,3,4,*k*,*a*=1,*b*=2,*c*=3)，*args=(1,2,3,4,k)，**kwargs={ ‘a’ :’ 1,’ b’ :2,’ c’ :3}。

实例 4.3 绘制简单折线图（实例位置：资源包 \Code\04\03）

绘制简单的折线图，程序代码如下：

```
01 import matplotlib.pyplot as plt         # 导入 matplotlib.pyplot 模块
02 x=range(1,15,1)                         # range() 函数创建整数列表（x 轴数据）
03 y=range(1,42,3)                         # range() 函数创建整数列表（y 轴数据）
04 plt.plot(x,y)                           # 使用 plot() 函数绘制折线图
05 plt.show()                              # 显示图表
```

运行程序，输出结果如图 4.17 所示。

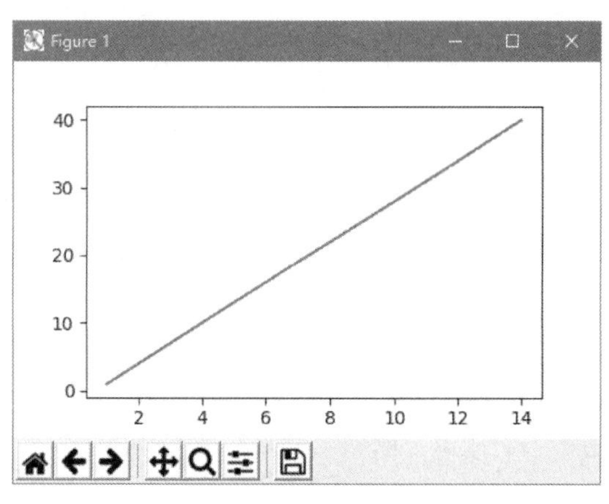

图 4.17　简单折线图

实例 4.4 绘制体温折线图（实例位置：资源包 \Code\04\04）

上述举例，数据是通过 range() 函数随机创建的。下面导入 Excel 体温表，分析 14 天基

础体温情况，程序代码如下：

```
01 import pandas as pd                              # 导入数据处理 pands 模块
02 import matplotlib.pyplot as plt                  # 导入 matplotlib.pyplot 模块
03 df=pd.read_excel('../../datas/ 体温 .xls')       # 读取 Excel 文件
04 x =df[' 日期 ']                                  # x 轴数据
05 y=df[' 体温 ']                                   # y 轴数据
06 plt.plot(x,y)                                    # 绘制折线图
07 plt.show()                                       # 显示图表
```

运行程序，输出结果如图 4.18 所示。

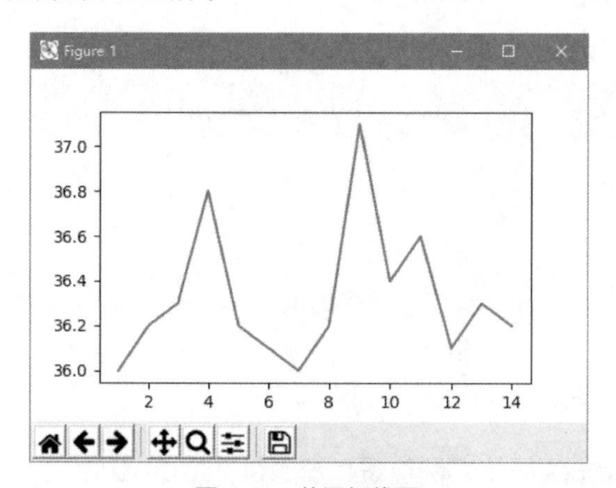

图 4.18 体温折线图

至此，上面的图表还是不够完美，那么在接下来的学习中，我们将一步一步完善这个图表。下面介绍图表中线条颜色、线条样式和标记样式的设置。

1. 颜色设置

color 参数可以设置线条颜色，通用颜色值如表 4.1 所示。

表 4.1 通用颜色值

设置值	说明	设置值	说明
b	蓝色	m	洋红色
g	绿色	y	黄色
r	红色	k	黑色
c	蓝绿色	w	白色
#FFFF00	黄色，十六进制颜色值	0.5	灰度值字符串

其他颜色可以通过十六进制字符串指定，或者指定颜色名称，如：

☑ 浮点形式的RGB或RGBA元组，例如：(0.1, 0.2, 0.5)或(0.1, 0.2, 0.5, 0.3)。

☑ 十六进制的RGB或RGBA字符串，例如：#0F0F0F或#0F0F0F0F。

☑ 0~1之间的小数作为灰度值，例如：0.5。

☑ {‘b’,‘g’,‘r’,‘c’,‘m’,‘y’,‘k’,‘w’}，其中的一个颜色值。

☑ X11/CSS4规定中的颜色名称。

☑ Xkcd中指定的颜色名称，例如：xkcd:sky blue。

☑ Tableau调色板中的颜色，{‘tab:blue’,‘tab:orange’,‘tab:green’,‘tab:red’,‘tab:purple’,‘tab:brown’,‘tab:pink’,‘tab:gray’,‘tab:olive’,‘tab:cyan’}。

☑ “CN”格式的颜色循环，对应的颜色设置代码如下：

```
01 from cycler import cycler                # 从 cycler 模块导入 cycler() 函数
02 # 颜色列表
03 colors=['#1f77b4', '#ff7f0e', '#2ca02c', '#d62728', '#9467bd', '#8c564b', '#e37
7c2','#7f7f7f', '#bcbd22', '#17becf']
04 # 获取特定颜色
05 plt.rcParams['axes.prop_cycle'] = cycler(color=colors)
```

2. 线条样式

linestyle 可选参数可以设置线条的样式，设置值如下，设置后的效果如图 4.19 所示。

☑ “-”：实线，默认值。

☑ “--”：双划线。

☑ “-.”：点划线。

☑ “:”：虚线。

3. 标记样式

marker 可选参数可以设置标记样式，标记设置如表 4.2 所示。

表 4.2　标记设置

标记	说明	标记	说明	标记	说明
.	点标记	1	下花三角标记	h	竖六边形标记
,	像素标记	2	上花三角标记	H	横六边形标记
o	实心圆标记	3	左花三角标记	+	加号标记
v	倒三角标记	4	右花三角标记	*x*	叉号标记
^	上三角标记	s	实心正方形标记	D	大菱形标记
>	右三角标记	p	实心五角星标记	d	小菱形标记
<	左三角标记	*	星形标记	|	垂直线标记

下面为“14 天基础体温曲线图”设置颜色和样式，并在实际体温位置进行标记，关键代码如下：

```
plt.plot(x,y,color='m',linestyle='-',marker='o',mfc='w')
```

上述代码中参数 color 为颜色，linestyle 为线的样式，marker 为标记的样式，mfc 为标记填充的颜色。运行程序，输出结果如图 4.20 所示。

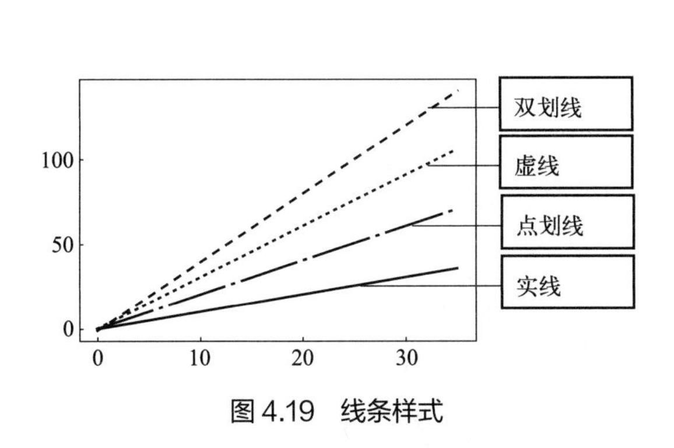

图 4.19　线条样式

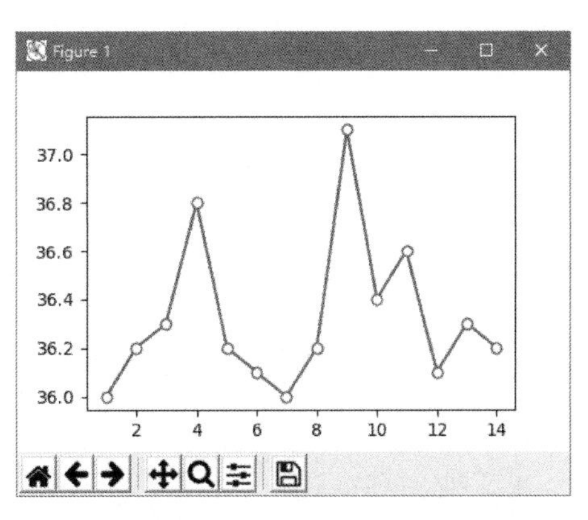

图 4.20　带标记的折线图

4.2.2 设置画布

画布就像我们画画的画板一样，在 Matplotlib 中可以使用 figure() 函数设置画布大小、分辨率、颜色和边框等，语法如下：

```
matplotlib.pyplot.figure(num=None, figsize=None, dpi=None, facecolor=None, edgecolor
=None, frameon=True)
```

参数说明：

☑ num：图像编号或名称，数字为编号，字符串为名称，可以通过该参数激活不同的画布。

☑ figsize：指定画布的宽和高，单位为英寸。

☑ dpi：指定绘图对象的分辨率，即每英寸多少个像素，默认值为80。像素越大画布越大。

☑ facecolor：背景颜色。

☑ edgecolor：边框颜色。

☑ frameon：是否显示边框，默认值为True，绘制边框；如果为False，则不绘制边框。

实例 4.5　自定义画布（实例位置：资源包 \Code\04\05）

自定义一个 5×3 的黄色画布，关键代码如下：

```
01 import matplotlib.pyplot as plt                          # 导入 matplotlib.pyplot 模块
02 fig=plt.figure(figsize=(5,3),facecolor='yellow')         # 设置画布大小和前景色
```

运行程序，输出结果如图 4.21 所示。

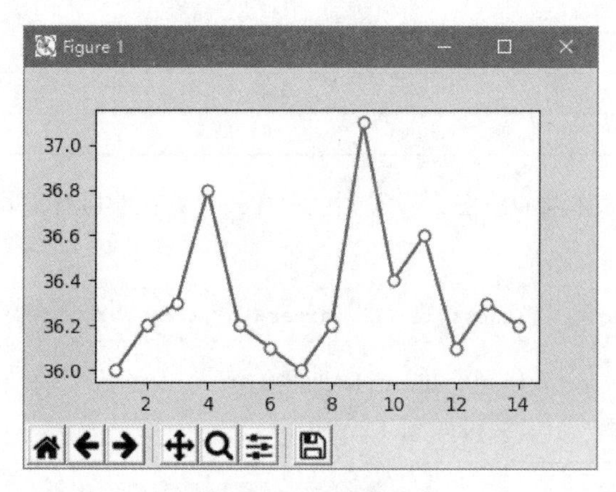

图 4.21　设置画布

注意

figsize=(5,3)，实际画布大小是 500×300，所以，这里不要输入太大的数字。

4.2.3 设置坐标轴

一张精确的图表，其中不免要用到坐标轴，下面介绍 Matplotlib 中坐标轴的使用。

1. x 轴、y 轴标题

设置 x 轴和 y 轴标题主要使用 xlabel() 函数和 ylabel() 函数。

实例 4.6　为体温折线图的轴设置标题（实例位置：资源包 \Code\04\06）

设置 x 轴标题为“2021 年 10 月”，y 轴标题为“基础体温”，程序代码如下：

```
01 import pandas as pd                              # 导入 pandas 模块
02 import matplotlib.pyplot as plt                  # 导入 matplotlib.pyplot 模块
03 plt.rcParams['font.sans-serif']=['SimHei']       # 解决中文乱码
04 df=pd.read_excel('../../datas/ 体温 .xls')       # 读取 Excel 文件
05 # 绘制折线图
06 x=df[' 日期 ']                                   # x 轴数据
07 y=df[' 体温 ']                                   # y 轴数据
08 # color 为线条颜色，linestyle 为线型，marker 为标记样式，mfc 为标记填充颜色
09 plt.plot(x,y,color='m',linestyle='-',marker='o',mfc='w')
10 plt.xlabel('2021 年 10 月 ')                     # x 轴标题
11 plt.ylabel(' 基础体温 ')                         # y 轴标题
12 plt.show()                                       # 显示图表
```

运行程序，输出结果如图 4.22 所示。

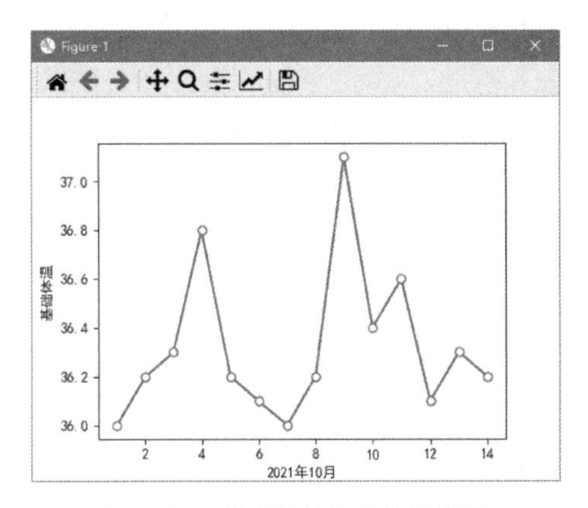

图 4.22　带坐标轴标题的折线图

技 巧

上述举例，应注意两个问题，在实际编程过程中它们经常出现。

（1）中文乱码问题

```
plt.rcParams['font.sans-serif']=['SimHei']    # 解决中文乱码
```

（2）负号不显示问题

```
plt.rcParams['axes.unicode_minus'] = False    # 解决负号不显示
```

2. 坐标轴刻度

用 Matplotlib 画二维图像时，默认情况下的横坐标（x 轴）和纵坐标（y 轴）显示的值有时可能达不到我们的需求，需要借助 xticks() 函数和 yticks() 函数分别对 x 轴和 y 轴的值进行设置。

xticks() 函数的语法如下：

```
xticks(locs, [labels], **kwargs)
```

参数说明：

☑ locs：数组，表示 x 轴上的刻度。例如，在“学生英语成绩分布图”中，x 轴的刻度

是2~14之间的偶数，如果想改变这个值，就可以通过locs参数设置。

☑ labels：也是数组，默认值和locs相同。locs表示位置，而labels则决定该位置上的标签，如果赋予labels空值，则x轴将只有刻度而不显示任何值。

3. 坐标轴的刻度线

（1）4个方向的坐标轴上的刻度线是否显示

```
plt.tick_params(bottom=False,left=True,right=True,top=True)
```

（2）x轴和y轴的刻度线显示方向

in表示向内，out表示向外，在中间就是inout，默认刻度线向外。

```
plt.rcParams['xtick.direction'] = 'in'     # x 轴的刻度线向内显示
plt.rcParams['ytick.direction'] = 'in'     # y 轴的刻度线向内显示
```

4. 坐标轴相关属性设置

☑ axis()：返回当前axis范围。

☑ axis(v)：通过输入v = [xmin, xmax, ymin, ymax]，设置x、y轴的取值范围。

☑ axis(‘off’)：关闭坐标轴轴线及坐标轴标签。

☑ axis(‘equal’)：使x、y轴长度一致。

☑ axis(‘scaled’)：调整图框的尺寸（而不是改变坐标轴取值范围），使x、y轴长度一致。

☑ axis(‘tight’)：改变x轴和y轴的限制，使所有数据被展示。如果所有的数据已经显示，它将移动到图形的中心而不修改（xmax ~ xmin）或（ymax ~ ymin）。

☑ axis(‘image’)：缩放axis范围（limits），等同于对data缩放范围。

☑ axis(‘auto’)：自动缩放。

☑ axis(‘normal’)：不推荐使用。恢复默认状态，轴线的自动缩放以使数据显示在图表中。

实例 4.7 为折线图设置刻度1（实例位置：资源包\Code\04\07）

在“14天基础体温折线图”中，x轴是从2到14之间的偶数，但实际日期是从1到14的连续数字，下面使用xticks()函数来解决这个问题，将x轴的刻度设置为1到14的连续数字，关键代码如下：

```
plt.xticks(range(1,15,1))
```

实例 4.8 为折线图设置刻度2（实例位置：资源包\Code\04\08）

上述举例，日期看起来不是很直观。下面将x轴刻度标签直接改为日，关键代码如下：

```
01 # 创建列表 dates
02 dates=['1 日','2 日','3 日','4 日','5 日',
03        '6 日','7 日','8 日','9 日','10 日',
04        '11 日','12 日','13 日','14 日']
05 plt.xticks(range(1,15,1),dates)          # 设置 x 轴刻度标签
```

运行程序，对比效果如图4.23和图4.24所示。

接下来，设置y轴刻度，主要使用yticks()函数。例如，设置体温从35.4～38，关键代码如下：

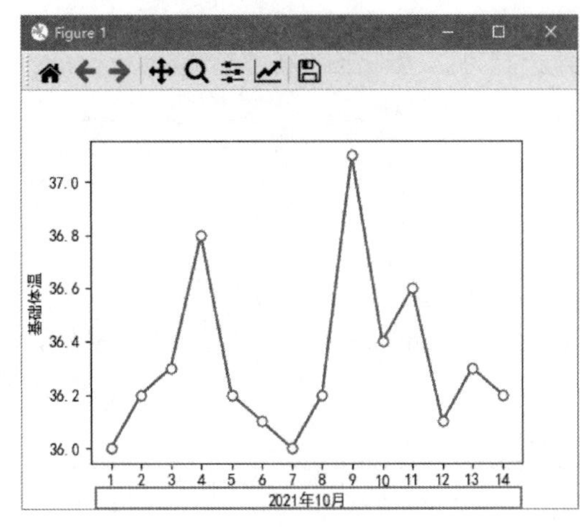

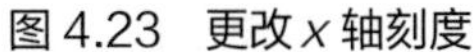
图 4.23　更改 *x* 轴刻度

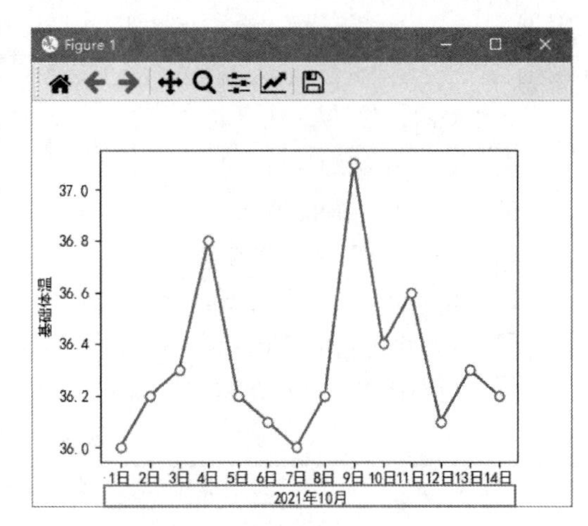

图 4.24　*x* 轴刻度为日

```
plt.yticks([35.4,35.6,35.8,36,36.2,36.4,36.6,36.8,37,37.2,37.4,37.6,37.8,38])
```

5. 坐标轴范围

坐标轴范围是指 *x* 轴和 *y* 轴的取值范围。设置坐标轴范围主要使用 xlim() 函数和 ylim() 函数。

实例 4.9　为折线图设置坐标范围（实例位置：资源包 \Code\04\09）

设置 *x* 轴（日期）范围为 1~14，*y* 轴（基础体温）范围为 35~45，关键代码如下：

```
01 plt.xlim(1,14)
02 plt.ylim(35,45)
```

运行程序，输出结果如图 4.25 所示。

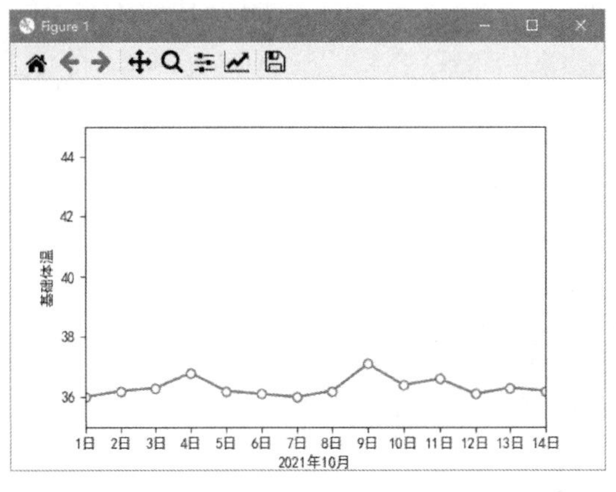

图 4.25　坐标轴范围

4.2.4　添加文本标签

绘图过程中，为了能够更清晰、直观地看到数据，有时需要给图表中指定的数据点添加文本标签。下面介绍细节之二——文本标签，主要使用 text() 函数，语法如下：

```
matplotlib.pyplot.text(x, y, s, fontdict=None, withdash=False, **kwargs)
```

参数说明：

☑ x：x坐标轴的值。

☑ y：y坐标轴的值。

☑ s：字符串，注释内容。

☑ fontdict：字典，可选参数，默认值为None。用于重写默认文本属性。

☑ withdash：布尔型，默认值为False，创建一个TexWithDash实例，而不是Text实例。

☑ **kwargs：其他参数，如表4.3所示。

表4.3　其他参数

参数	说明	参数	说明
agg_filter	一种过滤函数，它接收一个（m,n,3）浮点数组和一个dpi值，并返回一个（m,n,3）数组	fontstyle	字型，值为'normal'、'italic'、'oblique'，即正常、斜体或倾斜体
alpha	浮点型，透明度	fontvariant	或variant，值为'normal'、'small-caps'
animated	布尔型	fontweight	或weight，数值范围为0~1000，值为'ultralight'、'light'、'normal'、'regular'、'book'、'medium'、'roman'、'semibold'、'demibold'、'demi'、'bold'、'heavy'、'extrabold'、'black'
backgroundcolor	背景颜色	horizontalalignment	或ha，水平对齐，值为'center'、'right'或'left'
bbox	矩形框，字典类型包括xy、width、height、boxstyle等参数	in_layout	布尔型
capstyle	“对接”“圆形”“突出”	label	标签
clip_box	Bbox	linespacing	浮点型，字体大小的倍数
clip_on	布尔型	math_fontfamily	字符串
clip_path	面片或（路径、变换）或无	multialignment	或ma，错乱排序，值为'left'、'right'或'center'
color	或c，颜色	parse_math	布尔型
figure	Figure	path_effects	AbstractPathEffect
fontfamily	或family，字体，例如'serif'、'sans-serif'、'cursive'、'fantasy'、'monospace'	picker	None、布尔型
fontproperties	font_manager.FontProperties或字符串或pathlib.Path	position	浮点型
fontsize	或size，字体大小	rasterized	布尔型或None
fontstretch	或stretch，数值范围为0~1000，值为'ultra-condensed'、'extra-condensed'、'condensed'、'semi-condensed'、'normal'、'semi-expanded'、'expanded'、'extra-expanded'、'ultra-expanded'，即“超浓缩”“超浓缩”“浓缩”“半浓缩”“正常”“半扩展”“扩展”“超扩展”“超扩展”	rotation	浮点型，旋转角度，或值为'vertical'、'horizontal'

续表

参数	说明	参数	说明
rotation_mode	None 或值为 'default'、'anchor'	verticalalignment	或 va，垂直对齐，值为 'center'、'top'、'bottom'、'baseline' 或 'center_baseline'
sketch_params	浮点型，比例、长度、随机性	visible	布尔型
snap	布尔型或 None	wrap	布尔型
text	object	x	浮点型
transform	Transform	y	浮点型
url	字符串	zorder	浮点型
usetex	布尔型或 None		

实例 4.10　为折线图添加基础体温文本标签（实例位置：资源包 \Code\04\10）

为图表中各个数据点添加文本标签，关键代码如下。

```
01 for a,b in zip(x,y):
02     # a,b+3 对应的（x,y），%.1f'%b 对 y 值格式化，ha 水平居中，va 垂直底部对齐，fontsize 字体大小
03     plt.text(a,b+3,'%.1f'%b,ha = 'center',va = 'bottom',fontsize=9)
```

运行程序，输出结果如图 4.26 所示。

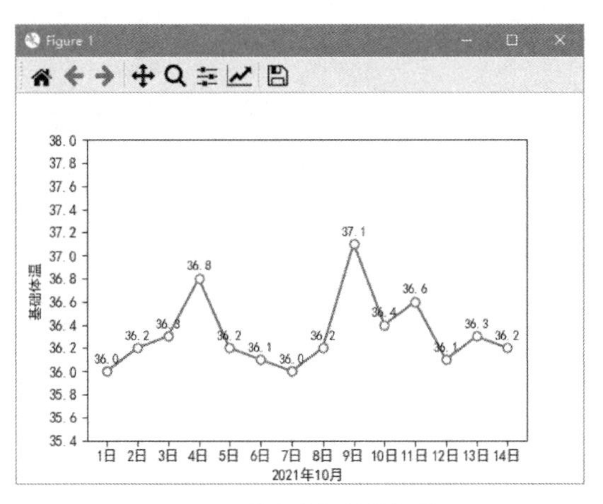

图 4.26　带文本标签的折线图

上述代码，首先，*x*、*y* 是 *x* 轴和 *y* 轴的值，它代表了折线图在坐标中的位置，通过 for 循环找到每一个 *x*、*y* 值相对应的坐标赋值给 *a*、*b*，再使用 plt.text 在对应的数据点上添加文本标签，而 for 循环也保证了折线图中每一个数据点都有文本标签。其中，*a*,*b*+3 表示在每一个数据点（*x* 值对应 *y* 值加 3）的位置处添加文本标签，%.1f’ %b 是对 *y* 值进行的格式化处理，保留小数点 1 位；ha='center'、va='bottom' 代表水平居中、垂直底部对齐，fontsize 则是字体大小。

4.2.5　设置标题和图例

数据是一个图表所要展示的东西，而有了标题和图例则可以帮助我们更好地理解这个图表的含义和想要传递的信息。下面介绍图表细节之三——标题和图例。

1. 图表标题

为图表设置标题主要使用 title() 函数，语法如下：

```
matplotlib.pyplot.title(label, fontdict=None, loc='center', pad=None, **kwargs)
```

参数说明：

☑ label：字符串，图表标题文本。

☑ fontdict：字典，用来设置标题字体的样式。如{‘fontsize’:20,’fontweight’:20,’va’:‘bottom’,’ha’:‘center’}

☑ loc：字符串，标题水平位置，参数值为center、left或right，分别表示水平居中、水平居左和水平居右，默认为水平居中。

☑ pad：浮点型，表示标题离图表顶部的距离，默认为None。

☑ **kwargs：关键字参数，可以设置一些其他文本属性。

例如，设置图表标题为“14 天基础体温曲线图”，主要代码如下：

```
plt.title('14 天基础体温曲线图 ',fontsize='18')
```

2. 图表图例

为图表设置图例主要使用 legend() 函数。下面介绍图例相关的设置。

（1）自动显示图例

```
plt.legend()
```

（2）手动添加图例

```
plt.legend(' 基础体温 ')
```

注意

这里需要注意一个问题，当手动添加图例时，有时会出现文本显示不全，解决方法是在文本后面加一个逗号（,），主要代码如下：

```
plt.legend((' 基础体温 ',))
```

（3）设置图例显示位置

通过 loc 参数可以设置图例的显示位置，如在左下方显示，主要代码如下：

```
plt.legend((' 基础体温 ',),loc='upper right',fontsize=10)
```

具体图例显示位置设置如表 4.4 所示。

表 4.4　图例位置参数设置值

位置（字符串）	位置（索引）	描述	位置（字符串）	位置（索引）	描述
best	0	自适应	lower left	3	左下方
upper right	1	右上方	lower right	4	右下方
upper left	2	左上方	right	5	右侧

续表

位置（字符串）	位置（索引）	描述	位置（字符串）	位置（索引）	描述
center left	6	左侧中间位置	upper center	9	上方中间位置
center right	7	右侧中间位置	center	10	正中央
lower center	8	下方中间位置			

上述参数可以设置大概的图例位置，如果这样可以满足需求，那么第二个参数不设置也可以。第二个参数 bbox_to_anchor 是元组类型，包括两个值，num1 用于控制 legend 的左右移动，值越大越向右边移动，num2 用于控制 legend 的上下移动，值越大，越向上移动。用于微调图例的位置。

另外，通过该参数还可以设置图例位于图表外面，关键代码如下：

```
# bbox_to_anchor 微调图例位置，loc=2 为左上方，borderaxespad 为轴和图例边框之间的间距
plt.legend(bbox_to_anchor=(1.05, 1),loc=2, borderaxespad=0)
```

上述代码中，参数 borderaxespad 表示轴和图例边框之间的间距，以字体大小为单位度量。

下面来看下设置标题和图例后的“14 天基础体温曲线图”，效果如图 4.27 所示。

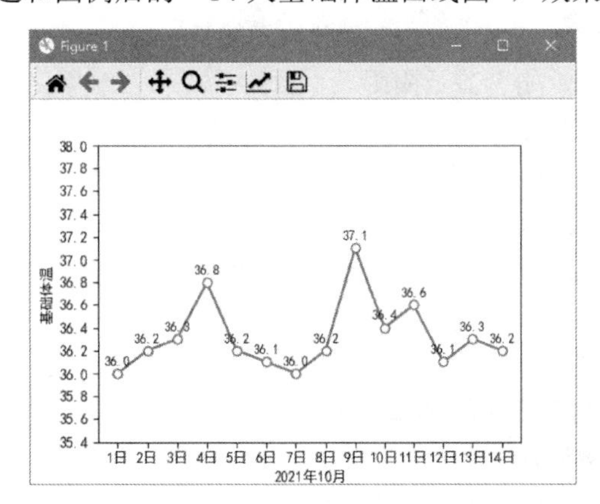

图 4.27　14 天基础体温曲线图

（4）图例横向显示

图例横向显示主要使用 ncol 参数，通过该参数设置图例的列数，例如下面的代码：

```
# labels2 标签文本变量，loc 为下方中间位置，ncol 为列数，bbox_to_anchor 微调图例位置
plt.legend(labels2,loc="lower center",ncol=2,bbox_to_anchor=(0.3,-0.1))
```

运行程序，效果如图 4.28 所示。

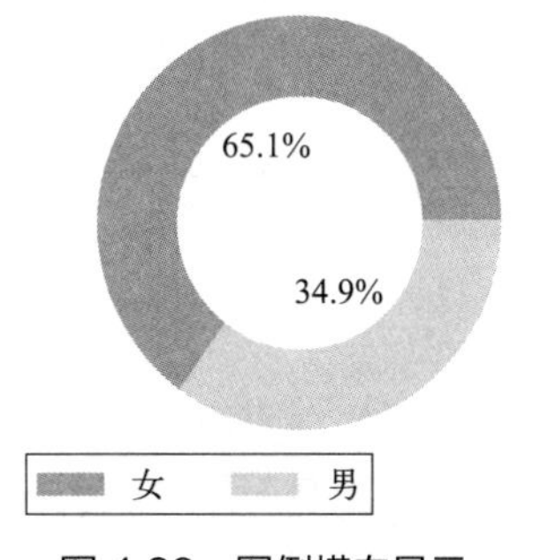

图 4.28　图例横向显示

（5）去掉图例边框

如果不想要图例的边框，可以使用下面的代码进行设置：

```
plt.legend(frameon=False)
```

以上是图例的常用设置，更多设置可参考如下参数说明：

☑ ncol：图例的列数，默认1列。

☑ prop：字体设置。

☑ fontsize：设置字体大小，需要未指定prop参数。数字字号或{'xx-small'，'x-small'，'small'，'medium'，'large'，'x-large'，'xx-large'}。

☑ numpoints：为线条图图例条目创建的标记点数。

☑ scatterpoints：为散点图图例条目创建的标记点数。

☑ scatteryoffsets：为散点图图例条目创建的标记的垂直偏移量。

☑ markerscale：图例标记与原始标记的相对大小。

☑ markerfirst：布尔值，当为True时，图例标记放在图例标签的左侧。

☑ frameon：布尔值，是否启用边框。

☑ fancybox：布尔值，控制是否在图例背景的FancyBboxPatch周围启用圆边。

☑ shadow：布尔值，是否显示阴影。

☑ framealpha：图例的透明度。

☑ facecolor：图例的面板颜色。

☑ edgecolor：图例的边框颜色。

☑ mode：默认None，可选{“expand”}。为“expand”时图例将展开至整个坐标轴。

☑ bbox_transform：从父坐标系到子坐标系的几何映射。

☑ title：图例的标题。

☑ title_fontsize：图例标题的字体大小。

☑ borderpad：图例边框与标签的距离。

☑ labelspacing：图例标签间的垂直空间。

☑ handlelength：图例标记的长度。

☑ handletextpad：图例标记与图例标签间的距离。

☑ borderaxespad：轴与图例边框的距离。

☑ columnspacing：列间距。

4.2.6 添加注释

annotate()函数用于在图表上给数据添加文本注释，而且支持带箭头的划线工具，方便我们在合适的位置添加描述信息。语法如下：

```
plt.annotate(s, xy, *args, **kwargs)
```

重要参数说明：

☑ s：注释文本的内容。

☑ xy：被注释的坐标点，二维元组，如(x,y)。

☑ xytext：注释文本的坐标点（也就是上述举例中箭头的位置），也是二维元组，默认与*xy*相同。

☑ xycoords：是被注释点的坐标系属性，设置值如表4.5所示。

表 4.5 xycoords 参数设置值

设置值	说明
figure points	以绘图区左下角为参考，单位是点数
figure pixels	以绘图区左下角为参考，单位是像素数
figure fraction	以绘图区左下角为参考，单位是百分比
axes points	以子绘图区左下角为参考，单位是点数（一个 figure 可以有多个 axex，默认为 1 个）
axes pixels	以子绘图区左下角为参考，单位是像素数
axes fraction	以子绘图区左下角为参考，单位是百分比
data	以被注释的坐标点 *xy* 为参考（默认值）
polar	不使用本地数据坐标系，使用极坐标系

☑ textcoords：注释文本的坐标系属性，默认与xycoords参数值相同，也可以设为不同的值，具体如表4.6所示。

表 4.6 textcoords 参数设置值

设置值	说明
offset points	相对于被注释点 *xy* 的偏移量（单位是点）
offset pixels	箭头头部的宽度（点）

☑ arrowprops：箭头的样式，字典型数据，如果该属性非空，则会在注释文本和被注释点之间画一个箭头。如果不设置arrowstyle参数，则可以使用以下设置值，如表4.7所示。

表 4.7 arrowprops 参数设置值

设置值	说明	设置值	说明
width	箭头的宽度（单位是点）	shrink	箭头两端收缩的百分比（占总长）
headwidth	箭头头部的宽度（点）	?	任何 matplotlib.patches.FancyArrowPatch 中的关键字，如表 4.8 所示
headlength	箭头头部的长度（点）		

FancyArrowPatch 的关键字如表 4.8 所示。

表 4.8 FancyArrowPatch 的关键字

设置值	说明
arrowstyle	箭头的样式
connectionstyle	连接线的样式
relpos	箭头起始点相对注释文本的位置，默认为（0.5, 0.5），即文本的中心，（0,0）表示左下角，（1,1）表示右上角
patchA	箭头起点处的图形（matplotlib.patches 对象），默认是注释文字框
patchB	箭头终点处的图形（matplotlib.patches 对象），默认为空
shrinkA	箭头起点的缩进点数，默认为 2
mutation_scale	默认为文本大小（以点数为单位）
mutation_aspect	默认值为 1
?	任何 matplotlib.patches.PathPatch 中的关键字

在 arrowprops 参数的字典中，如果设置 arrowstyle 参数，则需要使用以下设置值，如表 4.9 所示。

表 4.9　arrowstyle 参数设置值

<table>
<tr><th>设置值</th><th>说明</th><th>设置值</th><th>说明</th></tr>
<tr><td>-</td><td>None</td><td><-></td><td>head_length=0.4，head_width=0.2</td></tr>
<tr><td>-></td><td>head_length=0.4，head_width=0.2</td><td><|-</td><td>head_length=0.4，head_width=0.2</td></tr>
<tr><td>-[</td><td>widthB=1.0，lengthB=0.2，angleB=None</td><td><|-|></td><td>head_length=0.4，head_width=0.2</td></tr>
<tr><td>|-|</td><td>widthA=1.0，widthB=1.0</td><td>fancy</td><td>head_length=0.4，head_width=0.4，tail_width=0.4</td></tr>
<tr><td>-|></td><td>head_length=0.4，head_width=0.2</td><td>simple</td><td>head_length=0.5，head_width=0.5，tail_width=0.2</td></tr>
<tr><td><-</td><td>head_length=0.4，head_width=0.2</td><td>wedge</td><td>tail_width=0.3，shrink_factor=0.5</td></tr>
</table>

在 arrowprops 参数的字典中，还可以设置 connectionstyle 参数，该参数用于创建两个点之间的连接路径，其设置值如表 4.10 所示。

表 4.10　connectionstyle 参数设置值

名称	设置值
angle	angleA=90,angleB=0,rad=0.0
angle3	angleA=90,angleB=0
arc	angleA=0,angleB=0,armA=None,armB=None,rad=0.0
arc3	rad=0.0
bar	armA=0.0,armB=0.0,fraction=0.3,angle=None

实例 4.11　为图表添加注释（实例位置：资源包 \Code\04\11）

在“14 天基础体温曲线图”中用箭头指示最高体温，效果如图 4.29 所示。

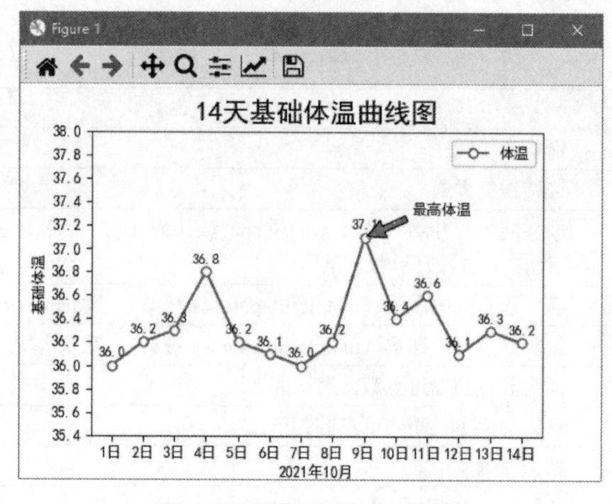

图 4.29　箭头指示最高体温

关键代码如下：

```
01 plt.annotate('最高体温', xy=(9,37.1),                  # xy 值
02              xytext=(10.5,37.3),                      # 文本内容
03              xycoords='data',                         # 以被注释的坐标点 xy 为参考
04              # 箭头的样式，颜色为红色，箭头两端收缩的百分比为 0.05
05              arrowprops=dict(facecolor='r', shrink=0.05))
```

4.2.7　设置网格线

细节决定成败。很多时候为了图表的美观，不得不考虑细节。下面介绍图表细节之一——网格线，主要使用 grid() 函数，首先生成网格线，代码如下：

```
plt.grid()
```

grid() 函数也有很多参数，如颜色、网格线的方向（参数 axis=’x’隐藏 *x* 轴网格线，axis=’y’隐藏 *y* 轴网格线）、网格线样式和网格线宽度等。下面为图表设置网格线，关键代码如下：

```
plt.grid(color='0.5',linestyle='--',linewidth=1)
```

运行程序，输出结果如图 4.30 所示。

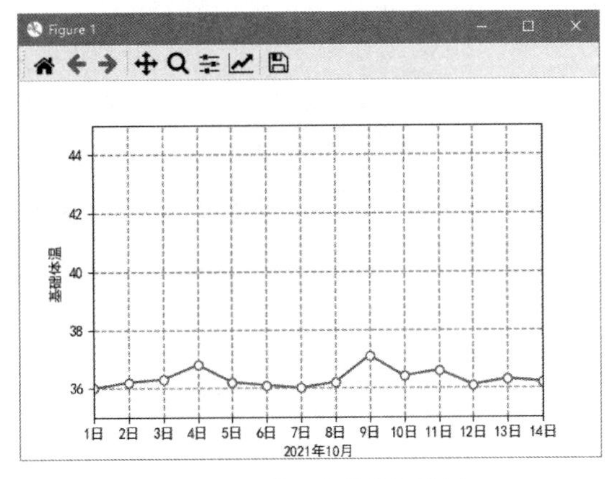

图 4.30　带网格线的折线图

技 巧

网格线对于饼形图来说，直接使用并不显示，需要与饼形图的frame参数配合使用，设置该参数值为True。详见饼形图。

4.2.8　设置参考线（辅助线）

为了让图表更加清晰易懂，有时候需要为图表添加一些参考线，例如平均线、中位数线等。在 Matplotlib 图表中有两种方法绘制参考线。

（1）hline() 函数 /vlines() 函数

hline() 函数用于绘制水平参考线，vlines() 函数用于绘制垂直参考线。使用这两个函数绘

制的参考线必须指定 ymin 和 ymax 参数。

重要参数说明：

☑ x：横坐标。

☑ ymin/ymax：必选参数，用于设置参考线纵坐标的最小值和最大值。

☑ label：标签内容。

（2）axhline() 函数 /axvline() 函数

axhline() 函数用于绘制水平参考线，axvline() 函数用于绘制垂直参考线。使用这两个函数绘制的参考线两头纵坐标相对于整个图表的位置，无须指定 ymin 和 ymax 参数。

重要参数说明：

☑ x：横坐标。

☑ ymin/ymax：参考线两头纵坐标，位于整个图表的位置，范围在 0 到 1 之间。

它与 hline() 函数 /vlines() 函数的区别在于：

① ymin/ymax 参数可以不指定。

② ymin/ymax 参数值不同，axhline()/axvline() 函数做了归一化处理。

③ 没有 label 参数，不能设置标签。

实例 4.12 为图表添加水平参考线（实例位置：资源包 \Code\04\12）

下面为体温折线图图表添加水平参考线，用于显示体温平均值，首先计算体温的平均值，然后使用 axhline() 函数绘制水平参考线，主要代码如下：

```
01 # 计算体温平均值
02 mean=df['体温'].mean()
03 plt.axhline(mean,color='red',linestyle='--')
```

运行程序，输出结果如图 4.31 所示。

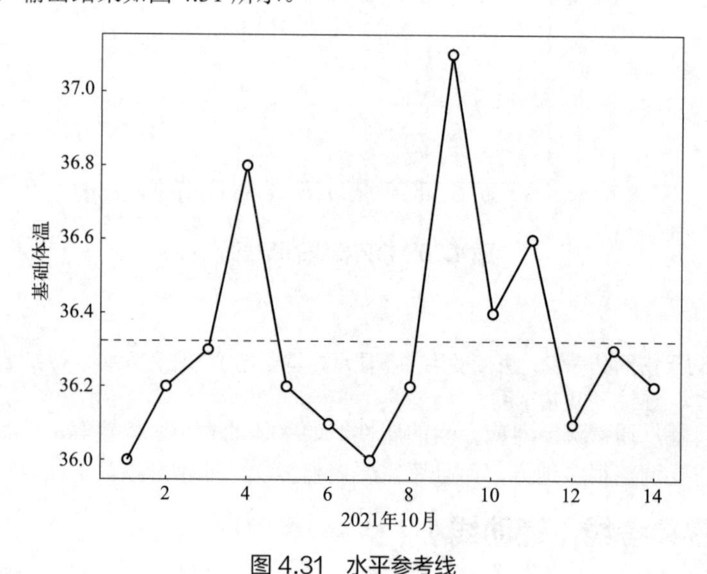

图 4.31　水平参考线

4.2.9　选取范围

选取范围就是在图表上绘制选取一定范围内数值的参考线，主要使用 axhspan() 和

axvspan() 函数。axhspan() 函数用于绘制水平选取范围，axvspan() 函数用于绘制垂直选取范围。

重要参数说明：

☑ x：横坐标。

☑ ymin/ymax：y 轴范围的最小值和最大值。

☑ facecolor：前景色。

☑ alpha：透明度。

实例 4.13　为图表添加选取范围（实例位置：资源包 \Code\04\13）

选取体温在 36.5℃至 37℃的数据和 1 号～ 5 号的数据，主要代码如下：

```
01 # 水平选取范围
02 # ymin/ymax：y 轴范围的最小值和最大值，facecolor 为前景色，alpha 为透明度
03 plt.axhspan(ymin=36.5,ymax=37,facecolor='r',alpha=0.5)
04 # 垂直选取范围
05 plt.axvspan(xmin=1,xmax=5,facecolor='g',alpha=0.5)
```

运行程序，输出结果如图 4.32 所示。

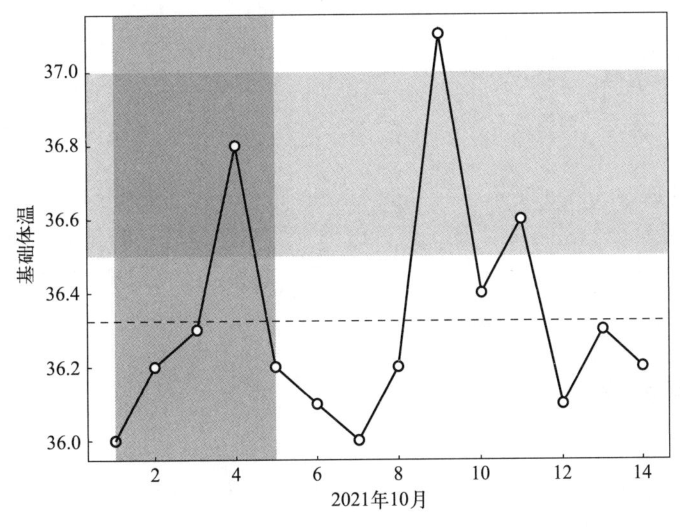

图 4.32　选取范围

4.2.10　图表布局

很多时候发现绘制出的图表，由于 x 轴、y 轴标题与画布边缘距离太近，而出现显示不全的情况，如图 4.33 所示。

遇到这种问题，通常调节对应元素的属性，如字体的大小、位置等，使其适应画布的大小，有些时候需要调整很多地方，而且还需要调整多次，非常麻烦。下面介绍一种快捷的方法，通过 constrained_layout 或 tight_layout 布局，使得图形元素进行一定程度的自适应。

（1）constrained_layout 布局

constrained_layout 布局是 Matplotlib 的 subplots() 函数中的一个参数，在绘制图表前设置该参数值为 True 即可，主要代码如下：

```
plt.subplots(constrained_layout=True)
```

（2）tight_layout 布局

tight_layout 布局是 Matplotlib 的一个函数，在显示图表前直接使用即可，主要代码如下：

```
plt.tight_layout()
```

应用这两种布局中的其中一种就可以解决显示不全的问题，效果如图 4.34 所示。

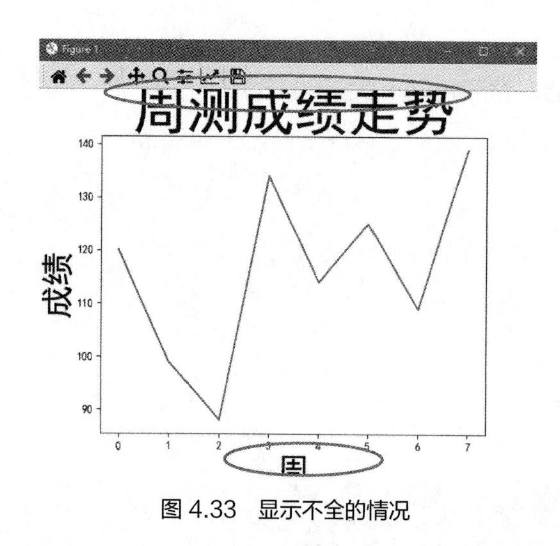

图 4.33　显示不全的情况

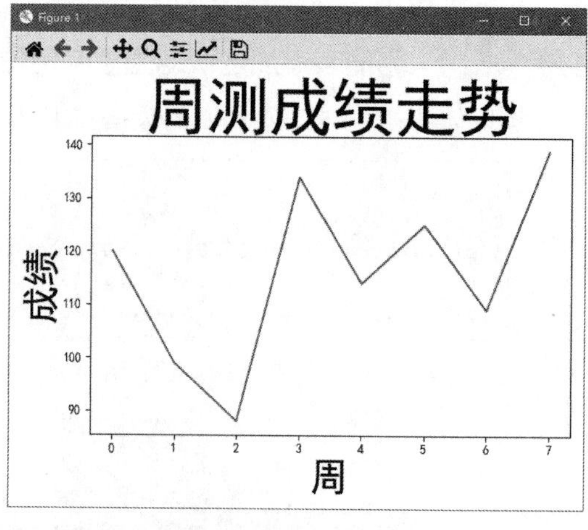

图 4.34　正常显示的图表

总结：应用 constrained_layout 或 tight_layout 布局，Matplotlib 就会自动调整图形元素，使其恰当地显示，但是需要注意一点，这种方法并不是所有情况都适用，只有当调整标题、图例等常见图形元素时才可以。对于复杂图形的布局，还是需要自己控制图形元素的位置。

4.2.11　保存图表

实际工作中，有时需要将绘制的图表保存为图片放置到数据分析报告中。Matplotlib 的 savefig() 函数可以实现这一功能，将图表保存为 JPEG、TIFF 或 PNG 格式的图片。

例如，保存之前绘制的折线图，关键代码如下：

```
plt.savefig('image.png')
```

需要注意的一个关键问题：保存代码必须在图表预览前，也就是 plt.show() 代码前，否则保存后的图片是白色，图表无法保存。

运行程序，图表被保存在程序所在路径下，名为 image.png。

4.3　常用图表的绘制

本节介绍常用图表的绘制，主要包括绘制折线图、绘制柱形图、绘制直方图、绘制饼形图、绘制散点图、绘制面积图、绘制热力图、绘制箱形图、绘制 3D 图表、绘制多个子图表以及图表的保存。对于常用的图表类型以绘制多种类型图表进行举例，以适应不同应用场景的需求。

4.3.1　绘制折线图

折线图可以显示随时间而变化的连续数据，因此非常适用于显示在相等时间间隔下数据的趋势。如基础体温曲线图、学生成绩走势图、股票月成交量走势图，月销售统计分析图、微博、公众号、网站访问量统计图等都可以用折线图体现。在折线图中，类别数据沿水平轴均匀分布，所有值数据沿垂直轴均匀分布。

Matplotlib 绘制折线图主要使用 plot() 函数，相信通过前面的学习，您已经了解了 plot() 函数的基本用法，并能够绘制一些简单的折线图，下面尝试绘制多折线图。

实例 4.14　绘制学生语数外各科成绩分析图（实例位置：资源包 \Code\04\14）

下面使用 plot() 函数绘制多折线图。例如，绘制学生语数外各科成绩分析图，程序代码如下：

```
01 import pandas as pd                                          # 导入 pandas 模块
02 import matplotlib.pyplot as plt                              # 导入 matplotlib.pyplot 模块
03 df1=pd.read_excel('../../datas/data.xls')                    # 读取 Excel 文件
04 # 绘制多折线图
05 x1=df1['姓名']
06 y1=df1['语文']
07 y2=df1['数学']
08 y3=df1['英语']
09 plt.rcParams['font.sans-serif']=['SimHei']                   # 解决中文乱码
10 plt.rcParams['xtick.direction'] = 'out'                      # x 轴的刻度线向外显示
11 plt.rcParams['ytick.direction'] = 'in'                       # y 轴的刻度线向内显示
12 plt.title('语数外成绩大比拼',fontsize='18')                  # 图表标题
13 # 绘制语文成绩折线图 ,maker 为标记样式
14 plt.plot(x1,y1,label='语文',color='r',marker='p')
15 # 绘制数学成绩折线图 ,maker 为标记样式，mfc 为标记填充颜色，ms 为标记大小，alpha 为透明度
16 plt.plot(x1,y2,label='数学',color='g',marker='.',mfc='r',ms=8,alpha=0.7)
17 # 绘制英语成绩折线图
18 plt.plot(x1,y3,label='英语',color='b',linestyle='-.',marker='*')
19 plt.grid(axis='y')                                           # 显示网格关闭 y 轴
20 plt.ylabel('分数')                                           # y 轴标签
21 plt.yticks(range(50,150,10))                                 # y 轴刻度值范围
22 plt.legend(['语文','数学','英语'])                           # 设置图例
23 plt.show()                                                   # 显示图表
```

运行程序，输出结果如图 4.35 所示。

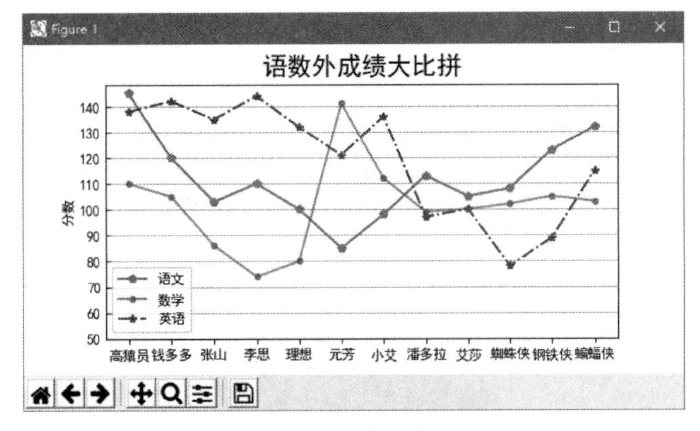

图 4.35　多折线图

上述举例，用到了几个参数，下面进行说明。

☑ mfc：标记的颜色。

☑ ms：标记的大小。

☑ mec：标记边框的颜色。

☑ alpha：透明度，设置该参数可以改变颜色的深浅。

4.3.2 绘制柱形图

柱形图，又称长条图、柱状图、条状图等，是一种以长方形的长度为变量的统计图表。柱形图用来比较两个或两个以上的数据（不同时间或者不同条件），只有一个变量，通常用于较小的数据集分析。

Matplotlib 绘制柱形图主要使用 bar() 函数，语法如下：

```
matplotlib.pyplot.bar(x,height,width,bottom=None,*,align='center',data=None,**kwargs)
```

参数说明：

☑ x：x轴数据。

☑ height：柱子的高度，也就是y轴数据。

☑ width：浮点型，柱子的宽度，默认值为0.8，可以指定固定值。

☑ bottom：标量或数组，可选参数，柱形图的y坐标，默认值为0。

☑ *：星号本身不是参数。星号表示其后面的参数为命名关键字参数，命名关键字参数必须传入参数名，否则程序会出现错误。

☑ align：对齐方式，如center（居中）和edge（边缘），默认值为center。

☑ data：data关键字参数。如果给定一个数据参数，所有位置和关键字参数将被替换。

☑ **kwargs：关键字参数，其他可选参数，如color（颜色）、alpha（透明度）、label（每个柱子显示的标签）等。

实例 4.15 5行代码绘制简单的柱形图（实例位置：资源包\Code\04\15）

5行代码绘制简单的柱形图，程序代码如下：

```
01 import matplotlib.pyplot as plt        # 导入 matplotlib.pyplot 模块
02 x=[1,2,3,4,5,6]                        # x 轴数据
03 height=[10,20,30,40,50,60]             # 柱子的高度
04 plt.bar(x,height)                      # 绘制柱形图
05 plt.show()                             # 显示图表
```

运行程序，输出结果如图4.36所示。

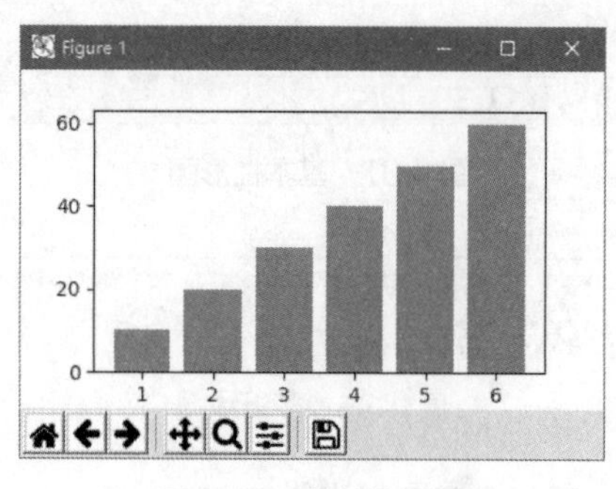

图4.36 简单柱形图

bar() 函数可以绘制出各种类型的柱形图，如基本柱形图、多柱形图、堆叠柱形图，只要将 bar() 函数的主要参数理解透彻，就会达到意想不到的效果。下面介绍几种常见的柱形图。

1. 基本柱形图

实例 4.16　绘制线上图书销售额分析图（实例位置：资源包 \Code\04\16）

使用 bar() 函数绘制“2013—2019 年线上图书销售额分析图”，程序代码如下：

```
01 import pandas as pd                                  # 导入 pandas 模块
02 import matplotlib.pyplot as plt                      # 导入 matplotlib.pyplot 模块
03 df = pd.read_excel('../../datas/books.xlsx')         # 读取 Excel 文件
04 plt.rcParams['font.sans-serif']=['SimHei']           # 解决中文乱码
05 x=df['年份']                                         # x 轴数据
06 height=df['销售额']                                  # 柱子的高度
07 plt.grid(axis="y", which="major")                    # 生成虚线网格
08 # x、y 轴标签
09 plt.xlabel('年份')
10 plt.ylabel('线上销售额（元）')
11 # 图表标题
12 plt.title('2013—2019 年线上图书销售额分析图')
13 # 绘制柱形图，width 柱子宽度，align 居中对齐 ,color 为柱子颜色，alpha 为透明度
14 plt.bar(x,height,width = 0.5,align='center',color = 'b',alpha=0.5)
15 # 设置每个柱子的文本标签 ,format(b,',') 格式化销售额为千位分隔符格式，ha 居中对齐，va 垂直底
部对齐，color 为字体颜色，alpha 为透明度
16 for a,b in zip(x,height):
17     plt.text(a, b,format(b,','), ha='center', va= 'bottom',fontsize=9,color = '
b',alpha=0.9)
18 plt.legend(['销售额'])                               # 设置图例
19 plt.show()                                           # 显示图表
```

运行程序，输出结果如图 4.37 所示。

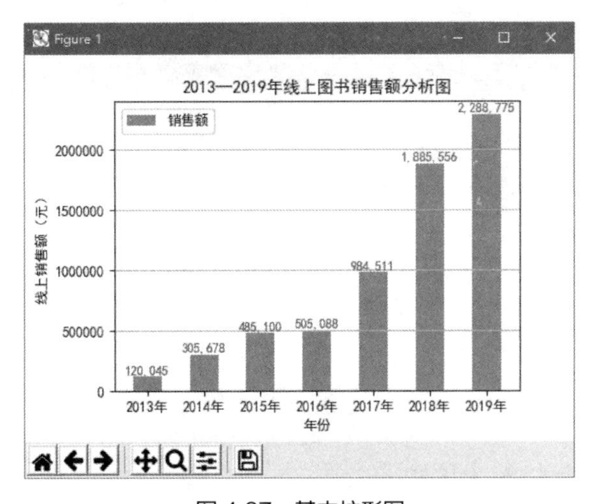

图 4.37　基本柱形图

上述举例，应用了前面所学习的知识。例如标题、图例、文本标签、坐标轴标签等。

2. 多柱形图

实例 4.17　绘制各平台图书销售额分析图（实例位置：资源包 \Code\04\17）

对于线上图书销售额的统计，如果要统计各个平台的销售额，可以使用多柱形图，不同

颜色的柱子代表不同的平台，如京东、天猫自营等，程序代码如下：

```
01 import pandas as pd                              # 导入 pandas 模块
02 import matplotlib.pyplot as plt                  # 导入 matplotlib.pyplot 模块
03 # 读取 Excel 文件名为 "Sheet2" 的 Sheet 页
04 df = pd.read_excel('../../datas/books.xlsx',sheet_name='Sheet2')
05 plt.rcParams['font.sans-serif']=['SimHei']  # 解决中文乱码
06 # xy 轴数据
07 x=df['年份']
08 y1=df['京东']
09 y2=df['天猫']
10 y3=df['自营']
11 width =0.25                                      # 柱子宽度
12 plt.ylabel('线上销售额（元）')                   # y 轴标题
13 plt.title('2013—2019 年线上图书销售额分析图')    # 图表标题
14 plt.bar(x,y1,width = width,color = 'darkorange')         # 绘制第一个柱形图
15 plt.bar(x+width,y2,width = width,color = 'deepskyblue') # 绘制第二个柱形图
16 plt.bar(x+2*width,y3,width = width,color = 'g') # 绘制第三个柱形图
17 # 设置每个柱子的文本标签，format(b,',')格式化销售额为千位分隔符，ha 水平居中，va 垂直底部对
齐
18 for a,b in zip(x,y1):
19     plt.text(a, b,format(b,','), ha='center', va= 'bottom',fontsize=8)
20 for a,b in zip(x,y2):
21     plt.text(a+width, b,format(b,','), ha='center', va= 'bottom',fontsize=8)
22 for a, b in zip(x, y3):
23     plt.text(a + 2*width, b, format(b, ','), ha='center', va='bottom', fontsize
=8)
24 plt.legend(['京东','天猫','自营'])                # 图例
25 plt.show()                                       # 显示图表
```

上述举例，柱形图中若显示 n 个柱子，则柱子宽度值需小于 $1/n$，否则柱子会出现重叠现象。

运行程序，输出结果如图 4.38 所示。

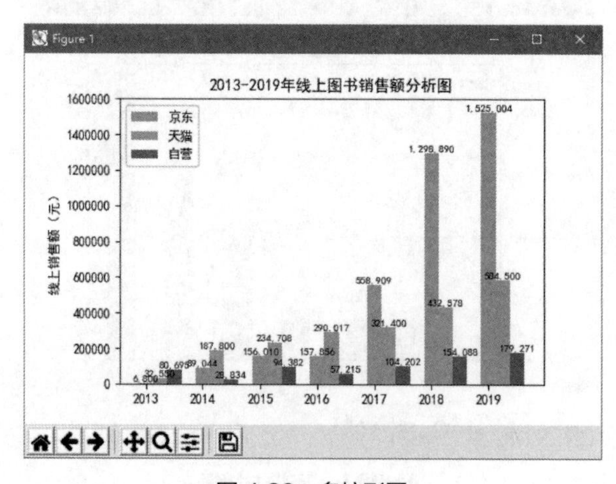

图 4.38　多柱形图

4.3.3 绘制直方图

直方图，又称质量分布图，由一系列高度不等的纵向条纹或线段表示数据分布的情况。一般用横轴表示数据类型，纵轴表示分布情况。直方图由数值数据分布的精确图形表示，是一个连续变量（定量变量）的概率分布的估计。

绘制直方图主要使用 hist() 函数，语法如下：

```
matplotlib.pyplot.hist(x,bins=None,range=None, density=None, bottom=None, histtype='bar', align='mid', log=False, color=None, label=None, stacked=False, normed=None)
```

参数说明：

☑ x：数据集，最终的直方图将对数据集进行统计。

☑ bins：统计数据的区间分布。

☑ range：元组类型，显示的区间。

☑ density：布尔型，默认值为False，频数统计结果，为True则显示频率统计结果。需要注意，频率统计结果=区间数目/（总数×区间宽度）。

☑ histtype：可选参数，设置值为bar、barstacked、step或stepfilled，默认值为bar，推荐使用默认配置，step使用的是梯状，stepfilled则会对梯状内部进行填充，效果与bar类似。

☑ align：可选参数，值为left、mid或right，默认值为mid，控制柱状图的水平分布，left或者right，会有部分空白区域，推荐使用默认值。

☑ log：布尔型，默认值为False，即y坐标轴是否选择指数刻度。

☑ stacked：布尔型，默认为False，是否为堆积柱状图。

实例 4.18　绘制简单直方图（实例位置：资源包 \Code\04\18）

绘制简单直方图，程序代码如下：

```
01 import matplotlib.pyplot as plt                    # 导入 matplotlib.pyplot 模块
02 x=[22,87,5,43,56,73,55,54,11,20,51,5,79,31,27]    # x 轴数据
03 plt.hist(x, bins = [0,25,50,75,100])               # 绘制直方图，bins 为区间
04 plt.show()                                         # 显示图表
```

运行程序，输出结果如图 4.39 所示。

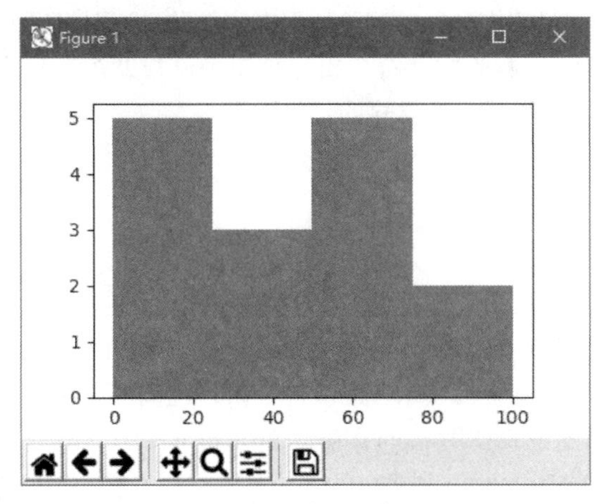

图 4.39　简单直方图

实例 4.19　直方图分析学生数学成绩分布情况（实例位置：资源包 \Code\04\19）

再举一个例子，通过直方图分析学生数学成绩分布情况，程序代码如下：

```
01 import pandas as pd                          # 导入 pandas 模块
02 import matplotlib.pyplot as plt              # 导入 matplotlib.pyplot 模块
```

```
03 df = pd.read_excel('../../datas/grade1.xls')    # 读取 Excel 文件
04 plt.rcParams['font.sans-serif']=['SimHei']          # 解决中文乱码
05 x=df['得分']                                         # x 轴数据
06 plt.xlabel('分数')                                   # x 轴标题
07 plt.ylabel('学生数量')                               # y 轴标题
08 plt.title("高一数学成绩分布直方图")                  # 设置图表标题
09 # 绘制直方图，bins 为区间，facecolor 为前景色，edgecolor 为边框颜色，alpha 为透明度
10 plt.hist(x, bins = [0,25,50,75,100,125,150],facecolor="bl
ue", edgecolor="black", alpha=0.7)
11 plt.show()                                           # 显示图表
```

运行程序，输出结果如图 4.40 所示。

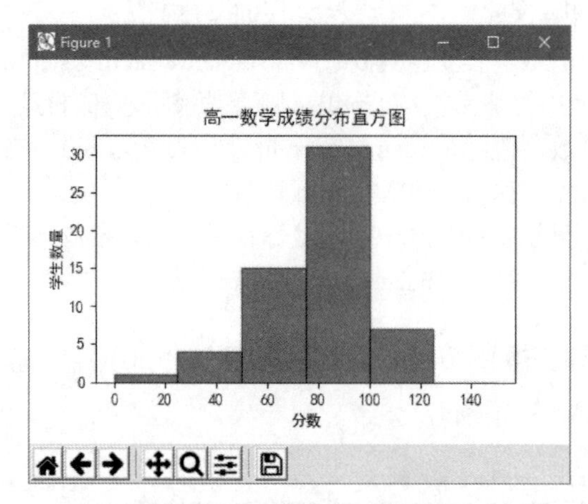

图 4.40　数学成绩分布直方图

上述举例，通过直方图可以清晰地看到数学成绩分布情况基本呈现正态分布，两边低中间高，高分段学生缺失，说明试卷有难度。那么，通过直方图还可以分析以下内容：

① 对学生进行比较。呈正态分布的测验便于选拔优秀，甄别落后，通过直方图一目了然。

② 确定人数和分数线。测验成绩符合正态分布可以帮助等级评定时确定人数和估计分数段内的人数，确定录取分数线、各学科的优生率等。

③ 测验试题难度。

4.3.4　绘制饼形图

饼形图常用来显示各个部分在整体所占的比例。例如，在工作中如果遇到需要计算总费用或金额的各部分构成比例的情况，一般通过各部分与总额相除来计算，而且这种比例表示方法很抽象，而通过饼形图将直接显示各组成部分所占比例，一目了然。

Matplotlib 绘制饼形图主要使用 pie() 函数，语法如下：

```
matplotlib.pyplot.pie(x,explode=None,labels=None,colors=None,autopct
=None,pctdistance=0.6,shadow=False,labeldistance=1.1,startangle=Non
e,radius=None,counterclock=True,wedgeprops=None,textprops=None,cent
er=(0, 0), frame=False, rotatelabels=False, hold=None, data=None)
```

参数说明：

☑　x：每一块饼图的比例，如果 sum(x) > 1 会使用 sum(x) 归一化。

☑　labels：每一块饼图外侧显示的说明文字。

☑　explode：每一块饼图离中心的距离。

☑　startangle：起始绘制角度，默认是从x轴正方向逆时针画起，如设置值为90则从y轴正方向画起。

☑　shadow：在饼图下面画一个阴影，默认值为False，即不画阴影。

☑　labeldistance：标记的绘制位置，相对于半径的比例，默认值为1.1，如＜1则绘制在饼图内侧。

☑　autopct：设置饼图百分比，可以使用格式化字符串或format函数。如'%1.1f'保留小数点前后1位。

☑　pctdistance：类似于labeldistance参数，指定百分比的位置刻度，默认值为0.6。

☑　radius：饼图半径，默认值为1，半径越大饼图越大。

☑　counterclock：指定指针方向，布尔型，可选参数，默认值为True表示逆时针；如果值为False，则表示顺时针。

☑　wedgeprops：字典类型，可选参数，默认值为None。字典传递给wedge对象，用来画一个饼图。例如wedgeprops={‘linewidth’:2}设置wedge线宽为2。

☑　textprops：设置标签和比例文字的格式，字典类型，可选参数，默认值为None。传递给text对象的字典参数。

☑　center：浮点类型的列表，可选参数，默认值为(0,0)，表示图表中心位置。

☑　frame：布尔型，可选参数，默认值为False，不显示轴框架（也就是网格）；如果值为True，则显示轴框架，与grid()函数配合使用。实际应用中建议使用默认设置，因为显示轴框架会干扰饼形图效果。

☑　rotatelabels：布尔型，可选参数，默认值为False；如果值为True，则旋转每个标签到指定的角度。

实例 4.20　绘制简单饼形图（实例位置：资源包\Code\04\20）

绘制简单饼形图，程序代码如下：

```
01 import matplotlib.pyplot as plt            # 导入 matplotlib.pyplot 模块
02 x = [2,5,12,70,2,9]                        # x 轴数据
03 plt.pie(x,autopct='%1.1f%%')               # 绘制饼形图，autopct 设置饼图百分比
04 plt.show()                                 # 显示图表
```

运行程序，输出结果如图 4.41 所示。

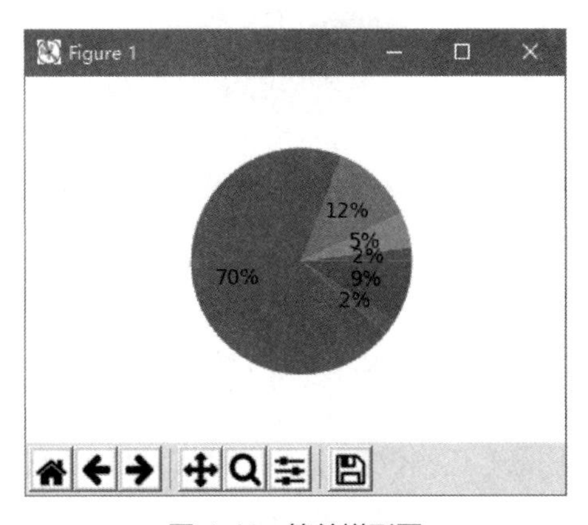

图 4.41　简单饼形图

饼形图也有各种类型，主要包括基础饼形图、分裂饼形图、立体感带阴影的饼形图、环形图等。下面分别进行介绍。

1. 基础饼形图

实例 4.21 通过饼形图分析各省销量占比情况（实例位置：资源包 \Code\04\21）

下面通过饼形图分析 2020 年 1 月各省销量占比情况，程序代码如下：

```
01 import pandas as pd                                        # 导入 pandas 模块
02 from matplotlib import pyplot as plt                       # 导入 matplotlib.pyplot 模块
03 df1 = pd.read_excel('../../datas/data3.xls')               # 读取 Excel 文件
04 plt.rcParams['font.sans-serif']=['SimHei']                 # 解决中文乱码
05 plt.figure(figsize=(5,3))                                  # 设置画布大小
06 labels = df1['省']                                         # 饼图标签
07 sizes = df1['销量']                                        # 饼图数据
08 # 设置饼形图每块的颜色
09 colors = ['red', 'yellow', 'slateblue', 'green','magenta','cyan','darkorange','
lawngreen','pink','gold']
10 plt.pie(sizes,                                             # 饼图数据
11         labels=labels,                                     # 添加区域水平标签
12         colors=colors,                                     # 设置饼图的自定义填充色
13         labeldistance=1.02,                                # 设置各扇形标签（图例）与圆心的距离
14         autopct='%.1f%%',                                  # 设置百分比的格式，这里保留一位小数
15         startangle=90,                                     # 设置饼图的初始角度
16         radius = 0.5,                                      # 设置饼图的半径
17         center = (0.2,0.2),                                # 设置饼图的原点
18         textprops = {'fontsize':9, 'color':'k'},           # 设置文本标签的属性值
19         pctdistance=0.6)                                   # 设置百分比标签与圆心的距离
20 # 设置 x，y 轴刻度一致，保证饼图为圆形
21 plt.axis('equal')
22 plt.title('2020 年 1 月各省销量占比情况分析')                # 图表标题
23 plt.show()                                                 # 显示图表
```

运行程序，输出结果如图 4.42 所示。

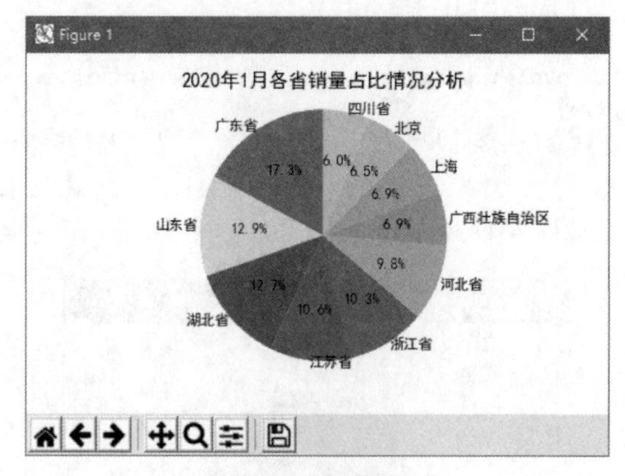

图 4.42　基础饼形图

2. 分裂饼形图

分裂饼形图是将认为主要的饼图部分分裂出来，以达到突出显示的目的。

实例 4.22 绘制分裂饼形图（实例位置：资源包 \Code\04\22）

将销量占比最多的广东省分裂显示，效果如图 4.43 所示。分裂饼形图可以同时分裂多

块，效果如图 4.44 所示。

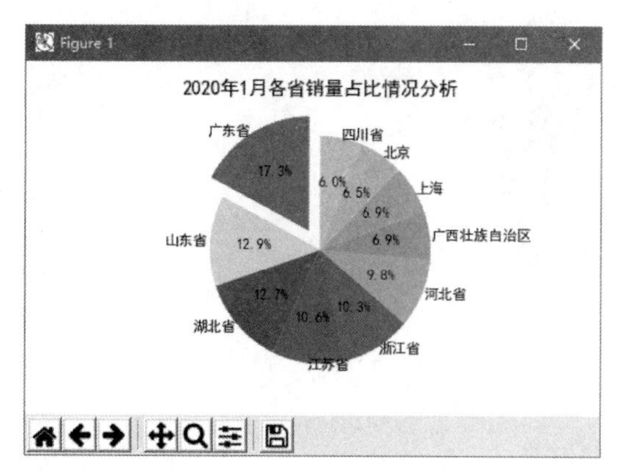

图 4.43　分裂饼形图（一）

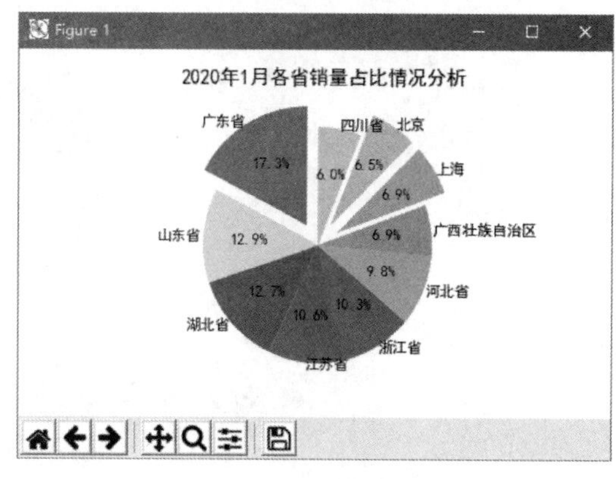

图 4.44　分裂饼形图（二）

分裂饼形图主要通过设置 explode 参数实现，该参数用于设置饼图距中心的距离，我们需要将哪块饼图分裂出来，就设置它与中心的距离即可。例如，图 4.42 有 10 块饼图，我们将占比最多的“广东省”分裂出来，广东省在第一位，那么就设置第一位距中心的距离为 0.1，其他为 0，关键代码如下。

```
explode = (0.1,0,0,0,0,0,0,0,0,0)
```

3. 立体感带阴影的饼形图

立体感带阴影的饼形图看起来更美观，效果如图 4.45 所示。

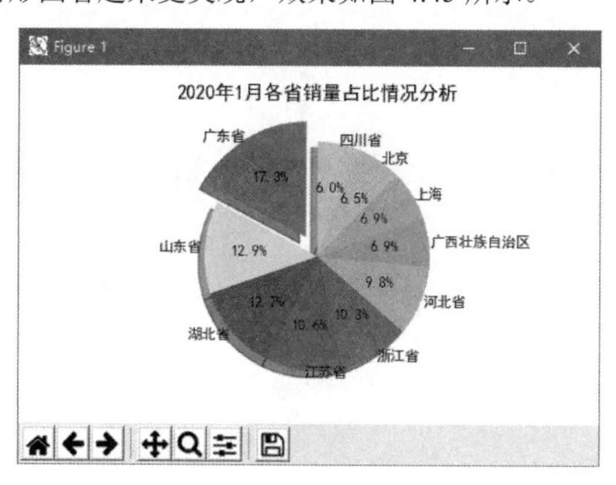

图 4.45　立体感带阴影的饼形图

立体感带阴影的饼形图主要通过 shadow 参数实现，设置该参数值为 True 即可，关键代码如下：

```
shadow=True
```

4. 环形图

实例 4.23　环形图分析各省销量占比情况（实例位置：资源包 \Code\04\23）

环形图是由两个及两个以上大小不一的饼图叠在一起，挖去中间的部分所构成的图形，效果如图 4.46 所示。

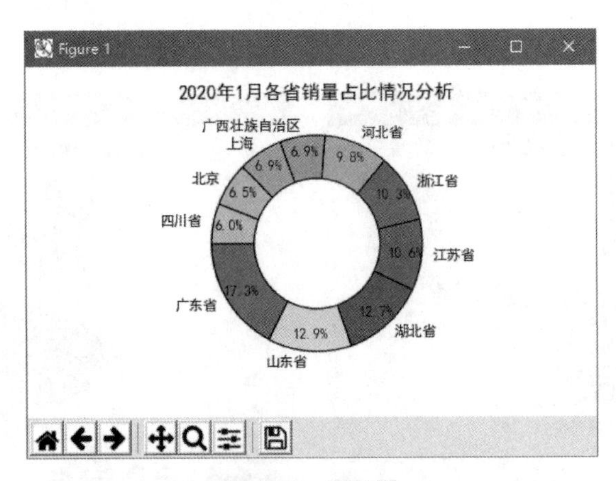

图 4.46　环形图

这里还是通过 pie() 函数实现，一个关键参数 wedgeprops，字典类型，用于设置饼形图内外边界的属性，如环的宽度、环边界颜色和宽度，关键代码如下：

```
wedgeprops = {'width': 0.4, 'edgecolor': 'k'}
```

5. 内嵌环形图

实例 4.24　内嵌环形图分析各省销量占比情况（实例位置：资源包 \Code\04\24）

内嵌环形图实际是双环形图，效果如图 4.47 所示。

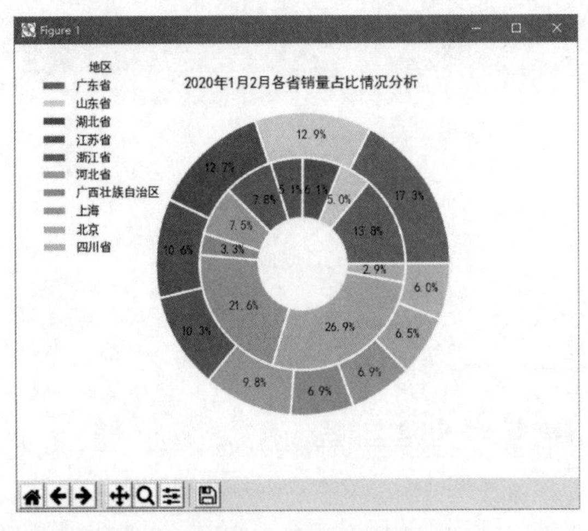

图 4.47　内嵌环形图

绘制内嵌环形图需要注意以下三点：

① 连续使用两次 pie() 函数。

② 通过 wedgeprops 参数设置环形边界。

③ 通过 radius 参数设置不同的半径。

另外，由于图例内容比较长，为了使图例能够正常显示，图例代码中引入了两个主要参数，frameon 参数设置图例有无边框，bbox_to_anchor 参数设置图例位置，关键代码如下：

```
01 # 外环，autopct 百分比，radius 半径，pctdistance 百分比标签与圆心的距离，wedgeprops 字典类型，设置边框线宽，环的宽度，边框颜色
02 plt.pie(x1,autopct='%.1f%%',radius=1,pctdistance=0.85,colors=colors,wedgeprops=dict(linewidth=2,width=0.3,edgecolor='w'))
03 # 内环
04 plt.pie(x2,autopct='%.1f%%',radius=0.7,pctdistance=0.7,colors=colors,wedgeprops=dict(linewidth=2,width=0.4,edgecolor='w'))
05 # 图例
06 legend_text=df1[' 省 ']
07 # 设置图例标签、图例标题、去掉图例边框，微调图例位置
08 plt.legend(legend_text,title=' 地区 ',frameon=False,bbox_to_anchor=(0.2,0.5))
```

4.3.5　绘制散点图

散点图主要是用来查看数据的分布情况或相关性，一般用在线性回归分析中，查看数据点在坐标系平面上的分布情况。散点图表示因变量随自变量而变化的大致趋势，据此可以选择合适的函数对数据点进行拟合。

散点图与折线图类似，也是一个个点构成的，但不同之处在于，散点图的各点之间不会按照前后关系以线条连接起来。

Matplotlib 绘制散点图使用 plot() 函数和 scatter() 函数都可以实现，本节使用 scatter() 函数绘制散点图，scatter() 函数专门用于绘制散点图，使用方式和 plot() 函数类似，区别在于前者具有更高的灵活性，可以单独控制每个散点与数据匹配，并让每个散点具有不同的属性。scatter() 函数语法如下：

```
matplotlib.pyplot.scatter(x,y,s=None,c=None,marker=None,cmap=None,norm=None,vmin=None,vmax=None,alpha=None,linewidths=None,verts=None,edgecolors=None,data=None, **kwargs)
```

参数说明：

☑　x，y：数据。

☑　s：指定点的大小。若传入的是一维数组，则表示每个点的大小。

☑　c：标记颜色，可选参数，默认值为 ‘b’，表示蓝色。

☑　marker：标记样式，可选参数，默认值为 ‘o’。

☑　cmap：颜色地图，可选参数，默认值为None。

☑　norm：可选参数，默认值为None。

☑　vmin，vmax：标量，可选，默认值为None。

☑　alpha：透明度，可选参数，0~1之间的数，表示透明度，默认值为None。

☑　linewidths：线宽，标记边缘的宽度，可选参数，默认值为None。

☑　verts：（*x*，*y*）的序列，可选参数，如果参数marker为None，这些顶点将用于构建标记。标记的中心位置为（0,0）。

☑　edgecolors：轮廓颜色，和参数c类似，可选参数，默认值为None。

☑　data：data关键字参数。如果给定一个数据参数，所有位置和关键字参数将被替换。

☑　**kwargs：关键字参数，其他可选参数。

实例 4.25　绘制简单散点图（实例位置：资源包 \Code\04\25）

绘制简单散点图，程序代码如下。

```
01 import matplotlib.pyplot as plt          # 导入 matplotlib.pyplot 模块
02 x=[1,2,3,4,5,6]                          # x 轴数据
03 y=[19,24,37,43,55,68]                    # y 轴数据
04 plt.scatter(x, y)                        # 绘制散点图
05 plt.show()                               # 显示图表
```

运行程序，输出结果如图 4.48 所示。

实例 4.26　散点图分析销售收入与广告费的相关性（实例位置：资源包 \Code\04\26）

接下来，绘制销售收入与广告费散点图，用以观察销售收入与广告费的相关性，关键代码如下：

```
01 # x 为广告费用，y 为销售收入
02 x=pd.DataFrame(dfCar_month['支出'])
03 y=pd.DataFrame(dfData_month['金额'])
04 plt.title('销售收入与广告费散点图')          # 图表标题
05 plt.scatter(x, y,  color='red')            # 真实值散点图
```

运行程序，输出结果如图 4.49 所示。

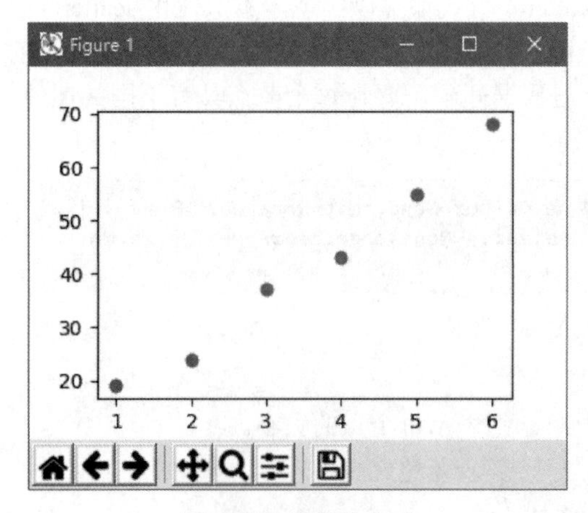

图 4.48　简单散点图

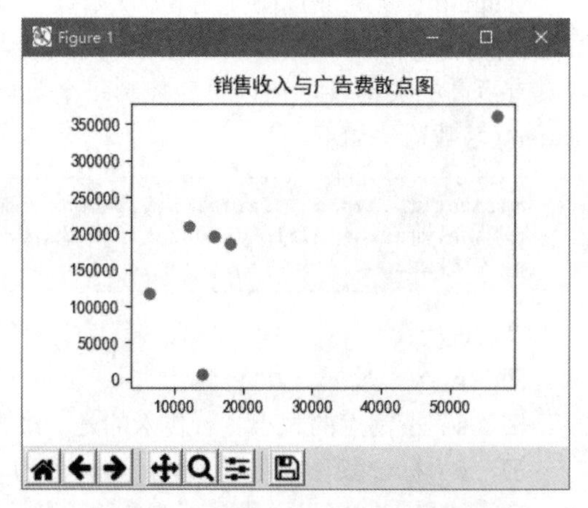

图 4.49　销售收入与广告费散点图

4.3.6　绘制面积图

面积图用于体现数量随时间而变化的程度，也可用于引起人们对总值趋势的注意。例如，表示随时间而变化的利润的数据可以绘制在面积图中以强调总利润。

Matplotlib 绘制面积图主要使用 area() 函数，语法如下：

```
matplotlib.pyplot.stackplot(x,*args,data=None,**kwargs)
```

参数说明：

☑ x：x 轴数据。

☑ *args：当传入的参数个数未知时使用 *args。这里指 y 轴数据可以传入多个 y 轴。

☑ data：data 关键字参数。如果给定一个数据参数，所有位置和关键字参数将被替换。

☑ **kwargs：关键字参数，其他可选参数，如 color（颜色）、alpha（透明度）等。

实例 4.27　绘制简单面积图（实例位置：资源包 \Code\04\27）

绘制简单面积图，程序代码如下：

```
01 import matplotlib.pyplot as plt            # 导入 matplotlib.pyplot 模块
02 # xy 轴数据
03 x = [1,2,3,4,5]
04 y1 =[6,9,5,8,4]
05 y2 = [3,2,5,4,3]
06 y3 =[8,7,8,4,3]
07 y4 = [7,4,6,7,12]
08 # 绘制面积图，并设置不同的颜色
09 plt.stackplot(x, y1,y2,y3,y4, colors=['g','c','r','b'])
10 plt.show()                                  # 显示图表
```

运行程序，输出结果如图 4.50 所示。

面积图也有很多种，如标准面积图、堆叠面积图和百分比堆叠面积图等。下面主要介绍标准面积图和堆叠面积图。

1. 标准面积图

实例 4.28　面积图分析线上图书销售情况（实例位置：资源包 \Code\04\28）

通过标准面积图分析 2013—2019 年线上图书销售情况，通过该图可以看出每一年线上图书销售的一个趋势，效果如图 4.51 所示。

程序代码如下：

```
01 import pandas as pd                                   # 导入 pandas 模块
02 import matplotlib.pyplot as plt                       # 导入 matplotlib.pyplot 模块
03 df = pd.read_excel('../../datas/books.xlsx')          # 读取 Excel 文件
04 plt.rcParams['font.sans-serif']=['SimHei']            # 解决中文乱码
05 # xy 轴数据
06 x=df['年份']
07 y=df['销售额']
08 plt.title('2013—2019 年线上图书销售情况')              # 图表标题
09 plt.stackplot(x, y)                                   # 绘制面积图
10 plt.show()                                            # 显示图表
```

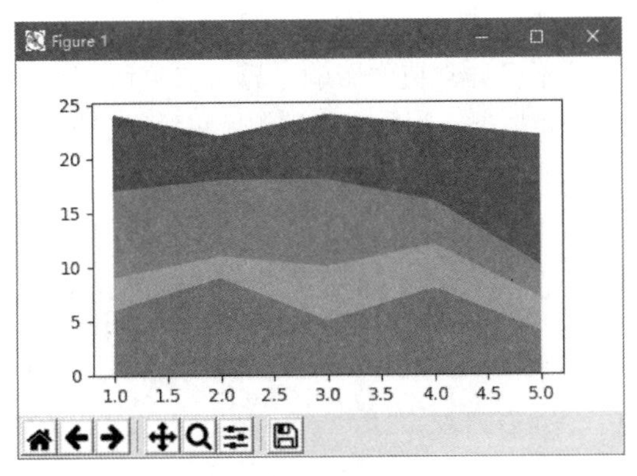

图 4.50　简单面积图

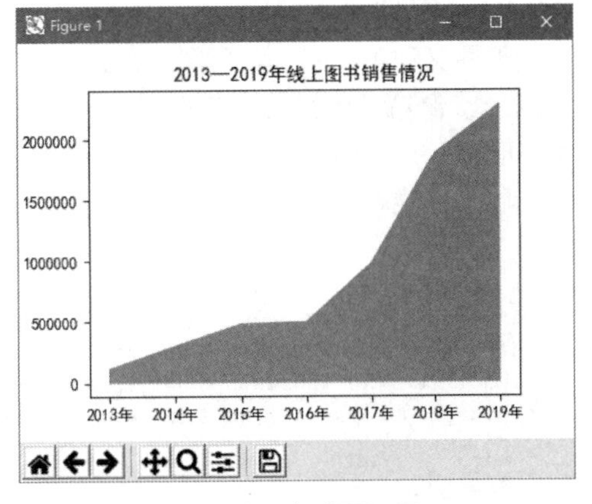

图 4.51　标准面积图

2. 堆叠面积图

实例 4.29 堆叠面积图分析各平台图书销售情况（实例位置：资源包\Code\04\29）

通过堆叠面积图分析2013—2019年线上各平台图书销售情况。堆叠面积图不仅可以看到各平台每年销售变化趋势，通过将各平台数据堆叠到一起还可以看到整体的变化趋势，效果如图4.52所示。

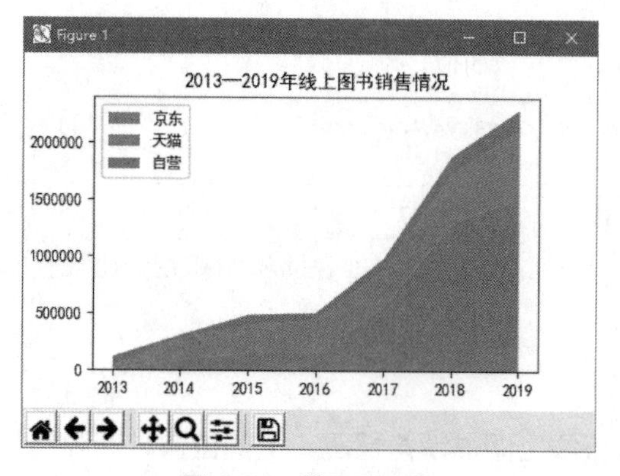

图4.52 堆叠面积图

实现堆叠面积图的关键在于增加 y 轴，通过增加多个 y 轴数据，形成堆叠面积图，关键代码如下：

```
01 x=df['年份']
02 y1=df['京东']
03 y2=df['天猫']
04 y3=df['自营']
05 # 绘制堆叠面积图，并设置不同的颜色
06 plt.stackplot(x, y1,y2,y3,colors=['#6d904f','#fc4f30','#008fd5'])
07 plt.legend(['京东','天猫','自营'],loc='upper left')      # 设置图例，loc设置图例为左上方
08 plt.show()                                              # 显示图表
```

4.3.7 绘制箱形图

箱形图又称箱线图、盒形图或盒式图，它是一种用作显示一组数据分散情况资料的统计图。因形状像箱子而得名。箱形图最大的优点就是不受异常值的影响（异常值也称为离群值），可以以一种相对稳定的方式描述数据的离散分布情况，因此在各种领域也经常被使用。另外，箱形图也常用于异常值的识别。Matplotlib绘制箱形图主要使用boxplot()函数，语法如下：

```
matplotlib.pyplot.boxplot(x,notch=None,sym=None,vert=None,whis=None,positions=None,widths=None,patch_artist=None,meanline=None,showmeans=None,showcaps=None,showbox=None,showfliers=None,boxprops=None,labels=None,flierprops=None,medianprops=None,meanprops=None,capprops=None,whiskerprops=None)
```

参数说明：

☑ x：指定要绘制箱形图的数据。

☑ notch：是否是凹口的形式展现箱形图，默认非凹口。

- ☑ sym：指定异常点的形状，默认为“＋”加号显示。
- ☑ vert：是否需要将箱形图垂直摆放，默认垂直摆放。
- ☑ whis：指定上下限与上下四分位的距离，默认为1.5倍的四分位差。
- ☑ positions：指定箱形图的位置，默认为[0,1,2,…]。
- ☑ widths：指定箱形图的宽度，默认为0.5。
- ☑ patch_artist：是否填充箱体的颜色。
- ☑ meanline：是否用线的形式表示均值，默认用点来表示。
- ☑ showmeans：是否显示均值，默认不显示。
- ☑ showcaps：是否显示箱形图顶端和末端的两条线，默认显示。
- ☑ showbox：是否显示箱形图的箱体，默认显示。
- ☑ showfliers：是否显示异常值，默认显示。
- ☑ boxprops：设置箱体的属性，如边框色、填充色等。
- ☑ labels：为箱形图添加标签，类似于图例的作用。
- ☑ flierprops：设置异常值的属性，如异常点的形状、大小、填充色等。
- ☑ medianprops：设置中位数的属性，如线的类型、粗细等。
- ☑ meanprops：设置均值的属性，如点的大小、颜色等。
- ☑ capprops：设置箱形图顶端和末端线条的属性，如颜色、粗细等。
- ☑ whiskerprops：设置须的属性，如颜色、粗细、线的类型等。

实例 4.30　绘制简单箱形图（实例位置：资源包 \Code\04\30）

绘制简单箱形图，程序代码如下：

```
01 import matplotlib.pyplot as plt          # 导入 matplotlib.pyplot 模块
02 x=[1,2,3,5,7,9]                          # x 轴数据
03 plt.boxplot(x)                           # 绘制箱形图
04 plt.show()                               # 显示图表
```

运行程序，输出结果如图 4.53 所示。

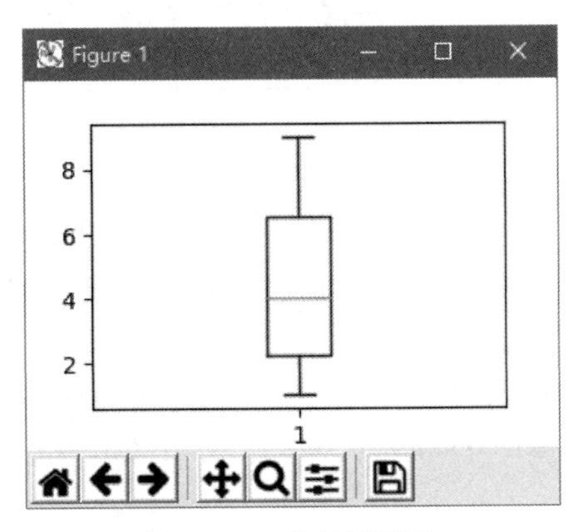

图 4.53　简单箱形图

实例 4.31　绘制多组数据的箱形图（实例位置：资源包 \Code\04\31）

上述举例是一组数据的箱形图，还可以绘制多组数据的箱形图，需要指定多组数据。例如，为三组数据绘制箱形图，程序代码如下：

```
01 import matplotlib.pyplot as plt          # 导入 matplotlib.pyplot 模块
02 x1=[1,2,3,5,7,9]                         # x 轴数据
03 x2=[10,22,13,15,8,19]
04 x3=[18,31,18,19,14,29]
05 plt.boxplot([x1,x2,x3])                  # 绘制多组箱形图
06 plt.show()                               # 显示图表
```

运行程序，输出结果如图 4.54 所示。

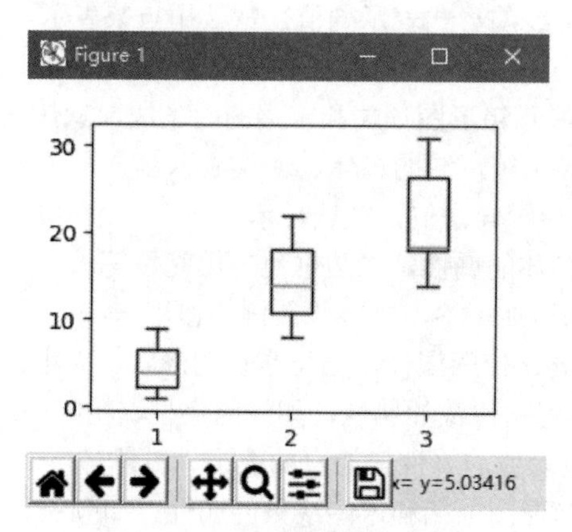

图 4.54　多组数据的箱形图

箱形图将数据切割分离（实际上就是将数据分为 4 大部分），如图 4.55 所示。

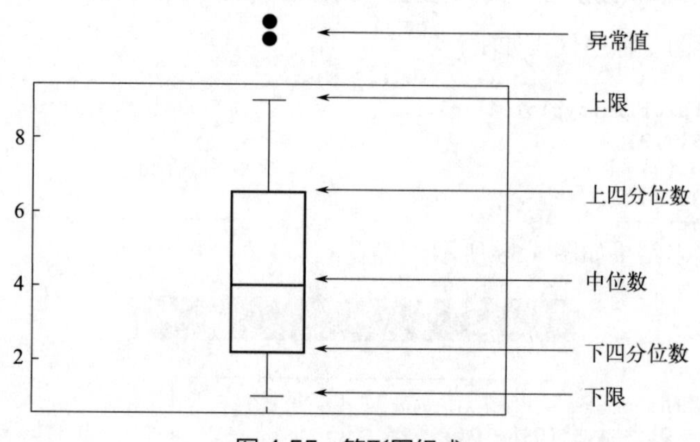

图 4.55　箱形图组成

下面介绍箱形图每部分具体含义以及如何通过箱形图识别异常值。

（1）下四分位数

图 4.55 中的下四分位数指的是数据的 25% 分位点所对应的值（Q1）。计算分位数可以使用 Pandas 的 DataFrame 对象的 quantile() 方法。例如，Q1 = df[' 总消费 '].quantile(q = 0.25)。

（2）中位数

中位数即为数据的 50% 分位点所对应的值（Q2）。

（3）上四分位数

上四分位数则为数据的 75% 分位点所对应的值（Q3）。

（4）上限

上限的计算公式为：Q3 ＋ 1.5(Q3 － Q1)。

（5）下限

下限的计算公式为：Q1 － 1.5(Q3 － Q1)。

其中，Q3 － Q1 表示四分位差。如果使用箱形图识别异常值，其判断标准是，当变量的数据值大于箱形图的上限或者小于箱线图的下限时，就可以将这样的数据判定为异常值。

下面了解一下判断异常值的算法，如图 4.56 所示。

判断标准	结论
x>Q3＋1.5(Q3－Q1) 或者 x<Q1－1.5(Q3－Q1)	异常值
x>Q3＋3(Q3－Q1) 或者 x<Q1－3(Q3－Q1)	极端异常值

图 4.56　异常值判断标准

实例 4.32　通过箱形图判断异常值（实例位置：资源包 \Code\04\32）

通过箱形图查找客人总消费数据中存在的异常值，程序代码如下：

```
01 import matplotlib.pyplot as plt                          # 导入 matplotlib.pyplot 模块
02 import pandas as pd                                      # 导入 pandas 模块
03 df=pd.read_excel('../../datas/tips.xlsx')                # 读取 Excel 文件
04 plt.boxplot(x = df['总消费'],                            # 指定绘制箱线图的数据
05             whis = 1.5,                                  # 指定 1.5 倍的四分位差
06             widths = 0.3,                                # 指定箱线图中箱子的宽度为 0.3
07             patch_artist = True,                         # 填充箱子颜色
08             showmeans = True,                            # 显示均值
09             boxprops = {'facecolor':'RoyalBlue'},        # 指定箱子的填充色为宝蓝色
10 # 指定异常值的填充色、边框色和大小
11            flierprops={'markerfacecolor':'red','markeredgecolor':'red','markers
ize':3},
12 # 指定中位数的标记符号（六边形）、填充色和大小
13             meanprops = {'marker':'h','markerfacecolor':'bla
ck', 'markersize':8},
14 # 指定均值点的标记符号（虚线）、颜色
15             medianprops = {'linestyle':'--','color':'orange'},
16             labels = [''])                               # 去除 x 轴刻度值
17 plt.show()                                               # 显示图表
18 # 计算下四分位数和上四分位数
19 Q1 = df['总消费'].quantile(q = 0.25)
20 Q3 = df['总消费'].quantile(q = 0.75)
21 # 基于 1.5 倍的四分位差计算上下限对应的值
22 low_limit = Q1 - 1.5*(Q3 - Q1)
23 up_limit = Q3 + 1.5*(Q3 - Q1)
24 # 查找异常值
25 val=df['总消费'][(df['总消费'] > up_limit) | (df['总消费'] < low_limit)]
26 print('异常值如下：')
27 print(val)
```

运行程序，输出结果如图 4.57 和图 4.58 所示。

4.3.8　绘制热力图

热力图是通过密度函数进行可视化，用于表示地图中点的密度的热图。它使人们能独立于缩放因子感知点的密度。热力图可以显示不可点击区域发生的事情。利用热力图可以看数据表里多个特征两两的相似度。例如，以特殊高亮的形式显示访客热衷的页面区域和访客所在的地理区域的图示。热力图在网页分析、业务数据分析等其他领域也有较为广泛的应用。

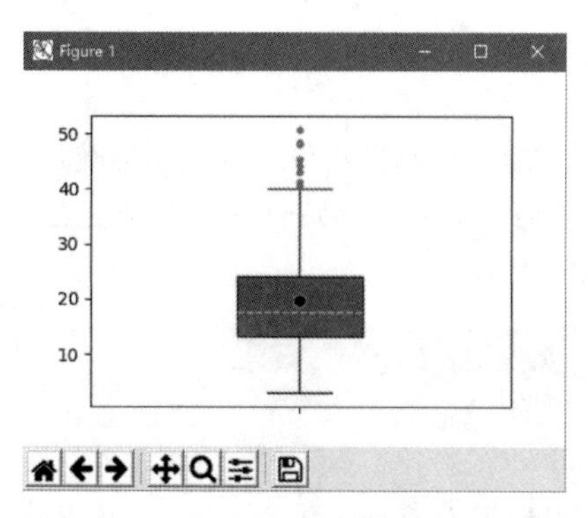

图 4.57　箱形图

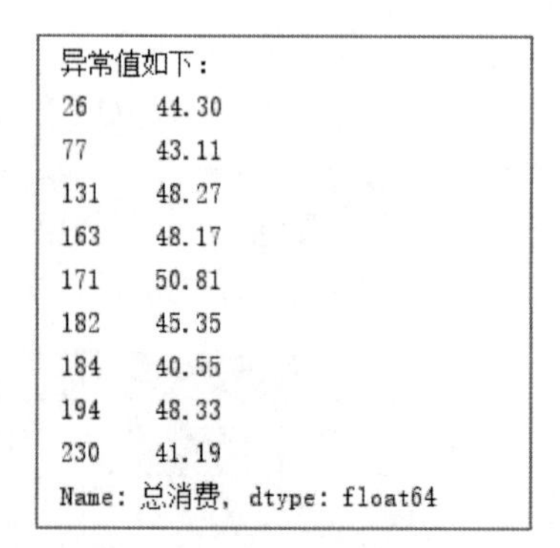
```
异常值如下：
26       44.30
77       43.11
131      48.27
163      48.17
171      50.81
182      45.35
184      40.55
194      48.33
230      41.19
Name: 总消费, dtype: float64
```

图 4.58　异常值

实例 4.33　绘制简单热力图（实例位置：资源包 \Code\04\33）

热力图是数据分析的常用方法，通过色差、亮度来展示数据的差异，易于理解。下面绘制简单热力图，程序代码如下：

```
01 import matplotlib.pyplot as plt                    # 导入 matplotlib.pyplot 模块
02 X = [[1,2],[3,4],[5,6],[7,8],[9,10]]               # 绘图数据
03 plt.imshow(X)                                      # 绘制热力图
04 plt.show()                                         # 显示图表
```

运行程序，输出结果如图 4.59 所示。

上述代码中，plt.imshow(X) 中传入的数组 X=[[1,2],[3,4],[5,6],[7,8],[9,10]] 是对应的颜色，按照矩阵 X 进行颜色分布，如左上角颜色为蓝色，对应值为 1，右下角颜色为黄色，对应值为 10，具体如下：

```
[1,2]          [ 深蓝 , 蓝色 ]
[3,4]          [ 蓝绿 , 深绿 ]
[5,6]          [ 海藻绿 , 春绿色 ]
[7,8]          [ 绿色 , 浅绿色 ]
[9,10]         [ 草绿色 , 黄色 ]
```

实例 4.34　热力图对比分析学生各科成绩（实例位置：资源包 \Code\04\34）

将学生成绩统计数据绘制成热力图，通过热力图清晰直观地对比每个学生各科成绩的高低，效果如图 4.60 所示。从图中得知：颜色高亮成绩越高，反之成绩越低。

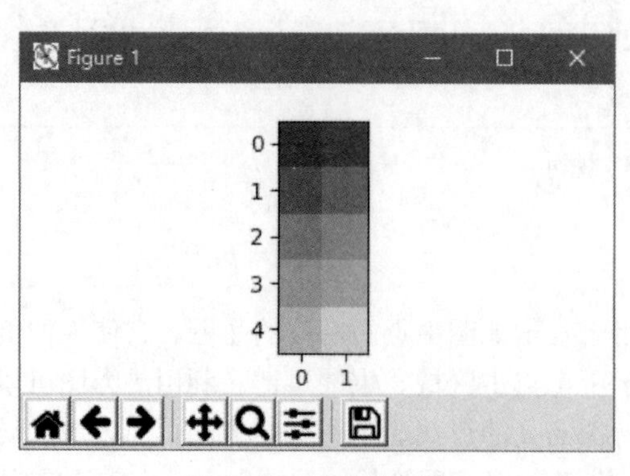

图 4.59　简单热力图

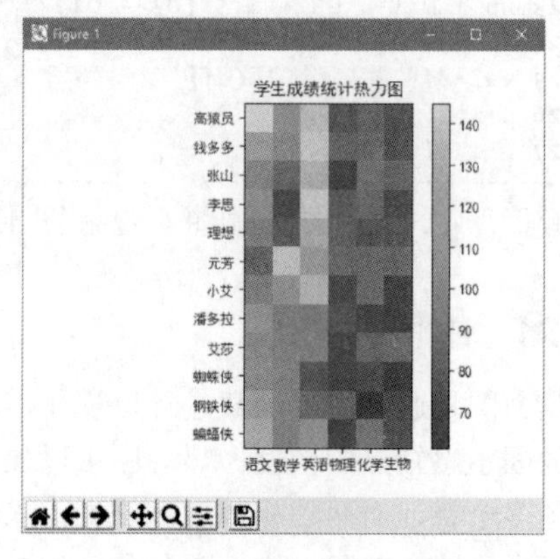

图 4.60　学生成绩热力图

程序代码如下：

```
01 import pandas as pd                                  # 导入 pandas 模块
02 import matplotlib.pyplot as plt                      # 导入 matplotlib.pyplot 模块
03 # 读取 Excel 文件名为 " 高二一班 " 的 Sheet 页中的数据
04 df = pd.read_excel('../../datas/data4.xls',sheet_name=' 高二一班 ')
05 plt.rcParams['font.sans-serif']=['SimHei']           # 解决中文乱码
06 X = df.loc[:," 语文 ":" 生物 "].values               # 抽取 " 语文 " 至 " 生物 " 的成绩
07 name=df[' 姓名 ']                                    # 抽取 " 姓名 "
08 plt.imshow(X)                                        # 绘制热力图
09 plt.xticks(range(0,6,1),[' 语文 ',' 数学 ',' 英语 ',' 物理 ',' 化学 ',' 生物 '])
                                                        # 设置 x 轴刻度标签
10 plt.yticks(range(0,12,1),name)                       # 设置 y 轴刻度标签
11 plt.colorbar()                                       # 显示颜色条
12 plt.title(' 学生成绩统计热力图 ')                     # 设置图表标题
13 plt.show()                                           # 显示图表
```

4.3.9　雷达图

雷达图是一种常用的数据可视化技术，可以把多个维度的数据在同一个图表上展示出来，使得各项指标一目了然。雷达图比较适合表现整体水平，以及反映各部分之间的关系。例如，一个老师想要了解同学是否偏科或偏科是否严重，就可以将他的各科成绩绘制成雷达图，然后观察是否偏科。

绘制雷达图主要使用 polar() 函数，该函数用于在极坐标轴上绘制折线图，语法如下：

```
plt.polar(theta, r, **kwargs)
```

参数说明：

☑ theta：标量或标量序列，数据点的极径，必选参数。

☑ r：标量或标量序列，数据点的极角，可选参数。

☑ **kwargs：可选参数，用于指定线的标签（用于自动图例）、线宽、标记面颜色等特性。

实例 4.35　雷达图分析男生女生各科成绩差异（实例位置：资源包 \Code\04\35）

众所周知，学生到了高年级以后，在学习成绩上大多数男生更偏向于理科，而大多数女生则更偏向于文科。下面用数据说话，通过雷达图分析男生女生各科平均成绩的差异，效果如图 4.61 所示。

程序代码如下：

```
01 import pandas as pd                                  # 导入 pandas 模块
02 import matplotlib.pyplot as plt                      # 导入 matplotlib.pyplot 模块
03 import numpy as np                                   # 导入 numpy 模块
04 # 读取 Excel 文件，设置 " 性别 " 为索引
05 df = pd.read_excel('../../datas/ 成绩表 .xlsx',index_col=' 性别 ')
06 # 解决中文乱码
07 plt.rcParams['font.sans-serif']=['SimHei']
08 # 抽取数据
09 df=df[[' 语文 ',' 数学 ',' 英语 ',' 物理 ',' 化学 ',' 生物 ']]
10 # 按 " 性别 " 统计各科平均成绩
11 df1=df.groupby(' 性别 ').mean()
12 # 获取列名
13 labels = df1.columns
14 # 获取列数
```

```
15 dataLenth = df1.shape[1]
16 # 抽取女生和男生各科平均成绩
17 y1=df1.iloc[0,:]
18 y2=df1.iloc[1,:]
19 # 生成与列数一样的角度
20 angles = np.linspace(0, 2*np.pi, dataLenth, endpoint=False)
21 # 通过 concatenate() 函数拼接数组从而形成闭合的雷达图
22 y1=np.concatenate((y1,[y1[0]]))
23 y2=np.concatenate((y2,[y2[0]]))
24 angles=np.concatenate((angles,[angles[0]]))
25 # 绘制雷达图
26 # 设置极坐标系 ,ro-- 代表红色带标记的虚线
27 plt.polar(angles, y1, 'ro--', linewidth=1,label=' 女生 ')
28 plt.polar(angles, y2,'b')                          # 设置极坐标系 ,b 代表蓝色
29 # 填充 ,facecolor 代表前景色，alpha 代表透明度
30 plt.fill(angles, y1,facecolor='r',alpha=0.3)
31 plt.fill(angles, y2,facecolor='b',label=' 男生 ')
32 plt.thetagrids(range(0, 360, 60), labels)          # 设置网格、标签
33 plt.ylim(0,150)                                    # 设置 y 轴区间
34 plt.legend(loc='upper right',bbox_to_anchor=(1.2,1.1))  # 图例及图例位置
35 plt.show()                                         # 显示图表
```

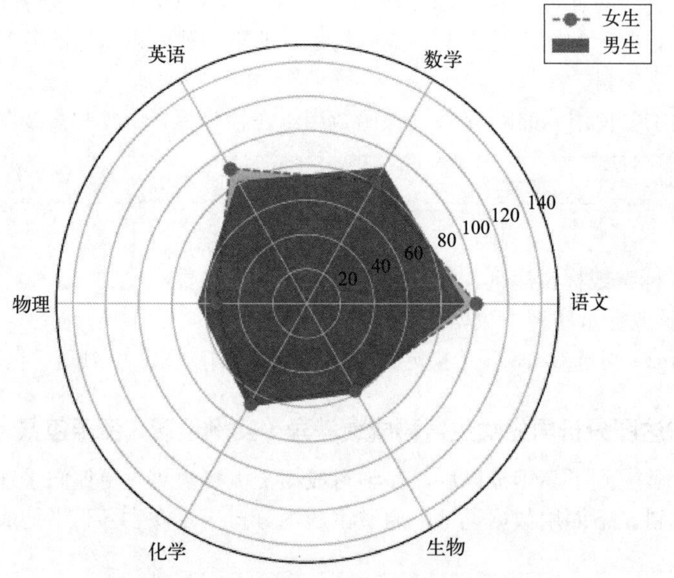

图 4.61　雷达图分析男生女生各科成绩差异

4.3.10　气泡图

气泡图用于展示两个或两个以上变量之间的关系，与散点图类似，主要使用 scatter() 函数绘制。

实例 4.36　气泡图分析成交商品件数与访客数（实例位置：资源包 \Code\04\36）

通过气泡图观察成交商品件数与访客数的关系，效果如图 4.62 所示。

程序代码如下：

```
01 import pandas as pd                       # 导入 pandas 模块
02 import matplotlib.pyplot as plt           # 导入 matplotlib.pyplot 模块
```

```
03 import numpy as np                        # 导入 numpy 模块
04 # 读取 Excel 文件
05 df=pd.read_excel('../../datas/JD202001.xlsx')
06 # x,y 轴数据
07 x=df['成交商品件数']
08 y=df['访客数']
09 # 数据行数
10 n=len(df)
11 # 气泡大小
12 s=df['成交商品件数']/5
13 # 解决中文乱码
14 plt.rcParams['font.sans-serif']=['SimHei']
15 # 绘制气泡图
16 # c 参数表示颜色
17 # cmap 参数表示颜色地图，YlOrRd = yellow-orange-red
18 plt.scatter(x,y,s,c =np.random.rand(n),cmap='YlOrRd')
19 plt.show()                                # 显示图表
```

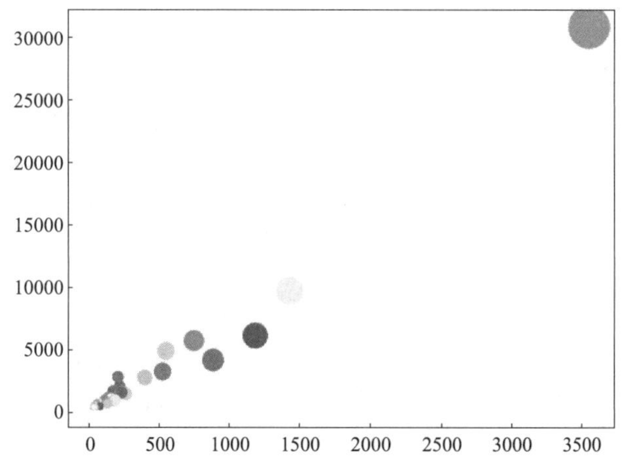

图 4.62　气泡图分析成交商品件数与访客数

4.3.11　棉棒图

棉棒图用于绘制离散有序的数据，即在每个 x 的位置绘制基准线到 y 的垂直线，并在 y 处绘制标记，主要使用 stem() 函数，语法如下：

```
plt.stem(x,y,linefmt=None,markerfmt=None,basefmt=None,bottom=0,label=None, use_line_
collection=True, orientation='vertical', data=None)
```

重要参数说明：

☑　x：每根棉棒的 x 轴位置。

☑　y：棉棒的长度。

☑　linefmt：线条样式，如表 4.11 所示。

☑　markerfmt：棉棒末端的样式。

☑　basefmt：指定基线的样式。

☑　label：图例显示内容。

☑　bottom：浮点型，默认值为 0，基线的 y 轴或 x 轴位置（取决于方向）。

表 4.11　线条样式

线条样式	描述
'-'	实线
'--'	双划线
'-.'	点划线
':'	虚线

实例 4.37　简单的棉棒图（实例位置：资源包 \Code\04\37）

下面使用 stem() 函数绘制一款简单的棉棒图，效果如图 4.63 所示。

程序代码如下：

```
01 import matplotlib.pyplot as plt          # 导入 matplotlib.pyplot 模块
02 import numpy as np                       # 导入 numpy 模块
03 # 生成数据集
04 x = np.linspace(0,5,30)
05 y = np.random.randn(30)
06 # 绘制棉棒图，linefmt 线条样式，markerfmt 棉棒末端的样式，抲 asefmt 指定基线的样式
07 plt.stem(x, y,linefmt=':',markerfmt='o',basefmt='-')
08 plt.show()                               # 显示图表
```

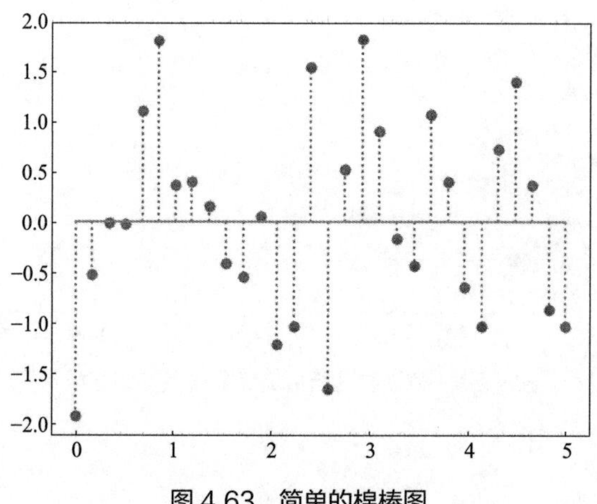

图 4.63　简单的棉棒图

4.3.12　误差棒图

误差棒图用于绘制带误差线的折线图，主要使用 errorbar() 函数，语法如下：

```
plt.errorbar(x, y, yerr=None, xerr=None, fmt='', ecolor=None, elinewidth=None, capsi
ze=None, barsabove=False, lolims=False, uplims=False, xlolims=False, xuplims=False,
errorevery=1, capthick=None, *, data=None, **kwargs)
```

重要参数说明：

☑ x：浮点型或数组，数据点的水平位置。

☑ y：浮点型或数组，数据点的垂直位置。

☑ yerr：浮点型或数组，指定 y 轴水平的误差。

☑ xerr：浮点型或数组，指定 x 轴水平的误差。

☑ fmt：字符型，数据点或数据线的格式，与 plot() 函数中指定点的颜色、形状和线条

风格的缩写方式相同。

☑ ecolor：误差条线的颜色。如果为None，则使用连接标记线的颜色。

实例 4.38　绘制误差为 1 的误差棒图（实例位置：资源包 \Code\04\38）

下面使用 errorbar() 函数绘制 *y* 轴方向误差为 1 的误差棒图，效果如图 4.64 所示。

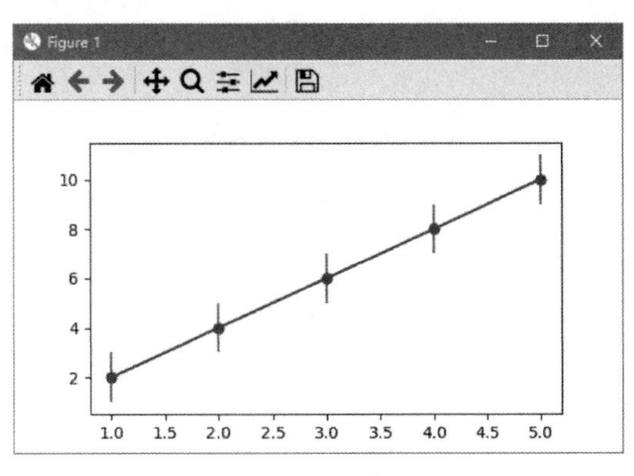

图 4.64　误差棒图

程序代码如下：

```
01 import matplotlib.pyplot as plt              # 导入 matplotlib.pyplot 模块
02 # 绘制误差棒图，yerr 为 y 轴水平的误差，fmt 标记形状与线条样式的缩写，ecolor 误差棒的颜色
03 plt.errorbar(x=[1,2,3,4,5], y=[2,4,6,8,10], yerr=1, fmt='bo-', ecolor='r')
04 plt.show()                                   # 显示图表
```

4.4 综合案例——京东电商单品销量同比增长情况分析

在数据分析中，有一个重要的分析方法，叫趋势分析法。即将两期或连续数期报告中某一指标进行对比，确定其增减变动的方向、数额和幅度，以确定该指标的变动趋势。趋势分析法中的指标，有同比分析、定比（定基比）分析和环比分析，以及同比增长率分析、定比（定基比）增长率分析和环比增长率分析。下面重点了解一下常用的同比和环比分析方法。

☑ 同比：本期数据与历史同时数据比较。例如，2020年2月份与2019年2月份相比较。

☑ 环比：本期数据与上期数据比较。例如，2020年2月份与2020年1月份相比较。

举一个生活中经常出现的场景：

☑ 同比：去年这个这时候这条裙子我还能穿，现在穿不进去啦！

☑ 环比：这个月好像比上个月胖了。

同比的好处是可以排除一部分季节因素。环比的好处是可以更直观地表明阶段性的变化，但是会受季节性因素影响。

下面简单介绍一下同比和环比的计算公式。

$$同比=\frac{本期数据}{上年同期数据}$$

$$同比增长率=\frac{本期数-同期数}{同期数}\times 100\%$$

环比增长率反映本期比上期相比增长了多少，公式如下：

$$环比增长率=\frac{本期数-上期数}{上期数}\times 100\%$$

环比发展速度是本期水平与前一期水平之比，反映前后两期的发展变化情况，公式如下：

$$环比发展速度=\frac{本期数}{上期数}\times 100\%$$

环比增长速度=环比发展速度−1

下面分析 2020 年 2 月与 2019 年 2 月相比，京东电商《零基础学 Python》一书销量同比增长情况，效果如图 4.65 所示。

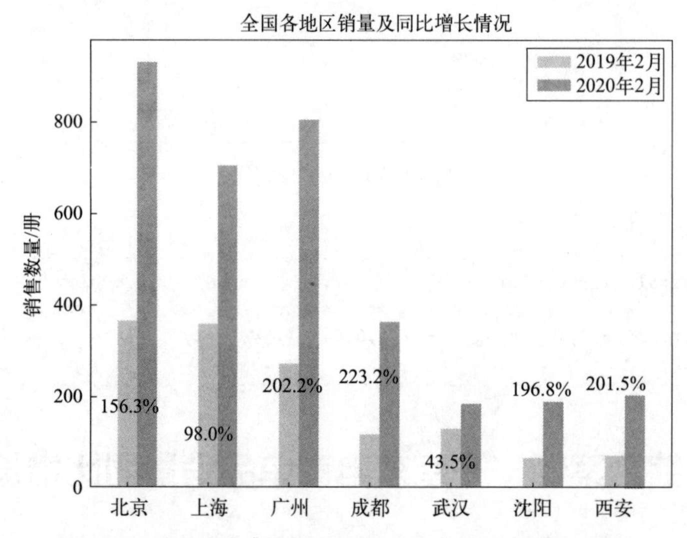

图 4.65　京东电商《零基础学 Python》销量同比增长情况

结论：从分析结果可以看出武汉同比增长较小。

程序代码如下：

```
05 import pandas as pd                                     # 导入 pandas 模块
06 import matplotlib.pyplot as plt                         # 导入 matplotlib.pyplot 模块
07 import numpy as np                                      # 导入 numpy 模块
08 df=pd.read_excel('JD2019.xlsx')                         # 读取 Excel 文件
09 # 数据处理，抽取 2019 年 2 月和 2020 年 2 月的数据
10 df= df.set_index('日期')                                # 将日期设置为索引
11 df1=pd.concat([df['2019-02'],df['2020-02']])            # 合并数据
12 df1=df1[df1['商品名称']=='零基础学 Python（全彩版）']    # 筛选数据
13 df1=df1[['北京','上海','广州','成都','武汉','沈阳','西安']]    # 抽取数据
14 df2=df1.T                                               # 行列转置
15 x=np.array([0,1,2,3,4,5,6])                             # x 轴数据
16 # y 轴数据
17 y1=df2['2019-02-01']
18 y2=df2['2020-02-01']
19 # 同比增长率
20 df2['rate']=((df2['2020-02-01']-df2['2019-02-01'])/df2['2019-02-01'])*100
21 rate=df2['rate']
22 print(y)
```

```
23 width =0.25                                       # 柱子宽度
24 plt.rcParams['font.sans-serif']=['SimHei']                # 解决中文乱码
25 plt.title('全国各地区销量及同比增长情况')                       # 图表标题
26 plt.ylabel('销售数量（册）')                                  # y 轴标签
27 # x 轴标签
28 plt.xticks(x,['北京','上海','广州','成都','武汉','沈阳','西安'])
29 # 双柱形图
30 plt.bar(x,y1,width=width,color = 'orange',label='2019年2月')
31 plt.bar(x+width,y2,width=width,color = 'deepskyblue',label='2020年2月')
32 # 增长率文本标签
33 for a, b in zip(x,rate):
34     plt.text(a,b,('%.1f%%' % b), ha='center', va='bottom', fontsize=11)
35 plt.legend()                                              # 设置图例
36 plt.show()                                                # 显示图表
```

4.5 实战练习

根据综合案例中介绍的环比分析方法和提供的数据集“JD2019.xlsx”，分析京东某一单品销量环比增长情况并绘制柱形图 + 折线图，柱形图表示销量，折线图表示增长率，效果如图 4.66 所示。

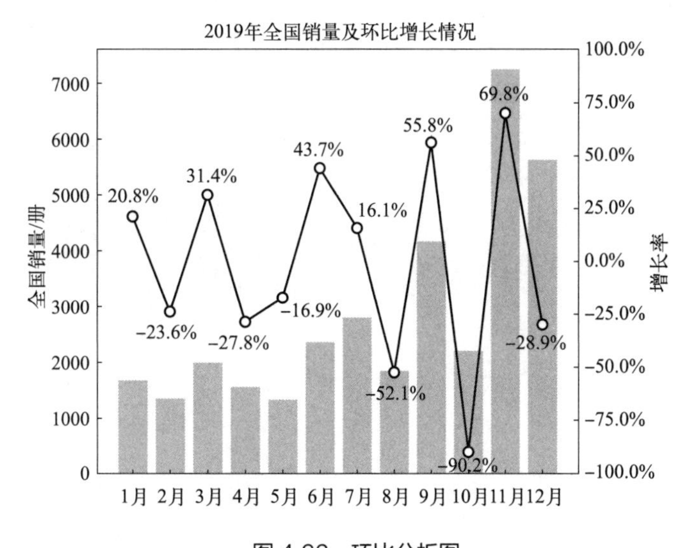

图 4.66　环比分析图

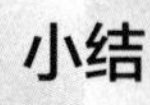

小结

数据统计得再好都不如一张图表清晰、直观。本章用大量的基础知识和实例详细地介绍了 Matplotlib 入门知识，从模块介绍与安装到各种类型图表的绘制，以及图表的常用设置，如图表标题、图例、文本标签、注释、网格线、参考线等。通过这些内容，使读者全面掌握 Matplotlib，为后面的进阶应用以及学习其他可视化工具奠定坚实的基础。

Python

第 2 篇 提高篇

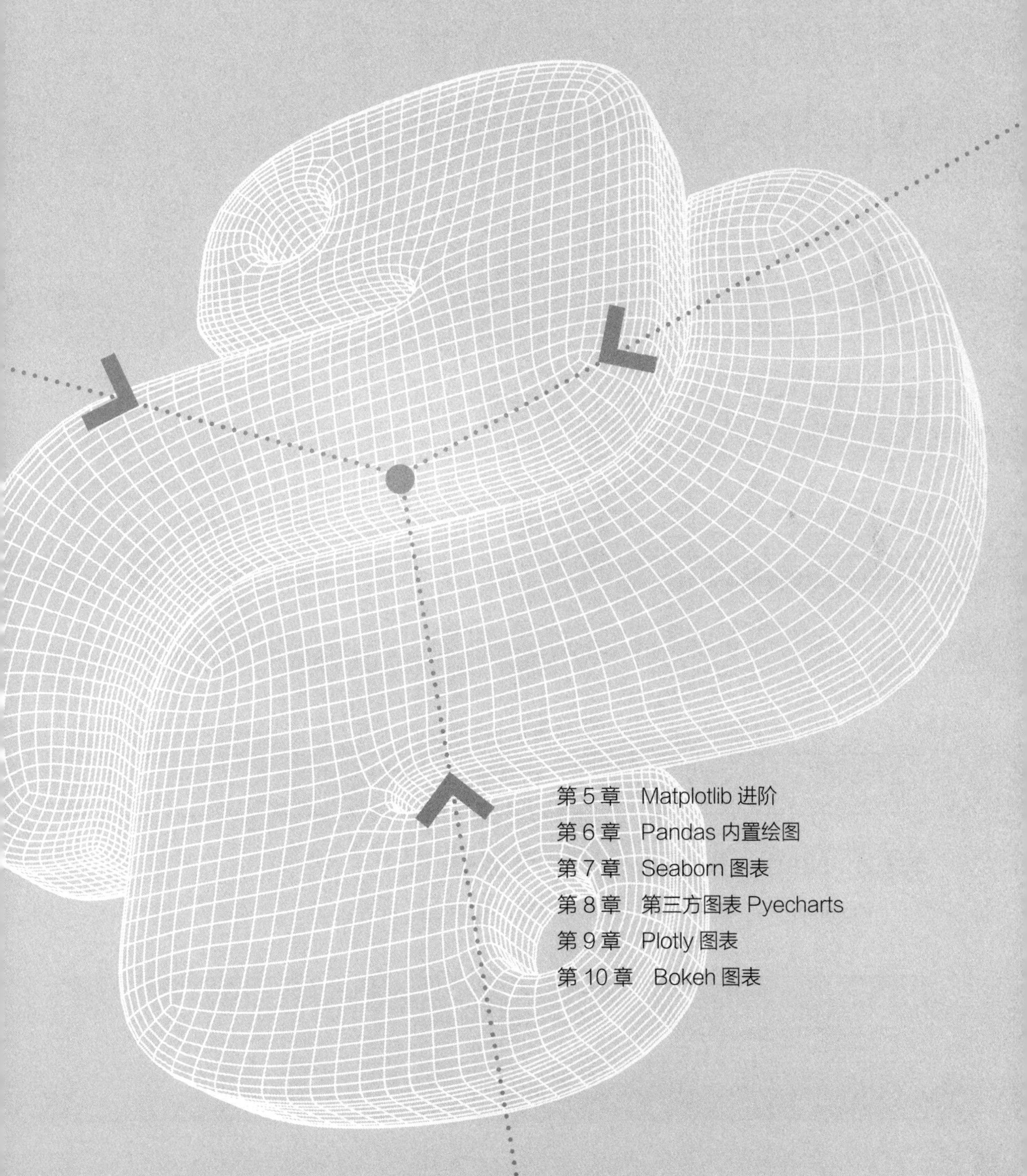

第 5 章　Matplotlib 进阶
第 6 章　Pandas 内置绘图
第 7 章　Seaborn 图表
第 8 章　第三方图表 Pyecharts
第 9 章　Plotly 图表
第 10 章　Bokeh 图表

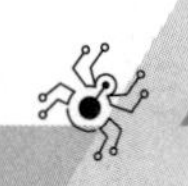

第5章 Matplotlib 进阶

相信通过上一章的学习，您已经掌握了 Matplotlib 基础知识，学会了绘制各种类型的图表。本章是 Matplotlib 的进阶，包括颜色设置、日期时间处理、双坐标轴图表、多子图绘制等。

5.1 Matplotlib 颜色设置

数据可视化过程中，可以通过颜色区分数据，展示数据的变化等，这样可以增加用户对可视化图形的理解，一目了然。Matplotlib 支持使用各种颜色和颜色图可视化信息。

5.1.1 常用颜色

Matplotlib 常用颜色为蓝色（blue）、绿色（green）、红色（red）、蓝绿色（cyan）、洋红色（magenta）、黄色（yellow）、黑色（black）、白色（white），如表 5.1 所示，最后一行是颜色值的简写形式。

表 5.1　常用颜色

颜色	blue	green	red	cyan	magenta	yellow	black	white
简写形式	b	g	r	c	m	y	k	w

5.1.2 Matplotlib 可识别的颜色格式

Matplotlib 可以识别很多格式来指定颜色，具体如表 5.2 所示。

表 5.2　颜色格式及说明

颜色格式	举例
浮点形式的 RGB 或 RGBA 元组	(0.5,0.2,0.7) (0.6,0.1,0.8,0.3)
不区分大小写的十六进制 RGB 或 RGBA 字符串	'#0f0f0f' '#00FF7F', '#3CB371', '#2E8B57', '#F0FFF0'

续表

颜色格式	举例
不区分大小写的 RGB 或 RGBA 字符串等效的十六进制速记重复的字符	'#abc' 表示 '#aabbcc' '#fb1' 表示 '#ffbb11'
灰度值，0~1 之间的浮点值字符串	'0' 表示黑色，'1' 表示白色，'0.8' 表示亮灰色
一些基本颜色的单字符速记符号	'b' 表示 blue（蓝色）、'g' 表示 green（绿色）
X11/CSS4 规定中的颜色名称（不区分大小写，不包括空格）	'aquamarine' 'mediumseagreen'
xkcd 中指定的颜色名称（不区分大小写，带有“xkcd:”前缀）	'xkcd:sky blue' 'xkcd:flat blue'
Tableau 颜色来自 T10 调色板（不区分大小写）	'tab:blue' 'tab:orange' 'tab:green' 'tab:red'
CN 格式颜色循环，‘C’位于数字之前，作为默认属性周期的索引	'C0' 'C1'

实例 5.1 不同颜色格式的运用（实例位置：资源包 \Code\05\01）

下面通过具体的例子演示 Matplotlib 可识别的颜色格式的运用，程序代码如下。

```
01 import matplotlib.pyplot as plt                    # 导入 matplotlib.pyplot 模块
02 import numpy as np                                 # 导入 numpy 模块
03 t = np.linspace(0.0, 2.0, 201)                     # 创建 201 个 0.0~2.0 之间的等差数列
04 s = np.sin(2 * np.pi * t)                          # 计算不同角度的正弦值
05 # 解决中文乱码
06 plt.rcParams['font.sans-serif']=['SimHei']
07 # 解决负号不显示
08 plt.rcParams['axes.unicode_minus']=False
09 # 1) RGB 元组
10 fig, ax = plt.subplots(facecolor=(.18, .31, .31))
11 # 2) 十六进制字符串
12 ax.set_facecolor('#eafff5')
13 # 3) 灰度值字符串
14 ax.set_title(' 电压与时间图表 ', color='0.7')
15 # 4) 基本颜色的单字符速记符号
16 ax.set_xlabel(' 时间 (s)', color='c')
17 # 5) 颜色名称
18 ax.set_ylabel(' 电压 (mV)', color='peachpuff')
19 # 6) xkcd 中指定的颜色名称
20 ax.plot(t, s, 'xkcd:crimson')
21 # 7) CN 格式颜色循环
22 ax.plot(t, .7*s, color='C4', linestyle='--')
23 # 8) Tableau 颜色
24 ax.tick_params(labelcolor='tab:orange')
25 plt.show()                                            # 显示图表
```

运行程序，效果如图 5.1 所示。

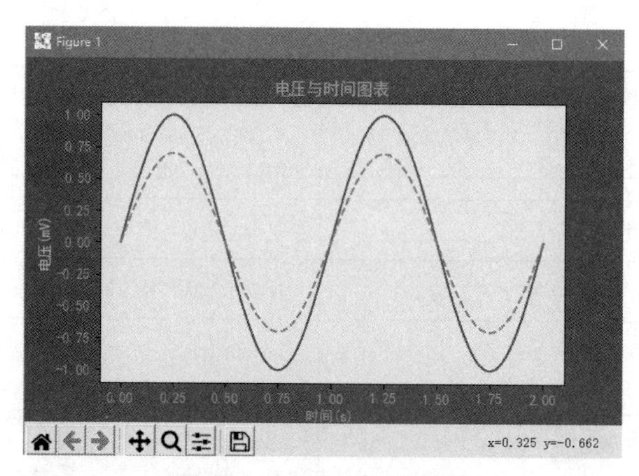

图 5.1　不同颜色格式的运用

5.1.3 Matplotlib 颜色映射

数据可视化过程中，有时我们希望图表的颜色与数据集中某个变量的值相关，颜色随着该变量值的变化而变化，以反映数据变化趋势、数据的聚集、分析者对数据的理解等信息。这时，我们就可以使用 Matplotlib 的颜色映射功能，即将数据映射到颜色。需要注意的是：Matplotlib 颜色映射仅支持 cmap 参数和 colormap 参数的图表类型。下面介绍与 Matplotlib 颜色映射有关的颜色图。

① 连续化按顺序的颜色图：在两种色调之间近似平滑变化。通常是从低饱和度到高饱和度（例如从白色到明亮的蓝色）。适用于大多数科学数据，可直观地看出数据从低到高的变化。

- 以中间值颜色命名。例如，第一个 viridis（松石绿），如图 5.2 所示。

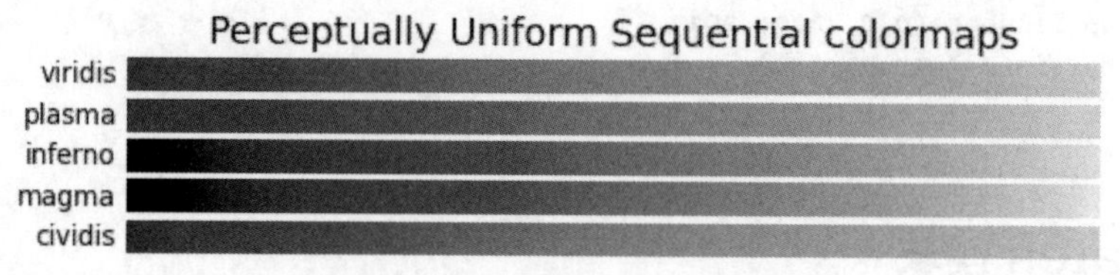

图 5.2　以中间值颜色命名的色图

- 以色系名称命名，由低饱和度到高饱和度过渡。
- 以风格命名。

② 两端发散的颜色图：具有中间值（通常是浅色），并在高值和低值处平滑变化为两种不同的色调。适用于数据的中间值很大的情况（例如 0，因此正值和负值分别表示为颜色图的不同颜色）。

③ 循环颜色图：两种不同颜色在不饱和颜色的中间和开始 / 结束处相交的亮度变化，应该用于端点周围的值，如相位角、风向或一天中的时间。

④ 定性的颜色图：常为杂色，用于表示没有顺序或关系的数据信息。

说明

由于篇幅有限，颜色图可参考附录。

实例 5.2　颜色映射的运用（实例位置：资源包 \Code\05\02）

例如一个简单的热力图，通过 cmap 参数设置颜色映射，使用连续化按顺序的颜色图，程序代码如下。

```
01 import matplotlib.pyplot as plt          # 导入 matplotlib.pyplot 模块
02 # 创建 x 轴数据
03 X = [[1,2],[3,4],[5,6],[7,8],[9,10]]
04 # 绘制热力图，设置 cmap 颜色映射为 cool 色图
05 plt.imshow(X,cmap='cool')
06 plt.show()                               # 显示图表
```

运行程序，效果如图 5.3 所示。

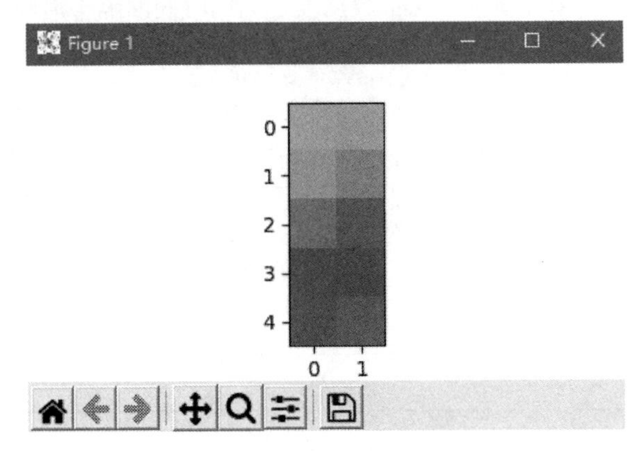

图 5.3　颜色映射的运用

5.2　Matplotlib 处理日期时间

数据分析过程中，经常遇到日期类型数据，而在图表中也经常需要在坐标轴上显示日期，将日期作为标签。那么，本节介绍 Matplotlib 如何处理日期时间。

5.2.1　dates 模块

Matplotlib 使用浮点数表示日期，浮点数指定从 0001-01-01 UTC 开始的天数，加上 1。例如 0001-01-01，06:00 是 1.25，不是 0.25。不支持小于 1 的值，即 0001-01-01 UTC 之前的日期。

Matplotlib 的 dates 模块提供了一些函数可以在 datetime 对象和 Matplotlib 日期之间进行转换，如表 5.3 所示。

表 5.3　dates 模块转换函数

函数	说明
datestr2num	使用 dateutil.parser.parse 将日期字符串转换为数据
date2num	将 datetime 对象转换为 Matplotlib 日期
num2date	将 Matplotlib 日期转换为 datetime 对象
num2timedelta	将天数转换为 timedelta 对象

续表

函数	说明
epoch2num	将一个纪元或纪元序列转换为新的日期格式，即自0001起的天数
num2epoch	将0001年以来的天数转换为纪元
mx2num	将mx datetime实例或mx实例序列转换为新的日期格式
drange	返回一个等间距的Matplotlib日期序列

Matplotlib自动管理刻度，尤其是刻度的标签，其后果无疑是一场灾难。以这种方式显示日期时，有时会出现可读性很差，两个数据点之间的时间间隔不清晰，或者日期标签重叠等现象。此时，可以使用dates模块，该模块提供了一些专门用于管理日期刻度的函数，如表5.4所示。

表5.4 dates模块日期刻度函数

函数和类	说明
MicrosecondLocator	定位微秒
SecondLocator	定位秒
MinuteLocator	定位分钟
HourLocator()	定位小时
DayLocator()	定位一个月中指定的日，例如10表示10号
WeekdayLocator()	定位星期
MonthLocator()	定位月份，例如7表示7月
YearLocator()	定位基数倍数的年份
RRuleLocator	dateutil.rrule的一个简单包装器，它允许几乎任意的日期刻度规范
AutoDateLocator()	在自动缩放时，该类选择最佳的MultipleDateLocator来设置视图限制和刻度位置

显示日期过程中，有时需要将日期进行格式化为需要的格式，dates模块提供了一些关于格式化的函数，如表5.5所示。

表5.5 dates模块日期格式化函数

函数和类	说明
AutoDateFormatter	试图找出使用的最佳格式。与自动日期定位器一起使用时最有用
ConciseDateFormatter	试图找出要使用的最佳格式，并使格式尽可能紧凑，同时仍然具有完整的日期信息，与自动日期定位器一起使用时最有用
DateFormatter	用于使用strftime格式的字符串格式化坐标轴刻度
IndexDateFormatter	带有隐式索引的日期图

5.2.2　设置坐标轴日期的显示格式

绘制过程中，可能会出现由于日期显示过长而影响图表外观的情况。此时可以通过设置 x 轴日期的显示格式，来解决这个问题，主要使用 dates 模块的 DateFormatter() 函数，该函数可以将任意格式的日期按要求进行格式化。时间日期格式化符号如下：

☑　%y：两位数的年份表示（00-99）。
☑　%Y：四位数的年份表示（000-9999）。
☑　%m：月份（01-12）
☑　%d：月内中的一天（0-31）
☑　%H：24 小时制小时数（0-23）
☑　%I：12 小时制小时数（01-12）
☑　%M：分钟数（00 ～ 59）。
☑　%S：秒（00 ～ 59）。
☑　%a：本地简化星期名称。
☑　%A：本地完整星期名称。
☑　%b：本地简化的月份名称。
☑　%B：本地完整的月份名称。
☑　%c：本地相应的日期表示和时间表示。
☑　%j：年内的一天（001-366）。
☑　%p：本地 A.M. 或 P.M. 的等价符。
☑　%U：一年中的星期数（00-53）星期天为星期的开始。
☑　%w：星期（0-6），星期天为星期的开始。
☑　%W：一年中的星期数（00-53）星期一为星期的开始。
☑　%x：本地相应的日期表示。
☑　%X：本地相应的时间表示。
☑　%Z：当前时区的名称。
☑　%% %：号本身。

实例 5.3　设置日期显示格式（实例位置：资源包 \Code\05\03）

例如，日期为月、日、年的格式（如 01/01/2022），下面使用 DateFormatter() 函数将其格式化为月日的格式（如 01-01），程序代码如下：

```
01 import matplotlib.dates as mdates       # 导入 matplotlib.dates 模块
02 import matplotlib.pyplot as plt         # 导入 matplotlib.pyplot 模块
03 # 生成 xy 轴数据，x 轴为日期字符串
04 x = ['01/02/2022', '01/03/2022', '01/04/2022']
05 y=[12,22,45]
06 print(x)
07 # 配置横坐标格式化日期
08 plt.gca().xaxis.set_major_formatter(mdates.DateFormatter('%m-%d'))
09 # 绘制图表
10 plt.plot(x,y)
11 # 显示图表
12 plt.show()
```

运行程序，效果如图 5.4 所示。

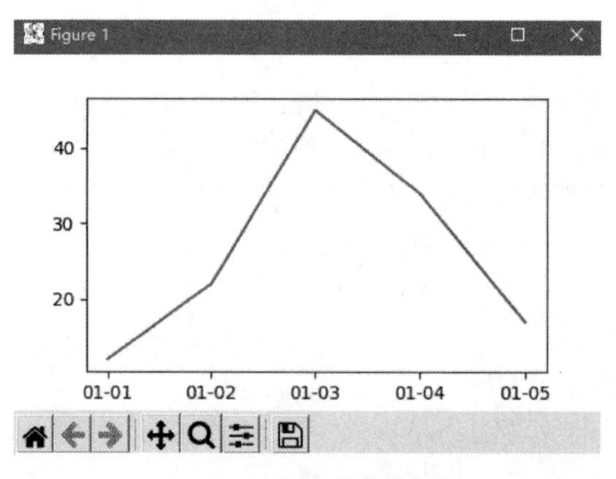

图 5.4　设置日期显示格式

5.2.3　设置坐标轴日期刻度标签

dates 模块的日期刻度函数可以快速地完成坐标轴日期刻度的设置，如 YearLocator() 以年为刻度、MonthLocator() 以月为刻度、WeekdayLocator() 以星期为刻度等。

实例 5.4　设置 *x* 轴日期刻度为星期（实例位置：资源包 \Code\05\04）

例如在 *x* 轴上显示日期，问题很多，尤其是用日期作标签时难以管理，如图 5.5 所示，*x* 轴日期刻度自动显示为半个月一个刻度，这样不符合我们的需求。

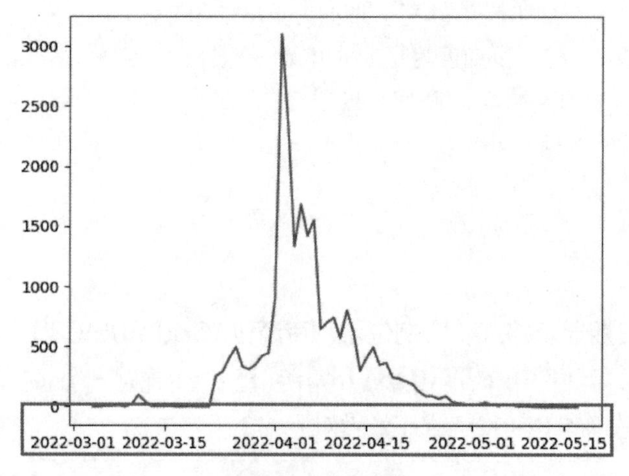

图 5.5　原日期

下面我们设置一个星期为一个刻度，程序代码如下。

```
01 import pandas as pd                        # 导入 pandas 模块
02 import matplotlib.pyplot as plt            # 导入 matplotlib.pyplot 模块
03 import matplotlib.dates as mdates          # 导入 matplotlib.dates 模块
04 # 读取 Excel 文件
05 df=pd.read_excel("../../datas/data1.xlsx")
06 # xy 轴数据
07 x=df['日期']
08 y=df['数据 1']
09 # 设置 x 坐标轴日期刻度的位置
```

```
10 # 日期显示格式为年月
11 plt.gca().xaxis.set_major_formatter(mdates.DateFormatter('%Y-%m-%d'))
12 # 日期刻度定位为星期
13 plt.gca().xaxis.set_major_locator(mdates.WeekdayLocator())
14 plt.gcf().autofmt_xdate() # 自动旋转日期标记
15 # 绘制图表
16 # mrker 标记样式、mfc 标记颜色，ms 标记大小，mec 标记边框颜色
17 plt.plot(x,y,marker='o',mfc='r',ms=4,mec='g')
18 # 显示图表
19 plt.show()
```

运行程序，效果如图 5.6 所示。

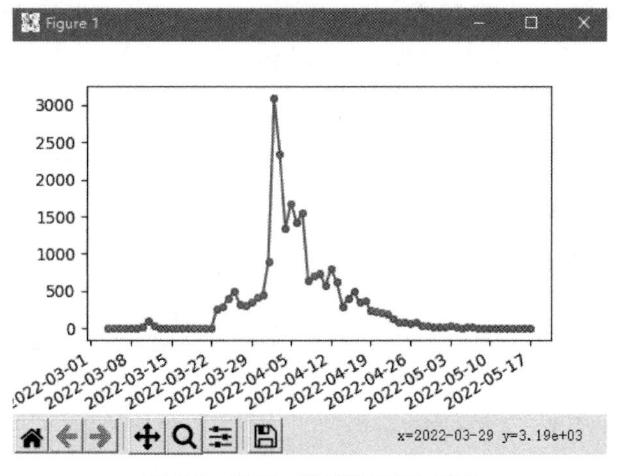

图 5.6　设置 *x* 轴日期刻度为星期

5.3 次坐标轴（双坐标轴）

次坐标轴也称为第二坐标轴或副坐标轴，用于在一个图表中显示两个不同坐标的图表。在 Matplotlib 模块中可以通过 twinx() 函数和 twiny() 函数实现。

5.3.1 共享 *x* 坐标轴 [twinx() 函数]

twinx() 函数用于创建并返回一个共享 *x* 轴、两个 *y* 轴且第二个 *y* 轴的刻度在子图的右侧显示，语法如下：

```
plt.twinx(ax=None)
```

参数说明：

☑ ax：ax 值的类型为 Axes 对象，默认值为 None，即当前子图。

☑ 返回值：Axes 对象，即新创建的子图。

实例 5.5　绘制双 *y* 轴图表（实例位置：资源包 \Code\05\05）

什么时候需要用到双 *y* 轴图表呢？例如，在图表中想要看到商品每日销售数量和销售金额随着日期的变化，这种情况下双 *y* 轴图表表达更加清晰、直观，效果如图 5.7 所示。

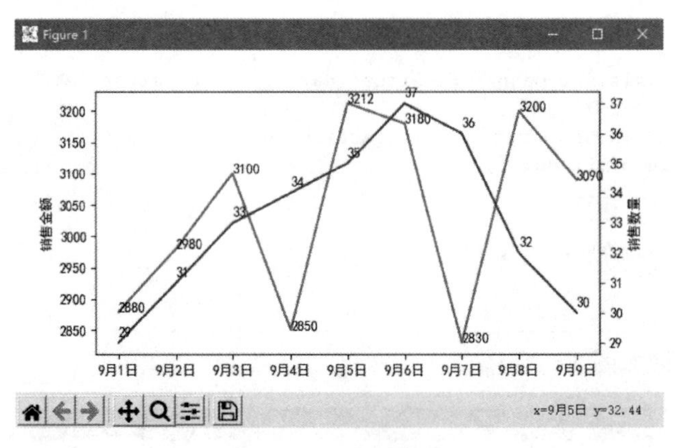

图 5.7　双 y 轴图表

程序代码如下：

```
01 import pandas as pd                          # 导入 pandas 模块
02 import matplotlib.pyplot as plt              # 导入 matplotlib.pyplot 模块
03 # 创建数据
04 df=pd.DataFrame({'日期':['9月1日','9月2日','9月3日','9月4日','9月5日','9月6日','9月7日','9月8日','9月9日'],
05                  '销售数量':[29,31,33,34,35,37,36,32,30],
06                  '销售金额':[2880,2980,3100,2850,3212,3180,2830,3200,3090]})
07 # 设置 x 轴和两个 y 轴的数据
08 x=df['日期']
09 y1=df['销售金额']
10 y2=df['销售数量']
11 # 解决中文乱码
12 plt.rcParams['font.sans-serif']=['SimHei']
13 # 设置画布大小
14 fig = plt.figure(figsize=(8,5))
15 # 创建子图表
16 ax1 = fig.add_subplot(111)
17 # 第一个折线图
18 ax1.plot(x,y1,color='red')
19 # 第一个 y 轴标签
20 ax1.set_ylabel('销售金额')
21 # 第二个折线图
22 # 共享 x 轴添加一条 y 轴
23 ax2 = ax1.twinx()
24 ax2.plot(x,y2,color='blue')
25 # 第二个 y 轴标签
26 ax2.set_ylabel('销售数量')
27 # 销售金额文本标签
28 for a,b in zip(x,y1):
29     ax1.text(a,b,b)
30 # 销售数量文本标签
31 for a,b in zip(x,y2):
32     ax2.text(a,b+0.2,b)
33 plt.show()                                   # 显示图表
```

5.3.2　共享 y 坐标轴 [twiny() 函数]

twiny() 函数用于创建并返回一个共享 y 轴、两个 x 轴且第二个 x 轴的刻度在子图的顶部显示，语法如下：

```
plt.twiny(ax=None)
```

参数说明：

☑ ax：ax 值的类型为 Axes 对象，默认值为 None，即当前子图。

☑ 返回值：Axes 对象，即新创建的子图。

实例 5.6　绘制双 *x* 轴图表（实例位置：资源包 \Code\05\06）

下面绘制双 *x* 轴图表，效果如图 5.8 所示。

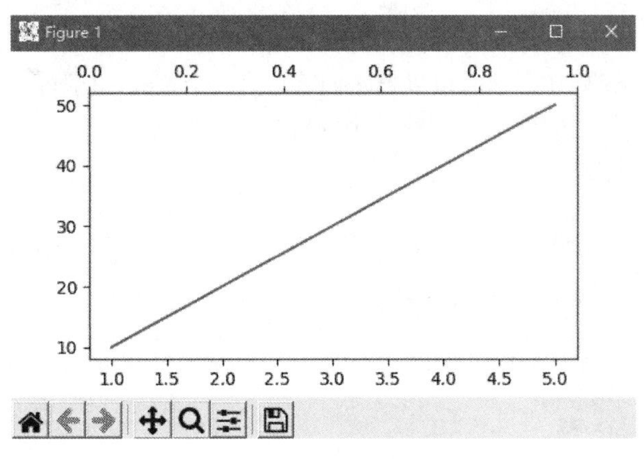

图 5.8　双 *x* 轴图表

程序代码如下：

```
01 import matplotlib.pylab as plt              # 导入 matplotlib.pyplot 模块
02 # 创建 x 轴和 y 轴数据
03 x = [1,2,3,4,5]
04 y = [10,20,30,40,50]
05 # 创建画布
06 fig = plt.figure()
07 # 创建子图
08 ax1 = fig.add_subplot(111)
09 # 绘制折线图
10 ax1.plot(x, y)
11 # 共享 y 轴添加一条 x 轴
12 ax2 = ax1.twiny()
13 plt.show()                                  # 显示图表
```

5.4　绘制多个子图表

Matplotlib 可以实现在一张图上绘制多个子图表。Matplotlib 提供了三种方法：一是 subplot() 函数；二是 subplots() 函数；三是 add_subplot() 函数。下面分别介绍。

5.4.1　subplot() 函数

subplot() 函数直接指定划分方式和位置，它可以将一个绘图区域划分为 *n* 个子图，每个 subplot() 函数只能绘制一个子图。语法如下：

```
plt.subplot(*args,**kwargs)
```

参数说明：

☑ *args：当传入的参数个数未知时使用*args。

☑ **kwargs：关键字参数，其他可选参数。

例如，绘制一个2×3的区域，subplot(2,3,3)，将画布分成2行3列，在第3个区域中绘制，用坐标表示如下：

```
(1,1),(1,2),(1,3)
(2,1),(2,2),(2,3)
```

如果行列的值都小于10，那么可以把它们缩写为一个整数，例如，subplot(233)。

另外，subplot在指定的区域中创建一个轴对象，如果新创建的轴和之前创建的轴重叠，那么，之前的轴将被删除。

实例 5.7 使用subplot函数绘制多子图的空图表（实例位置：资源包\Code\05\07）

绘制一个2×3包含6个子图的空图表，程序代码如下：

```
01 import matplotlib.pyplot as plt          # 导入matplotlib.pyplot模块
02 # 绘制6个子图的空图表
03 plt.subplot(2,3,1)
04 plt.subplot(2,3,2)
05 plt.subplot(2,3,3)
06 plt.subplot(2,3,4)
07 plt.subplot(2,3,5)
08 plt.subplot(2,3,6)
09 plt.show()                               # 显示图表
```

运行程序，输出结果如图5.9所示。

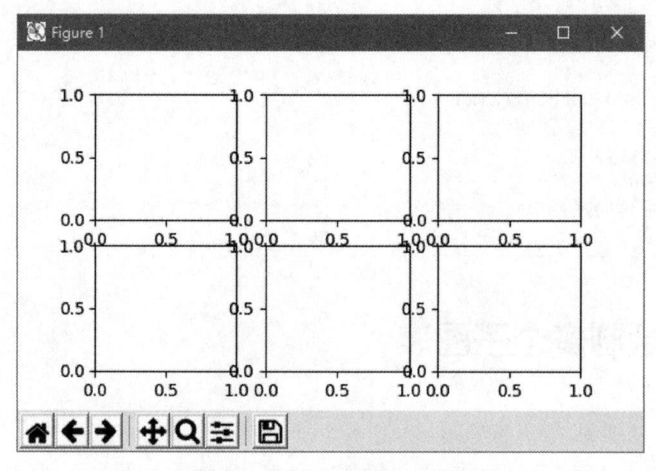

图5.9 6个子图的空图表

实例 5.8 绘制包含多个子图的图表（实例位置：资源包\Code\05\08）

通过上述举例了解了subplot()函数的基本用法，接下来将前面所学的简单图表整合到一张图表上，效果如图5.10所示。

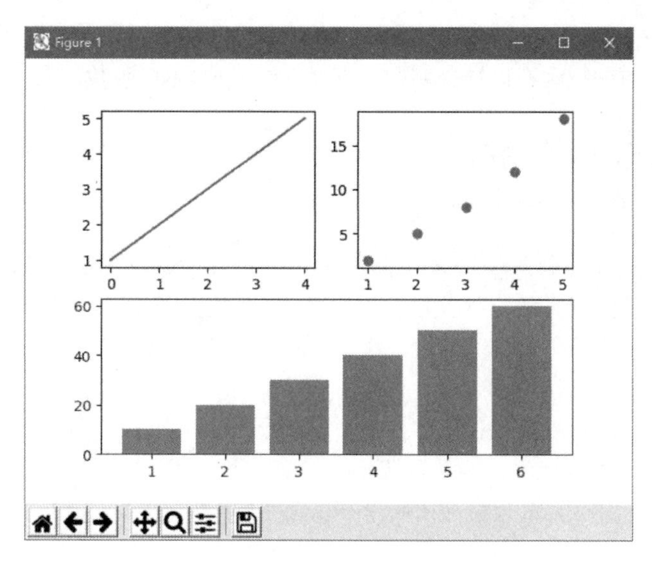

图 5.10 多个子图

程序代码如下：

```
01 import matplotlib.pyplot as plt           # 导入 matplotlib.pyplot 模块
02 # 第 1 个子图表 - 折线图
03 plt.subplot(2,2,1)
04 plt.plot([1, 2, 3, 4,5])
05 # 第 2 个子图表 - 散点图
06 plt.subplot(2,2,2)
07 plt.plot([1, 2, 3, 4,5], [2, 5, 8, 12,18], 'ro')
08 # 第 3 个子图表 - 柱形图
09 plt.subplot(2,1,2)
10 x=[1,2,3,4,5,6]
11 height=[10,20,30,40,50,60]
12 plt.bar(x,height)
13 plt.show()                                # 显示图表
```

上述举例，两个关键点一定要掌握。

① 每绘制一个子图表都要调用一次 subplot() 函数。

② 绘图区域位置编号。

subplot() 函数的前面两个参数指定的是一个画布被分割成的行数和列数，后面一个参数则指的是当前绘制区域位置编号，编号规则是行优先。

例如，图 5.10 中有 3 个子图表，第 1 个子图表 subplot(2,2,1)，即将画布分成 2 行 2 列，在第 1 个子图中绘制折线图；第 2 个子图表 subplot(2,2,2)，将画布分成 2 行 2 列，在第 2 个子图中绘制散点图；第 3 个子图表 subplot(2,1,2)，将画布分成 2 行 1 列，由于第 1 行已经占用了，所以我们在第 2 行也就是第 3 个子图中绘制柱形图。示意图如图 5.11 所示。

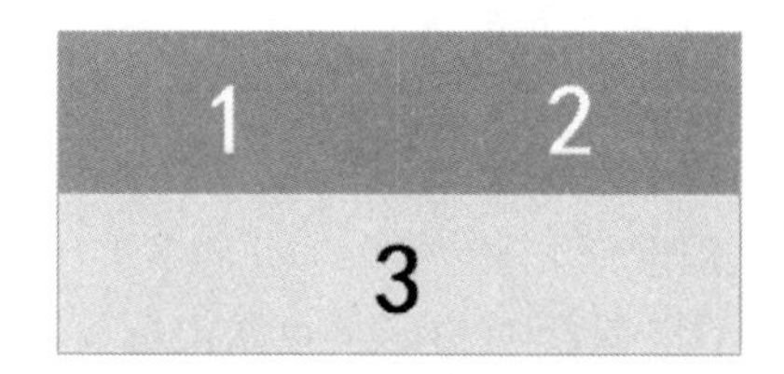

图 5.11 多个子图表示意图

subpot() 函数在画布中绘图时，每次都要调用它指定绘图区域非常麻烦，而 subplots() 函数则更直接，它会事先把画布区域分割好。下面介绍 subplots() 函数。

5.4.2 subplots() 函数

subplots() 函数用于创建画布和子图，语法如下：

```
matplotlib.pyplot.subplots(nrows,ncols,sharex,sharey,squeeze,subplot_kw,gridspec_kw,**fig_kw)
```

参数说明：

☑ nrows和ncols：表示将画布分割成几行几列，例如，nrows=2、ncols=2表示将画布分割为2行2列，起始值都为0。当调用画布中的坐标轴时，ax[0,0]表示调用左上角的，ax[1,1]表示调用右下角的。

☑ sharex和sharey：布尔值或者值为“none”“all”“row”“col”，默认值为False。用于控制*x*轴或*y*轴之间的属性共享。具体参数值说明如下：

- True或者“all”：表示*x*轴或*y*轴属性在所有子图中共享。
- False或者“none”：每个子图的*x*轴或*y*轴都是独立的部分。
- “row”：每个子图在一个*x*轴或*y*轴共享行（row）。
- “col”：每个子图在一个*x*轴或*y*轴共享列（column）。

☑ squeeze：布尔值，默认值为True，额外的维度从返回的Axes（轴）对象中挤出，对于$n\times 1$或$1\times n$个子图，返回一个一维数组，对于$n\times m$，$n>1$和$m>1$返回一个二维数组；如果值为False，则表示不进行挤压操作，返回一个元素为Axes实例的二维数组，即使它最终是1×1。

☑ subplot_kw：字典类型，可选参数。把字典的关键字传递给add_subplot来创建每个子图。

☑ gridspec_kw：字典类型，可选参数。把字典的关键字传递给GridSpec构造函数创建子图放在网格里（grid）。

☑ **fig_kw：把所有详细的关键字参数传给figure。

☑ 返回值：subplots()函数的返回值是一个元组，包括一个画布对象figure和坐标轴对象axes，其中axes对象的数量等于nrows*ncols，且每个axes对象都可以通过索引值访问。

实例 5.9 使用 subplots() 函数绘制多子图的空图表（实例位置：资源包 \05\09）

绘制一个 2×3 包含 6 个子图的空图表，使用 subplots 函数只需三行代码。

```
01 import matplotlib.pyplot as plt            # 导入 matplotlib.pyplot 模块
02 figure,axes=plt.subplots(2,3)              # 2 行 3 列的子图
03 plt.show()                                 # 显示图表
```

上述代码中，figure 和 axes 是两个关键点。

① figure：绘制图表的画布。

② axes：坐标轴对象，可以理解为在 figure（画布）上绘图坐标轴对象，它帮我们规划出了一个个科学作图的坐标轴系统。

通过图 5.12 所示的示意图您就会明白，灰色（实际屏幕上显示为绿色）的是画布（figure），白色带坐标轴的是坐标轴对象（axes）。

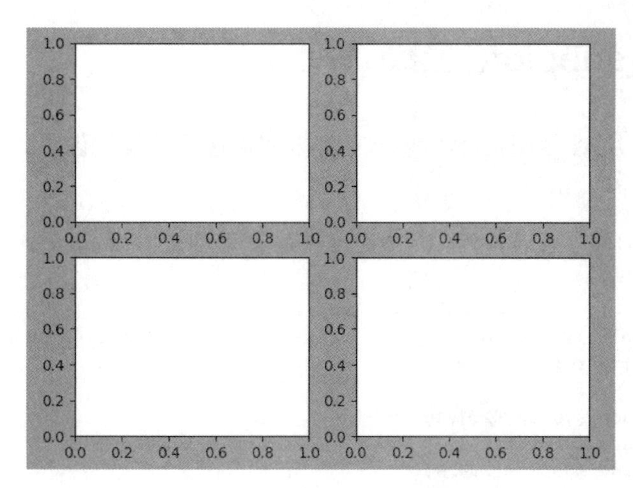

图 5.12 坐标系统示意图

实例 5.10 使用 subplots() 函数绘制多子图图表（实例位置：资源包 \Code\05\10）

使用 subplots 函数将前面所学的简单图表整合到一张图表上，效果如图 5.13 所示。

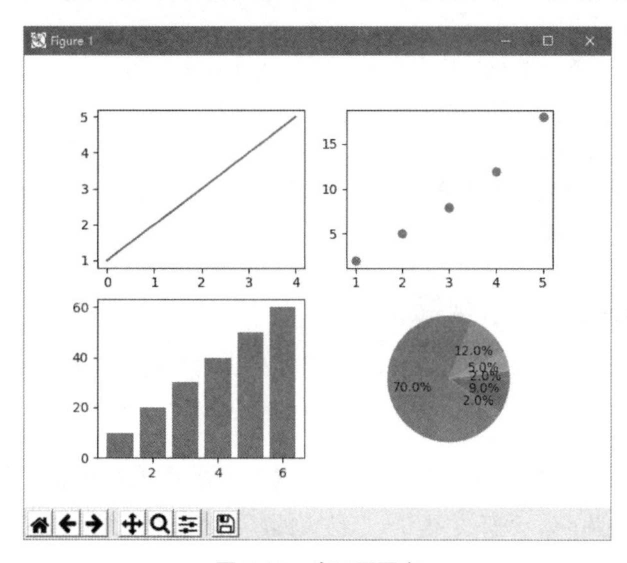

图 5.13 多子图图表

程序代码如下：

```
01 import matplotlib.pyplot as plt                          # 导入 matplotlib.pyplot 模块
02 figure,axes=plt.subplots(2,2)                            # 2 行 2 列的子图
03 axes[0,0].plot([1, 2, 3, 4,5])                           # 第 1 个子图表 - 折线图
04 axes[0,1].plot([1, 2, 3, 4,5], [2, 5, 8, 12,18], 'ro')  # 第 2 个子图表 - 散点图
05 # 第 3 个子图表 - 柱形图
06 x=[1,2,3,4,5,6]
07 height=[10,20,30,40,50,60]
08 axes[1,0].bar(x,height)
09 # 第 4 个子图表 - 饼形图
10 x = [2,5,12,70,2,9]
11 axes[1,1].pie(x,autopct='%1.1f%%')
12 plt.show()                                               # 显示图表
```

5.4.3 add_subplot() 函数

实例 5.11 使用 add_subplot() 函数绘制多子图图表（实例位置：资源包 \Code\05\11）

add_subplot() 函数也可以实现在一张图上绘制多个子图表，用法与 subplot() 函数基本相同，先来看一段代码。

```
01 import matplotlib.pyplot as plt          # 导入 matplotlib.pyplot 模块
02 fig = plt.figure()                       # 创建画布
03 # 绘制多子图图表
04 ax1 = fig.add_subplot(2,3,1)
05 ax2 = fig.add_subplot(2,3,2)
06 ax3 = fig.add_subplot(2,3,3)
07 ax4 = fig.add_subplot(2,3,4)
08 ax5 = fig.add_subplot(2,3,5)
09 ax6 = fig.add_subplot(2,3,6)
10 plt.show()                               # 显示图表
```

上述代码同样是绘制一个 2×3 包含 6 个子图的空图表。首先创建 figure（画布）实例，然后通过 ax1 = fig.add_subplot(2,3,1) 创建第 1 个子图表，返回 Axes（坐标轴对象）实例，第 1 个参数为行数，第 2 个参数为列数，第 3 个参数为子图表的位置。

以上用 3 种方法实现了在一张图上绘制多个子图表，3 种方法各有所长。subplot() 方法和 add_subplot() 方法比较灵活，定制化效果比较好，可以实现子图表在图中的各种布局（如一张图上 3 个图表或 5 个图表可以随意摆放），而 subplots() 方法就不那么灵活，但它可以用较少的代码绘制多个子图表。

5.4.4 子图表共用一个坐标轴

绘图过程中，经常会遇到几个子图共用一个坐标轴的情况，例如共用横坐标（*x* 坐标轴）或者共用纵坐标（*y* 坐标轴），此时可以通过 sharex 和 sharey 参数进行设置。

实例 5.12 多个子图共用一个 *y* 轴（实例位置：资源包 \Code\05\12）

下面绘制两个子图：一个折线图和一个散点图，共用一个 *y* 轴，效果如图 5.14 所示。

实现上述功能首先使用 subplots() 函数创建子图，然后设置 sharey 参数值为 True，程序代码如下：

```
01 import matplotlib.pyplot as plt          # 导入 matplotlib.pyplot 模块
02 # 解决中文乱码
03 plt.rcParams['font.sans-serif']=['SimHei']
04 # 为 x 轴 y 轴指定数据
05 x=[1, 2, 3, 4,5]
06 y= [2, 5, 8, 12,18]
07 # 绘制 1 行 2 列的子图，sharey=True 设置共用 y 轴
08 fig,ax=plt.subplots(nrows=1,ncols=2,sharey=True)
09 # 绘制第一个图（折线图）
10 ax1=ax[0]
11 ax1.plot(x,y)
12 ax1.set_title(" 折线图 ")
13 # 绘制第二个图（散点图）
```

```
14 ax2=ax[1]
15 ax2.scatter(x,y,color='red')
16 ax2.set_title("散点图")
17 plt.show()                              # 显示图表
```

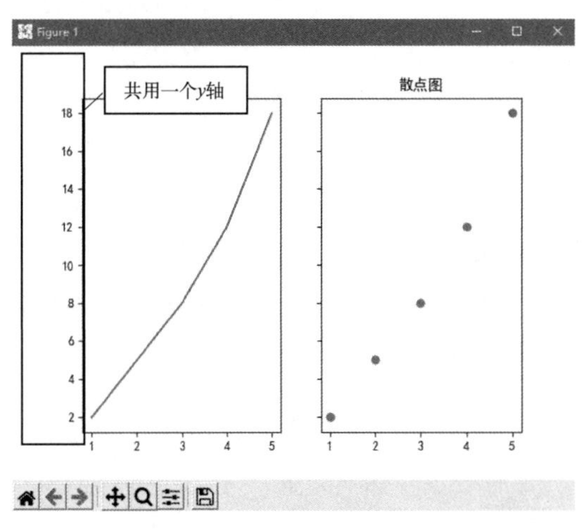

图 5.14　多个子图共用一个 y 轴

5.5 绘制函数图像

在数学当中经常需要绘制函数图像，在 Python 中通过 Matplotlib 模块并结合 NumPy 数据计算模块也可以绘制出各种函数图像。

5.5.1 一元一次函数图像

形如 $y=kx+b$（$k \neq 0$）的函数称为一元一次函数，而在平面直角坐标系中一元一次函数图像是一条直线。当 $k > 0$ 时，函数是严格增函数；当 $k < 0$ 时，函数是严格减函数。

实例 5.13　绘制一元一次函数图像（实例位置：资源包 \Code\05\13）

首先使用 NumPy 创建 x 轴数据，然后根据一元一次函数计算 y 轴，最后绘制一元一次函数图像，效果如图 5.15 所示。

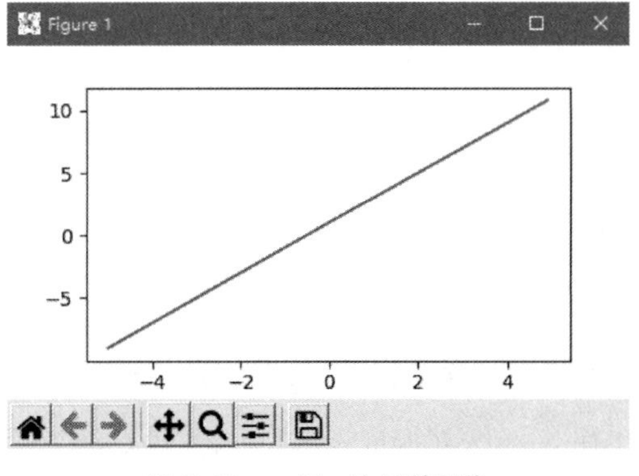

图 5.15　一元一次函数图像

程序代码如下：

```
01 import matplotlib.pyplot as plt          # 导入 matplotlib.pyplot 模块
02 import numpy as np                       # 导入 numpy 模块
03 # 创建 x 轴数据
04 x=np.arange(-5,5,0.1)
05 # 通过一元一次函数计算 y 轴数据
06 y=2*x+1
07 plt.plot(x,y)                            # 绘制图像
08 plt.show()                               # 显示图像
```

5.5.2 一元二次函数图像

一元二次函数的基本表示形式为 $y=ax^2+bx+c$（$a \neq 0$），该函数最高次必须为二次，它的图像是一条对称轴与 y 轴平行或重合于 y 轴的抛物线。

实例 5.14 绘制一元二次函数图像（实例位置：资源包 \Code\05\14）

首先使用 NumPy 创建 x 轴数据，然后根据一元二次函数计算 y 轴，最后绘制一元二次函数图像，效果如图 5.16 所示。

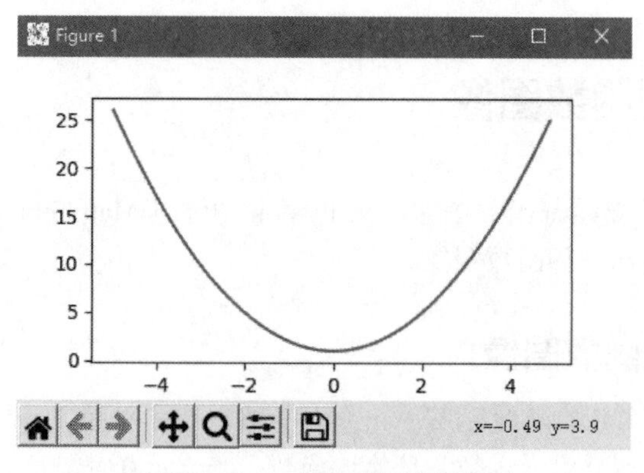

图 5.16　一元二次函数图像

程序代码如下：

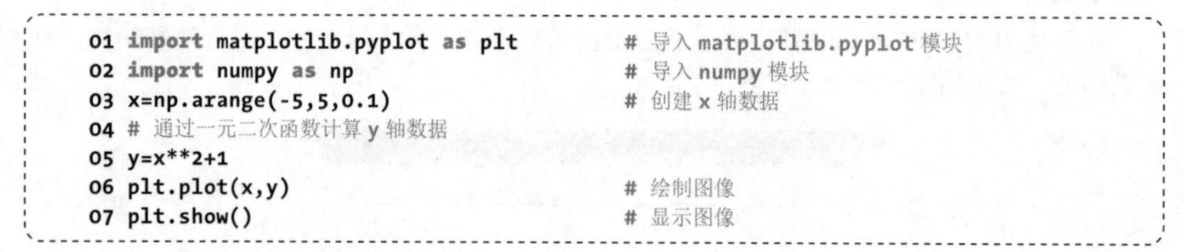

```
01 import matplotlib.pyplot as plt          # 导入 matplotlib.pyplot 模块
02 import numpy as np                       # 导入 numpy 模块
03 x=np.arange(-5,5,0.1)                    # 创建 x 轴数据
04 # 通过一元二次函数计算 y 轴数据
05 y=x**2+1
06 plt.plot(x,y)                            # 绘制图像
07 plt.show()                               # 显示图像
```

5.5.3 正弦函数图像

正弦函数是实践中广泛应用的一类重要函数，在 Python 中主要使用 sin() 函数。

实例 5.15 绘制正弦函数图像（实例位置：资源包 \Code\05\15）

正弦函数图像主要使用 NumPy 的 sin() 函数计算 y 轴，然后绘制图像，效果如图 5.17 所示。

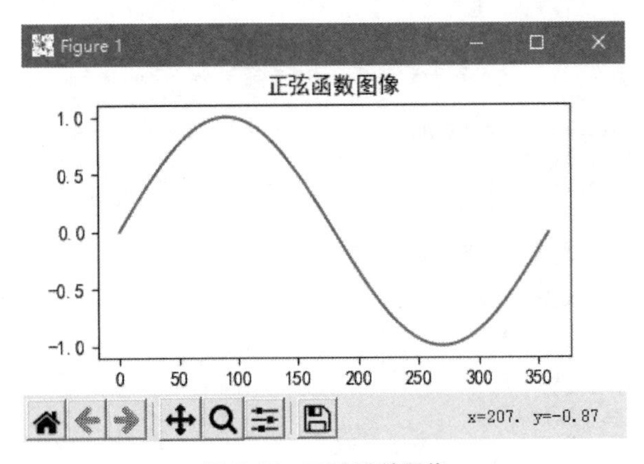

图 5.17　正弦函数图像

程序代码如下：

```
01 import numpy as np                                # 导入 numpy 模块
02 import matplotlib.pyplot as plt                   # 导入 matplotlib.pyplot 模块
03 x = np.arange(0, 360)                             # x 轴数据（0~360 的数组，不包含 360）
04 # 通过 sin() 函数计算 y 轴
05 y = np.sin(x * np.pi / 180)
06 # 解决中文乱码
07 plt.rcParams['font.sans-serif']=['SimHei']
08 # 解决正常显示负号
09 plt.rcParams['axes.unicode_minus']=False
10 plt.plot(x, y)                                    # 绘制图像
11 plt.title(" 正弦函数图像 ")                        # 设置标题
12 plt.show()                                        # 显示图像
```

5.5.4　余弦函数图像

余弦函数一般指余弦，是三角函数的一种。在 Python 中主要使用 Matplotlib 模块来绘制余弦函数图像。

实例 5.16　绘制余弦函数图像（实例位置：资源包 \Code\05\16）

绘制余弦函数图像，首先使用 NumPy 的 cos() 函数计算 y 轴，然后绘制图像，效果如图 5.18 所示。

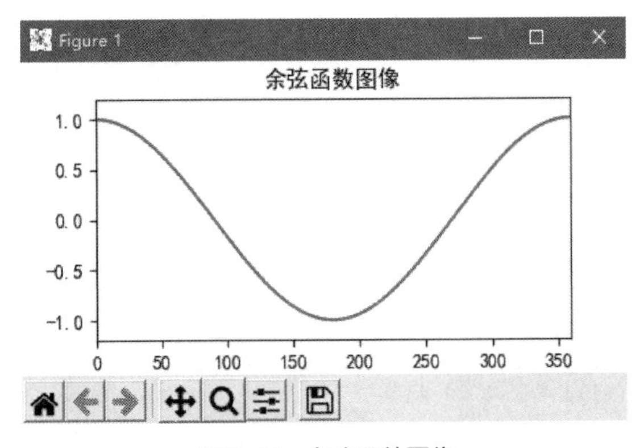

图 5.18　余弦函数图像

程序代码如下：

```
01 import numpy as np                          # 导入 numpy 模块
02 import matplotlib.pyplot as plt             # 导入 matplotlib.pyplot 模块
03 x = np.arange(0, 360)                       # 生成 0~360 不包含 360 的一维数组
04 y = np.cos(x * np.pi / 180)                 # 数组中角度的余弦值
05 # 解决中文乱码
06 plt.rcParams['font.sans-serif']=['SimHei']
07 # 解决正常显示负号
08 plt.rcParams['axes.unicode_minus']=False
09 plt.plot(x, y, color='red')                 # 绘制图像
10 plt.xlim(0, 360)                            # x 轴数值显示范围
11 plt.ylim(-1.2, 1.2)                         # y 轴数值显示范围
12 plt.title(" 余弦函数图像 ")                  # 图像标题
13 plt.show()                                  # 显示图像
```

5.5.5 S 形生长曲线 [Sigmoid() 函数]

在高中生物中 S 形曲线和 J 形曲线是比较常见的，S 形曲线是指种群在一个有限的环境中增长，由于资源和空间等的限制，当种群密度增大时，种内斗争加剧，以该种群为食的动物数量也会增加，这就会使种群的出生率降低，死亡率增高。当死亡率增加到与出生率相等时，种群的增长就会停止，种群数量达到环境条件所允许的最大值（K 值），有时会在最大容纳量上下保持相对稳定。

下面使用 Matplotlib 来绘制 S 形生长曲线。

实例 5.17 绘制高中生物 S 形曲线（实例位置：资源包 \Code\05\17）

S 形生长曲线主要使用 NumPy 的 linspace() 生成等差数列表示 x 轴数据（即时间），使用指数函数 exp() 计算 y 轴数据（即种群数量），然后绘制图像，效果如图 5.19 所示。

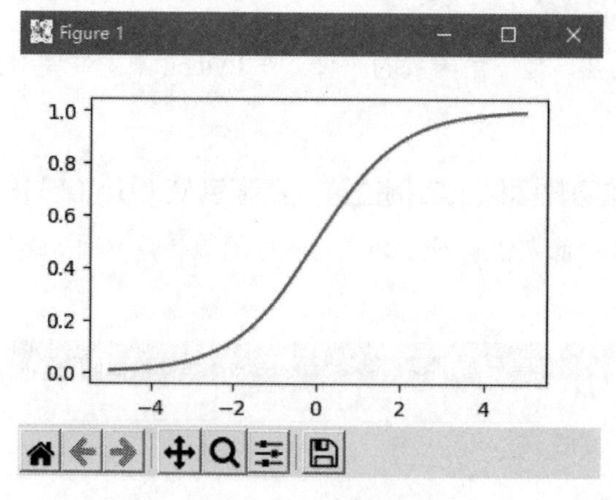

图 5.19 S 形曲线

程序代码如下：

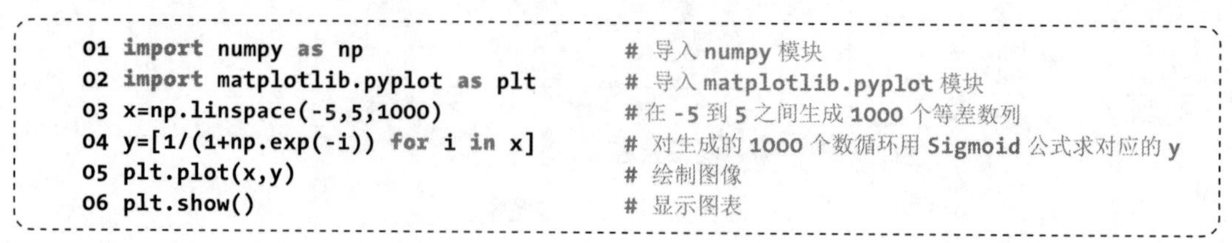

```
01 import numpy as np                     # 导入 numpy 模块
02 import matplotlib.pyplot as plt        # 导入 matplotlib.pyplot 模块
03 x=np.linspace(-5,5,1000)               # 在 -5 到 5 之间生成 1000 个等差数列
04 y=[1/(1+np.exp(-i)) for i in x]        # 对生成的 1000 个数循环用 Sigmoid 公式求对应的 y
05 plt.plot(x,y)                          # 绘制图像
06 plt.show()                             # 显示图表
```

5.6 形状与路径

在使用 Matplotlib 进行绘图时，比较常见的是折线图、柱形图、饼形图、箱形图等绘图函数，但是有时候我们也需要绘制一些特殊的形状和路径，例如绘制一个椭圆，我们可以通过椭圆的函数表达式，然后选取一系列的坐标值进行依次相连，但是这样效率低下，而且不太好看。本节介绍两个非常好用的模块，通过这两个模块可以帮助我们绘制出想要的图形。

5.6.1 形状（patches 模块）

形状指的是 matplotlib.patches 包里面的一些对象，例如我们常见的圆、椭圆、矩形、多边形、弧、箭头等，也称为“块”。具体如图 5.20 所示。Patches 模块中对象语法及说明见表 5.6。

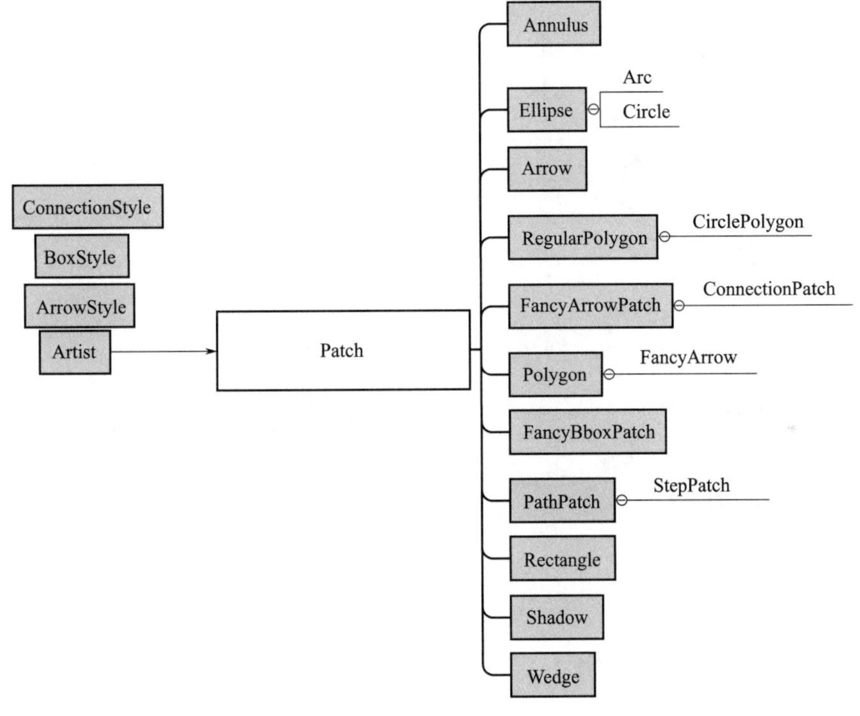

图 5.20　patches 模块框架图

表 5.6　patches 模块中对象语法及说明

对象语法	说明
Annulus	环
Arc(xy, width, height[, angle, theta1, theta2])	椭圆弧
Arrow(x, y, dx, dy[, width])	箭头
ArrowStyle	ArrowStyle 是一个容器类，它定义了几个箭头样式的类，用于沿着给定的路径创建箭头路径
Artist	在画布上作画的对象
BoxStyle	BoxStyle 是一个容器类
Circle(xy[, radius])	一个圆形

续表

对象语法	说明
CirclePolygon(xy[, radius, resolution])	圆形的多边形
ConnectionPatch(xyA, xyB, coordsA[, ...])	连接两个点（可能在不同的轴上）
ConnectionStyle	ConnectionStyle 是一个容器类，它定义了几个连接样式类，用于在两点之间创建路径
Ellipse(xy, width, height[, angle])	没有刻度的椭圆
FancyArrow(x, y, dx, dy[, width, ...])	就像箭头一样，但是可以独立地设置头部宽度和头部高度
FancyArrowPatch([posA, posB, path, ...])	一个花哨的箭头
FancyBboxPatch(xy, width, height[, ...])	矩形周围的一个花哨的盒子，左下角在 $XY = (x, y)$ 具有指定的宽度和高度
Patch([edgecolor, facecolor, color, ...])	补丁是一个二维艺术家的脸的颜色和边缘颜色
PathPatch(path, **kwargs)	多曲线路径补丁
Polygon(xy[, closed])	多边形
Rectangle(xy, width, height[, angle])	通过锚点定义的矩形
RegularPolygon(xy, numVertices[, radius, ...])	一个规则的多边形
Shadow(patch, ox, oy[, props])	创建给定的阴影
Wedge(center, r, theta1, theta2[, width])	楔形，一种数学科的图形

这些几何形状在 Matplotlib 的 patches 模块中，若想画出想要的几何图形首先需要导入 patches 模块，代码如下：

```
import matplotlib.patches as patches
```

具体绘制几何图形的步骤如下：

① 导入 patches 模块；

② 利用图形模块产生一个几何图形；

③ 使用 add_patch() 方法在图像上添加“块”（也就是图形）。

5.6.2 路径（path 模块）

首先介绍什么是路径？

路径表示一系列可能断开的、可能已关闭的线和曲线段。这里指的是 matplotlib.path 里面所实现的功能，最简单的路径就是比如一条任意的曲线都可以看成是路径。例如我们绘制一个心形，就需要通过路径去完成。路径主要使用 path 模块，语法如下：

```
class matplotlib.path.Path(vertices,codes=None,_interpolation_steps=1,closed=False,
readonly=False)
```

参数说明：

vertices：$(N,2)$ 维，float 数组，指的是路径 path 所经过的关键点的一系列坐标 (x,y)。

☑ codes：N 维数组，定点坐标类型，和 vertices 长度保持一致。指的是点与点之间到底是怎么连接的，是直线连接、曲线连接还是其他方式连接。codes 的类型如下：

➢ MOVETO：一个顶点，移动到指定的顶点。一般指的是“起始点”。

➢ LINETO：从当前位置绘制直线到指定的顶点。

➢ CURVE3：从当前位置（用指定控制点）画二次贝赛尔曲线到指定的端点（结束位置）。

➢ CURVE4：从当前位置（用指定控制点）画三次贝塞尔曲线到指定的端点。

➢ CLOSEPOLY：将线段绘制到当前折线的起始点。

➢ STOP：整个路径末尾的标记，一个顶点，path的终点。

☑ _interpolation_steps：int整型，可选参数。

☑ closed：布尔值，可选参数，如果值为True，path将被当作封闭多边形。

☑ readonly：布尔值，可选参数，是否不可变。

☑ path路径模块所涉及的内容比较多，这里只介绍简单的应用。

实例 5.18　使用 path 模块绘制矩形路径（实例位置：资源包 \Code\05\18）

下面通过一个简单的实例进一步了解 path 模块。绘制一个简单的矩形路径，效果如图 5.21 所示。

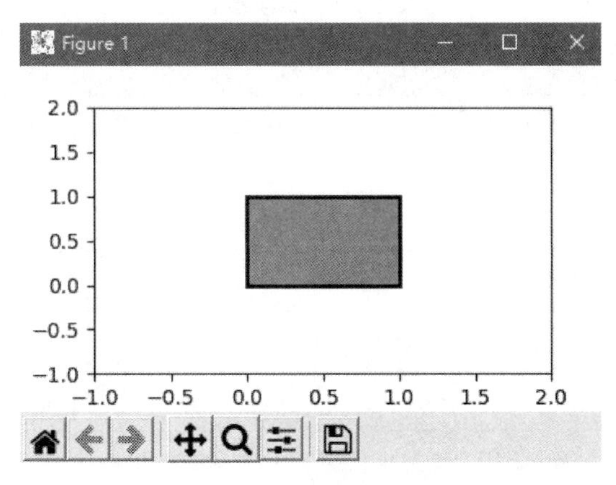

图 5.21　绘制矩形路径

程序代码如下：

```
01 import matplotlib.pyplot as plt          # 导入 matplotlib.pyplot 模块
02 from matplotlib.path import Path         # 导入 matplotlib.path 模块
03 import matplotlib.patches as patches     # 导入 matplotlib.patches 模块
04 verts = [
05     (0., 0.), # 矩形左下角的坐标 (left,bottom)
06     (0., 1.), # 矩形左上角的坐标 (left,top)
07     (1., 1.), # 矩形右上角的坐标 (right,top)
08     (1., 0.), # 矩形右下角的坐标 (right, bottom)
09     (0., 0.)] # 封闭到起点
10 codes = [Path.MOVETO,
11          Path.LINETO,
12          Path.LINETO,
13          Path.LINETO,
14          Path.CLOSEPOLY]
15 path = Path(verts, codes) # 创建一个路径 path 对象
16 # 创建画图对象以及创建子图对象
17 fig = plt.figure()
18 ax = fig.add_subplot(111)
19 # 创建一个 patch
```

```
20 patch = patches.PathPatch(path, facecolor='red', lw=2)
21 # 将创建的 patch 添加到 axes 对象中
22 ax.add_patch(patch)
23 # 设置 x 轴 y 轴的坐标轴范围
24 ax.axis([-1,2,-1,2])
25 # 显示图形
26 plt.show()
```

5.6.3 绘制圆（Circle 模块）

绘制圆主要是 matplotlib.patches 中的 Circle 模块，语法如下：

```
class matplotlib.patches.Circle(xy, radius=5, **kwargs)
```

在 Matplotlib 中绘制圆，*xy*=(*x*, *y*) 为圆心，radius 为半径，默认值 5。其他有效关键字参数如表 5.7 所示。

表 5.7 关键字参数

关键字参数	描述
agg_filter	一个过滤器函数，它接收一个 (*m*,*n*,3) 浮点数组和一个 dpi 值，并返回一个 (*m*,*n*,3) 数组
alpha	透明度，值的范围 0~1
animated	布尔值，是否动画加速
antialiased or aa	布尔值，是否使用抗锯齿渲染
capstyle	端点样式，CapStyle（端点样式基类）或者是字典 {'butt', 'projecting', 'round'} 中的值
clip_box	Bbox（剪切框基类），设置 Artist 对象的剪切框
clip_on	布尔值，是否使用剪切
clip_path	Patch or (Path, Transform) or None
color	颜色
edgecolor or ec	边缘颜色
facecolor or fc	背景色
figure	画布
fill	布尔值，是否填充
gid	字符串，设置组
hatch	{'/', '\', '|', '-', '+', 'x', 'o', 'O', '.', '*'}
in_layout	布尔值，设置 Artist 对象是否包含在布局计算中
joinstyle	连接样式，JoinStyle 或者是字典 {'miter', 'round', 'bevel'} 中的值
label	标签

续表

关键字参数	描述
linestyle or ls	线条样式，{'-', '--', '-.', ':', '', (offset, on-off-seq), ...}
linewidth or lw	浮点型或 None，表示线宽
path_effects	AbstractPathEffect（用于路径效果的基类），路径效果
picker	None、布尔值、浮点型、可调用语句，定义 Artist 对象的挑选行为
rasterized	布尔值，是否用于矢量图形输出的栅格化（位图）绘图
sketch_params	配置草图参数，(scale: float, length: float, randomness: float)
snap	布尔值或 None，设置捕获行为
transform	Transform（用于转换的基类），设置 Artist 对象转换
url	字符串，设置 Artist 对象的链接
visible	布尔值，Artist 对象是否可见
zorder	浮点型，设定层级

实例 5.19　绘制圆形（实例位置：资源包 \Code\05\19）

除了画各种曲线外，用 Matplotlib 还可以画一些简单的几何形状。本实例将使用内置的几何形状 Circle 模块绘制圆形，效果如图 5.22 所示。

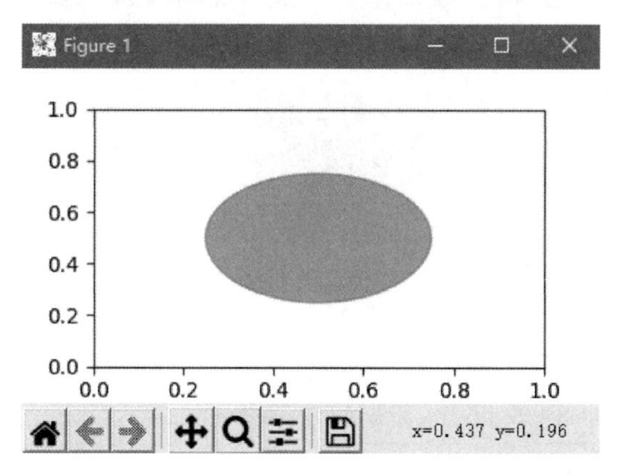

图 5.22　绘制圆形

程序代码如下：

```
01 import matplotlib.pyplot as plt          # 导入 matplotlib.pyplot 模块
02 import matplotlib.patches as patches     # 导入 matplotlib.patches 模块
03 # 使用 subplots() 函数创建子图，返回值是一个元组，包括一个图形对象和 axes 对象
04 fig, ax= plt.subplots()
05 # 使用 patches.Circle 模块绘制圆
06 circle = patches.Circle((0.5, 0.5), 0.25, alpha=0.5, color='green')
07 # 使用 add_patch() 方法在 axes 对象中添加圆
08 ax.add_patch(circle)
09 # 显示图形
10 plt.show()
```

5.6.4 绘制矩形（Rectangle 模块）

绘制矩形主要是 matplotlib.patches 中的 Rectangle 模块，该模块用于绘制一个由定位点 xy 及其宽度和高度定义的矩形。语法如下：

```
class matplotlib.patches.Rectangle(xy, width, height, angle=0.0, **kwargs)
```

参数说明：

 xy：浮点型，*xy*=(*x*, *y*)，矩形在 *x* 方向上从 *xy*[0] 扩展到 *xy*[0]＋宽度，在 *y* 方向上从 *xy*[1] 扩展到 *xy*[1]＋高度。

☑ width：浮点型，矩形的宽度。

☑ height：浮点型，矩形的高度。

☑ angle：浮点型，默认值为0.0，绕 *xy* 逆时针旋转的角度。

说明：其他关键字参数可以参考Cricle模块。

实例 5.20 使用 Rectangle 模块绘制矩形（实例位置：资源包 \Code\05\20）

本实例将使用内置的几何形状 Rectangle 模块绘制矩形，效果如图 5.23 所示。

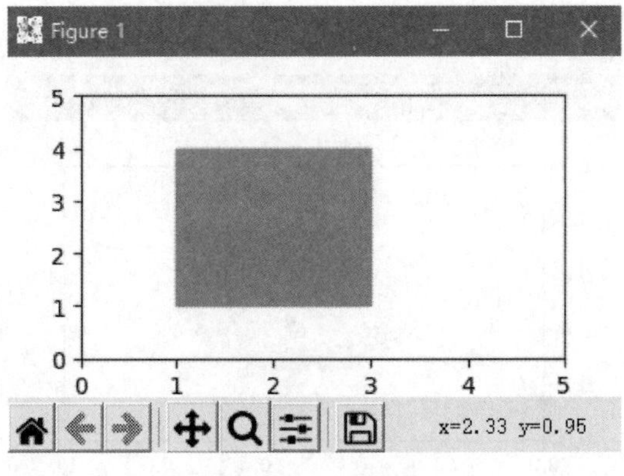

图 5.23 绘制矩形

程序代码如下：

```
01 import matplotlib.pyplot as plt          # 导入 matplotlib.pyplot 模块
02 import matplotlib.patches as patches     # 导入 matplotlib.patches 模块
03 # 使用 subplots() 函数创建子图，返回值是一个元组，包括一个图形对象和 axes 对象
04 fig, ax= plt.subplots()
05 # 使用 axis() 函数设置 x 轴和 y 轴的坐标轴范围
06 ax.axis([0,5,0,5])
07 # 使用 patches.Rectangle 模块绘制矩形
08 rectangle = patches.Rectangle((1, 1),2,3,color='green')
09 # 使用 add_patch() 方法在 axes 对象中添加矩形
10 ax.add_patch(rectangle)
11 # 显示图形
12 plt.show()
```

5.7 绘制 3D 图表

3D 图表有立体感也比较美观，看起来更加的“高大上”。下面介绍两种 3D 图表：三维柱形图和三维曲面图。

绘制 3D 图表，我们依旧使用 Matplotlib，但需要安装 mpl_toolkits 工具包，使用 pip 安装命令：

```
pip install --upgrade matplotlib
```

安装好这个模块后，即可调用 mpl_tookits 下的 mplot3d 类进行 3D 图表的绘制。

5.7.1 3D 柱形图

实例 5.21 绘制 3D 柱形图（实例位置：资源包 \Code\05\21）

绘制 3D 柱形图，程序代码如下：

```
01 import matplotlib.pyplot as plt                    # 导入 matplotlib.pyplot 模块
02 # 从 mpl_toolkits.mplot3d.axes3d 导入 Axes3D 模块
03 from mpl_toolkits.mplot3d.axes3d import Axes3D
04 import numpy as np                                 # 导入 numpy 模块
05 fig = plt.figure()                                 # 创建画布
06 axes3d = Axes3D(fig)                               # 创建 axes3d
07 zs = [1, 5, 10, 15, 20]                            # 创建 z 轴数据
08 # 绘制 3D 柱形图
09 for z in zs:
10     x = np.arange(0, 10)
11     y = np.random.randint(0, 30, size=10)
12     axes3d.bar(x, y, zs=z, zdir='x', color=['r', 'green', 'yellow', 'c'])
13 plt.show()                                         # 显示图表
```

运行程序，输出结果如图 5.24 所示。

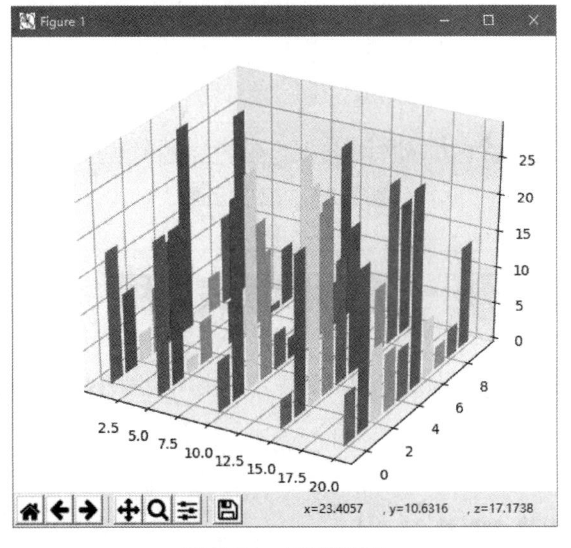

图 5.24　3D 柱形图

5.7.2 3D 曲面图

实例 5.22 绘制 3D 曲面图（实例位置：资源包 \Code\05\22）

绘制 3D 曲面图，程序代码如下：

```
01 import matplotlib.pyplot as plt                          # 导入 matplotlib.pyplot 模块
02 # 从 mpl_toolkits.mplot3d.axes3d 导入 Axes3D 模块
03 from mpl_toolkits.mplot3d.axes3d import Axes3D
04 import numpy as np                                       # 导入 numpy 模块
05 fig = plt.figure()                                       # 创建画布
06 axes3d = Axes3D(fig)                                     # 创建 axes3d
07 # x 轴、y 轴数据
08 x = np.arange(-4.0, 4.0, 0.125)
09 y = np.arange(-3.0, 3.0, 0.125)
10 X, Y = np.meshgrid(x, y)                                 # 生成网格点坐标矩阵
11 Z1 = np.exp(-X**2 - Y**2)
12 Z2 = np.exp(-(X - 1)**2 - (Y - 1)**2)
13 # 计算 Z 轴数据（高度数据）
14 Z = (Z1 - Z2) * 2
15 axes3d.plot_surface(X, Y, Z,cmap=plt.get_cmap('rainbow'))          # 绘制曲面图
16 plt.show()                                                          # 显示图表
```

运行程序，输出结果如图 5.25 所示。

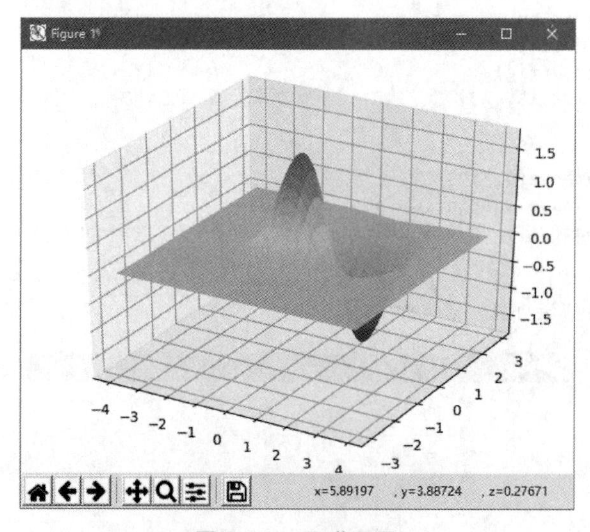

图 5.25 3D 曲面图

5.8 综合案例——图形的综合应用

前面学习了形状与路径，下面进行图形的综合应用，绘制各种形状的图形，效果如图 5.26 所示。

程序代码如下：

```
01 import matplotlib.pyplot as plt                          # 导入 matplotlib.pyplot 模块
02 import numpy as np                                       # 导入 numpy 模块
```

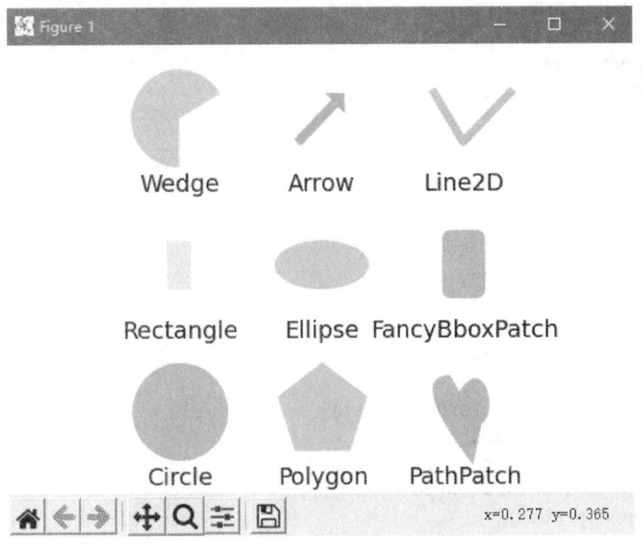

图 5.26　绘制各种形状的图形

```
03 import matplotlib.path as mpath                          # 导入 matplotlib.path 模块
04 import matplotlib.lines as mlines                        # 导入 matplotlib.lines 模块
05 import matplotlib.patches as mpatches                    # 导入 matplotlib.patches 模块
06 from matplotlib.collections import PatchCollection       # 导入 PatchCollection 模块
07 # 定义函数 label()，为每一个图形添加标签
08 def label(xy, text):
09     y = xy[1] - 0.15  # 标签在 y 轴下方 0.15 位置处
10     plt.text(xy[0], y, text, ha="center", family='sans-serif', size=14)
11 # 使用 subplots() 函数创建子图，返回值是一个元组，包括一个图形对象和 axes 对象
12 fig, ax = plt.subplots()
13 # 创建一个 3x3 的网格
14 grid = np.mgrid[0.2:0.8:3j, 0.2:0.8:3j].reshape(2, -1).T
15 # 创建列表
16 patches = []
17 # 添加一个圆
18 circle = mpatches.Circle(grid[0], 0.1, ec="none")
19 patches.append(circle)
20 label(grid[0], "Circle")
21 # 添加一个矩形
22 rect = mpatches.Rectangle(grid[1] - [0.025, 0.05], 0.05, 0.1, ec="none")
23 patches.append(rect)
24 label(grid[1], "Rectangle")
25 # 添加一个楔形，即圆的一部分
26 wedge = mpatches.Wedge(grid[2], 0.1, 30, 270, ec="none")
27 patches.append(wedge)
28 label(grid[2], "Wedge")
29 # 添加一多边形，这里添加一个五边形
30 polygon = mpatches.RegularPolygon(grid[3], 5, 0.1)
31 patches.append(polygon)
32 label(grid[3], "Polygon")
33 # 添加一个椭圆
34 ellipse = mpatches.Ellipse(grid[4], 0.2, 0.1)
35 patches.append(ellipse)
36 label(grid[4], "Ellipse")
37 # 添加一个箭头
38 arrow = mpatches.Arrow(grid[5, 0] - 0.05, grid[5, 1] - 0.05, 0.1, 0.1,
```

```
39                              width=0.1)
40 patches.append(arrow)
41 label(grid[5], "Arrow")
42 # 添加一个路径 path
43 Path = mpath.Path
44 path_data = [
45     (Path.MOVETO, [0.018, -0.11]),
46     (Path.CURVE4, [-0.031, -0.051]),
47     (Path.CURVE4, [-0.115, 0.073]),
48     (Path.CURVE4, [-0.03, 0.073]),
49     (Path.LINETO, [-0.011, 0.039]),
50     (Path.CURVE4, [0.043, 0.121]),
51     (Path.CURVE4, [0.075, -0.005]),
52     (Path.CURVE4, [0.035, -0.027]),
53     (Path.CLOSEPOLY, [0.018, -0.11])]
54 codes, verts = zip(*path_data)
55 path = mpath.Path(verts + grid[6], codes)
56 patch = mpatches.PathPatch(path)
57 patches.append(patch)
58 label(grid[6], "PathPatch")
59 # 添加一个漂亮的盒子
60 fancybox = mpatches.FancyBboxPatch(
61     grid[7] - [0.025, 0.05], 0.05, 0.1,
62     boxstyle=mpatches.BoxStyle("Round", pad=0.02))
63 patches.append(fancybox)
64 label(grid[7], "FancyBboxPatch")
65 # 添加一条折线（使用路径的方法绘制）
66 x, y = np.array([[-0.06, 0.0, 0.1], [0.05, -0.05, 0.05]])
67 line = mlines.Line2D(x + grid[8, 0], y + grid[8, 1], lw=5., alpha=0.3)
68 label(grid[8], "Line2D")
69 # 创建一个 0~1 之间包含 8 个数组元素的等差数列的一维数组
70 colors = np.linspace(0, 1, len(patches))
71 # 构造一个 Patch 的集合
72 collection = PatchCollection(patches, cmap=plt.cm.hsv, alpha=0.3)
73 collection.set_array(np.array(colors))
74 # 将 PatchCollection 添加到 axes 对象中
75 ax.add_collection(collection)
76 # 将折线添加到 axes 对象
77 ax.add_line(line)
78 # 设置坐标轴同等比例缩放
79 plt.axis('equal')
80 # 关闭坐标轴
81 plt.axis('off')
82 # 设置子图行间距自动调整
83 plt.tight_layout()
84 # 显示图形
85 plt.show()
```

5.9 实战练习

结合第 4 章绘制饼形图实例和本章的绘制多子图实例，绘制一个包含 2 行 2 列的 3 个环形图的多子图，统计分析“性别”“学历”和“年龄”，效果如图 5.27 所示。数据集为资源包中的“\Code\datas”文件夹中的“data2.xlsx”Excel 文件。

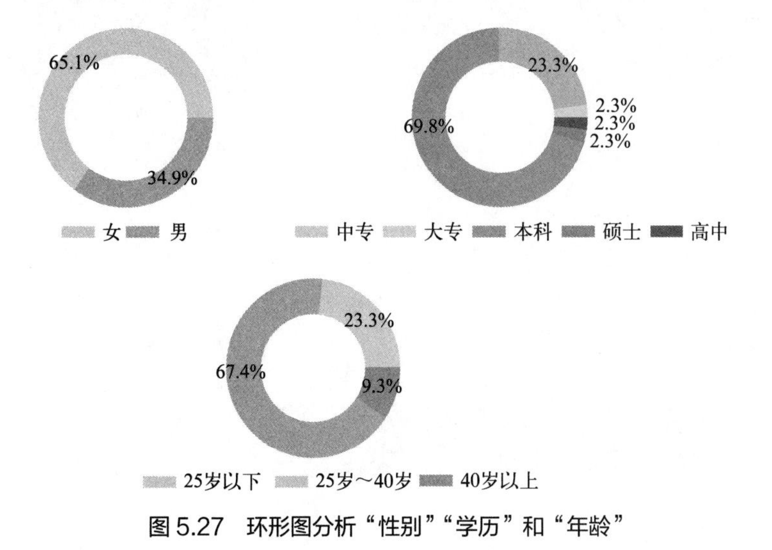

图 5.27　环形图分析“性别”“学历”和“年龄”

小结

本章内容是 Matplotlib 的进阶，包括了许多日常不经常使用的知识和实例。本章应重点学习如何创建多子图和次坐标轴的应用，这两部分内容在实际工作中还是非常实用的。其他内容可以有选择性地学习，或者作为查阅资料。

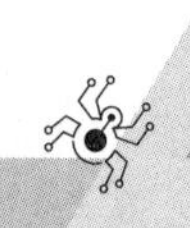

第6章 Pandas 内置绘图

数据绘制成图表，显然离不开数据。Pandas 是 Python 数据分析中最重要的库，它不仅可以处理数据、分析数据，而且还内置了绘图函数，可以实现像 Matplotlib 一样绘制各种图表。下面我们就从认识 Pandas 开始，然后简单介绍数据处理过程，最后重点介绍 Pandas 内置绘图函数。

6.1 Pandas 概述

6.1.1 Pandas 简介

2008 年，美国纽约一家量化投资公司的分析师韦斯 • 麦金尼（Wes McKinney）由于在日常数据分析工作中备受 Excel 与 SQL 等工具的折磨，于是他开始构建了一个新项目——Pandas，用来解决数据处理过程中遇到的全部任务，就这样，Pandas 诞生了。

那么，什么是 Pandas？

Pandas 并非大熊猫 Pandas，它其实是面板数据 Panel data 和 Python 数据分析 Python data analysis 的简称，是 Python 的核心数据分析库，它提供了快速、灵活、明确的数据结构，能够简单、直观、快速地处理分析各种类型的数据，而且还内置了绘图函数。那么，前面我们学习了 Matplotlib，为什么还要使用 Pandas 内置绘图函数来绘制图表呢？主要是因为 Pandas 内置绘图函数可以直接跟着数据处理结果，例如下面的代码。

```
01 # 绘制阅读量折线图
02 df=df[['阅读','日期']]
03 df.plot(x='日期',kind='line',legend=True,figsize=(5,3))
```

Pandas 内置绘图函数简单快捷，如果想快速出图使用它就可以了。

6.1.2 安装 Pandas

下面介绍两种安装 Pandas 的方法。

（1）使用 pip 工具安装

在系统“搜索”文本框中输入 cmd，打开“命令提示符”窗口，输入如下安装命令：

```
pip install Pandas
```

（2）在 Pycharm 开发环境中安装

运行 Pycharm，选择“File”→“Settings”菜单项，打开“Settings”窗口，选择工程下的“Project Interpreter”选项，然后单击添加模块的按钮（“+”），如图 6.1 所示。这里要注意，在“Project Interprter”列表中应选择当前工程项目使用的 Python 版本。

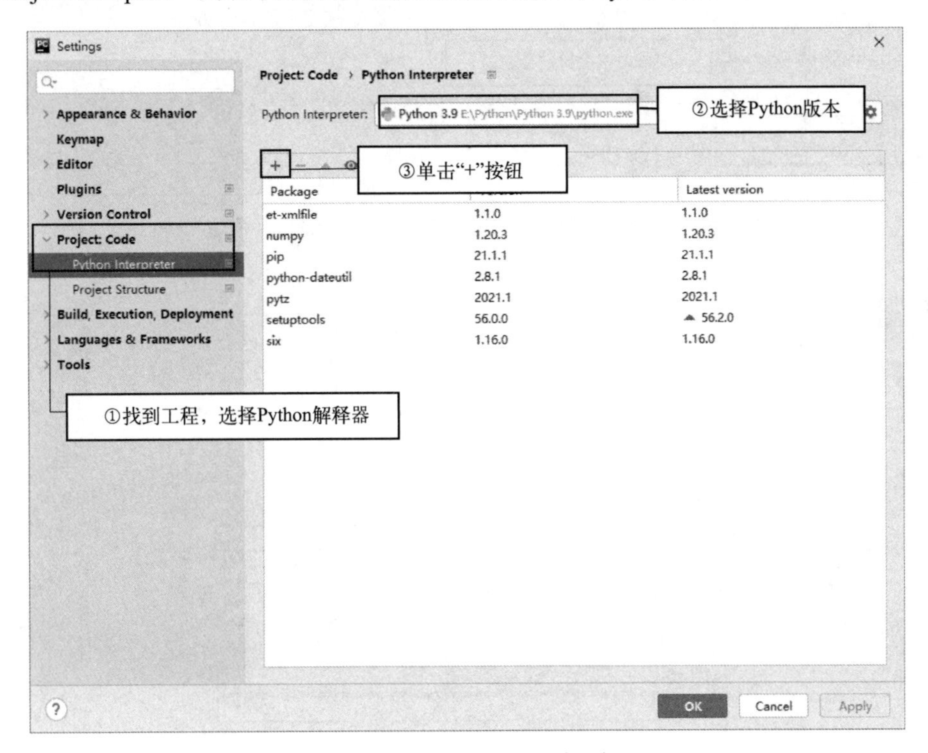

图 6.1　Settings 窗口（一）

单击“+”按钮打开“Available Packages”窗口，在搜索文本框中输入需要添加的模块名称为“pandas”，然后在列表中选择该模块，如图 6.2 所示，单击“Install Package”按钮即可安装 Pandas 模块。

Pandas 模块安装完成后，还需要注意一点：Pandas 有一些依赖库，主要包括 xlrd、xlwt 和 openpyxl，这三个模块主要用于读写 Excel 操作，本书后续内容对 Excel 的读写操作非常多，因此安装完成 Pandas 模块后，还需要安装这三个模块（图 6.3），安装方法同上。

6.2 Pandas 家族成员

Pandas 家族主要由两大核心成员 Series 对象和 DataFrame 对象组成。Series 对象是带索引的一维数组结构，表示一列数据，可以自己创建，也可以是通过 Pandas 读取进来的数据。DataFrame 对象是带索引的二维数组结构，表示表格型数据，包括行和列，像 Excel 一样，

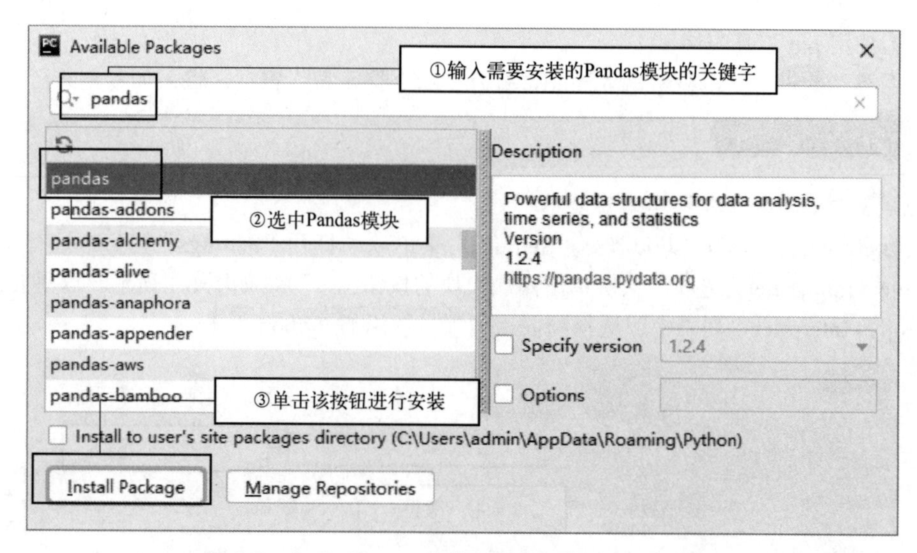

图 6.2　在 PyCharm 开发环境中安装 Pandas 模块

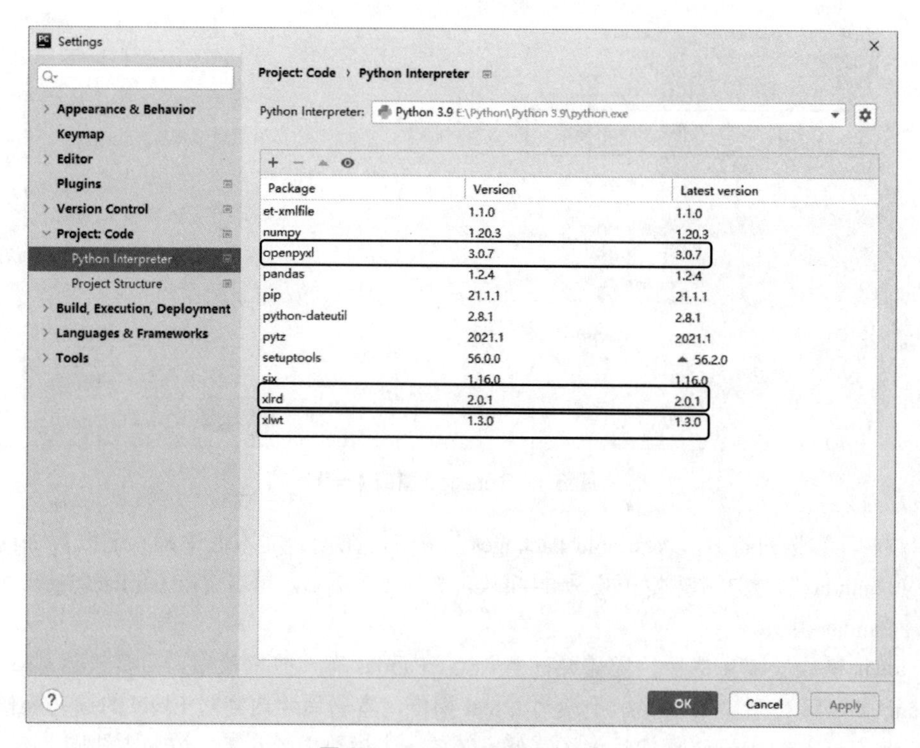

图 6.3　Settings 窗口（二）

可以自己创建，也可以是通过 Pandas 读取进来的数据。

举个简单的例子，以“学生成绩表”为例，Series 对象和 DataFrame 对象如图 6.4 所示。

Series 对象包含一些属性和函数，主要用来对每一列数据中的字符串数据进行操作，包括查找、替换、切分等等。

而 DataFrame 对象主要对表格数据进行操作，如底层数据和属性（行数、列数、数据维

DataFrame对象

	0	1	2	3
0	甲	110	105	99
1	乙	105	88	115
2	丙	109	120	130

=

Series对象

	0
0	甲
1	乙
2	丙

Series对象

	1
0	110
1	105
2	109

Series对象

	2
0	105
1	88
2	120

Series对象

	3
0	99
1	115
2	130

共用一个索引

图 6.4　Series 对象和 DataFrame 对象

数等），数据的输入输出、数据类型转换、缺失数据检测和处理、索引设置、数据选择筛选、数据计算、数据分组统计、数据重塑排序与转换、数据增加与合并、日期时间数据的处理以及通过 DataFrame 实现绘制图表等。

6.2.1　Series 对象

Series 对象是 Pandas 库中的一种数据结构，它类似一维数组，由一组数据以及与这组数据相关的索引组成，或者仅有一组数据没有索引也可以创建一个简单的 Series 对象。Series 对象可以存储整数、浮点数、字符串、Python 对象等多种类型的数据。

Series 对象可以通过 Pandas 的 Series 类来创建，也可以是 DataFrame 对象的一些方法的返回值，具体要看 API 文档对于该方法返回值的描述。

创建 Series 对象也就是创建一列数据，主要使用 Pandas 的 Series 类，语法如下：

```
pandas.Series(data,index=index)
```

参数说明：

☑　data：表示数据，支持 Python 列表、字典、NumPy 数组、标量值［即只有大小，没有方向的量。也就是说，只是一个数值，如 s=pd.Series(5)］。

☑　index：表示行标签（索引）。

当 data 参数是多维数组时，index 长度必须与 data 长度一致。如果没有指定 index 参数，自动创建数值型索引（从 0~data 数据长度 - 1）。

实例 6.1　创建一列数据（实例位置：资源包 \Code\06\01）

下面分别使用列表和字典创建 Series 对象，也就是一列数据。程序代码如下：

```
01 # 导入 pandas 模块
02 import pandas as pd
03 # 使用列表创建 Series 对象
04 s1=pd.Series([1,2,3])
05 print(s1)
06 # 使用字典创建 Series 对象
07 s2 = pd.Series({"A":1,"B":2,"C":3})
08 print(s2)
```

运行程序，输出结果为：

```
0    1
1    2
2    3
dtype: int64
A    1
B    2
C    3
dtype: int64
```

实例 6.2 创建一列“物理”成绩（实例位置：资源包 \Code\06\02）

下面创建一列“物理”成绩。程序代码如下：

```
01 import pandas as pd
02 wl=pd.Series([88,60,75])
03 print(wl)
```

运行程序，输出结果为：

```
0    88
1    60
2    75
dtype: int64
```

上述举例，如果通过 pandas 模块引入 Series 对象，那么就可以直接在程序中使用 Series 对象了。关键代码如下：

```
01 from pandas import Series
02 wl=Series([88,60,75])
```

6.2.2 DataFrame 对象

DataFrame 对象也是 Pandas 库中的一种数据结构，它是由多种类型的列组成的二维数组结构，类似于 Excel、SQL 或 Series 对象构成的字典。DataFrame 是 Pandas 最常用的一个对象，它与 Series 对象一样支持多种类型的数据。

DataFrame 对象是一个二维表数据结构，是由行列数据组成的表格数据。DataFrame 对象既有行索引也有列索引，它可以看作是由 Series 对象组成的字典，不过这些 Series 对象共用一个索引，如图 6.5 所示。

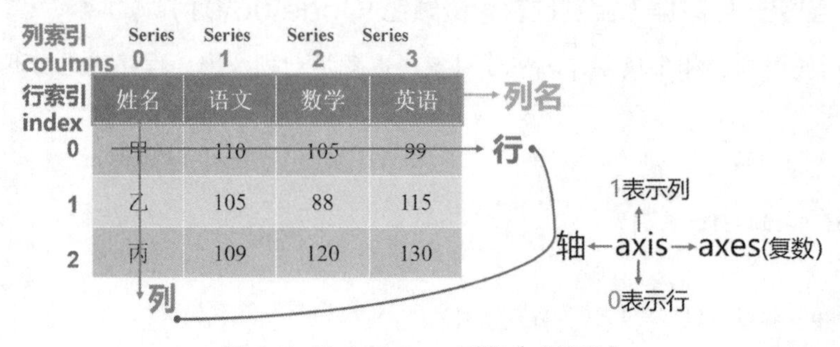

图 6.5　DataFrame 对象（成绩表）

创建 DataFrame 对象也就是创建表格数据，主要使用 Pandas 的 DataFrame 类，语法如下：

```
pandas.DataFrame(data,index,columns,dtype,copy)
```

参数说明：

☑ data：表示数据，可以是 ndarray 数组、series 对象、列表、字典等。

☑ index：表示行标签（索引）。

☑ columns：表示列标签（索引）。

☑ dtype：每一列数据的数据类型，其与 Python 数据类型有所不同，如 object 数据类型对应的是 Python 的字符型。如表 6.1 所示是 Pandas 数据类型与 Python 数据类型的对应。

表 6.1 数据类型对应表

Pandas dtype	Python type
object	str
int64	int
float64	float
bool	bool
datetime64	datetime64[ns]
timedelta[ns]	NA
category	NA

☑ copy：用于复制数据。

下面分别使用列表和字典创建 DataFrame 对象。

（1）通过列表创建 DataFrame 对象

实例 6.3 通过列表创建成绩表（实例位置：资源包 \Code\06\03）

通过列表创建成绩表，包括语文、数学和英语，程序代码如下：

```
01 import pandas as pd
02 # 解决数据输出时列名不对齐的问题
03 pd.set_option('display.unicode.east_asian_width', True)
04 # 创建数据
05 data = [['甲',110,105,99],
06         ['乙',105,88,115],
07         ['丙',109,120,130]]
08 # 指定列名
09 columns = ['姓名','语文','数学','英语']
10 # 创建 DataFrame 数据
11 df = pd.DataFrame(data=data,columns=columns)
12 print(df)
```

运行程序，输出结果为：

```
  姓名  语文  数学  英语
0   甲   110   105    99
1   乙   105    88   115
2   丙   109   120   130
```

（2）通过字典创建 DataFrame 对象

通过字典创建 DataFrame，需要注意：字典中的 value 值只能是一维数组或单个的简单数据类型，如果是数组，要求所有数组长度一致；如果是单个数据，则每行都添加相同数据。

实例 6.4　通过字典创建成绩表（实例位置：资源包 \Code\06\04）

通过字典创建成绩表，包括语文、数学、英语和班级，程序代码如下：

```
01 import pandas as pd
02 # 解决数据输出时列不对齐的问题
03 pd.set_option('display.unicode.east_asian_width', True)
04 # 创建数据
05 df = pd.DataFrame({
06      '姓名':['甲','乙','丙'],
07      '语文':[110,105,109],
08       '数学':[105,88,120],
09       '英语':[99,115,130]})
10 print(df)
```

运行程序，输出结果为：

```
   姓名  语文  数学  英语
0   甲   110   105    99
1   乙   105    88   115
2   丙   109   120   130
```

通过以上两种方法的对比，使用字典创建 DataFrame 对象代码看上去更直观。

6.3 Pandas 处理数据

6.3.1 读取数据

在 Pandas 中数据除了可以自己创建以外，还可以通过 Pandas 将其他渠道的数据读取进来转换成 DataFrame，以方便使用 Pandas 进行处理和分析，如 Excel 文件、CSV 文件、数据库中的数据等。常用的是 Excel 文件，主要使用 Pandas 的 read_excel() 方法。

实例 6.5　读取 Excel 文件（实例位置：资源包 \Code\06\05）

读取 Excel 日报表中的数据，程序代码如下：

```
01 import pandas as pd
02 # 设置数据显示的编码格式为东亚宽度，以使列对齐
03 pd.set_option('display.unicode.east_asian_width', True)
04 # 读取 Excel 文件
05 df=pd.read_excel('../../datas/日报表.xlsx')
06 print(df.head())          # 输出前 5 条数据
```

运行程序，效果如图 6.6 所示。

说明：由于本书的重点是Python数据可视化，因此其他读取数据的方法就不进行介绍了，感兴趣的读者可以参考《Python数据分析技术手册》。

	日期	阅读	播放	点赞	喜欢	评论	收藏	分享
0	2022-05-26	209	16	0	1	0	1	0
1	2022-05-25	172	3	0	0	1	0	0
2	2022-05-24	169	0	1	0	0	0	0
3	2022-05-23	185	3	8	0	3	0	0
4	2022-05-22	156	2	0	0	0	0	0

图 6.6　读取 Excel 文件

6.3.2 数据抽取

数据分析过程中，数据读取进来但并不是所有的数据都是我们需要的，此时可以抽取部分数据，方法如下：

（1）直接使用列名

如果只抽取指定列的数据，可以直接使用列名。例如抽取“阅读”“点赞”和“收藏”，代码如下：

```
df=df[['阅读','点赞','收藏']]
```

（2）抽取任意行列数据

抽取任意行列数据主要使用 DataFrame 对象的 loc 属性和 iloc 属性，具体说明如下。

☑ loc 属性：以列名（columns）和行名（index）作为参数，当只有一个参数时，默认是行名，即抽取整行数据，包括所有列。如 df.loc['2022-05-01']，前提是设置日期为行索引。

☑ iloc 属性：以行和列位置索引（即 0，1，2，…）作为参数，0 表示第一行，1 表示第二行，依此类推。当只有一个参数时，默认是行索引，即抽取整行数据，包括所有列。如抽取第一行数据，df.iloc[0]。

下面通过举例了解抽取数据的方法，代码如下：

```
# 抽取"阅读""点赞"和"收藏"列
df[['阅读','点赞','收藏']]
df.loc[:,'阅读']      # 抽取所有行，"阅读"列
df.iloc[0:3,[0]]      # 第 1 行到第 3 行，第 1 列
df.iloc[[1],[2]]      # 第 2 行第 3 列
df.iloc[1:,[2]]       # 第 2 行到最后一行，第 3 列
df.iloc[1:,[0,2]])    # 第 2 行到最后一行，第 1 列和第 3 列
df.iloc[:,2])         # 所有行，第 3 列
```

实例 6.6　抽取指定的数据（实例位置：资源包 \Code\06\06）

抽取“阅读”“点赞”和“收藏”列，程序代码如下。

```
01 import pandas as pd
02 # 设置数据显示的编码格式为东亚宽度，以使列对齐
03 pd.set_option('display.unicode.east_asian_width', True)
04 # 读取 Excel 文件
05 df=pd.read_excel('../../datas/日报表.xlsx')
06 # 抽取"阅读""点赞"和"收藏"列
07 df=df[['阅读''点赞','收藏']]
08 # 输出前 5 条数据
09 print(df.head())
```

运行程序，效果如图 6.7 所示。

	阅读	点赞	收藏
0	209	0	1
1	172	0	0
2	169	1	0
3	185	8	0
4	156	0	0

图 6.7　抽取“阅读”“点赞”和“收藏”列

6.4　Pandas 数据可视化

6.4.1　DataFrame.plot() 函数

Pandas 实现数据可视化主要使用 DataFrame.plot() 函数，该函数用于绘制 Series 对象和 DataFrame 对象图像，参数说明如下：

☑　data：数据，Series 对象或 DataFrame 对象。

☑　x：标签或位置，默认值为 None（无），当数据为 DataFrame 时使用。

☑　y：标签、位置或标签列表、位置，默认值为 None（无），允许对一列数据进行绘图，当数据为 DataFrame 时使用。

☑　kind：绘图类别，字符串类型，参数值如下：

- line：折线图，默认值。
- bar：柱形图。
- barh：水平条形图。
- hist：直方图。
- box：箱形图。
- kde：核密度图。
- density：密度图。
- area：面积图。
- pie：饼形图。
- scatter：散点图，仅适用于 DataFrame。
- hexbin：hexbin 图，仅适用于 DataFrame。

☑　ax：子图。

☑　subplots：布尔型，是否为子图，默认值为 False。

☑　sharex：布尔型，在 subplot=True 的情况下，共享 x 轴，并设置 x 轴标签为不可见。如果传入一个 ax，默认值为 True，否则为 False。

☑　sharey：布尔型，在 subplot=True 的情况下，共享 y 轴，并设置 y 轴标签为不可见。

☑　layout：元组类型，(rows,columns) 行数和列数，用于子图的布局。

☑　figsize：元组类型，(width,height) 宽度和高度，用于设置画布大小。

☑　use_index：布尔型，默认值为 True，是否使用索引作为 x 轴的刻度。

☑　title：字符串或列表，图表的标题。
☑　grid：布尔型，是否显示网格线。
☑　legend：布尔型，是否显示图例。
☑　style：列表或字典，线条样式等。
☑　xtick：设置x轴刻度值，序列形式（比如列表）。
☑　ytick：设置y轴刻度值，序列形式（比如列表）。
☑　xlim：元组或列表，设置x轴的坐标轴范围。
☑　ylim：元组或列表，设置y轴的坐标轴范围。
☑　xlabel：设置x轴标题。
☑　ylabel：设置y轴标题。
☑　rot：整型，设置轴标签（轴刻度）显示的旋转度数。
☑　fontsize：整型，设置轴刻度的字体大小。
☑　colormap：字符串，颜色地图。
☑　colorbar：布尔型，是否显示颜色条，仅适合散点图scatter和hexbin图。
☑　position：浮点型，指定柱形图的柱子在坐标轴上的对齐方式。从0（左/底端）到1（右/顶端），默认值为0.5（中间位置）。
☑　table：布尔型，是否显示表格数据，Series对象或DataFrame对象。
☑　stacked：布尔型，是否填充为面积图，仅适合line（折线图）和bar（柱形图）。
☑　sort_columns：布尔型，是否排序列名以确定绘图顺序。
☑　secondary_y：设置第二个y轴。
☑　mark_right：布尔型，默认值为True，当使用第二个y轴时（即secondary_y=True），在图例中是否自动加上“(right)”字样，用以说明右侧的y轴是该图的y轴。
☑　include_bool：布尔值，默认值为False，是否绘制布尔值。

6.4.2　绘制折线图

绘制折线图主要使用 plot() 函数中的 kind 参数，设置该参数值为 line。

实例 6.7　绘制简单折线图（实例位置：资源包 \Code\06\07）

下面绘制阅读量折线图，程序代码如下：

```
10 import pandas as pd
11 import matplotlib.pyplot as plt
12 # 读取 Excel 文件
13 df=pd.read_excel("../../datas/ 日报表 .xlsx")
14 # 解决中文乱码
15 plt.rcParams['font.sans-serif']=['SimHei']
16 # 绘制阅读量折线图
17 df=df[[' 阅读 ',' 日期 ']]
18 df.plot(x=' 日期 ',      # 设置 x 轴为日期
19         kind='line', # 图表类型
20         legend=True,    # 显示图例
21         figsize=(5,3)) # 画布大小
22 # 解决图形元素显示不全的问题
23 plt.tight_layout()
24 # 显示图表
25 plt.show()
```

运行程序，效果如图 6.8 所示。

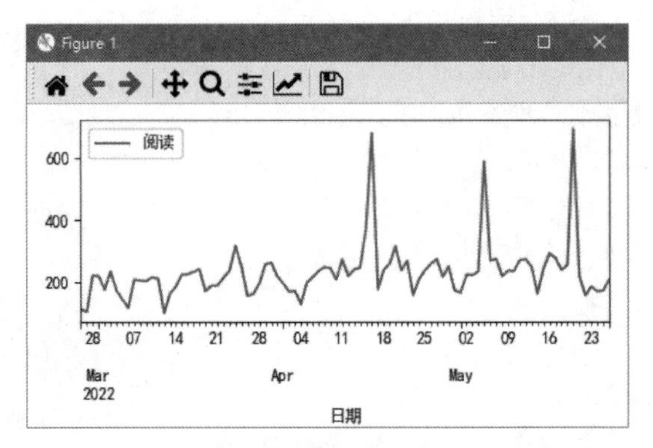

图 6.8　简单的折线图

说明：虽然绘制图表使用的是Pandas内置绘图函数，但是一些关于图表的设置还是要用到Matplotlib，因此程序中引入了Matplotlib模块。

实例 6.8　绘制多折线图（实例位置：资源包 \Code\06\08）

绘制多折线图必然要用到多列数据，例如将所有特征数据绘制成折线图，程序代码如下：

```
01 import pandas as pd
02 import matplotlib.pyplot as plt
03 # 读取 Excel 文件
04 df=pd.read_excel("../../datas/ 日报表 .xlsx")
05 # 解决中文乱码
06 plt.rcParams['font.sans-serif']=['SimHei']
07 df.plot(x=' 日期 ',       # 设置 x 轴为日期
08         kind='line',     # 图表类型
09         legend=True,      # 显示图例
10         figsize=(6,4))    # 画布大小
11 # 解决图形元素显示不全的问题
12 plt.tight_layout()
13 # 显示图表
14 plt.show()
```

运行程序，效果如图 6.9 所示。

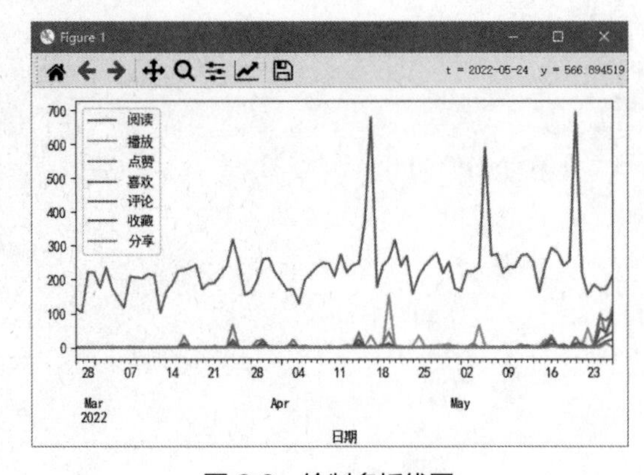

图 6.9　绘制多折线图

6.4.3 绘制柱形图

绘制柱形图主要使用 plot() 函数中的 kind 参数，设置该参数值为 bar，例如下面的代码。

```
df['阅读'].plot( kind='bar',legend=True,figsize=(5,3))
```

实例 6.9 绘制带日期的柱形图（实例位置：资源包 \Code\06\09）

首先按星期统计阅读量，然后将统计结果绘制成柱形图，程序代码如下：

```
01 import pandas as pd
02 import matplotlib.pyplot as plt
03 # 读取 Excel 文件
04 df=pd.read_excel("../../datas/日报表.xlsx")
05 df=df.set_index('日期')    # 设置日期为索引
06 df=df.resample('W').sum() # 按星期统计数据
07 # 解决中文乱码
08 plt.rcParams['font.sans-serif']=['SimHei']
09 # 创建子图返回画布对象 figure 和坐标轴对象 axes
10 fig, ax = plt.subplots()
11 # 绘制阅读量柱形图
12 df['阅读'].plot( kind='bar',  # 图表类型
13                 color='orange',# 柱子颜色
14                 legend=True,    # 显示图例
15                 figsize=(5,3), # 画布大小
16                 ax=ax) # 子图
17 # 设置 x 轴标签的日期格式并旋转 45 度
18 ax.set_xticklabels([x.strftime("%Y-%m-%d") for x in df.index], rotation=45)
19 # 解决图形元素显示不全的问题
20 plt.tight_layout()
21 # 显示图表
22 plt.show()
```

运行程序，效果如图 6.10 所示。

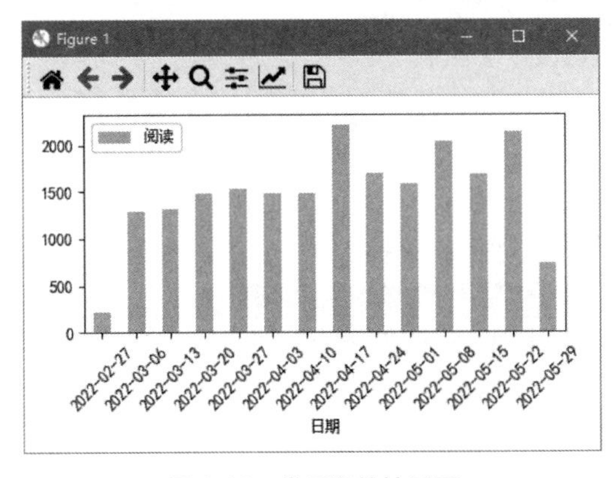

图 6.10 带日期的柱形图

技 巧

绘制上述柱形图时，日期显示过长（图6.11），影响图表外观。下面通过设置*x*轴日期的显示格式（即只显示日期而不显示时间）来解决这个问题，主要使用Python内置的strftime()函数，该函数可以实现本地日期时间格式化，将任意格式的日期时间字符串按要求进行格式化。

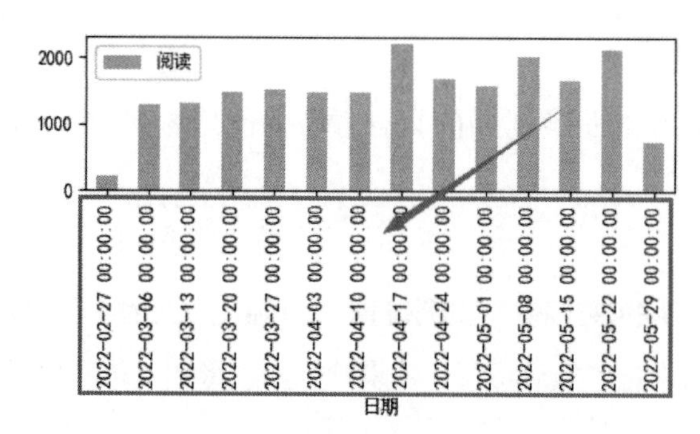

图 6.11　日期显示过长

实例 6.10　多柱形图（实例位置：资源包 \Code\06\10）

多柱形图就是通过柱形图显示多列数据，例如将各门店销售数据通过多柱形图展示，月份作为 x 轴，程序代码如下：

```
01 import pandas as pd
02 import matplotlib.pyplot as plt
03 # 解决数据输出时列不对齐的问题
04 pd.set_option('display.unicode.east_asian_width', True)
05 # 创建 DataFrame 数据
06 df = pd.DataFrame({'月份':['1月', '2月', '3月','4月','5月','6月'],
07                    '总店':[20,14,23,34,56,28],
08                    '二道分店':[45,34,56,38,49,60],
09                    '南关分店':[28,38,32,43,26,45],
10                    '朝阳分店':[55,34,28,36,48,55]})
11 print(df)
12 # 解决中文乱码
13 plt.rcParams['font.sans-serif']=['SimHei']
14 # 绘制阅读量柱形图
15 df.plot(x='月份',
16         kind='bar',  # 图表类型
17         legend=True,   # 显示图例
18         figsize=(5,3)) # 画布大小
19 # 解决图形元素显示不全的问题
20 plt.tight_layout()
21 # 显示图表
22 plt.show()
```

运行程序，效果如图 6.12 所示。

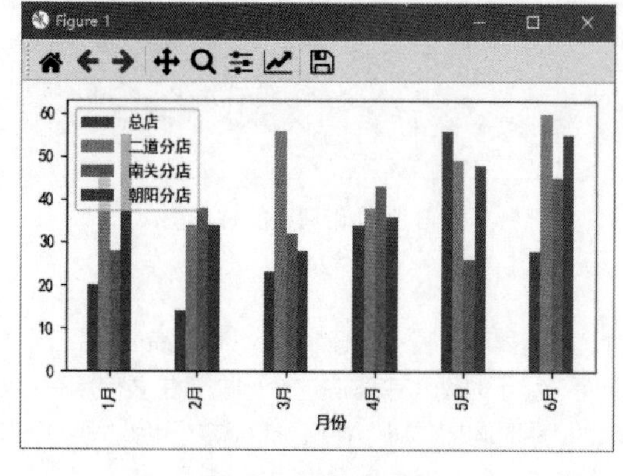

图 6.12　多柱形图

实例 6.11 堆叠（面积）柱形图（实例位置：资源包\Code\06\11）

堆叠柱形图的好处是不仅可以看到个体数据情况还可以看到总体数据情况。例如，不同颜色的单个柱子代表每一个分店的销量情况，那么多个柱子堆叠在一起就是总体销量情况，这样的图表看上去更加具体、清晰和直观。实现堆叠柱形图，主要设置 stacked 参数为 True，主要代码如下：

```
01 plt.style.use('ggplot')                         # 用来设置作图风格
02 # 绘制堆叠柱形图
03 bars=df.plot(x='月份',                          # x 轴数据
04              kind='bar',                        # 图表类型
05              stacked=True,                      # 是否填充为面积图
06              colormap='Set3',                   # 颜色图名称为"Set3"
07              figsize=(5,3))                     # 画布大小
08 # 设置图例，bbox_to_anchor 微调图例位置，loc 左上方，borderaxespad
09 plt.legend(bbox_to_anchor=(1.05, 1), loc='upper left')
10 bars.set_facecolor('white')                     # 设置柱形图背景颜色
11 plt.grid(False)                                 # 不显示网格
```

运行程序，效果如图 6.13 所示。

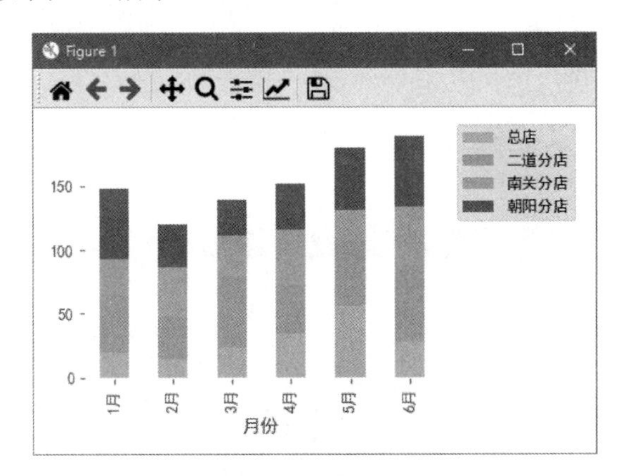

图 6.13 堆叠柱形图

技巧

代码中使用了colormap参数，通过该参数设置颜色地图，就不用一个一个颜色进行设置了，非常方便。关于colormap可以参考“第5章 Matplotlib进阶”。

6.4.4 绘制饼形图

绘制饼形图主要使用 plot() 函数中的 kind 参数，设置该参数值为 pie。

实例 6.12 标准饼形图（实例位置：资源包\Code\06\12）

通过饼形图看各门店销量占比情况，程序代码如下：

```
01 import pandas as pd
02 import matplotlib.pyplot as plt
03 # 解决数据输出时列不对齐的问题
```

```
04 pd.set_option('display.unicode.east_asian_width', True)
05 # 创建DataFrame数据
06 df = pd.DataFrame({'月份':['1月', '2月', '3月','1月','2月','3月','1月','2月','3月','1月','2月','3月'],
07                    '店铺名称':['总店','二道分店','南关分店','朝阳分店',
08                               '总店','二道分店','南关分店','朝阳分店',
09                               '总店','二道分店','南关分店','朝阳分店'],
10                    '销量':[45,34,56,38,88,99,104,245,34,67,89,233]})
11 print(df)
12 # 解决中文乱码
13 plt.rcParams['font.sans-serif']=['SimHei']
14 # 统计结果按销量降序排序绘制饼形图
15 df.groupby('店铺名称').sum().\
16     sort_values(by='销量',ascending=False)\
17     .plot(y='销量',# y轴数据
18           kind='pie', # 饼形图
19           autopct='%.1f%%', # 百分比保留小数点后1位
20           colormap='tab10') # 每块饼图的颜色
21 # 设置图例
22 plt.legend(bbox_to_anchor=(1.05, 1), loc='upper left', borderaxespad=0.)
23 #图表标题
24 plt.title('不同店铺销量占比分析', fontsize=14, fontweight='bold')
25 # 解决图形元素显示不全的问题
26 plt.tight_layout()
27 # 显示图表
28 plt.show()
```

运行程序，效果如图6.14所示。

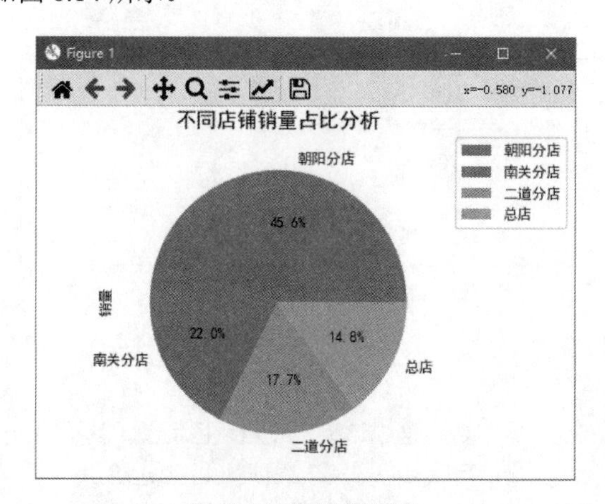

图6.14　标准饼形图

6.4.5 绘制直方图

绘制直方图主要使用DataFrame对象的hist()函数，参数alpha为透明度，stacked为是否堆叠，bins为被分割后的区间。

实例 6.13 绘制得分直方图（实例位置：资源包\Code\06\13）

下面将“英语成绩报告.csv”中的“得分”绘制成直方图，程序代码如下：

```
01 import pandas as pd
02 import matplotlib.pyplot as plt
```

```
03 # 读取 csv 文件（encoding 编码格式为 gbk）
04 df=pd.read_csv("../../datas/ 英语成绩报告 .csv",encoding='gbk')
05 # 输出前 5 条数据
06 print(df.head())
07 # 解决中文乱码
08 plt.rcParams['font.sans-serif']=['SimHei']
09 # 绘制 " 得分 " 直方图，分为 5 个区间，不显示网格
10 df[' 得分 '].hist(bins=5,grid=False)
11 # xy 轴标题
12 plt.xlabel(" 分数 ")
13 plt.ylabel(" 人数 ")
14 # 显示图表
15 plt.show()
```

运行程序，效果如图 6.15 所示。

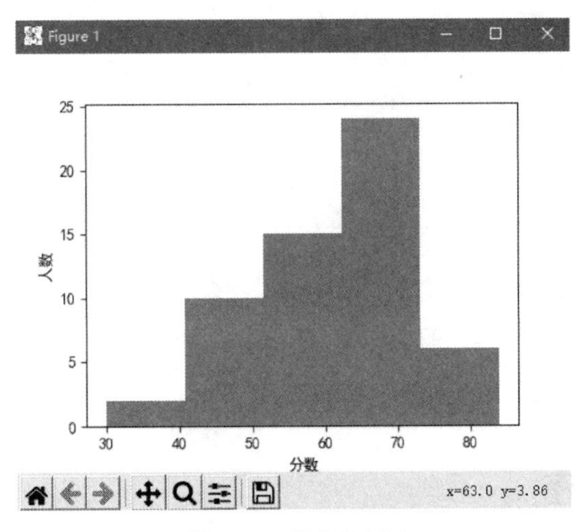

图 6.15　得分直方图

结论：从图中可以看出英语“得分”呈现一个正态分布的状态，即两边低中间高，分数集中在 60~70 分之间，这区间的人数最多。

6.4.6　绘制散点图

通过散点图可以观察数据的相关性。绘制散点图主要使用 plot() 函数中的 kind 参数，设置该参数值为 scatter。

实例 6.14　绘制学历与薪资散点图（实例位置：资源包 \Code\06\14）

下面绘制学历与薪资散点图，通过该散点图观察学历与薪资的相关性，程序代码如下：

```
01 mport pandas as pd
02 import matplotlib.pyplot as plt
03 # 读取 Excel 文件
04 df=pd.read_excel("../../datas/data2.xlsx")
05 # 输出前 5 条数据
06 print(df.head())
07 # 创建 " 学历 " 字典
08 xl_mapping = {' 硕士 ': 5,' 本科 ': 4,' 大专 ': 3,' 高中 ':2,' 中专 ':1}
09 # 将 " 学历 " 映射为数字
```

```
10 df['学历'] = df['学历'].map(xl_mapping)
11 # 绘制学历与薪资散点图
12 df.plot(x='学历',y='薪资',kind='scatter')
13 # 解决中文乱码
14 plt.rcParams['font.sans-serif']=['SimHei']
15 # 显示图表
16 plt.show()
```

运行程序，效果如图 6.16 所示。

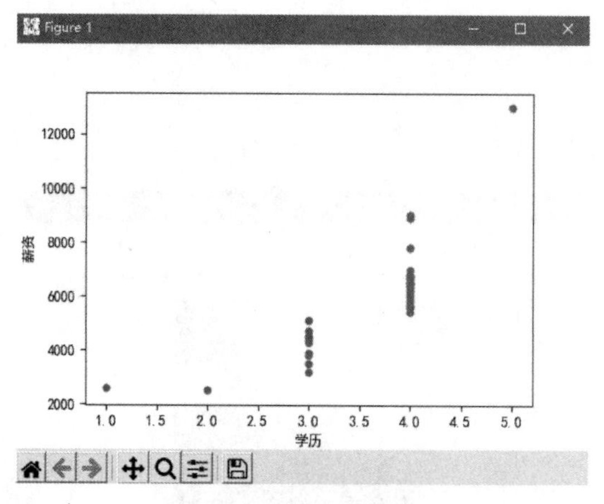

图 6.16　学历与薪资散点图

结论：从图中可以看出学历越高薪资相对越高。

6.4.7　绘制箱形图

Pandas 绘制箱形图主要使用 DataFrame 对象的 boxplot() 函数实现，语法如下：

```
DataFrame.boxplot(column=None, by=None, ax=None, fontsize=None, rot=0, grid=True, figsize=None, layout=None, return_type=None, **kwds)
```

参数说明：

☑　column：默认值为None，字符串或字符串构成的列表，指定要进行箱形图分析的列。

☑　by：默认值为None，字符串或数组，为Pandas分组统计（groupby），通过指定by='columns'，进行多组合箱形图分析。

☑　ax：matplotlib.axes.Axes的对象。

☑　fontsize：箱形图坐标轴字体大小。

☑　rot：箱形图坐标轴旋转角度。

☑　grid：是否显示网格线。

☑　figsize：箱形图画布尺寸大小。

☑　layout：必须配合by参数一起使用，类似于subplot()的画布分区域功能。

☑　return_type：返回对象的类型，默认值为None，可输入的值为'axes'、'dict'、'both'，当与by一起使用时，返回的对象为Series或array数组对象。

☑　返回值：当指定return_type='dict'时，其结果值为一个字典，字典索引为固定的'whiskers'、'caps'、'boxes'、'fliers'、'means'。

实例 6.15　绘制箱形图（实例位置：资源包 \Code\06\15）

下面使用 boxplot() 函数绘制箱形图，程序代码如下。

```
01 import matplotlib.pyplot as plt
02 import pandas as pd
03 # 读取 Excel 文件
04 df = pd.read_excel('../../datas/all.xlsx')
05 # 筛选数据
06 df1=df[df['商品名称']=='Python 数据分析从入门到实践（全彩版）']
07 # 解决中文乱码
08 plt.rcParams['font.sans-serif']=['SimHei']
09 # 绘制箱形图
10 df1.boxplot(column='成交商品件数',grid=False)
11 # 显示图表
12 plt.show()
```

运行程序，效果如图 6.17 所示。

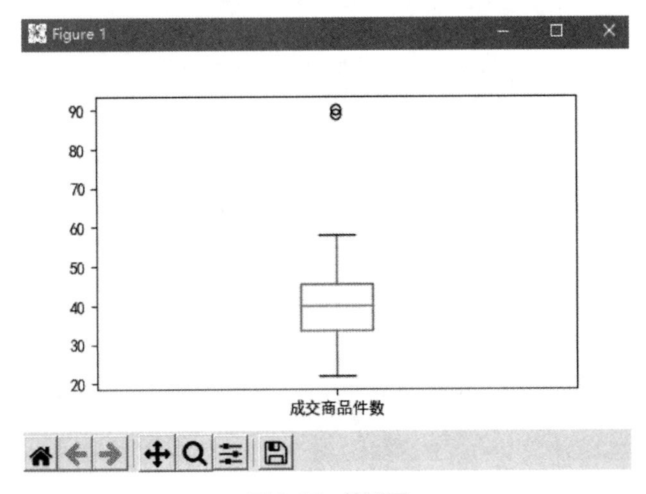

图 6.17　箱形图

结论：从图中可以看出某图书单品成交商品件数存在异常数据。

实例 6.16　按学历分析薪资异常数据（实例位置：资源包 \Code\06\16）

下面通过学历箱形图分析薪资异常值，程序代码如下：

```
01 import matplotlib.pyplot as plt
02 import pandas as pd
03 # 读取 Excel 文件
04 df = pd.read_excel('../../datas/data2.xlsx')
05 # 解决中文乱码
06 plt.rcParams['font.sans-serif']=['SimHei']
07 # 绘制箱形图
08 df.boxplot(column='薪资',by='学历',grid=False)
09 # 显示图表
10 plt.show()
```

运行程序，效果如图 6.18 所示。

结论：从图中可以看出本科学历的员工的薪资存在异常数据。

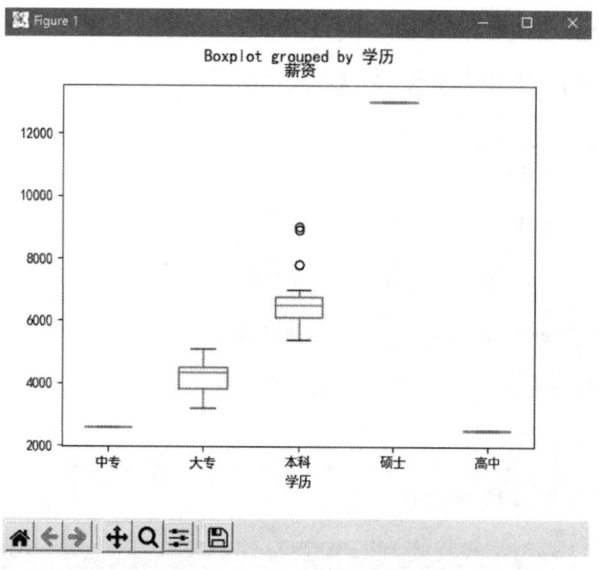

图 6.18　按学历分析薪资异常数据

6.5 综合案例——折线图 + 柱形图分析销售收入

之所以我们用 Pandas 内置绘图函数绘制图表，是因为通过 Pandas 对数据统计后便可以直接进行绘图，非常方便。下面通过综合案例对前面所学知识进行巩固，通过折线图和柱形图分析销售收入，效果如图 6.19 所示。

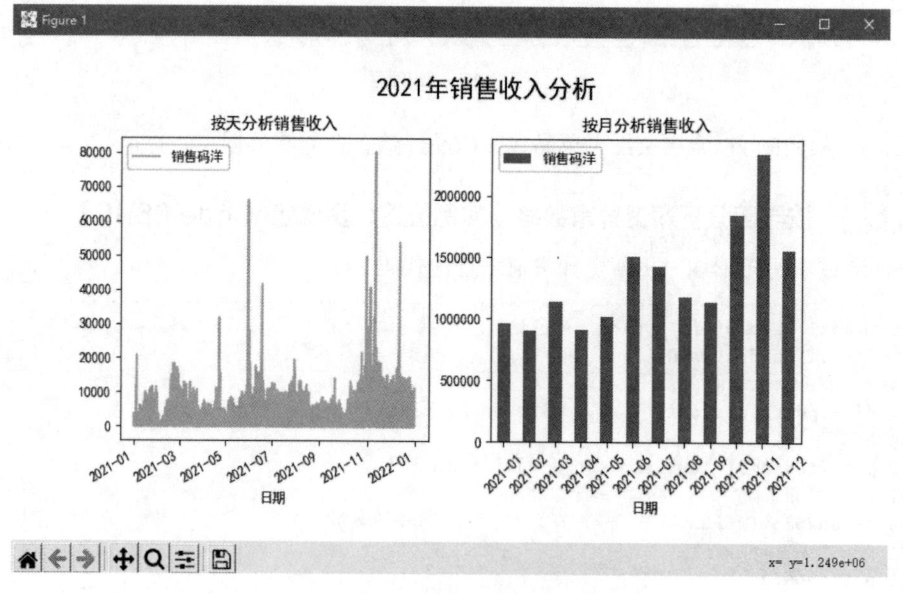

图 6.19　2021 年销售收入分析

程序代码如下：

```
01 import pandas as pd
02 import matplotlib.pyplot as plt
03 # 读取 Excel 文件
04 df= pd.read_excel('../../datas/ 销售表 .xlsx')
05 # 抽取部分数据
06 df=df[[' 日期 ',' 销售码洋 ']]
07 # 将日期转换为日期格式
08 df[' 日期 '] = pd.to_datetime(df[' 日期 '])
09 # 设置日期为索引
10 df1= df.set_index(' 日期 ',drop=True)
11 # 图表字体为黑体，字号为 10
12 plt.rc('font', family='SimHei',size=10)
13 # 绘制子图
14 fig = plt.figure(figsize=(9,5))
15 # 创建 1 行 2 列的 Axes 对象
16 ax=fig.subplots(1,2)
17 # 添加文本作为图表大标题
18 plt.text(x=-5,y=2800000,s='2021 年销售收入分析 ',fontsize=18)
19 # 分别设置子图标题
20 ax[0].set_title(' 按天分析销售收入 ')
21 ax[1].set_title(' 按月分析销售收入 ')
22 # 绘制第一个图折线图
23 # ax 子图，color 颜色
24 df1.plot(ax=ax[0],color='orange')
25 # 按月统计销售收入，并绘制第二个图柱形图
26 # kind 图表类型，ax 子图，rot 轴标签（轴刻度）的旋转度数
27 df1.resample('M').sum().to_period('M').plot(kind='bar',ax=ax[1],rot=45)
28 # 调整图表距上部和底部的空白
29 plt.subplots_adjust(top=0.8,bottom=0.2)
30 # 取消科学记数法
31 plt.gca().get_yaxis().get_major_formatter().set_scientific(False)
32 # 显示图表
33 plt.show()
```

代码解析：

第 16 行代码：为了绘制多子图这里借助了 Matplotlib 模块的 subplots() 函数。首先，使用 subplots 函数创建坐标系对象 axes，然后在绘制图表中指定 axes 对象。例如，第 24 行代码中的 ax[0] 表示第一个子图，第 27 行代码中的 ax[1] 表示第二个子图。

第 27 行代码：resample() 方法用于对时间序列重新采样和频率转换，resample('M') 是将原时间转换为按月，resample('M').sum() 是按月求和；to_period('M')，to_period() 方法可以将时间戳转换为时期，也就是按月显示数据。

第 31 行代码：数较大的情况下，Matplotlib 会自动显示为科学记数法，如图 6.20 所示，通过该行代码可以取消科学记数法。

图 6.20　显示科学记数法

6.6 实战练习

通过资源包“\Code\datas”文件夹中的小费数据集“tips.xlsx”，绘制完成箱形图。

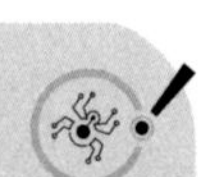

小结

实现 Python 数据可视化有很多工具，那么 Pandas 内容绘图工具优点就是方便快捷，数据统计分析后就可以直接将结果绘制成图表，不过它也有一定的局限性，其内置的绘图工具是有限的，很多令人惊艳的图表无法实现，这就要求我们学习更多的绘图工具、不断地积累，才能在日常程序开发中游刃有余。

第 7 章 Seaborn 图表

Seaborn 是基于 Matplotlib 的 Python 可视化库。它提供了一个高级界面来绘制有吸引力的统计图形。

7.1 Seaborn 入门

Seaborn 是一个基于 Matplotlib 的高级可视化效果库，偏向于统计图表。因此，针对的主要是数据挖掘和机器学习中的变量特征选取。相比 Matplotlib，它的语法相对简单，绘制图表不需要花很多功夫去修饰，但是它绘图方式比较局限，不够灵活。

7.1.1 Seaborn 简介

Seaborn 是基于 Matplotlib 的 Python 可视化库。它提供了一个高级界面来绘制有吸引力的统计图形。Seaborn 其实是在 Matplotlib 的基础上进行了更高级的 API 封装，从而使得作图更加容易，不需要经过大量的调整就能使图表变得非常精致。

Seaborn 主要包括以下功能：

☑ 计算多变量之间的关系，面向数据集接口。
☑ 可视化类别变量的观测与统计。
☑ 可视化单变量或多变量分布并与其子数据集比较。
☑ 控制线性回归的不同因变量并进行参数估计与作图。
☑ 对复杂数据进行整体结构可视化。
☑ 对多表统计图的制作高度抽象并简化可视化过程。
☑ 提供多个主题渲染Matplotlib图表的样式。
☑ 提供调色板工具生动再现数据。

Seaborn 是基于 Matplotlib 的图形可视化 Python 包。它提供了一种高度交互式界面，便于用户能够做出各种有吸引力的统计图表，如图 7.1 所示。

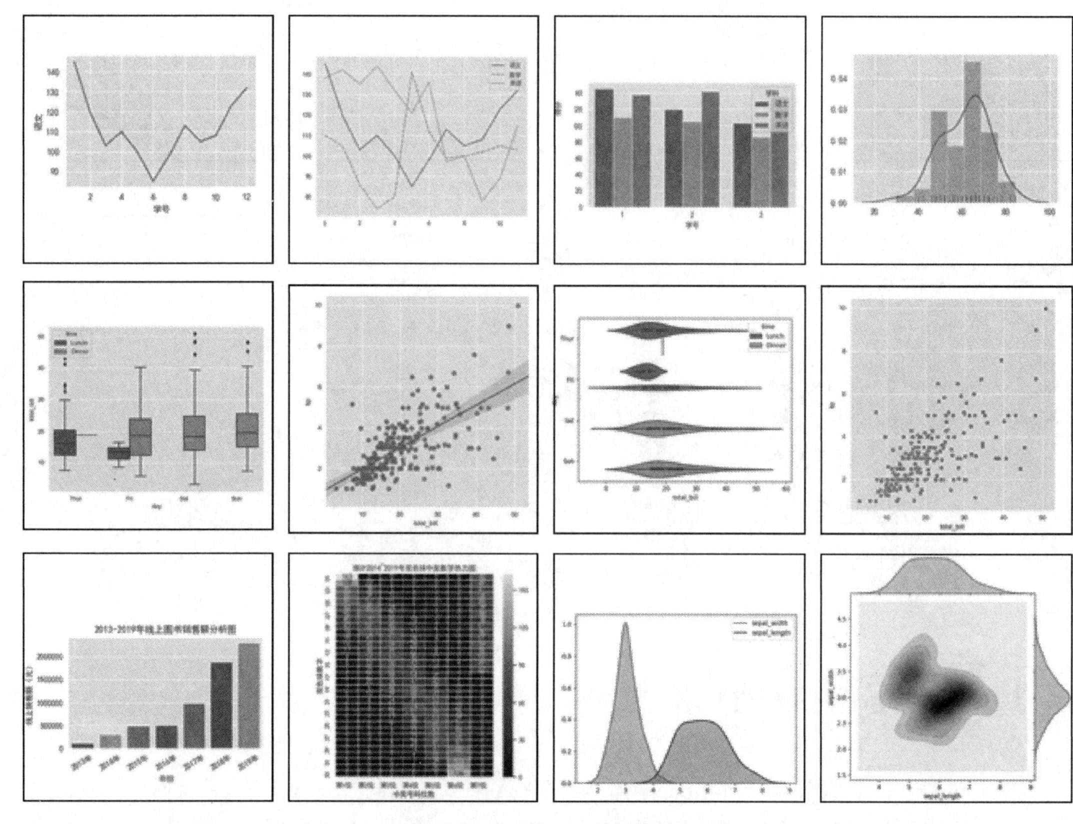

图 7.1　Seaborn 统计图表

7.1.2　安装 Seaborn

安装 Seaborn 模块可以使用 pip 工具安装，命令如下：

```
pip install seaborn
```

或者，也可以在 PyCharm 开发环境中安装。

注意

如果安装报错，可能是您没有安装 Scipy 模块，因为 Seaborn 依赖于 Scipy，所以应首先安装 Scipy。

7.1.3　Seaborn 图表之初体验

实例 7.1　绘制简单的柱形图（实例位置：资源包 \Code\07\01）

准备工作完成后，先来绘制一款简单的柱形图，程序代码如下：

```
01 import seaborn as sns
02 import matplotlib.pyplot as plt
03 sns.set_style('darkgrid')                # 设置图表风格
```

```
04 plt.figure(figsize=(4,3))                    # 创建画布
05 x=[1,2,3,4,5]                                # x 轴数据
06 y=[10,20,30,40,50]                           # y 轴数据
07 sns.barplot(x,y)                             # 绘制柱形图
08 plt.show()                                   # 显示图表
```

运行程序，输出结果如图 7.2 所示。

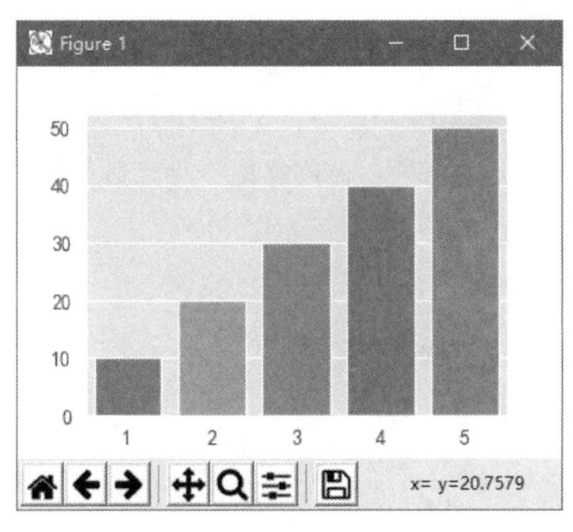

图 7.2　简单柱形图

Seaborn 默认的灰色网格底色灵感来源于 Matplotlib，却更加柔和。大多数情况下，图应优于表。Seaborn 的默认灰色网格底色避免了刺目的干扰。

上述举例，实现了简单的柱形图，每个柱子指定了不同的颜色，并且设置了特殊的背景风格。接下来，看一下它是如何一步步实现的！

① 首先，导入必要的模块 Seaborn 和 Matplotlib，由于 Seaborn 模块是 Matplotlib 模块的补充，所以绘制图表前必须引用 Matplotlib 模块。

② 设置 Seaborn 的背景风格为 darkgrid。

③ 指定 x 轴、y 轴数据。

④ 使用 barplot 函数绘制柱形图。

7.2　Seaborn 图表的基本设置

7.2.1　背景风格

设置 Seaborn 背景风格，主要使用 axes_style 函数和 set_style 函数。Seaborn 有 5 个主题，适用于不同的应用场景和人群偏好，具体如下：

☑　darkgrid：灰色网格（默认值）。

☑　whitegrid：白色网格。

☑　dark：灰色背景。

☑　white：白色背景。

☑　ticks：四周带刻度线的白色背景。

网格能够帮助我们查找图表中的定量信息，而灰色网格主题中的白线能避免影响数据的表现，白色网格主题则更适合表达“重数据元素”。

7.2.2 边框控制

控制边框显示方式，主要使用 despine 函数。

① 移除顶部和右边边框。

```
sns.despine()
```

② 使两坐标轴离开一段距离。

```
sns.despine(offset=10, trim=True)
```

③ 移除左边边框，与 set_style() 的白色网格配合使用效果更佳。

```
sns.set_style("whitegrid")
sns.despine(left=True)
```

④ 移除指定边框，值设置为 True 即可。

```
sns.despine(fig=None, ax=None, top=True, right=True, left=True, bottom=False, offset
=None, trim=False)
```

设置后的效果如图 7.3 所示。

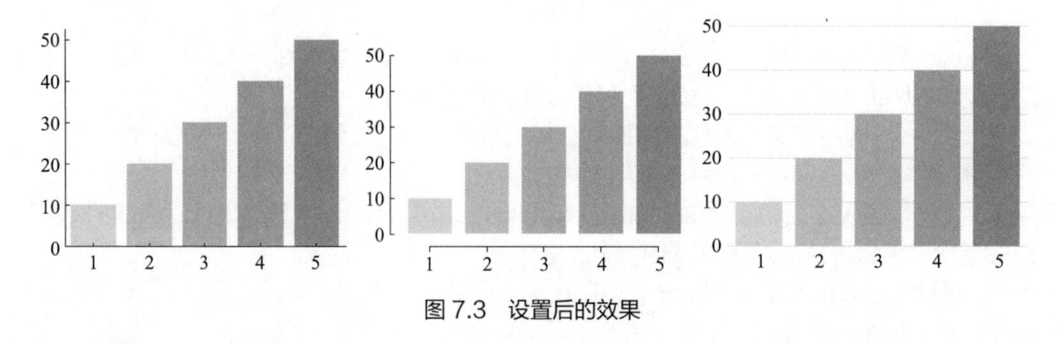

图 7.3 设置后的效果

7.3 常用图表的绘制

7.3.1 绘制折线图

在 Seaborn 中实现折线图有两种方法，一是在 relplot() 函数中通过设置 kind 参数为 line，二是使用 lineplot() 函数直接绘制折线图。

1. 使用 relplot() 函数

实例 7.2 绘制学生语文成绩折线图 1（实例位置：资源包 \Code\07\02）

使用 relplot 函数绘制学生语文成绩折线图，程序代码如下：

```
01 import pandas as pd
02 import matplotlib.pyplot as plt
03 import seaborn as sns
04 sns.set_style('darkgrid') # 灰色网格
05 plt.rcParams['font.sans-serif']=['SimHei'] # 解决中文乱码
```

```
06 df1=pd.read_excel('../../datas/data5.xls')                    # 读取 Excel 文件
07 # 绘制折线图
08 sns.relplot(x=" 学号 ", y=" 语文 ", kind="line", data=df1)
09 plt.show()# 显示图表
```

运行程序，输出结果如图 7.4 所示。

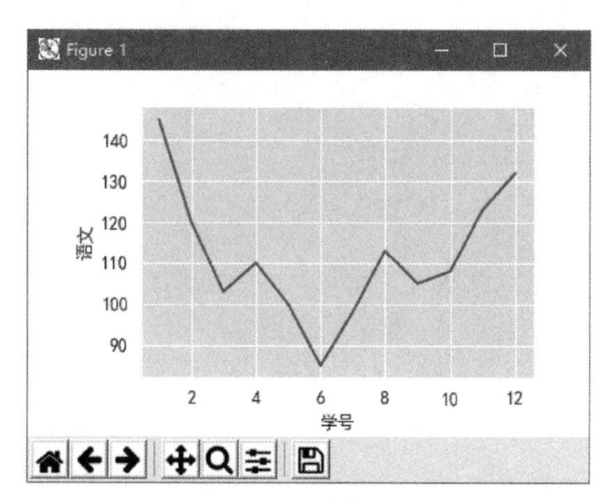

图 7.4　折线图

2. 使用 lineplot() 函数

实例 7.3　绘制学生语文成绩折线图 2（实例位置：资源包 \Code\07\03）

使用 lineplot() 函数绘制学生语文成绩折线图，程序代码如下：

```
01 import pandas as pd
02 import matplotlib.pyplot as plt
03 import seaborn as sns
04 sns.set_style('darkgrid') # 灰色网格
05 plt.rcParams['font.sans-serif']=['SimHei'] # 解决中文乱码
06 df1=pd.read_excel('../../datas/data5.xls')                    # 读取 Excel 文件
07 #绘制折线图
08 sns.lineplot(x=" 学号 ", y=" 语文 ",data=df1)
09 plt.show()# 显示图表
```

实例 7.4　多折线图分析学生各科成绩（实例位置：资源包 \Code\07\04）

接下来，绘制多折线图，关键代码如下：

```
01 dfs=[df1[' 语文 '],df1[' 数学 '],df1[' 英语 ']]
02 sns.lineplot(data=dfs)
```

运行程序，输出结果如图 7.5 所示。

7.3.2　绘制直方图

Seaborn 绘制直方图主要使用 displot() 函数，语法如下：

```
sns.distplot(data,bins=None,hist=True,kde=True,rug=False,fit=None,color=None,axlabel
=None,ax=None)
```

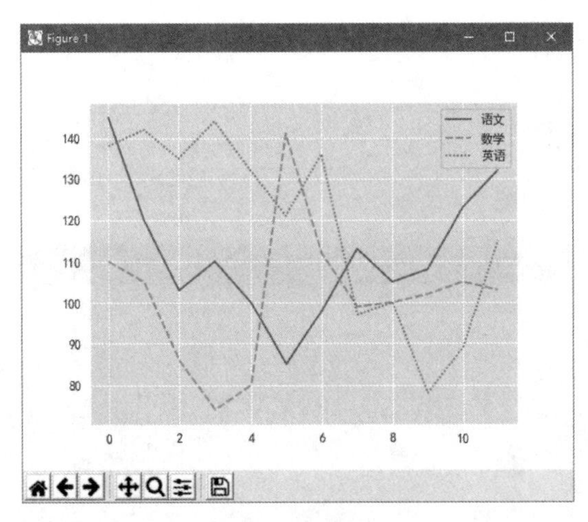

图 7.5　多折线图

常用参数说明：

☑ data：数据。
☑ bins：设置矩形图数量。
☑ hist：是否显示条形图。
☑ kde：是否显示核密度估计图，默认值为True，显示核密度估计图。
☑ rug：是否在x轴上显示观测的小细条（边际毛毯）。
☑ fit：拟合的参数分布图形。

实例 7.5　绘制简单直方图（实例位置：资源包 \Code\07\05）

下面绘制一个简单的直方图，程序代码如下：

```
01 import pandas as pd
02 import matplotlib.pyplot as plt
03 import seaborn as sns
04 sns.set_style('darkgrid')                       # 灰色网格
05 plt.rcParams['font.sans-serif']=['SimHei']      # 解决中文乱码
06 df1=pd.read_excel('../../datas/data2.xls')      # 读取 Excel 文件
07 data=df1[['得分']]                              # 绘图数据
08 sns.distplot(data,rug=True)                     # 直方图，显示观测的小细条
09 plt.show()                                      # 显示图表
```

运行程序，输出结果如图 7.6 所示。

7.3.3　绘制条形图

Seaborn 绘制条形图主要使用 barplot() 函数，语法如下：

```
sns.barplot(x=None,y=None,hue=None,data=None,order=None,hue_order=None,orient=None,
color=None, palette=None,capsize=None,estimator=mean)
```

常用参数说明：

☑ x、y：x轴、y轴数据。
☑ hue：分类字段。

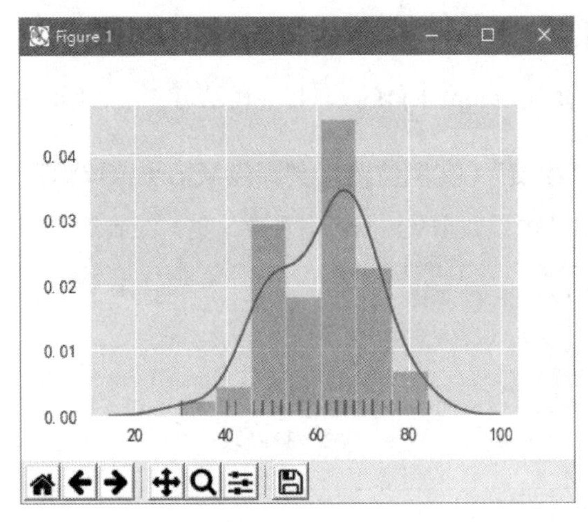

图 7.6　直方图

☑ order、hue_order：变量绘图顺序。
☑ orient：条形图是水平显示还是竖直显示。
☑ capsize：误差线的宽度。
☑ estimator：每类变量的统计方式，默认值为平均值 mean。

实例 7.6　多条形图分析学生各科成绩（实例位置：资源包 \Code\07\06）

通过前面学习，已经能绘制简单的条形图。下面绘制学生成绩多条形图，程序代码如下：

```
01 import pandas as pd
02 import matplotlib.pyplot as plt
03 import seaborn as sns
04 sns.set_style('darkgrid')                    # 灰色网格
05 plt.rcParams['font.sans-serif']=['SimHei']         # 解决中文乱码
06 df1=pd.read_excel('../../datas/data.xls',sheet_name='sheet2')      # 读取 Excel 文件
07 sns.barplot(x=' 学号 ',y=' 得分 ',hue=' 学科 ',data=df1)               # 条形图
08 plt.show()# 显示图表
```

运行程序，输出结果如图 7.7 所示。

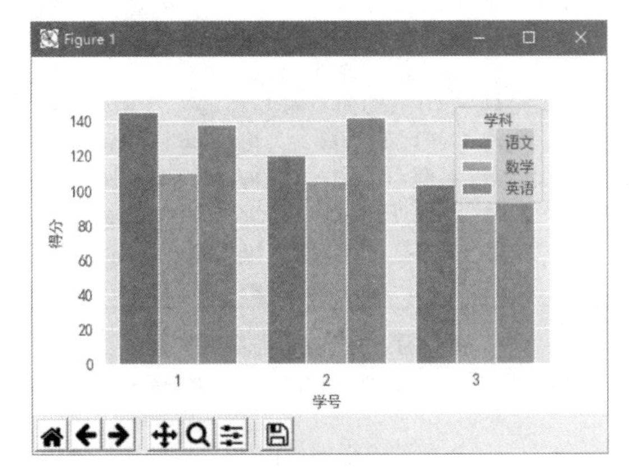

图 7.7　条形图

7.3.4 绘制散点图

Seaborn 绘制散点图主要使用 replot() 函数，相关语法可参考“绘制折线图”。

实例 7.1 散点图分析“小费”（实例位置：资源包 \Code\07\07）

下面通过 Seaborn 提供的内置数据集 tips（小费数据集）绘制散点图，程序代码如下：

```
01 import matplotlib.pyplot as plt
02 import seaborn as sns
03 sns.set_style('darkgrid')                    # 灰色网格
04 # 加载内置数据集 tips（小费数据集），并对 total_bill 和 tip 字段绘制散点图
05 tips=sns.load_dataset('tips')
06 sns.relplot(x='total_bill',y='tip',data=tips,color='r')          # 绘制散点图
07 plt.show()# 显示图表
```

运行程序，输出结果如图 7.8 所示。

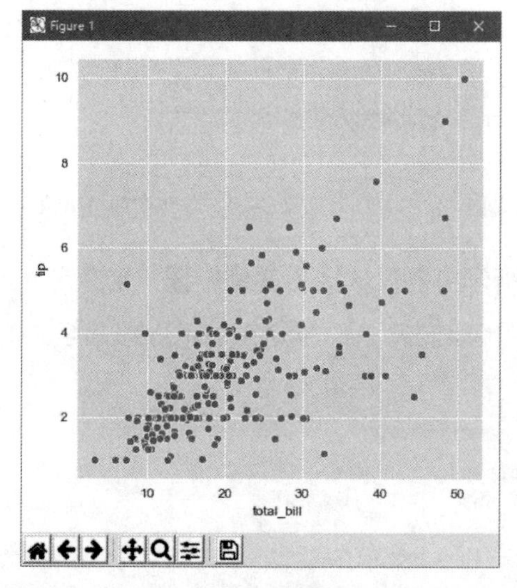

图 7.8 散点图

技巧

上述代码使用了内置数据集tips，下面简单介绍一下该数据集。首先通过tips.head()显示部分数据，来看下tips数据结构，如图7.9所示。

	total_bill	tip	sex	smoker	day	time	size
0	16.99	1.01	Female	No	Sun	Dinner	2
1	10.34	1.66	Male	No	Sun	Dinner	3
2	21.01	3.50	Male	No	Sun	Dinner	3
3	23.68	3.31	Male	No	Sun	Dinner	2
4	24.59	3.61	Female	No	Sun	Dinner	4

图 7.9 tips 部分数据结构

字段说明如下：

☑ total_bill：表示总消费。

- ☑ tip：表示小费。
- ☑ sex：表示性别。
- ☑ smoker：表示是否吸烟。
- ☑ day：表示周几。
- ☑ time：表示用餐类型。如早餐、午餐、晚餐（Breakfast、lunch、dinner）。
- ☑ size：表示用餐人数。

7.3.5　绘制线性回归模型 [lmplot() 函数]

Seaborn 可以直接绘制线性回归模型，用以描述线性关系，主要使用 lmplot 函数，语法如下：

```
sns.lmplot(x,y,data,hue=None,col=None,row=None,palette=None,col_
wrap=3,size=5,markers='o')
```

常用参数说明：

- ☑ hue：散点图中的分类字段。
- ☑ col：列分类变量，构成子集。
- ☑ row：行分类变量。
- ☑ col_wrap：控制每行子图数量。
- ☑ size：控制子图高度。
- ☑ markers：点的形状。

实例 7.8　线性回归图表分析“小费”（实例位置：资源包 \Code\07\08）

同样使用 tips 数据集，绘制线性回归模型，关键代码如下：

```
sns.lmplot(x='total_bill',y='tip',data=tips)
```

运行程序，输出结果如图 7.10 所示。

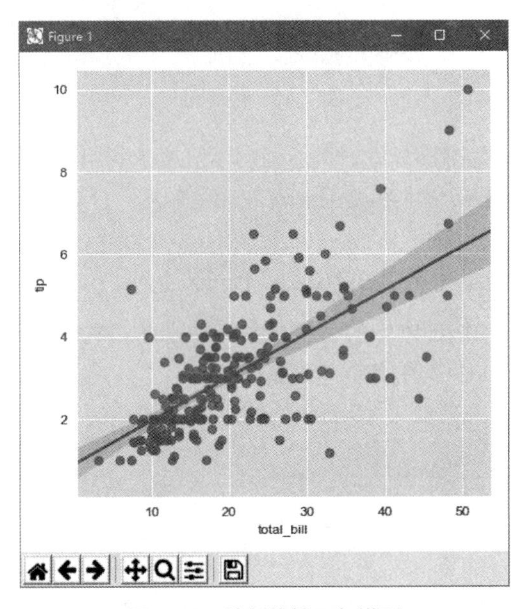

图 7.10　绘制线性回归模型

7.3.6 绘制箱形图 [boxplot() 函数]

Seaborn 绘制箱形图主要使用 boxplot 函数，语法如下：

```
sns.boxplot(x=None,y=None,hue=None,data=None,order=None,hue_order=None,orient=None,
color=None,palette=None, width=0.8,notch=False)
```

常用参数说明：

☑ hue：分类字段。

☑ width：箱形图宽度。

☑ notch：中间箱体是否显示缺口，默认值为False。

实例 7.9 箱形图分析“小费”异常数据（实例位置：资源包\Code\07\09）

下面绘制箱形图，使用数据集 tips 演示，关键代码如下：

```
sns.boxplot(x='day',y='total_bill',hue='time',data=tips)
```

运行程序，输出结果如图 7.11 所示。

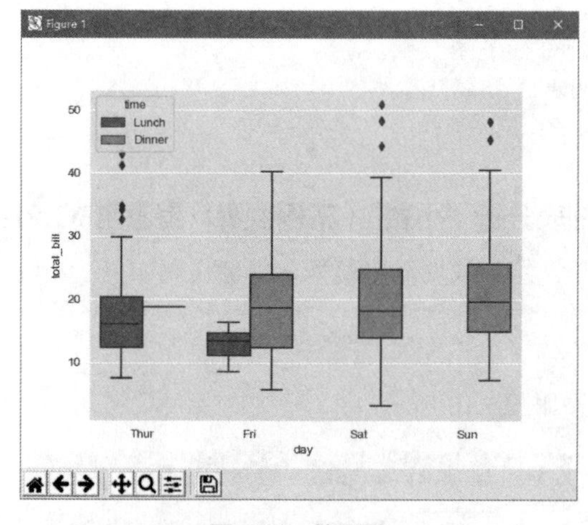

图 7.11 箱形图

从图 7.11 得知：数据存在异常值。箱形图实际上就是利用数据的分位数来识别数据的异常点，这一特点使得箱形图在学术界和工业界的应用非常广泛。

7.3.7 绘制核密度图 [kdeplot() 函数]

核密度是概率论中用来估计未知的密度函数，属于非参数检验方法之一。通过核密度图可以比较直观地看出数据样本本身的分布特征。

Seaborn 绘制核密度图主要使用 kdeplot 函数，语法如下：

```
sns.kdeplot(data,shade=True)
```

参数说明：

☑ data：数据。

☑ shade：是否带阴影，默认值为True，带阴影。

实例 7.10　核密度图分析鸢尾花（实例位置：资源包 \Code\07\10）

绘制核密度图，通过 Seaborn 自带的数据集 iris 演示，关键代码如下：

```
01 # 调用 seaborn 自带数据集 iris
02 df = sns.load_dataset('iris')
03 # 绘制多个变量的核密度图
04 p1=sns.kdeplot(df['sepal_width'], shade=True, color="r")
05 p1=sns.kdeplot(df['sepal_length'], shade=True, color="b")
```

运行程序，输出结果如图 7.12 所示。下面再介绍一种边际核密度图，该图可以更好地体现两个变量之间的关系，如图 7.13 所示。

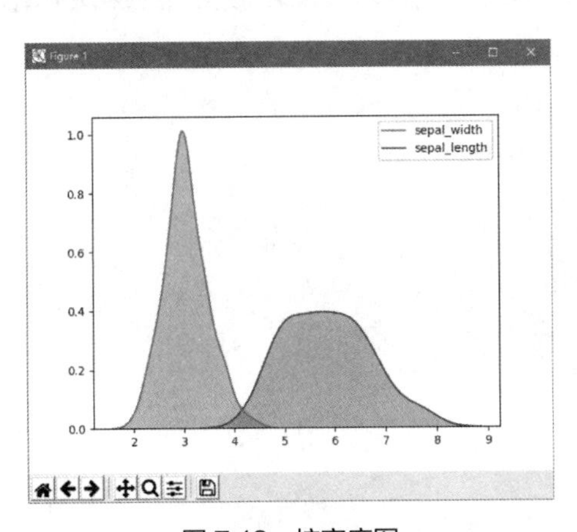

图 7.12　核密度图

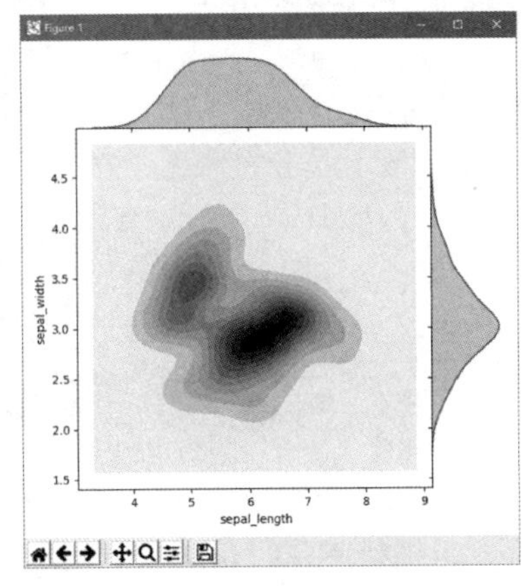

图 7.13　边际核密度图

关键代码如下：

```
sns.jointplot(x=df["sepal_length"], y=df["sepal_width"], kind='kde',space=0)
```

7.3.8　绘制提琴图 [violinplot() 函数]

提琴图结合了箱形图和核密度图的特征，用于展示数据的分布形状。粗黑线表示四分数范围，延伸的细线表示 95% 的置信区间，白点为中位数，如图 7.14 所示。提琴图弥补了箱

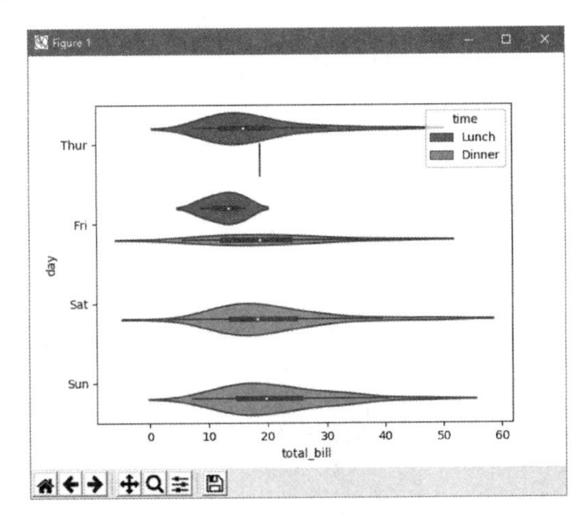

图 7.14　提琴图

形图的不足，可以展示数据分布是双模还是多模。提琴图主要使用 violinplot 函数绘制。

实例 7.11 提琴图分析“小费”（实例位置：资源包 \Code\07\11）

绘制提琴图，通过 Seaborn 自带的数据集 tips 演示，关键代码如下：

```
sns.violinplot(x='total_bill',y='day',hue='time',data=tips)
```

运行程序，输出结果如图 7.14 所示。

7.4 综合案例——堆叠柱形图可视化数据分析图表的实现

堆叠柱形图可以直观、贴切地反映出不同产品、不同人群的体验效果，一目了然。例如，明日科技男女会员分布情况，效果如图 7.15 所示。

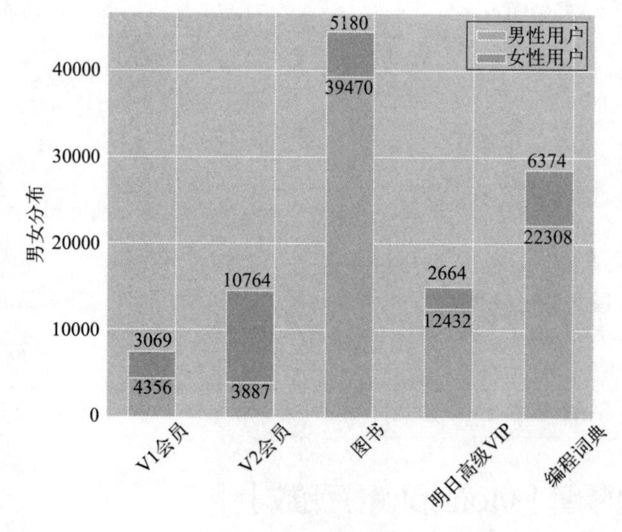

图 7.15 堆叠柱形图

程序代码如下：

```
01 import matplotlib.pyplot as plt
02 import seaborn as sns
03 import pandas as pd
04 import numpy as np
05 sns.set_style('darkgrid')                    # 灰色网格
06 df = pd.read_excel('mrtb_data.xlsx')     # 读取 Excel 文件
07 plt.rc('font', family='SimHei', size=13)            # 设置字体
08 # 通过 reset_index() 函数将 groupby() 的分组结果重新设置索引
09 df1 = df.groupby(['类别'])['买家实际支付金额'].sum()
10 df2 = df.groupby(['类别','性别'])['买家会员名'].count().reset_index()
11 # 筛选男女生数据并转换为列表
12 men_df=df2[df2['性别']=='男']
13 women_df=df2[df2['性别']=='女']
14 men_list=list(men_df['买家会员名'])
15 women_list=list(women_df['买家会员名'])
16 num=np.array(list(df1))  #消费金额
17 # 计算男性用户比例
```

```
18 ratio=np.array(men_list)/(np.array(men_list)+np.array(women_list))
19 np.set_printoptions(precision=2) # 使用 set_printoptions 设置输出的精度
20 # 设置男生女生消费金额
21 men = num * ratio
22 women = num * (1-ratio)
23 df3=df2.drop_duplicates(['类别'])    # 去除类别重复的记录
24 name=(list(df3['类别']))
25 # 生成图表
26 x = name
27 width = 0.5
28 idx = np.arange(len(x))
29 plt.bar(idx, men, width,color='slateblue', label='男性用户')
30 plt.bar(idx, women, width, bottom=men, color='orange', label='女性用户')
31 plt.xlabel('消费类别')
32 plt.ylabel('男女分布')
33 plt.xticks(idx+width/2, x, rotation=20)
34 # 在图表上显示数字
35 for a,b in zip(idx,men):
36     plt.text(a, b, '%.0f' % b, ha='center', va='top',fontsize=12) # 对齐方式
37 for a,b,c in zip(idx,women,men):
38     plt.text(a, b+c+0.5, '%.0f' % b, ha='center', va= 'bottom',fontsize=12)
39 plt.legend()
40 plt.show()
```

7.5 实战练习

通过 Seaborn 的 barplot() 函数来绘制条形图，分析对比每个学生数学成绩的高低。使用资源包“\Code\datas”文件夹中的 data4.xls 数据集。

小结

要想完成更高级的可视化效果可以使用本章介绍的 Seaborn 模块，它偏向于统计图表，更多应用在数据挖掘和机器学习中的变量特征选取中。有这种需求的读者可以进行更深入的学习，而对于初学者了解即可。

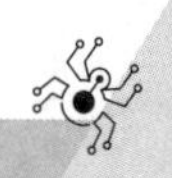

第 8 章
第三方图表 Pyecharts

Echarts 是由百度开源的一个数据可视化工具，而 Python 是一门适用于数据处理和数据分析的语言，为了适应 Python 的需求，Pyecharts 诞生了。

本章以 Pyecharts 1.7.1 版本为主，介绍了 Pyecharts 的安装、链式调用、Pyecharts 图表的组成以及如何绘制柱状图、折线图、饼形图等。

8.1 Pyecharts 概述

8.1.1 Pyecharts 简介

Pyecharts 是一个用于生成 Echarts 图表的类库。Echarts 是百度开源的一个数据可视化 JS 库。用 Echarts 生成的图可视化效果非常好，而 Pyecharts 则是专门为了与 Python 衔接，方便在 Python 中直接使用的可视化数据分析图表。使用 Pyecharts 可以生成独立的网页格式的图表，还可以在 flask、django 中直接使用，非常方便。

Pyecharts 的图表类型非常多且效果非常漂亮，例如图 8.1 ～图 8.3 所示的线性闪烁图、仪表盘图和水球图。

Pyecharts 的图表类型主要包括：Bar（柱状图 / 条形图）、Boxplot（箱形图）、Funnel（漏斗图）、Gauge（仪表盘图）、HeatMap（热力图）、Line（折线 / 面积图）、Line3D（3D 折线图）、Liquid（水球图）、Map（地图）、Parallel（平行坐标系）、Pie（饼图）、Polar（极坐标系）、Radar（雷达图）、Scatter（散点图）和 WordCloud（词云图）等。

8.1.2 安装 Pyecharts

在 cmd 命令提示符窗口中安装 Pyecharts 库。在系统搜索框中输入“cmd”，单击“命令提示符”打开“命令提示符”窗口，使用 pip 工具安装，命令如下：

```
pip install pyecharts==1.7.1
```

安装成功后，将提示安装成功的字样，如“Successfully installed pyecharts-1.7.1”。

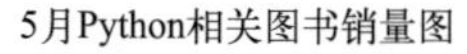

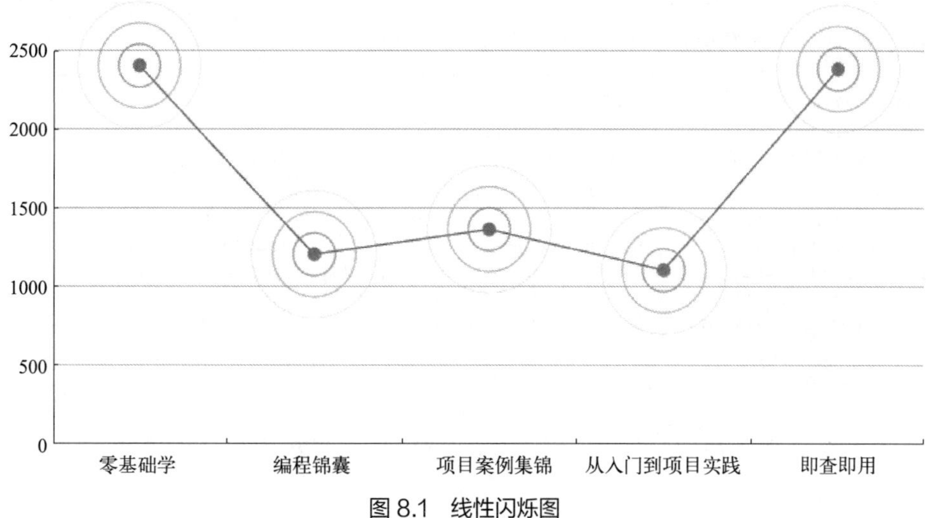

图 8.1　线性闪烁图

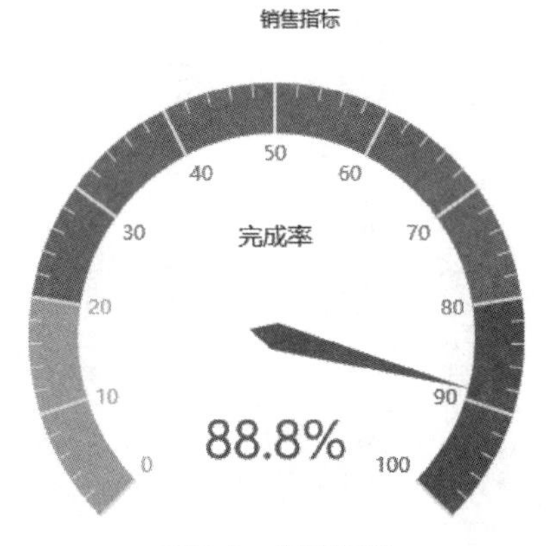

图 8.2　仪表盘图

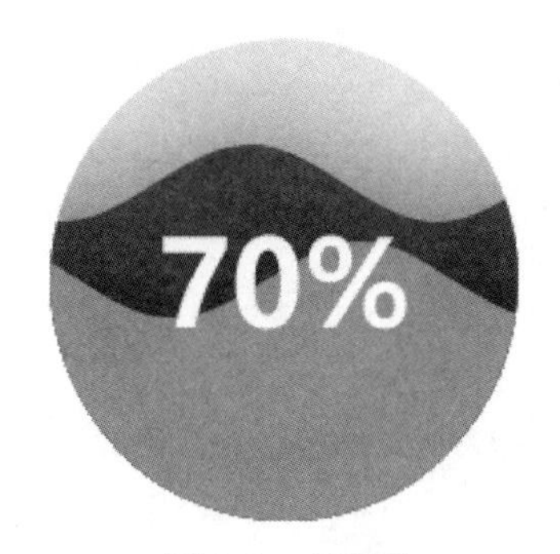

图 8.3　水球图

> **说明**
>
> 由于Pyecharts各个版本的相关代码有一些区别，因此这里建议安装与笔者相同的版本，以免造成不必要的麻烦。对于已经安装完成的Pyecharts，可以使用如下方法查看Pyecharts的版本。代码如下：
>
> ```
> import pyecharts
> print(pyecharts.__version__)
> ```

如果安装版本与笔者不同，建议卸载重新安装 pyecharts 1.7.1。

8.1.3　绘制第一张图表

实例 8.1　绘制简单的柱状图（实例位置：资源包 \Code\08\01）

下面使用 Pyecharts 绘制一张简单的柱状图，具体步骤如下：

① 从 Pyecharts.charts 库中导入 Bar 模块，代码如下：

```
from pyecharts.charts import Bar    # 从 Pyecharts 模块导入 Bar 对象
```

② 创建一个空的 Bar() 对象（柱状图对象），代码如下：

```
bar = Bar()
```

③ 定义 x 轴和 y 轴数据，其中 x 轴为月份，y 轴为销量。代码如下：

```
01 bar.add_xaxis(["1月", "2月", "3月", "4月", "5月", "6月"])
02 bar.add_yaxis("零基础学 Python", [2567, 1888, 1359, 3400, 4050, 5500])
03 bar.add_yaxis("Python 数据分析技术手册", [1567, 988, 2270,3900, 2750, 3600])
```

④ 渲染图表到 HTML 文件，并存放在程序所在目录下，代码如下：

```
bar.render("mycharts.html")
```

运行程序，在程序所在路径下生成一个名为 mycharts.html 的 HTML 文件，打开该文件，效果如图 8.4 所示。

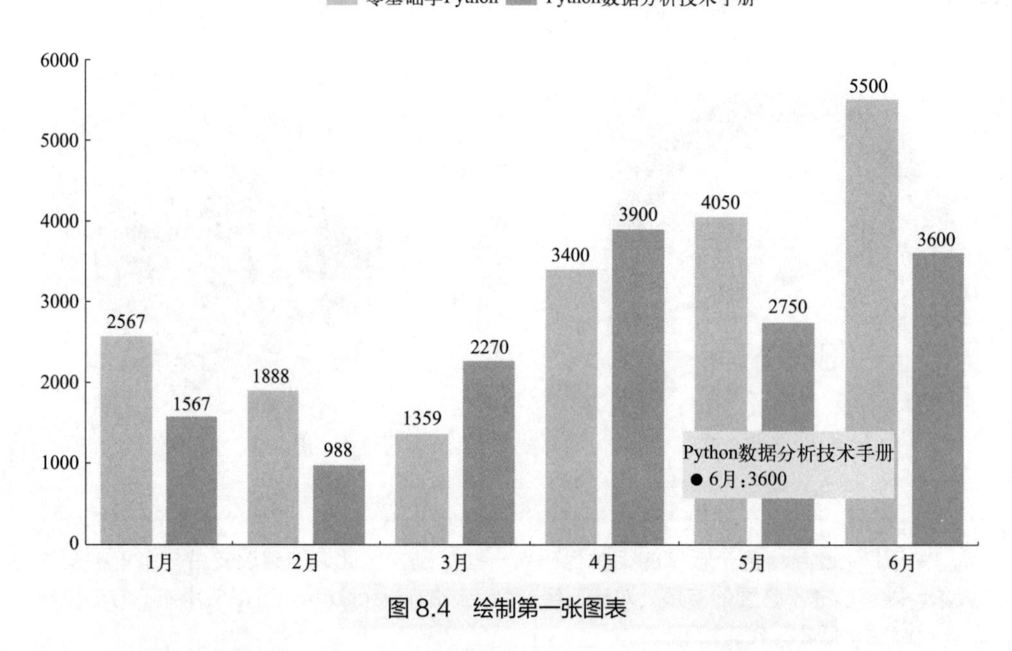

图 8.4　绘制第一张图表

以上就是我们绘制的第一张 Pyecharts 图表。

8.1.4　Pyecharts 1.0 以上版本对方法的链式调用

对于方法的调用可分为单独调用和链式调用。单独调用就是常规的一个方法一个方法地调用。而链式调用的关键在于方法化，现在很多开源库或者代码都使用链式调用。链式调用将所有需要调用的方法写在一个方法里，这样我们的代码看上去更加简洁易懂。

下面以 8.1.3 节的“第一张图表”为例，在调用 Bar 模块的各个方法时，将单独调用与链式调用进行简单对比，效果如图 8.5 所示。

从图中可以看出，链式调用将所有需要调用的方法写在了一个方法里，这样的代码看上去更加简洁易懂。当然，如果不习惯使用链式调用，单独调用也可以。

方法一

```
from pyecharts.charts import Bar
bar = Bar()
bar.add_xaxis(["1月", "2月", "3月", "4月", "5月", "6月"])
bar.add_yaxis("零基础学Python", [2567, 1888, 1359, 3400, 4050, 5500])
bar.add_yaxis("Python数据分析技术手册", [1567, 988, 2270,3900, 2750, 3600])
bar.render("mycharts.html")
```

方法二

```
from pyecharts.charts import Bar
bar =(
    Bar()
    .add_xaxis(["1月", "2月", "3月", "4月", "5月", "6月"])
    .add_yaxis("零基础学Python", [2567, 1888, 1359, 3400, 4050, 5500])
    .add_yaxis("Python数据分析技术手册", [1567, 988, 2270,3900, 2750, 3600])
)
bar.render("mycharts.html")
```

图 8.5　单独调用与链式调用对比

8.2 Pyecharts 图表的组成

Pyecharts 不仅具备 Matplotlib 图表的一些常用功能，而且还提供了别具特色的功能。主要包括主题风格的设置、提示框、视觉映射、工具箱和区域缩放等，如图 8.6 所示。这些功能使得 Pyecharts 能够绘制出各种各样、超乎想象的图表。

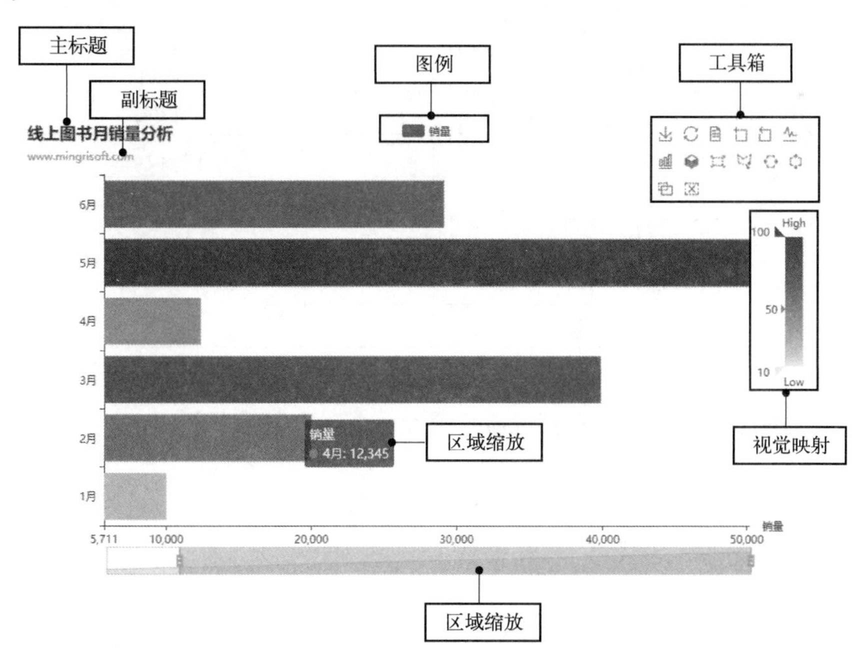

图 8.6　Pyecharts 图表的组成

8.2.1 主题风格

Pyecharts 内置提供了 15 种不同的主题风格，并提供了便捷的定制主题的方法。主要使用 Pyecharts 库的 options 模块，通过该模块的 InitOpts() 方法设置图表的主题风格。下面介绍 InitOpts() 方法的几个关键参数。

参数说明：

- ☑ width：字符型，图表画布宽度，以像素为单位。例如 width='500px'。
- ☑ height：字符型，图表画布高度，以像素为单位。例如 height='300px'。
- ☑ chart_id：图表的 ID，图表的唯一标识，主要用于多图表时区分每个图表。
- ☑ page_title：字符型，网页标题。
- ☑ theme：图表主题，其参数值主要由 ThemeType 模块提供，如表 8.1 所示。
- ☑ bg_color：字符型，图表背景颜色。例如，bg_color='black' 或 bg_color='#fff'。

下面详细介绍 ThemeType 模块提供的 15 种图表主题风格，如表 8.1 所示。

表 8.1 theme 参数设置值

主题	说明
ThemeType.WHITE	默认主题
ThemeType.LIGHT	浅色主题
ThemeType.DARK	深色主题
ThemeType.CHALK	粉笔色
ThemeType.ESSOS	厄索斯大陆
ThemeType.INFOGRAPHIC	信息图
ThemeType.MACARONS	马卡龙主题
ThemeType.PURPLE_PASSION	紫色热烈主题
ThemeType.ROMA	罗马假日主题
ThemeType.ROMANTIC	浪漫主题
ThemeType.SHINE	闪耀主题
ThemeType.VINTAGE	葡萄酒主题
ThemeType.WALDEN	瓦尔登湖
ThemeType.WESTEROS	维斯特洛大陆
ThemeType.WONDERLAND	仙境

实例 8.2 为图表更换主题（实例位置：资源包 \Code\08\02）

下面为“第一张图表”更换主题，具体步骤如下：

① 从 pyecharts.charts 库中导入 Bar 模块。代码如下：

```
from pyecharts.charts import Bar
```

② 从 pyecharts 库中导入 options 模块。

```
from pyecharts import options as opts
```

③ 从 pyecharts.globals 库中导入主题类型模块 ThemeType。代码如下：

```
from pyecharts.globals import ThemeType
```

④ 设置画布大小、图表主题和图表背景颜色，代码如下：

```
01 bar =(
02     Bar(init_opts=opts.InitOpts(width='500px',height='300px',  # 设置画布大小
03                                 theme=ThemeType.LIGHT,  # 设置主题
04                                 bg_color='#fff'))       # 设置图表背景颜色
05     # x 轴和 y 轴数据
06     .add_xaxis(["1 月 ", "2 月 ", "3 月 ", "4 月 ", "5 月 ", "6 月 "])
07     .add_yaxis(" 零基础学 Python", [2567, 1888, 1359, 3400, 4050, 5500])
08     .add_yaxis("Python 数据分析技术手册 ", [1567, 988, 2270,3900, 2750, 3600])
09     )
```

⑤ 渲染图表到 HTML 文件，并存放在程序所在目录下，代码如下：

```
bar.render("mycharts1.html") # 渲染图表到 HTML 文件
```

运行程序，在程序所在路径下生成一个名为 mycharts1.html 的 HTML 文件，打开该文件，效果如图 8.7 所示。

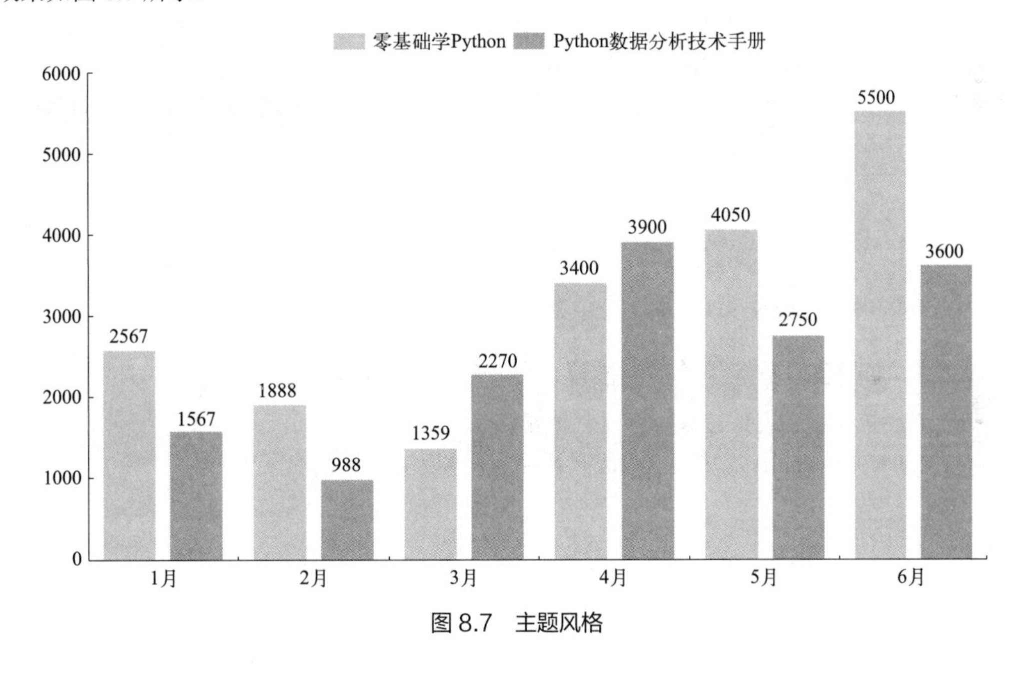

图 8.7　主题风格

8.2.2　图表标题

图表标题主要通过 set_global_options 方法的 title_opts 参数进行设置，该参数值参考 options 模块的 TitleOpts() 方法，该方法可以实现主标题、副标题、距离设置以及文字样式等。TitleOpts() 方法主要参数说明如下：

☑　title：字符型，默认值为 None。主标题文本，支持换行符“\n”。

☑　title_link：字符型，默认值为 None。主标题跳转 URL 链接。

☑　title_target：字符型，默认值为 None。主标题跳转链接的方式，默认值为 blank，表示在新窗口打开。可选参数 self，表示在当前窗口打开。

☑　subtitle：字符型，默认值为 None。副标题文本，支持换行符“\n”。

☑　subtitle_link：字符型，默认值为 None。副标题跳转 URL 链接。

☑ subtitle_target：字符型，默认值为None。副标题跳转链接的方式，默认值为blank，表示在新窗口打开。可选参数self，表示在当前窗口打开。

☑ pos_left：字符型，默认值为None。标题距左侧的距离。其值可以是像10这样的具体像素值，可以是像“10%”这样的相对于容器的高宽的百分比，也可以是left、center或right，标题将根据相应的位置自动对齐。

☑ pos_right：字符型，默认值为None。标题距右侧的距离。其值可以是像10这样的具体像素值，可以是像“10%”这样的相对于容器的高宽的百分比。

☑ pos_top：字符型，默认值为None。标题距顶端的距离。其值可以是像10这样的具体像素值，可以是像“10%”这样的相对于容器的高宽的百分比，也可以是top、middle或bottom，标题将根据相应的位置自动对齐。

☑ pos_bottom：字符型，默认值为None。标题距底端的距离。其值可以是像10这样的具体像素值，可以是像“10%”这样的相对于容器的高宽的百分比。

☑ padding：标题内边距，单位为像素。默认值为各方向（上右下左）内边距为5，接受数组分别设定上右下左边距。例如padding=[10,4,5,90]。

☑ item_gap：数值型，主标题与副标题之间的间距。例如item_gap=3.5。

☑ title_textstyle_opts：主标题文字样式配置项，参考options模块的TextStyleOpts()方法。主要包括颜色、字体样式、字体的粗细、字体的大小以及对齐方式等。例如，设置标题颜色为红色，字体大小为18，代码如下：

```
title_textstyle_opts=opts.TextStyleOpts(color='red',font_size=18)
```

☑ subtitle_textstyle_opts：副标题文字样式配置项。同上。

实例 8.3 为图表设置标题（实例位置：资源包\Code\08\03）

下面为“第一张图表”设置标题，具体步骤如下：

① 从pyecharts.charts库中导入Bar模块。代码如下：

```
from pyecharts.charts import Bar
```

② 从pyecharts库中导入options模块。

```
from pyecharts import options as opts
```

③ 从pyecharts.globals库中导入主题类型模块ThemeType。代码如下：

```
from pyecharts.globals import ThemeType
```

④ 生成图表，设置图表标题，包括主标题、主标题字体颜色和大小、副标题、标题内边距以及主标题与副标题之间的间距。代码如下：

```
01 bar =(
02     Bar(init_opts=opts.InitOpts(theme=ThemeType.LIGHT))  # 主题风格
03     # x 轴和 y 轴数据
04     .add_xaxis(["1月", "2月", "3月", "4月", "5月", "6月"])
05     .add_yaxis("零基础学 Python", [2567, 1888, 1359, 3400, 4050, 5500])
06     .add_yaxis("Python 数据分析技术手册", [1567, 988, 2270,3900, 2750, 3600])
07     # 设置图表标题
```

```
08      .set_global_opts(title_opts=opts.TitleOpts("热门图书销量分析",   # 主标题
09                                          padding=[10,4,5,90],  # 标题内边距
10                                          subtitle='www.mingrisoft.com',
   # 副标题
11                                          item_gap=5,           # 主标题与副标
题之间的间距
12                                          # 主标题字体颜色和大小
13                                          title_textstyle_opts=opts.
TextStyleOpts(color='red',font_size=18)
14                                          ))
15      )
```

⑤ 渲染图表到 HTML 文件，并存放在程序所在目录下，代码如下：

```
bar.render("mycharts2.html")
```

运行程序，在程序所在路径下生成一个名为 mycharts2.html 的 HTML 文件，打开该文件，效果如图 8.8 所示。

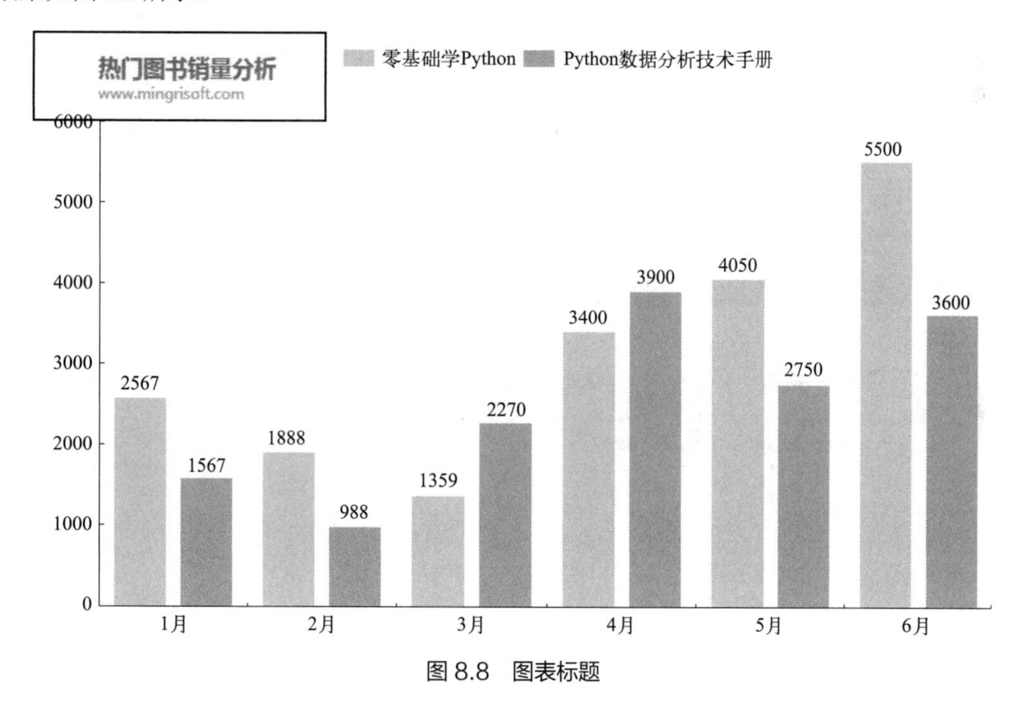

图 8.8　图表标题

8.2.3 图例

设置图例主要通过 set_global_opts 方法的 legend_opts 参数进行设置，该参数值参考 options 模块的 LegendOpts() 方法。LegendOpts() 方法主要参数说明如下：

☑　is_show：布尔值，是否显示图例，True 为显示图例，False 为不显示图例。

☑　pos_left：字符串或数字，默认值为 None。图例离容器左侧的距离，其值可以是像 10 这样的具体像素值，也可以是 10%，表示相对于容器高宽的百分比。也可以是 left、center 或 right，图例将根据相应的位置自动对齐。

☑　pos_right：字符串或数字，默认值为 None。图例离容器右侧的距离，其值可以是像 10 这样的具体像素值，也可以是 10%，表示相对于容器高宽的百分比。

☑ pos_top：字符串或数字，默认值为None。图例离容器顶端的距离，其值可以是像10这样的具体像素值，也可以是10%，表示相对于容器高宽的百分比。也可以是top、middle或bottom，图例将根据相应的位置自动对齐。

☑ pos_bottom：字符串或数字，默认值为None。图例离容器底端的距离，其值可以是像10这样的具体像素值，也可以是10%，表示相对于容器高宽的百分比。

☑ orient：字符串，默认值为none。图例列表的布局朝向，其值为horizontal（横向）或vertical（纵向）。

☑ align：字符串。图例标记和文本的对齐，其值为auto、left或right，默认值为auto（自动）。根据图表的位置和orient参数（图例列表的朝向）决定。

☑ padding：整型，图例内边距，单位为像素（px），默认值为各方向内边距为5。

☑ item_gap：图例之间的间隔。横向布局时为水平间隔，纵向布局时为纵向间隔。默认间隔为10。

☑ item_width：图例标记的宽度。默认宽度为25。

☑ item_height：图例标记的高度。默认高度为14。

☑ textstyle_opts：图例的字体样式。参考options模块的TextStyleOpts()方法。主要包括颜色、字体样式、字体的粗细、字体的大小以及对齐方式等。

☑ legend_icon：图例标记的样式。其值为circle（圆形）、rect（矩形）、roundRect（圆角矩形）、triangle（三角形）、diamond（菱形）、pin（大头针）、arrow（箭头）或none（无）。也可以设置为图片。

实例 8.4 为图表设置图例（实例位置：资源包 \Code\08\04）

下面为“第一张图表”设置图例，具体步骤如下：

① 从 pyecharts.charts 库中导入 Bar 模块。代码如下：

```
from pyecharts.charts import Bar
```

② 从 pyecharts 库中导入 options 模块。

```
from pyecharts import options as opts
```

③ 生成图表，设置图表标题和图例。其中图例主要包括图例离容器右侧的距离、图例标记的宽度和图例标记的样式，代码如下：

```
01 bar =(
02     Bar(init_opts=opts.InitOpts(theme=ThemeType.LIGHT))  # 主题风格
03      # x 轴和 y 轴数据
04     .add_xaxis(["1 月 ", "2 月 ", "3 月 ", "4 月 ", "5 月 ", "6 月 "])
05     .add_yaxis(" 零基础学 Python", [2567, 1888, 1359, 3400, 4050, 5500])
06     .add_yaxis("Python 数据分析技术手册 ", [1567, 988, 2270,3900, 2750, 3600])
07     # 设置图表标题
08     .set_global_opts(title_opts=opts.TitleOpts(" 热门图书销量分析 ",   # 主标题
09                                                padding=[10,4,5,90],  # 标题内边距
10                                                subtitle='www.mingrisoft.com',
# 副标题
11                                                item_gap=5,           # 主标题与副标
题之间的间距
12                                                # 主标题字体颜色和大小
```

```
13                                          title_textstyle_opts=opts.
TextStyleOpts(color='red',font_size=18)),
14 # 设置图例
15 legend_opts=opts.LegendOpts(pos_right=50,    # 图例离容器右侧的距离
16                             item_width=45, # 图例标记的宽度
17                             legend_icon='circle'))  # 图例标记的样式为圆形
18     )
19 bar.render("mycharts3.html")
```

运行程序，在程序所在路径下生成一个名为 mycharts3.html 的 HTML 文件，打开该文件，效果如图 8.9 所示。

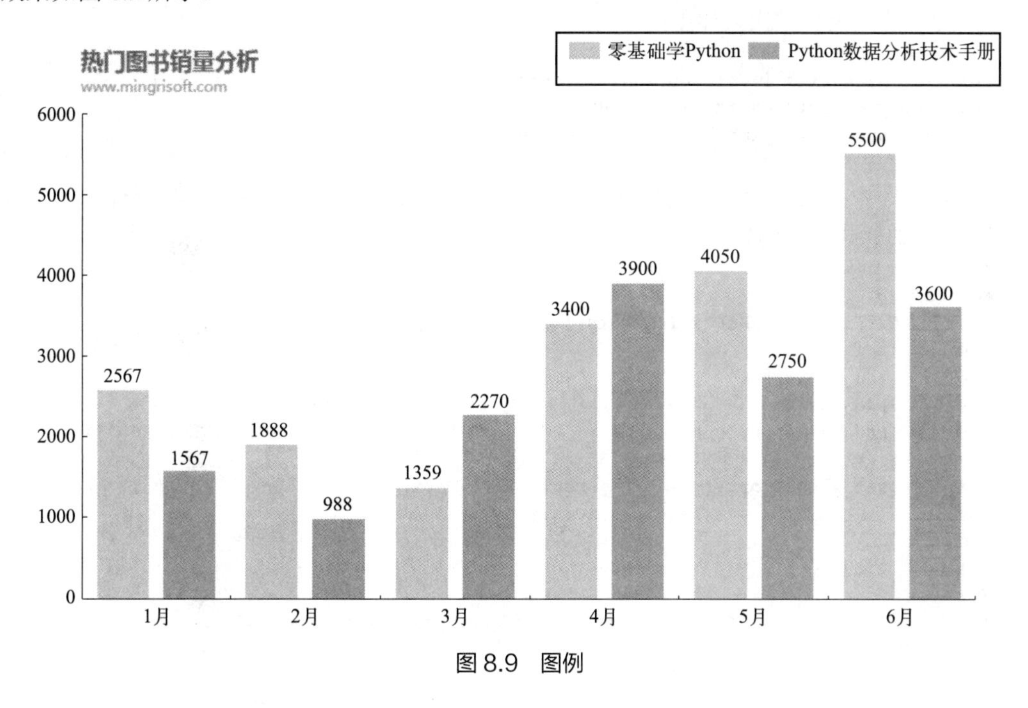

图 8.9　图例

8.2.4　提示框

提示框的设置主要通过 set_global_options 方法的 tooltip_opts 参数进行设置，该参数值参考 options 模块的 TooltipOpts() 方法。TooltipOpts() 方法主要参数说明如下：

☑　is_show：布尔值，是否显示提示框。

☑　trigger：提示框触发的类型，可选参数。item 数据项图形触发，主要在散点图和饼图等无类目轴的图表中使用；axis 坐标轴触发，主要在柱状图和折线图等使用类目轴的图表中使用；None 不触发，无提示框。

☑　trigger_on：提示框触发的条件，可选参数。mousemove 鼠标移动时触发，click 鼠标点击时触发，mousemove|click 鼠标移动和点击同时触发，none 鼠标不移动或不点击时触发。

☑　axis_pointer_type：指示器类型，可选参数。其值如下：

➢　line：直线指示器。

➢　shadow：阴影指示器。

➢　cross：十字线指示器。

➢　none：无指示器。

☑ background_color：提示框的背景颜色。

☑ border_color：提示框边框的颜色。

☑ border_width：提示框边框的宽度。

☑ textstyle_opts：提示框中文字的样式。参考options模块的TextStyleOpts()方法。主要包括颜色、字体样式、字体的粗细、字体的大小以及对齐方式等。

实例 8.5 为图表设置提示框（实例位置：资源包\Code\08\05）

下面设置提示框的样式，具体步骤如下：

① 导入相关模块，代码如下：

```
01 from pyecharts import options as opts
02 from pyecharts.charts import Bar
03 from pyecharts.globals import ThemeType
```

② 设置图表标题和图例。其中图例主要包括图例离容器右侧的距离、图例标记的宽度和图例标记的样式，代码如下：

```
01 bar =(
02     Bar(init_opts=opts.InitOpts(theme=ThemeType.LIGHT))  # 主题风格
03      # x 轴和 y 轴数据
04     .add_xaxis(["1 月 ", "2 月 ", "3 月 ", "4 月 ", "5 月 ", "6 月 "])
05     .add_yaxis(" 零基础学 Python", [2567, 1888, 1359, 3400, 4050, 5500])
06     .add_yaxis("Python 数据分析技术手册 ", [1567, 988, 2270,3900, 2750, 3600])
07     # 设置图表标题
08     .set_global_opts(title_opts=opts.TitleOpts(" 热门图书销量分析 ",    # 主标题
09                          padding=[10,4,5,90],  # 标题内边距
10                          subtitle='www.mingrisoft.com',  # 副标题
11                          item_gap=5,           # 主标题与副标题之间的间距
12                          # 主标题字体颜色和大小
13                          title_textstyle_opts=opts.TextStyleOpts(color='red',font_
size=18)),
14                          # 设置图例
15                          legend_opts=opts.LegendOpts(pos_right=50,    # 图例离容器右侧
的距离
16                                    item_width=45, # 图例标记的宽度
17                                    legend_icon='circle'),  # 图例标记的样式为圆形
```

③ 生成图表，设置提示框。鼠标点击时触发提示框，设置提示框为十字线指示器，设置背景色、边框宽度和边框颜色，代码如下：

```
01                          # 提示框
02                          tooltip_opts=opts.TooltipOpts(trigger="axis", # 坐标轴触发
03                                   trigger_on='click', # 鼠标点击时触发
04                                   axis_pointer_type='cross',  # 十字线指示器
05                                   background_color='blue',  # 背景色为蓝色
06                                   border_width=2,       # 边框宽度
07                                   border_color='red')  # 边框颜色为红色
08                          )
09     )
10 bar.render("mycharts5.html")          # 生成图表
```

运行程序，在程序所在路径下生成一个名为mycharts5.html的HTML文件，打开该文件，效果如图8.10所示。

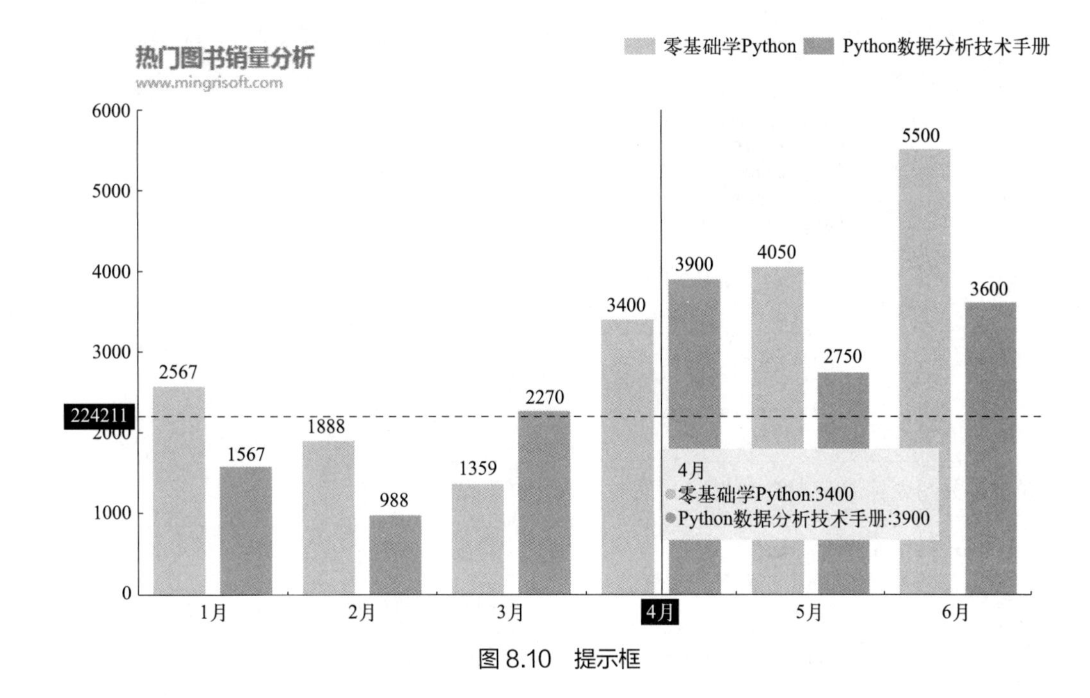

图 8.10　提示框

8.2.5　视觉映射

视觉映射主要通过 set_global_options 方法的 visualmap_opts 参数进行设置，该参数值参考 options 模块的 VisualMapOpts() 方法。VisualMapOpts() 方法主要参数说明如下：

☑ is_show：布尔型，是否显示视觉映射配置。
☑ type_：映射过渡类型，可选参数，其值为 color 或 size。
☑ min_：整型或浮点型，颜色条的最小值。
☑ max_：整型或浮点型，颜色条的最大值。
☑ range_text：颜色条两端的文本，例如，High 或 Low。
☑ range_color：序列，颜色范围（过渡颜色），例如，range_color=["#FFF0F5","#8B008B"]。
☑ orient：颜色条放置方式，水平（horizontal）或者竖直（vertical）。
☑ pos_left：颜色条离左侧的距离。
☑ dimension：颜色条映射的维度。
☑ is_piecewise：布尔型，是否分段显示数据。

实例 8.6　为图表添加视觉映射（实例位置：资源包 \Code\08\06）

下面为图表添加视觉映射，具体步骤如下：

① 导入相关模块，代码如下：

```
01 from pyecharts import options as opts
02 from pyecharts.charts import Bar
```

② 为柱状图添加数据，代码如下：

```
01 bar=Bar()
02 # 为柱状图添加数据
03 bar.add_dataset(source=[
```

```
04              ["val", "销量","月份"],
05              [24, 10009, "1月"],
06              [57, 19988, "2月"],
07              [74, 39870, "3月"],
08              [50, 12345, "4月"],
09              [99, 50145, "5月"],
10              [68, 29146, "6月"]
11              ]
12      )
13 bar.add_yaxis(
14      series_name="销量",    # 系列名称
15      yaxis_data=[],        # 系列数据
16      encode={"x": "销量", "y": "月份"},   # 对 x 轴 y 轴数据进行编码
17      label_opts=opts.LabelOpts(is_show=False)  #不显示标签文本
18      )
```

③ 设置图表标题和视觉映射，并生成图表，代码如下：

```
01 bar.set_global_opts(
02      title_opts=opts.TitleOpts("线上图书月销量分析", # 主标题
03                   subtitle='www.mingrisoft.com'), # 副标题
04      xaxis_opts=opts.AxisOpts(name="销量"),          # x 轴坐标名称
05      yaxis_opts=opts.AxisOpts(type_="category"),   # y 轴坐标类型为"类目"
06      # 视觉映射
07      visualmap_opts=opts.VisualMapOpts(
08          orient="horizontal",                        # 水平放置颜色条
09          pos_left="center",                          # 居中
10          min_=10,                                    # 颜色条最小值
11          max_=100,                                   # 颜色条最大值
12          range_text=["High", "Low"],                 # 颜色条两端的文本
13          dimension=0,                                # 颜色条映射的维度
14          range_color=["#FFF0F5", "#8B008B"]          # 颜色范围
15              )
16      )
17 bar.render("mycharts6.html")                         # 生成图表
```

运行程序，在程序所在路径下生成一个名为 mycharts6.html 的 HTML 文件，打开该文件，效果如图 8.11 所示。

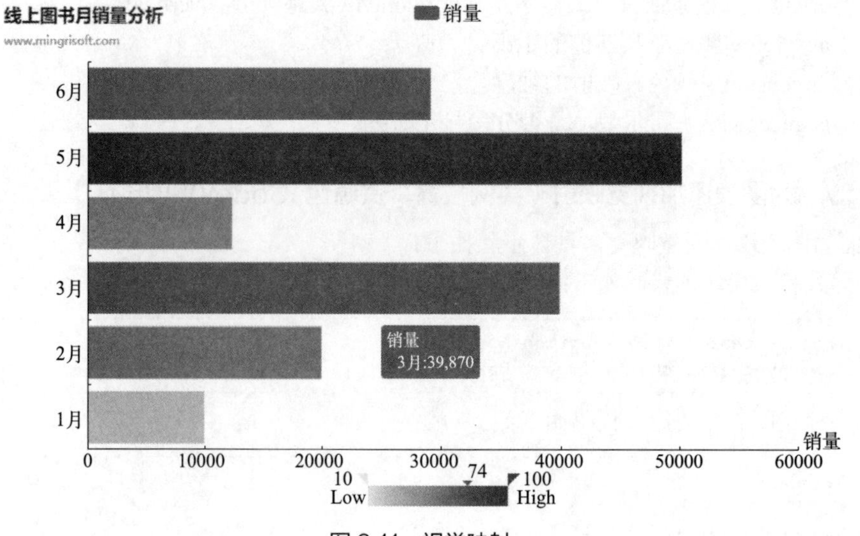

图 8.11　视觉映射

8.2.6　工具箱

工具箱主要通过 set_global_options 方法的 toolbox_opts 参数进行设置，该参数值参考 options 模块的 ToolboxOpts() 方法。ToolboxOpts() 方法主要参数说明如下：

☑ is_show：布尔值，是否显示工具箱。
☑ orient：工具箱的布局朝向，可选参数：水平（horizontal）或竖直（vertical）。
☑ pos_left：工具箱离容器左侧的距离。
☑ pos_right：工具箱离容器右侧的距离。
☑ pos_top：工具箱离容器顶端的距离。
☑ pos_bottom：工具箱离容器底端的距离。
☑ feature：工具箱中每个工具的配置项。

实例 8.7　为图表添加工具箱（实例位置：资源包 \Code\08\07）

下面为图表添加工具箱，具体步骤如下：

① 导入相关模块，代码如下：

```
01 from pyecharts import options as opts
02 from pyecharts.charts import Bar
```

② 绘制柱状图，代码如下：

```
01 bar=Bar()
02 # 为柱状图添加数据
03 bar.add_dataset(source=[
04                 ["val", " 销量 "," 月份 "],
05                 [24, 10009, "1 月 "],
06                 [57, 19988, "2 月 "],
07                 [74, 39870, "3 月 "],
08                 [50, 12345, "4 月 "],
09                 [99, 50145, "5 月 "],
10                 [68, 29146, "6 月 "]
11                 ]
12         )
13 bar.add_yaxis(
14         series_name=" 销量 ",    # 系列名称
15         yaxis_data=[],        # 系列数据
16         encode={"x": " 销量 ", "y": " 月份 "},    # 对 x 轴 y 轴数据进行编码
17         label_opts=opts.LabelOpts(is_show=False)  #不显示标签文本
18         )
19 bar.set_global_opts(
20         title_opts=opts.TitleOpts(" 线上图书月销量分析 ", # 主标题
21                                   subtitle='www.mingrisoft.com'), # 副标题
22         xaxis_opts=opts.AxisOpts(name=" 销量 "),          # x 轴坐标名称
23         yaxis_opts=opts.AxisOpts(type_="category"),     # y 轴坐标类型为 " 类目 "
24         # 视觉映射
25         visualmap_opts=opts.VisualMapOpts(
26             orient="horizontal",                         # 水平放置颜色条
27             pos_left="center",                           # 居中
28             min_=10,                                     # 颜色条最小值
29             max_=100,                                    # 颜色条最大值
30             range_text=["High", "Low"],                  # 颜色条两端的文本
31             dimension=0,                                 # 颜色条映射的维度
32             range_color=["#FFF0F5", "#8B008B"]           # 颜色范围
33                          ),
```

③ 添加工具箱，并生成图表，代码如下：

```
01         # 工具箱
02         toolbox_opts=opts.ToolboxOpts(is_show=True,      # 显示工具箱
03                                       pos_left=700)      # 工具箱离容器左侧的距离
04         )
05 bar.render("mycharts7.html")                             # 生成图表
```

运行程序，在程序所在路径下生成一个名为mycharts7.html的HTML文件，打开该文件，效果如图8.12所示。

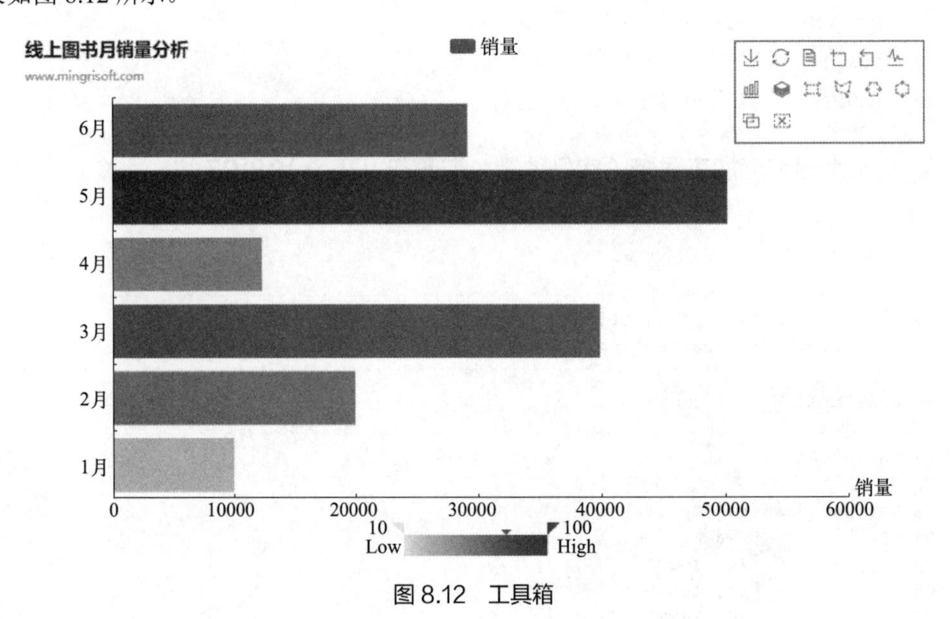

图8.12 工具箱

8.2.7 区域缩放

区域缩放工具条主要通过set_global_options方法的datazoom_opts参数进行设置，该参数值参考options模块的DataZoomOpts()方法。DataZoomOpts()方法主要参数说明如下：

☑ is_show：布尔值，是否显示区域缩放工具条。

☑ type_：区域缩放工具条的类型，可选参数，其值为slider或inside。

☑ is_realtime：布尔值，是否实时更新图表。

☑ range_start：数据窗口范围的起始百分比，其值为0~100，表示0%~100%。

☑ range_end：数据窗口范围的结束百分比，其值为0~100，表示0%~100%。

☑ start_value：数据窗口的起始数值。

☑ end_value：数据窗口范围的结束数值。

☑ orient：区域缩放工具条的布局方式，可选参数，其值为horizontal（水平）或vertical（竖直）。

☑ pos_left：工具箱离容器左侧的距离。

☑ pos_right：工具箱离容器右侧的距离。

☑ pos_top：工具箱离容器顶端的距离。

☑ pos_bottom：工具箱离容器底端的距离。

实例 8.8　为图表添加区域缩放（实例位置：资源包 \Code\08\08）

下面为图表添加区域缩放工具条，具体步骤如下：

① 导入相关模块，代码如下：

```
01 from pyecharts import options as opts
02 from pyecharts.charts import Bar
```

② 绘制柱状图，代码如下：

```
01 bar=Bar()
02 # 为柱状图添加数据
03 bar.add_dataset(source=[
04                 ["val", " 销量 "," 月份 "],
05                 [24, 10009, "1 月 "],
06                 [57, 19988, "2 月 "],
07                 [74, 39870, "3 月 "],
08                 [50, 12345, "4 月 "],
09                 [99, 50145, "5 月 "],
10                 [68, 29146, "6 月 "]
11                 ]
12         )
13 bar.add_yaxis(
14         series_name=" 销量 ",    # 系列名称
15         yaxis_data=[],        # 系列数据
16         encode={"x": " 销量 ", "y": " 月份 "},    # 对 x 轴 y 轴数据进行编码
17         label_opts=opts.LabelOpts(is_show=False)   # 不显示标签文本
18         )
19 bar.set_global_opts(
20         title_opts=opts.TitleOpts(" 线上图书月销量分析 ", # 主标题
21                         subtitle='www.mingrisoft.com'), # 副标题
22         xaxis_opts=opts.AxisOpts(name=" 销量 "),         # x 轴坐标名称
23         yaxis_opts=opts.AxisOpts(type_="category"),     # y 轴坐标类型为 " 类目 "
24         # 视觉映射
25         visualmap_opts=opts.VisualMapOpts(
26             orient="vertical",                       # 竖直放置颜色条
27             pos_right=20,                            # 离容器右侧的距离
28             pos_top=100,                             # 离容器顶端的距离
29             min_=10,                                 # 颜色条最小值
30             max_=100,                                # 颜色条最大值
31             range_text=["High", "Low"],              # 颜色条两端的文本
32             dimension=0,                             # 颜色条映射的维度
33             range_color=["#FFF0F5", "#8B008B"]       # 颜色范围
34                         ),
35         # 工具箱
36         toolbox_opts=opts.ToolboxOpts(is_show=True,      # 显示工具箱
37                             pos_left=700),     # 工具箱离容器左侧的距离
```

③ 添加区域缩放工具条，并生成图表，代码如下：

```
01         # 区域缩放工具条
02         datazoom_opts=opts.DataZoomOpts()
03         )
04 bar.render("mycharts8.html")                             # 生成图表
```

运行程序，在程序所在路径下生成一个名为 mycharts8.html 的 HTML 文件，打开该文件，效果如图 8.13 所示。

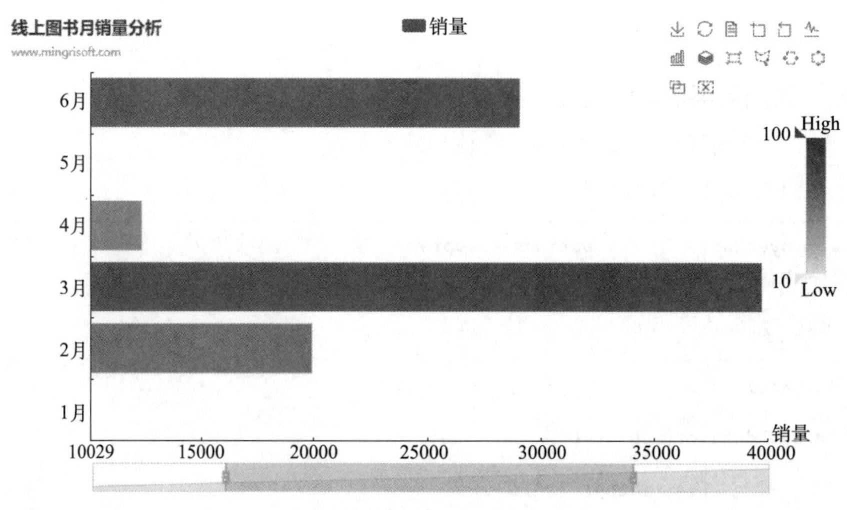

图 8.13　区域缩放

8.3 Pyecharts 图表的绘制

8.3.1 柱状图——Bar 模块

绘制柱状图 / 条形图主要使用 Bar 模块实现，主要方法介绍如下：

☑ add_xaxis()：x 轴数据。

☑ add_yaxis()：y 轴数据。

☑ reversal_axis()：翻转 x 轴、y 轴数据。

☑ add_dataset()：原始数据。一般来说，原始数据表达的是二维表。

实例 8.9　绘制多柱状图（实例位置：资源包 \Code\08\09）

前述简单介绍了柱状图的绘制，下面通过 Pandas 读取 Excel 文件中的数据，然后绘制多柱状图表，分析近 7 年各个电商平台的销量情况，具体步骤如下：

① 导入相关模块，代码如下：

```
01 import pandas as pd
02 from pyecharts.charts import Bar
03 from pyecharts import options as opts
04 from pyecharts.globals import ThemeType
```

② 读取 Excel 文件，代码如下：

```
01 # 设置数据显示的编码格式为东亚宽度，以使列对齐
02 pd.set_option('display.unicode.east_asian_width', True)
03 # 读取 Excel 文件
04 df = pd.read_excel('books.xlsx',sheet_name='Sheet2')
05 print(df)
06 # x 轴和 y 轴数据
07 x=list(df['年份'])
08 y1=list(df['京东'])
09 y2=list(df['天猫'])
10 y3=list(df['自营'])
```

③ 绘制多柱状图，代码如下：

```
01 bar = Bar(init_opts=opts.InitOpts(theme=ThemeType.LIGHT))  # 创建柱状图并设置主题
02 # 为柱状图添加 x 轴和 y 轴数据
03 bar.add_xaxis(x)
04 bar.add_yaxis('京东',y1)
05 bar.add_yaxis('天猫',y2)
06 bar.add_yaxis('自营',y3)
07 # 渲染图表到 HTML 文件，存放在程序所在目录下
08 bar.render("mybar1.html")
```

运行程序，对比效果如图 8.14 和图 8.15 所示。

	序号	年份	京东	天猫	自营
0	B01	2013	680	325	806
1	B02	2014	890	1878	2883
2	B03	2015	1560	2347	9438
3	B04	2016	2345	2900	5721
4	B05	2017	5589	3214	10420
5	B06	2018	12988	4325	15408
6	B07	2019	15250	5845	17927

图 8.14　数据展示

图 8.15　图表展示

8.3.2 折线 / 面积图——Line 模块

绘制折线 / 面积图主要使用 Line 模块的 add_xaxis() 方法和 add_yaxis() 方法实现。下面介绍 add_yaxis() 方法的几个主要参数：

☑ series_name：系列名称。用于提示文本和图例标签。

☑ y_axis：y 轴数据。

☑ color：标签文本的颜色。

☑ symbol：标记。包括circle、rect、roundRect、triangle、diamond、pin、arrow或none。也可以设置为图片。

☑ symbol_size：标记大小。

☑ is_smooth：布尔值，是否为平滑曲线。

☑ is_step：布尔值，是否显示为阶梯图。

☑ linestyle_opts：线条样式。参考series_options.LineStyleOpts。

☑ areastyle_opts：填充区域配置项，主要用于绘制面积图。该参数值须参考options模块的AreaStyleOpts()方法。例如，areastyle_opts=opts.AreaStyleOpts(opacity=1)。

实例 8.10 绘制折线图（实例位置：资源包 \Code\08\10）

下面绘制折线图，分析近7年各个电商平台的销量情况，具体步骤如下：

① 导入相关模块，代码如下：

```
01 import pandas as pd
02 from pyecharts.charts import Line
```

② 绘制折线图，代码如下：

```
01 # 读取 Excel 文件
02 df = pd.read_excel('books.xlsx',sheet_name='Sheet2')
03 x=list(df[' 年份 '])
04 y1=list(df[' 京东 '])
05 y2=list(df[' 天猫 '])
06 y3=list(df[' 自营 '])
07 line=Line()  # 创建折线图
08 # 为折线图添加 x 轴和 y 轴数据
09 line.add_xaxis(xaxis_data=x)
10 line.add_yaxis(series_name=" 京东 ",y_axis=y1)
11 line.add_yaxis(series_name=" 天猫 ",y_axis=y2)
12 line.add_yaxis(series_name=" 自营 ",y_axis=y3)
13 # 渲染图表到 HTML 文件，存放在程序所在目录下
14 line.render("myline1.html")
```

运行程序，在程序所在路径下生成myline1.html的HTML文件，打开该文件，效果如图8.16所示。

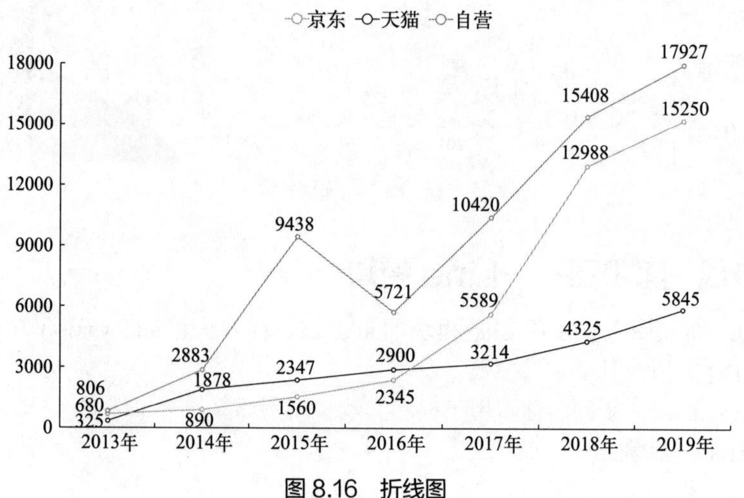

图8.16 折线图

注意

x 轴数据必须为字符串，否则图表不显示。如果数据为其他类型，需要使用 str() 函数转换为字符串，如 x_data=[str(i) for i in x]。

实例 8.11　绘制面积图（实例位置：资源包 \Code\08\11）

使用 Line 模块还可以绘制面积图，主要通过在 add_yaxis() 方法中指定 areastyle_opts 参数，该参数值由 options 模块的 AreaStyleOpts() 方法提供。下面绘制面积图，具体步骤如下：

① 导入相关模块，代码如下：

```
01 import pandas as pd
02 from pyecharts.charts import Line
03 from pyecharts import options as opts
```

② 绘制面积图，代码如下：

```
01 # 读取 Excel 文件
02 df = pd.read_excel('books.xlsx',sheet_name='Sheet2')
03 x=list(df[' 年份 '])
04 y1=list(df[' 京东 '])
05 y2=list(df[' 天猫 '])
06 y3=list(df[' 自营 '])
07 line=Line()  # 创建面积图
08 # 为面积图添加 x 轴和 y 轴数据
09 line.add_xaxis(xaxis_data=x)
10 line.add_yaxis(series_name=" 自营 ",y_axis=y3,areastyle_opts=opts.
AreaStyleOpts(opacity=1))
11 line.add_yaxis(series_name=" 京东 ",y_axis=y1,areastyle_opts=opts.
AreaStyleOpts(opacity=1))
12 line.add_yaxis(series_name=" 天猫 ",y_axis=y2,areastyle_opts=opts.
AreaStyleOpts(opacity=1))
13 # 渲染图表到 HTML 文件，存放在程序所在目录下
14 line.render("myline2.html")
```

运行程序，在程序所在路径下生成 myline2.html 的 HTML 文件，打开该文件，效果如图 8.17 所示。

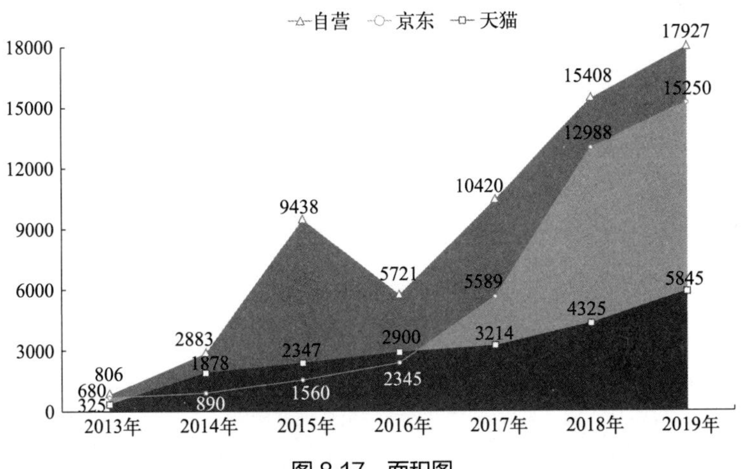

图 8.17　面积图

8.3.3 饼形图——Pie模块

绘制饼形图主要使用Pie模块的add()方法实现。下面介绍add()方法的几个主要参数：

☑ series_name：系列名称，用于提示文本和图例标签。

☑ data_pair：数据项，格式为[(key1, value1), (key2, value2)]。可使用zip()函数将可迭代对象打包成元组，然后再转换为列表。

☑ color：系列标签的颜色。

☑ radius：饼图的半径，数组的第一项是内半径，第二项是外半径，默认设置为百分比，相当于容器高宽中较小的一项的一半。

☑ rosetype：是否展开为南丁格尔图（也称玫瑰图），通过半径区分数据大小，其值为radius或area，radius表示用扇区圆心角展现数据的百分比，半径展现数据的大小，area表示所有扇区圆心角相同，仅通过半径展现数据的大小。

☑ is_clockwise：饼图的扇区是否以顺时针显示。

实例 8.12 饼形图分析各地区销量占比情况（实例位置：资源包\Code\08\12）

下面绘制饼形图，分析各地区销量占比情况，具体步骤如下：

① 导入相关模块，代码如下：

```
01 import pandas as pd
02 from pyecharts.charts import Pie
03 from pyecharts import options as opts
```

② 读取Excel文件，并将数据处理为列表加元组的形式，代码如下：

```
01 # 读取Excel文件
02 df = pd.read_excel('data2.xls')
03 x_data=df['地区']
04 y_data=df['销量']
05 # 将数据转换为列表加元组的格式（[(key1, value1), (key2, value2)]）
06 data=[list(z) for z in zip(x_data, y_data)]
07 # 数据排序
08 data.sort(key=lambda x: x[1])
09 print(x_data)
10 print(data)
```

③ 创建饼形图，代码如下：

```
01 pie=Pie()   #创建饼形图
02 # 为饼形图添加数据
03 pie.add(
04         series_name="地区",     # 序列名称
05         data_pair=data,     # 数据
06     )
07 pie.set_global_opts(
08         # 饼形图标题居中
09         title_opts=opts.TitleOpts(
10             title="各地区销量情况分析",
11             pos_left="center"),
12         # 不显示图例
13         legend_opts=opts.LegendOpts(is_show=False),
14     )
15 pie.set_series_opts(
16         # 序列标签
```

```
17            label_opts=opts.LabelOpts(),
18        )
19 # 渲染图表到 HTML 文件，存放在程序所在目录下
20 pie.render("mypie1.html")
```

运行程序，在程序所在路径下生成 mypie1.html 的 HTML 文件，打开该文件，效果如图 8.18 所示。

8.3.4　箱形图——Boxplot 模块

实例 8.13　绘制简单的箱形图（实例位置：资源包 \Code\08\13）

绘制箱形图主要使用 Boxplot 模块的 add_xaxis() 方法和 add_yaxis() 方法实现。下面绘制一个简单的箱形图，程序代码如下：

```
01 import pandas as pd
02 from pyecharts.charts import Boxplot
03 # 读取 Excel 文件
04 df = pd.read_excel('Tips.xlsx')
05 y_data=[list(df[' 总消费 '])]
06 boxplot=Boxplot()    # 创建箱形图
07 # 为箱形图添加数据
08 boxplot.add_xaxis([""])
09 boxplot.add_yaxis('',y_axis=boxplot.prepare_data(y_data))
10 # 渲染图表到 HTML 文件，存放在程序所在目录下
11 boxplot.render("myboxplot.html")
```

运行程序，在程序所在路径下生成 myboxplot.html 的 HTML 文件，打开该文件，效果如图 8.19 所示。

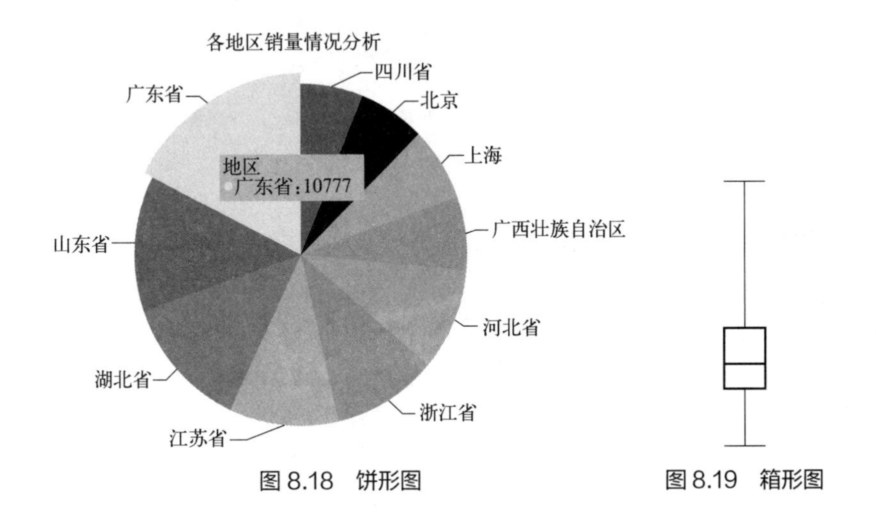

图 8.18　饼形图　　图 8.19　箱形图

8.3.5　涟漪特效散点图——EffectScatter 模块

实例 8.14　绘制简单的散点图（实例位置：资源包 \MR\Code\08\14）

绘制涟漪特效散点图主要使用 EffectScatter 模块的 add_xaxis() 方法和 add_yaxis() 方法实

现。下面绘制一个简单的涟漪特效散点图，程序代码如下：

```
01 import pandas as pd
02 from pyecharts.charts import EffectScatter
03 # 读取 Excel 文件
04 df = pd.read_excel('books.xlsx',sheet_name='Sheet2')
05 # x 轴和 y 轴数据
06 x=list(df['年份'])
07 y1=list(df['京东'])
08 y2=list(df['天猫'])
09 y3=list(df['自营'])
10 # 绘制涟漪散点图
11 scatter=EffectScatter()
12 scatter.add_xaxis(x)
13 scatter.add_yaxis("",y1)
14 scatter.add_yaxis("",y2)
15 scatter.add_yaxis("",y3)
16 # 渲染图表到 HTML 文件，存放在程序所在目录下
17 scatter.render("myscatter.html")
```

运行程序，在程序所在路径下生成 myscatter.html 的 HTML 文件，打开该文件，效果如图 8.20 所示。

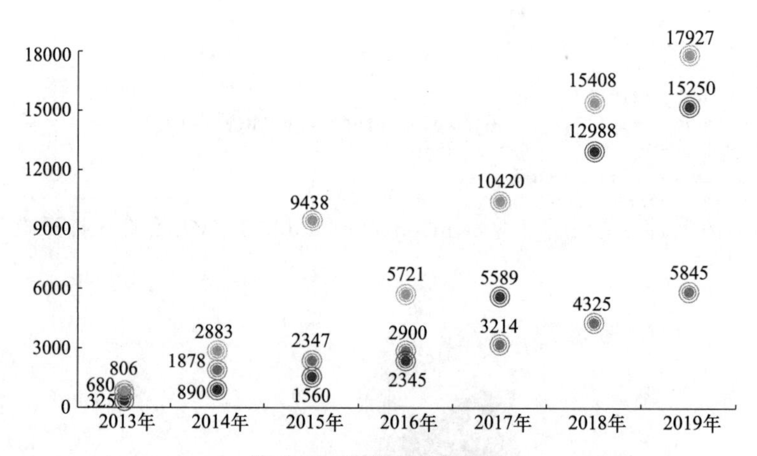

图 8.20 涟漪特效散点图

8.3.6 词云图——WordCloud 模块

绘制词云图主要使用 WordCloud 模块 add() 方法实现。下面介绍 add() 方法的几个主要参数：

☑ series_name：系列名称，用于提示文本和图例标签。

☑ data_pair：数据项，格式为 [(word1,count1), (word2, count2)]，可使用 zip() 函数将可迭代对象打包成元组，然后再转换为列表。

☑ shape：字符型，词云图的轮廓，其值为 circle、cardioid、diamond、triangle-forward、triangle、pentagon 或 star。

☑ mask_image：自定义图片（支持的图片格式为 jpg、jpeg、png 和 ico），该参数支持 base64（一种基于 64 个可打印字符来表示二进制数据的方法）和本地文件路径（相对或者绝对路径都可以）。

☑ word_gap：单词间隔。

☑ word_size_range：单词字体大小范围。

☑ rotate_step：旋转单词角度。
☑ pos_left：距离左侧的距离。
☑ pos_top：距离顶部的距离。
☑ pos_right：距离右侧的距离。
☑ pos_bottom：距离底部的距离。
☑ width：词云图的宽度。
☑ height：词云图的高度。

实现词云图首先需要通过 jieba 模块的 TextRank 算法从文本中提取关键词。TextRank 是一种文本排序算法，是基于著名的网页排序算法 PageRank 改动而来。TextRank 不仅能进行关键词提取，也能做自动文摘。

根据某个词所连接所有词汇的权重（权重是指某一因素或指标相对于某一事物的重要程度，这里指某个词在整段文字中的重要程度），重新计算该词汇的权重，然后把重新计算的权重传递下去。直到这种变化达到均衡态，权重数值不再发生改变。根据最后的权重值，取其中排列靠前的词汇作为关键词。

实例 8.15　绘制词云图分析用户评论内容（实例位置：资源包 \Code\08\15）

接下来绘制词云图，分析用户的评论内容。具体步骤如下：

① 安装 jieba 模块，运行“命令提示符”窗口，通过 pip 命令安装 jieba 模块，安装命令如下：

```
pip install jieba
```

当然，也可以在 PyCharm 开发环境中安装。

② 导入相关模块，代码如下：

```
01 from pyecharts.charts import WordCloud
02 from jieba import analyse
```

③ 使用 TextRank 算法从文本中提取关键词，代码如下：

```
01 textrank = analyse.textrank
02 text = open('111.txt','r',encoding='gbk').read()
03 keywords = textrank(text,topK=30)
04 list1=[]
05 tup1=()
```

④ 关键词列表，代码如下：

```
01 for keyword, weight in textrank(text,topK=30, withWeight=True):
02     print('%s %s' % (keyword, weight))
03     tup1=(keyword,weight)  #关键词权重
04     list1.append(tup1)     #添加到列表中
```

⑤ 绘制词云图，代码如下：

```
01 mywordcloud=WordCloud()
02 mywordcloud.add('',list1,word_size_range=[20,100])
03 mywordcloud.render('wordclound.html')
```

运行程序，在程序所在路径下生成 wordclound.html 的 HTML 文件，打开该文件，效果如图 8.21 所示。

图 8.21　词云图

8.3.7　热力图——HeatMap 模块

实例 8.16　热力图统计双色球中奖数字出现的次数（实例位置：资源包 \Code\08\16）

绘制热力图主要使用 HeatMap 模块的 add_xaxis() 方法和 add_yaxis() 方法。下面通过热力图统计 2014~2019 年双色球中奖号码出现的次数，具体步骤如下：

① 导入相关模块，代码如下：

```
01 import pyecharts.options as opts
02 from pyecharts.charts import HeatMap
03 import pandas as pd
```

② 读取 Excel 文件，并进行数据处理，代码如下：

```
01 # 读取 Excel 文件
02 df=pd.read_csv('data.csv',encoding='gb2312')
03 series=df['中奖号码'].str.split('  ',expand=True) # 提取中奖号码
04 # 统计每一位中奖号码出现的次数
05 df1=df.groupby(series[0]).size()
06 df2=df.groupby(series[1]).size()
07 df3=df.groupby(series[2]).size()
08 df4=df.groupby(series[3]).size()
09 df5=df.groupby(series[4]).size()
10 df6=df.groupby(series[5]).size()
11 df7=df.groupby(series[6]).size()
12 # 横向表合并（行对齐）
13 data = pd.concat([df1,df2,df3,df4,df5,df6,df7], axis=1,sort=True)
14 data=data.fillna(0)    # 空值 NaN 替换为 0
15 data=data.round(0).astype(int)# 浮点数转换为整数
```

③ 将数据转换为 HeatMap 支持的列表格式，代码如下：

```
01 # 数据转换为 HeatMap 支持的列表格式
02 value1=[]
03 for i in range(7):
```

```
04     for j in range(33):
05         value1.append([i,j,int(data.iloc[j,i])])
```

④ 绘制热力图，代码如下：

```
01 x=['第1位','第2位','第3位','第4位','第5位','第6位','第7位']
02 heatmap=HeatMap(init_opts=opts.InitOpts(width='600px',height='650px'))
03 heatmap.add_xaxis(x)
04 heatmap.add_yaxis("aa",list(data.index),value=value1,  # y 轴数据
05                   # y 轴标签
06                   label_opts=opts.LabelOpts(is_show=True,color='white',position=
"center"))
07 heatmap.set_global_opts(title_opts=opts.TitleOpts(title="统计 2014~2019 年双色球中
奖号码出现的次数",pos_left="center"),
08         legend_opts=opts.LegendOpts(is_show=False),# 不显示图例
09         xaxis_opts=opts.AxisOpts( # 坐标轴配置项
10             type_="category",  # 类目轴
11             splitarea_opts=opts.SplitAreaOpts( # 分隔区域配置项
12                 is_show=True,
13                 # 区域填充样式
14                 areastyle_opts=opts.AreaStyleOpts(opacity=1)
15             ),
16             ),
17         yaxis_opts=opts.AxisOpts( # 坐标轴配置项
18             type_="category", # 类目轴
19             splitarea_opts=opts.SplitAreaOpts( # 分隔区域配置项
20                 is_show=True,
21                 # 区域填充样式
22                 areastyle_opts=opts.AreaStyleOpts(opacity=1)
23             ),
24         ),
25         # 视觉映射配置项
26         visualmap_opts=opts.VisualMapOpts(is_piecewise=True,   # 分段显示
27                                           min_=1,max_=170,     # 最小值、最大值
28                                           orient='horizontal', # 水平方向
29                                           pos_left="center")   # 居中
30     )
31 heatmap.render("heatmap.html")
```

运行程序，在程序所在路径下生成 heatmap.html 的 HTML 文件，打开该文件，效果如图 8.22 所示。

8.3.8 水球图——Liquid 模块

实例 8.17　绘制水球图（实例位置：资源包 \Code\08\17）

绘制水球图主要使用 Liquid 模块的 add() 方法实现。下面绘制一个简单的涟漪特效散点图，程序代码如下：

```
01 from pyecharts.charts import Liquid
02 # 绘制水球图
03 liquid=Liquid()
04 liquid.add('',[0.7])
05 liquid.render("myliquid.html")
```

运行程序，在程序所在路径下生成 myliquid.html 的 HTML 文件，打开该文件，效果如图 8.23 所示。

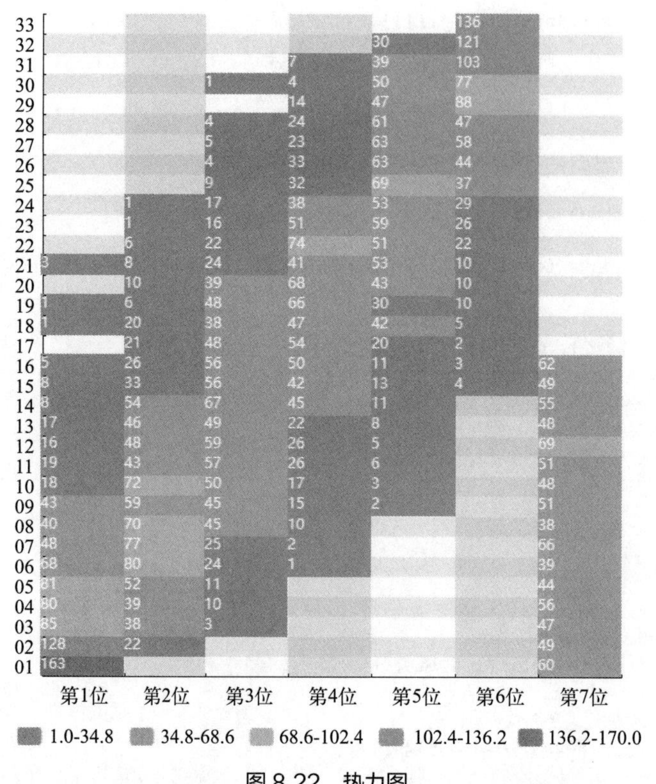

图 8.22 热力图

图 8.23 水球图

8.3.9 日历图——Calendar 模块

实例 8.18 绘制加班日历图（实例位置：资源包 \Code\08\18）

绘制日历图主要使用 Calendar 模块的 add() 方法实现。下面绘制一个简单日历图，通过该日历图分析 6 月份加班情况，程序代码如下：

```
01 import pandas as pd
02 from pyecharts import options as opts
03 from pyecharts.charts import Calendar
04 # 读取 Excel 文件
05 df=pd.read_excel('202001.xls')
06 data=df.stack()  # 行列转换
07 # 求最大值和最小值
08 mymax=round(max(data),2)
09 mymin=round(min(data),2)
10 # 生成日期
11 index=pd.date_range('20200601','20200630')
12 # 合并列表
13 data_list=list(zip(index,data))
14 # 生成日历图
15 calendar=Calendar()
16 calendar.add("",
17              data_list,
18              calendar_opts=opts.CalendarOpts(range_=['2020-06-01','2020-06-30']))
```

```
19 calendar.set_global_opts(
20         title_opts=opts.TitleOpts(title="2020 年 6 月加班情况 ",pos_left='center'),
21         visualmap_opts=opts.VisualMapOpts(
22             max_=mymax,
23             min_=mymin+0.1,
24             orient="horizontal",
25             is_piecewise=True,
26             pos_top="230px",
27             pos_left="70px",
28         ),
29     )
30 calendar.render("mycalendar.html")
```

运行程序，在程序所在路径下生成 calendar.html 的 HTML 文件。打开该文件，效果如图 8.24 所示。

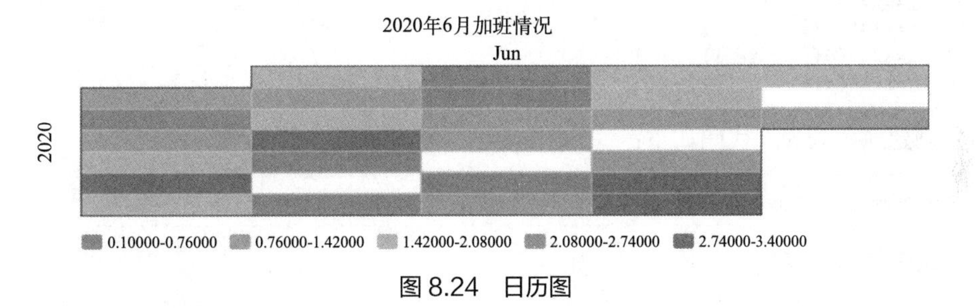

图 8.24　日历图

8.4 综合案例——柱形图 + 折线图双 y 轴图表的绘制

双 y 轴顾名思义就是两个 y 轴，下面实现柱形图 + 折线图双 y 轴图表的绘制，其中柱形图 y 轴表示月销量，折线图 y 轴表示三个平台的月平均销量，效果如图 8.25 所示。

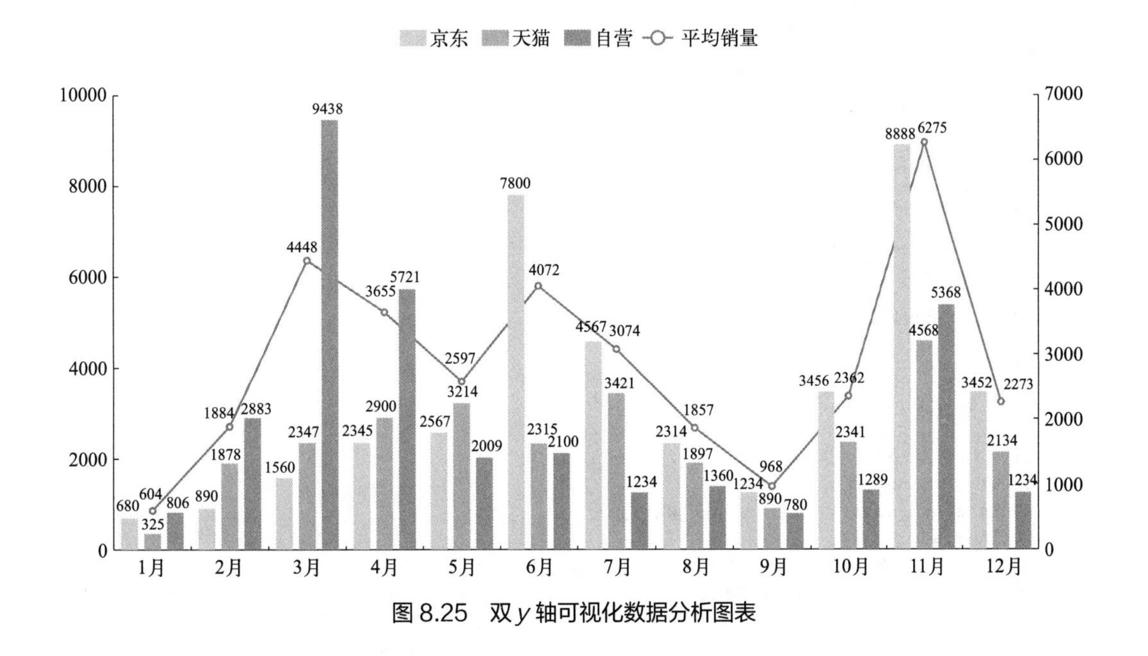

图 8.25　双 y 轴可视化数据分析图表

实现双 y 轴可视化数据分析图表的两个关键点：一是使用 Bar 模块的 extend_axis() 方法扩展 y 轴；二是对 add_yaxis() 方法的 yaxis_index 参数进行设置，该参数用于指定 y 轴的索引值，从 0 开始。双 y 轴索引值分别为 0 和 1，具体实现步骤如下：

① 导入相关模块，代码如下：

```
01 import pyecharts.options as opts
02 from pyecharts.charts import Bar, Line
03 import pandas as pd
04 import numpy
```

② 读取 Excel 文件，代码如下：

```
01 # 读取 Excel 文件
02 df=pd.read_excel('../../datas/books1.xlsx')
03 x_data =list(df['月份'])
04 y1=list(df['京东'])
05 y2=list(df['天猫'])
06 y3=list(df['自营'])
```

③ 创建颜色列表，代码如下：

```
colors = ["#5793f3", "#FFD700", "#675bba"]
```

④ 求平均值并保留整数位，代码如下：

```
y_average=list(((df['京东']+df['天猫']+df['自营'])/3).apply(numpy.round))
```

⑤ 绘制柱形图，代码如下：

```
01 # 绘制柱形图
02 legend_list =["京东","天猫","自营"]
03 bar = (
04     Bar(init_opts=opts.InitOpts(width="1000px", height="500px"))
05     .add_xaxis(xaxis_data=x_data)
06     .add_yaxis(
07         series_name="京东",
08         yaxis_data=y1,
09         color=colors[0],
10         yaxis_index=0,
11     )
12     .add_yaxis(
13         series_name="天猫",yaxis_data=y2,color=colors[1]
14     )
15     .add_yaxis(
16         series_name="自营",yaxis_data=y3,color=colors[2]
17     )
18     .extend_axis(yaxis=opts.AxisOpts())
19 )
```

⑥ 绘制折线图，代码如下：

```
01 # 绘制折线图
02 line =Line()
03 line.add_xaxis(xaxis_data=x_data)
04 line.add_yaxis(
05         series_name="平均销量",
06         y_axis=y_average,      # y 轴平均值
```

```
07          color='red',
08          yaxis_index=1,
09      )
10 # 渲染图表到 HTML 文件，存放在程序所在目录下
11 bar.overlap(line).render("barline.html")
```

绘制饼形图与环形图组合图表的一个关键点是创建两个饼形图，并设置不同的半径（radius 参数），具体实现步骤如下：

① 导入相关模块，代码如下：

```
01 import pyecharts.options as opts
02 from pyecharts.charts import Pie
```

② 为饼形图和环形图添加数据，代码如下：

```
01 # 饼形图数据
02 x1 = ["北京", "上海", "广州"]
03 y1 = [1168, 890,578]
04 data1 = [list(z) for z in zip(x1,y1)]
05 # 环形图数据
06 x2 = ["北京", "上海", "河南省", "广州", "湖南省", "四川省", "湖北省", "河北省",
"江苏省", "浙江省"]
07 y2 = [1168, 890, 234, 578, 345, 225, 188, 101,999,1300]
08 data2 = [list(z) for z in zip(x2,y2)]
```

③ 饼形图与环形图组合，代码如下：

```
01 # 饼形图与环形图组合
02 (
03     Pie(init_opts=opts.InitOpts(width="1000px", height="600px"))
04     # 饼形图
05     .add(
06         series_name="销售地区",
07         data_pair=data1,
08         radius=[0, "30%"],
09         label_opts=opts.LabelOpts(position="inner"), # 饼形图标签
10     )
11     # 环形图
12     .add(
13         series_name="销售地区",
14         radius=["40%", "55%"],
15         data_pair=data2,
16         # 环形图标签
17         label_opts=opts.LabelOpts(
18             position="outside", # 标签位置
19             # 标签格式化
20             formatter="{a|{a}}{bg|}\n{hr|}\n {b|{b}: }{c}  {per|{d}%}  ",
21             background_color="#FAFAD2",  # 背景色
22             border_color="#FFA500", # 边框颜色
23             border_width=1,  # 边框宽度
24             border_radius=4, # 边框半径
25             # 利用富文本样式，定义标签效果
26             rich={
27                 "a": {"color": "black", "lineHeight": 22, "align": "center"},
28                 "bg": {
29                     "backgroundColor": "#FFA500",
30                     "width": "100%",
```

```
31                     "align": "right",
32                     "height": 22,
33                     "borderRadius": [4, 4, 0, 0],
34                 },
35                 "hr": {
36                     "borderColor": "#aaa",
37                     "width": "100%",
38                     "borderWidth": 0.5,
39                     "height": 0,
40                 },
41                 "b": {"fontSize": 14, "lineHeight": 33},
42                 "per": {
43                     "color": "#eee",
44                     "backgroundColor": "#334455",
45                     "padding": [2, 4],
46                     "borderRadius": 2,
47                 },
48             },
49         ),
50     )
51     .set_global_opts(legend_opts=opts.LegendOpts(pos_left="left", orient="verti
cal"))
52     .set_series_opts(
53         tooltip_opts=opts.TooltipOpts(
54             trigger="item", formatter="{a} <br/>{b}: {c} ({d}%)"
55         )
56     )
57     .render("mypies.html")
58 )
```

技巧

下面介绍一下Pyecharts的文本标签配置项，具体如下：

☑ 字体基本样式：fontStyle、fontWeight、fontSize、fontFamily。

☑ 文字颜色：color。

☑ 文字描边：textBorderColor、textBorderWidth。

☑ 文字阴影：textShadowColor、textShadowBlur、textShadowOffsetX、textShadowOffsetY。

☑ 文本块或文本片段大小：lineHeight、width、height、padding。

☑ 文本块或文本片段的对齐：align、verticalAlign。

☑ 文本块或文本片段的边框、背景（颜色或图片）：backgroundColor、borderColor、borderWidth、borderRadius。

☑ 文本块或文本片段的阴影：shadowColor、shadowBlur、shadowOffsetX、shadowOffsetY。

☑ 文本块的位置和旋转：position、distance、rotate。

8.5 实战练习

绘制饼形图与环形图组合图表，其中饼形图展示“北上广”三大主要城市的销量情况，环形图展示其他省份的销量情况，效果如图 8.26 所示。

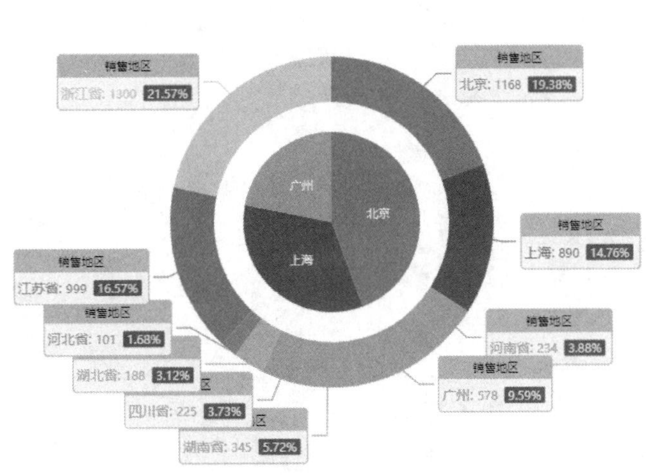

图 8.26　饼形图与环形图组合图表

绘制饼形图与环形图组合图表的一个关键点是创建两个饼形图，并设置不同的半径（radius 参数）。下面是练习所需的数据集。

（1）饼形图数据

x1 = [" 北京 "," 上海 "," 广州 "]

y1 = [1168, 890,578]

（2）环形图数据

x2 = [" 北京 "," 上海 "," 河南省 "," 广州 "," 湖南省 "," 四川省 "," 湖北省 "," 河北省 "," 江苏省 "," 浙江省 "]

y2 = [1168, 890, 234, 578, 345, 225, 188, 101,999,1300]

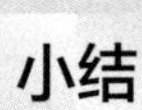

小结

相比 Matplotlib 和 Searnborn，Pyecharts 绘制出的图表更加令人惊叹，其动感效果更是 Matplotlib 和 Searnborn 无法比拟的，但也存在不足之处，其生成的图表为网页格式，不能够随时查看，需要打开文件进行浏览。Pyecharts 更适合 Web 程序。

Pyecharts 还有很多功能，由于篇幅有限不能一一进行介绍，希望读者在学习过程中能够举一反三，绘制出更多精彩的数据分析图表。

第 9 章 Plotly 图表

Plotly 是一个基于 JavaScript 的动态绘图模块，所以绘制出来的图表可以与 Web 应用集成。该模块不仅提供了丰富而又强大的绘图库，还支持各种类型的绘图方案，绘图的种类丰富、效果美观、方便保存和分享。

9.1 Plotly 入门

9.1.1 Plotly 简介

Plotly 是一个功能非常强大的数据可视化、绘图库，它通过构建基于 HTML 网页，像 Excel 一样实现交互式绘图，其包含的图表种类非常多，能够实现在线分享以及开源等。

那么，什么是 Plotly？

Plotly 是基于 JavaScript 的 Python 封装，它可以为很多编程语言提供接口。而交互式、美观、使用方便也成了 Plotly 最大的优势。Plotly 是一个单独的绘图库，与 Matplotlib 绘图库、Seaborn 绘图库没有什么关系，它有自己独特的绘图语法、绘图参数和绘图原理，与 Python 中 Matplotlib、NumPy 和 Pandas 等库可以做到无缝连接。

Plotly 本来是收费的商用软件，但是从 2016 年 6 月开始提供了免费的社区版本，不仅增加了 Python 以及多种编程语言的接口，还支持离线模式的绘图功能。

9.1.2 安装 Plotly

安装 Plotly 模块非常简单，如果已经安装了 Python，便可以在命令提示符窗口中使用 pip 命令进行安装，安装命令如下：

```
pip install plotly
```

如果在 Jupyter Notebook 中使用 Plotly 图表，则需要安装 Anaconda，并通过 Anaconda Prompt 提示符窗口安装 Plotly 模块，安装命令如下：

```
conda install plotly
```

9.1.3 Plotly 绘图原理

Plotly 常用的两个绘图模块是 graph_objs 和 expression。graph_objs 模块相当于 Matplotlib，在数据组织上稍微麻烦一些，但是比 Matplotlib 绘图更简单、更好看。expression 模块相当于 Seaborn，在数据组织上较为容易，绘图比起 Seaborn 来说，也更加容易。

对于 graph_objs 模块，常命名为“go”（即 import plotly.graph_objs as go）；对于 expression 模块，常命名为“px”（即 import plotly.expression as px）。

1. graph_objs（“go”）模块

使用 graph_objs（“go”）模块绘制图形的原理及流程如下：

① 导入绘图模块。

② go.Scatter()、go.Bar()、go.Histogram()、go.Pie() 等绘图函数建立图形轨迹（简称图轨），返回图轨，在 Plotly 中叫作 trace，每一个图轨是一个 trace。

③ 将图轨转换成列表，形成一个图轨列表。一个图轨放在一个列表中，多个图轨也应放在一个列表中。

④ 通过 go.Layout() 函数设置图表标题、图例、图表画布大小，设置 x、y 坐标轴参数等。

⑤ 使用 go.Figure() 将图轨和图层合并。如果没有用到 go.Layout() 函数，那么直接将步骤③的图轨列表传入 go.Figure() 当中即可；如果用到了 go.Layout() 函数为图表设置图表标题等，那么需要将图轨列表和图层都传入 go.Figure() 当中。

⑥ 使用 show() 函数显示图表。

注意

如果网络不稳定，图表不显示，可以使用如下代码，在程序所在路径下自动生成一个名为 temp-plot.html 的网页，打开该网页显示图表。

```
import plotly as py
py.offline.plot(fig)
```

实例 9.1 绘制第一张 Plotly 图表（实例位置：资源包 \Code\09\01）

下面在 PyCharm 开发环境中，使用 gragh_objs 模块中的 Scatter 绘图方法绘制一个简单的折线图，程序代码如下：

```
01 import plotly.graph_objs as go
02 # 绘制折线图
03 trace= go.Scatter(x=[1, 2, 3, 4], y=[12, 5, 8, 23])
04 # 将轨迹转换为列表
05 data=[trace]
06 # 创建画布
07 fig = go.Figure(data)
08 # 显示图形
09 fig.show()
```

运行程序，自动生成 HTML 网页图表，效果如图 9.1 所示。

2. expression（“px”）模块

使用 expression（“px”）模块绘制图形的原理及流程如下：

① 直接使用 px 调用绘图函数时，会自动创建画布，并画出图表。

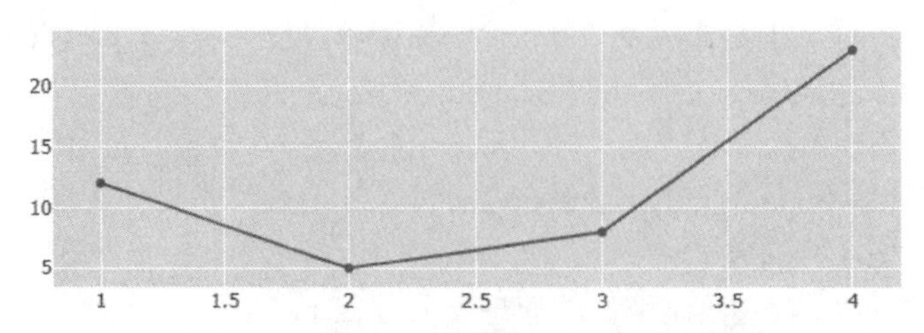

图 9.1　绘制第一张 Plotly 图表

② 使用 show() 函数显示图表。

注意

如果网络不稳定图表不显示，可以使用如下代码，在程序所在路径下自动生成一个名为 temp-plot.html 的网页，打开该网页显示图表。

```
import plotly as py
py.offline.plot(fig)
```

实例 9.2　使用 expression 模块绘制图表（实例位置：资源包 \Code\09\02）

下面通过 expression 模块自带的“鸢尾花”数据集 iris 绘制散点图，*x* 轴数据为鸢尾花花萼的宽度，*y* 轴数据为鸢尾花花萼的长度，颜色为鸢尾花的种类，程序代码如下：

```
01 import plotly.express as px
02 # 载入鸢尾花数据集
03 df = px.data.iris()
04 print(df)
05 # 使用 scatter() 函数绘制散点图
06 # x 为鸢尾花花萼宽度，y 为鸢尾花花萼长度，color 为鸢尾花种类
07 fig = px.scatter(df, x="sepal_width", y="sepal_length", color="species")
08 # 显示图表
09 fig.show()
```

运行程序，自动生成 HTML 网页图表，效果如图 9.2 所示。

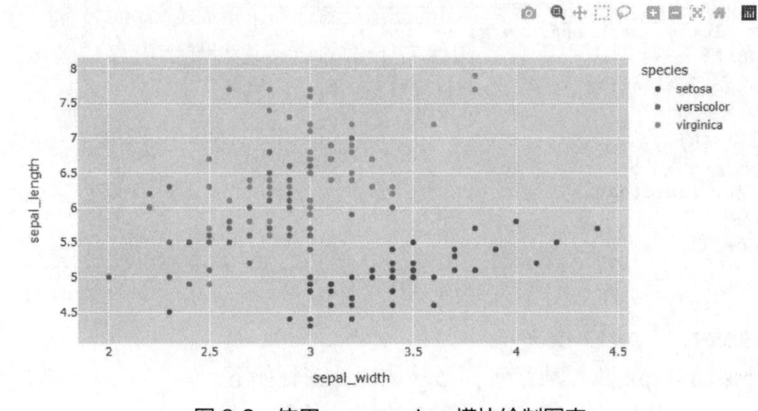

图 9.2　使用 expression 模块绘制图表

9.1.4　Plotly 保存图表的方式

Plotly 保存图表有三种方式：直接下载、在线和离线三种方式，由于在线绘图需要注册账号获取 API key，较为麻烦，所以本文只介绍直接下载和离线两种方式。

（1）直接下载

图表显示出来后，通过单击图表上方的“照相机”图标，如图 9.3 所示，下载图表将其保存为 .png 的静态图片。

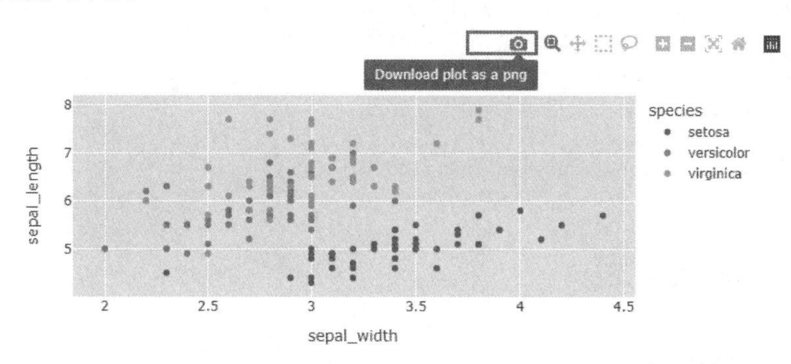

图 9.3　直接下载

（2）离线方式

离线方式包括 plotly.offline.plot() 和 plotly.offline.iplot() 两种方法。plotly.offline.plot() 是以离线的方式在当前程序所在的目录下生成 HTML 网页格式的文件，并自动打开；后者是 Jupyter Notebook 中专用的方法，即将生成的图形嵌入到 ipynb 文件中。本书采用 plotly.offline.plot() 方法。

注意

> 在 jupyter notebook 中使用 plotly.offline.iplot() 时，需要在之前运行 plotly.offline.init_notebook_mode()，以完成绘图代码的初始化，否则会报错。

下面介绍 plotly.offline.plot() 方法的主要参数：

☑ figure_or_data：传入 plotly.graph_objs.Figure、plotly.graph_objs.Data、字典或列表构成的，能够描述一个 graph 的数据。

☑ show_link：布尔型，用于调整输出的图像是否在右下角显示 Export to plot.ly 的链接标记。

☑ link_text：字符型，用于设置图像右下角的链接说明文字内容（当 show_link=True 时），默认值为 Export to plot.ly。

☑ image：字符型或 None，控制生成图像的下载格式，包括 .png、.jpeg、.svg、.webp，默认值为 None，即不会为生成的图像设置下载方式。

☑ filename：字符型，控制保存 HTML 网页的文件名，默认值为 temp-plot.html。

☑ image_width：整型，控制下载图像宽度的像素值，默认值为 800 像素。

☑ image_height：整型，控制下载图像高度的像素值，默认值为 600 像素。

实例 9.3　生成 HTML 网页格式的图表文件（实例位置：资源包 \Code\09\03）

下面 PyCharm 开发环境中，使用 plotly.offline.plot() 方法生成 HTML 网页格式的图表文件，程序代码如下：

```
01 import plotly as py
02 import plotly.graph_objs as go
03 # 绘制折线图
04 trace= go.Scatter(x=[1, 2, 3, 4], y=[12, 5, 8, 23])
05 # 将图轨转换为列表
06 data=[trace]
07 # 显示图表并生成 HTML 网页
08 py.offline.plot(data,filename='line.html')
```

（3）通过代码生成图像文件

通过代码生成图像文件，关键代码如下：

```
fig.write_image('aa.png', engine="kaleido")
```

9.2 基础图表

9.2.1 折线图和散点图

Plotly 绘制折线图和散点图主要使用 Scatter() 函数，语法如下：

```
go.Scatter(x,y,mode,name,marker,line)：
```

参数说明：

- ☑ x：x轴数据。
- ☑ y：y轴数据。
- ☑ mode：线条（lines）、散点（markers）、线条加散点（markers+lines）。
- ☑ name：图例名称。
- ☑ marker/line：散点和线条的相关参数。

实例 9.4 绘制多折线图（实例位置：资源包 \Code\09\04）

多折线图同样使用 Scatter() 函数，通过该函数绘制多个图轨，多个图轨全部放在列表中，程序代码如下：

```
01 import plotly as py
02 import plotly.graph_objects as go
03 # 创建 x 轴数据
04 month = ['1月', '2月', '3月','4月','5月','6月']
05 # 绘制图轨
06 trace1=go.Scatter(name='总店', x=month, y=[20,14,23,34,56,28])
07 trace2=go.Scatter(name='二道分店', x=month, y=[45,34,56,38,49,60])
08 trace3=go.Scatter(name='南关分店', x=month, y=[28,38,32,43,26,45])
09 trace4=go.Scatter(name='朝阳分店', x=month, y=[55,34,28,36,48,55])
10 # 将图轨放入列表
11 data=[trace1,trace2,trace3,trace4]
12 # 设置图层
13 layout = go.Layout(title='各门店上半年销量走势图', xaxis=dict(title='月
份'), legend=dict(x=1, y=0.5), \
14                     yaxis=dict(title='销量'), \
15                     font=dict(size=15, color='black'))
```

```
16 # 将图轨和图层合并
17 fig = go.Figure(data=data, layout=layout)
18 # 显示图表并生成 HTML 网页
19 py.offline.plot(fig,filename='lines.html')
```

运行程序，自动生成 HTML 网页图表，效果如图 9.4 所示。

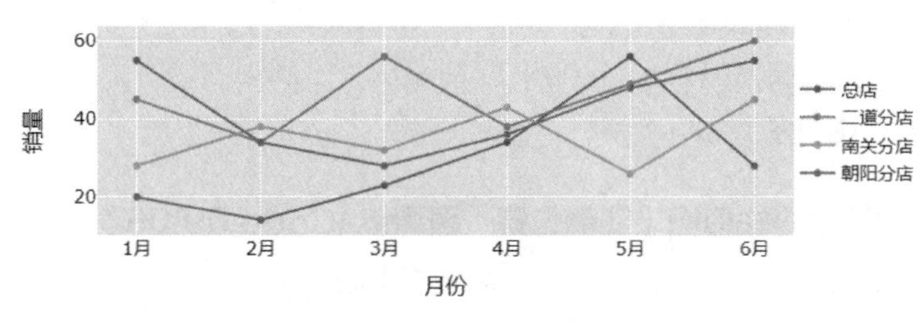

图 9.4　绘制多折线图

散点图同样使用 Scatter() 函数完成，主要通过 mode 参数设置，将该参数设置为 markers 即可。

实例 9.5　绘制散点图（实例位置：资源包 \Code\09\05）

下面使用 Scatter() 函数绘制散点图，程序代码如下：

```
01 import plotly as py
02 import plotly.graph_objs as go
03 import numpy as np
04 # 生成 500 个符合正态分布的随机一维数组
05 n = 500
06 x = np.random.randn(n)
07 y = np.random.randn(n)
08 # 绘制图轨（散点图）
09 trace = go.Scatter(x=x, y=y, mode='markers',marker=dict(size=8, color='red'))
10 # 将图轨放入列表
11 data = [trace]
12 layout=go.Layout(title=' 散点图 ')
13 # 将图轨和图层合并
14 fig = go.Figure(data=data, layout=layout)
15 # 显示图表并生成 HTML 网页
16 py.offline.plot(fig,filename='scatter.html')
```

运行程序，自动生成 HTML 网页图表，效果如图 9.5 所示。

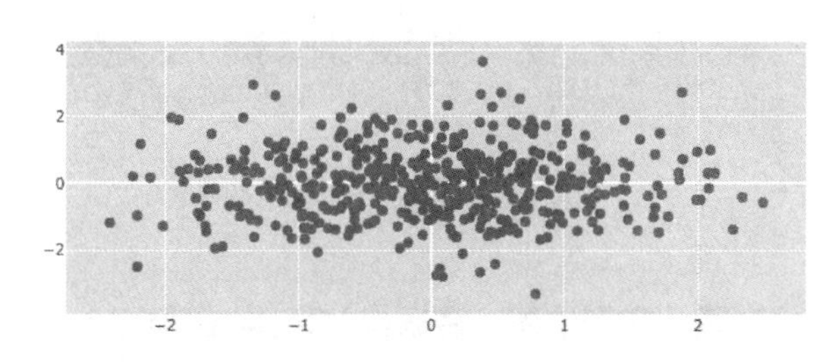

图 9.5　绘制散点图

9.2.2 柱形图和水平条形图

绘制柱形图主要使用 Bar() 函数，语法如下：

```
go.Bar(x,y,marker,opacity)
```

参数说明：

☑ x：*x* 轴数据。

☑ y：*y* 轴数据。

☑ marker：设置图形的参数，包括柱子的颜色、标记等。

☑ opacity：透明度。

实例 9.6 绘制简单的柱形图（实例位置：资源包 \Code\09\06）

下面使用 go.Bar() 函数绘制简单的柱形图，程序代码如下：

```
import plotly as py
import plotly.graph_objects as go
# 创建 x 轴数据
month = ['1 月 ', '2 月 ', '3 月 ','4 月 ','5 月 ','6 月 ']
# 绘制柱形图图轨
trace1=go.Bar(name=' 总店 ', x=month, y=[20,14,23,34,56,28])
# 将图轨放入列表
data=[trace1]
# 设置图层
layout = go.Layout(title=' 上半年销量走势图 ', xaxis=dict(title=' 月份 '), legend=dict
(x=1, y=0.5), \
                   yaxis=dict(title=' 销量 '), \
                   font=dict(size=15, color='black'))
# 将图轨和图层合并
fig = go.Figure(data=data, layout=layout)
# 显示图表并生成 HTML 网页
py.offline.plot(fig,filename='bar.html')
```

运行程序，自动生成 HTML 网页图表，效果如图 9.6 所示。

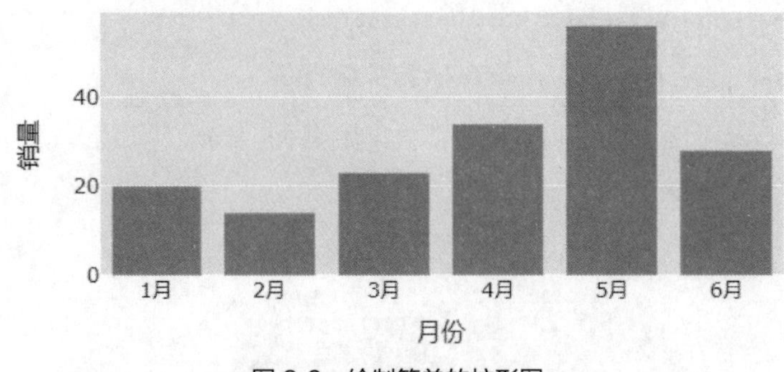

图 9.6 绘制简单的柱形图

实例 9.7 绘制多柱形图（实例位置：资源包 \Code\09\07）

下面使用 go.Bar() 函数绘制包含多条柱子的柱形图，多条柱子使用不同的颜色，主要通过 maker 参数设置，程序代码如下：

```
01 import plotly as py
02 import plotly.graph_objects as go
03 # 创建 x 轴数据
04 month = ['1 月 ', '2 月 ', '3 月 ','4 月 ','5 月 ','6 月 ']
05 # 绘制柱形图图轨
06 trace1=go.Bar(name=' 总店 ', x=month, y=[20,14,23,34,56,28],marker=dict(color=
'red'))
07 trace2=go.Bar(name=' 二道分店 ', x=month, y=[45,34,56,38,49,60],marker=dict(color=
'green'))
08 trace3=go.Bar(name=' 南关分店 ', x=month, y=[28,38,32,43,26,45],marker=dict(color=
'blue'))
09 trace4=go.Bar(name=' 朝阳分店 ', x=month, y=[55,34,28,36,48,55],marker=dict(color=
'orange'))
10 # 将图轨放入列表
11 data=[trace1,trace2,trace3,trace4]
12 # 设置图层
13 layout = go.Layout(title=' 上半年销量走势图 ', xaxis=dict(title=' 月份 '), legend=dict
(x=1, y=0.5), \
14                    yaxis=dict(title=' 销量 '), \
15                    font=dict(size=15, color='black'))
16 # 将图轨和图层合并
17 fig = go.Figure(data=data, layout=layout)
18 # 显示图表并生成 HTML 网页
19 py.offline.plot(fig,filename='bars.html')
```

运行程序，自动生成 HTML 网页图表，效果如图 9.7 所示。

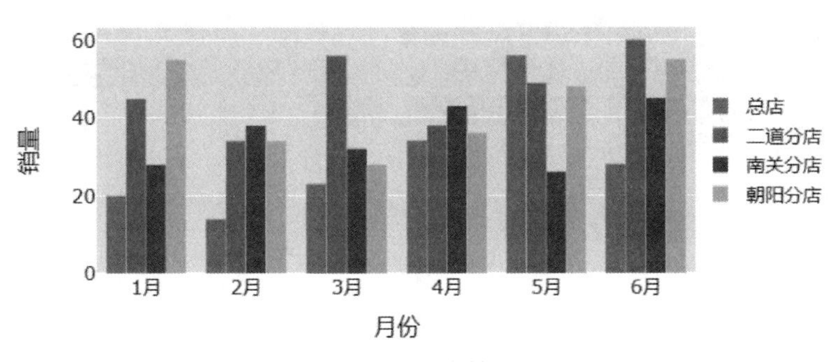

图 9.7　绘制多柱形图

实例 9.8　堆叠柱形图（实例位置：资源包 \Code\09\08）

实现堆叠柱形图非常简单，只需要在 Layout 图表布局中设置一个关键的参数 barmode 为 stack，就可以轻松地实现堆叠柱形图，关键代码如下：

```
01 layout = go.Layout(title=' 上半年销量走势图 ', xaxis=dict(title=' 月
份 '), legend=dict(x=1, y=0.5), \
02                    yaxis=dict(title=' 销量 '), \
03                    font=dict(size=15, color='black'),barmode='stack')
```

运行程序，自动生成 HTML 网页图表，效果如图 9.8 所示。

结论：通过堆叠柱形图不仅可以看出各个分店的销量走势，还可以看出总体销量走势。

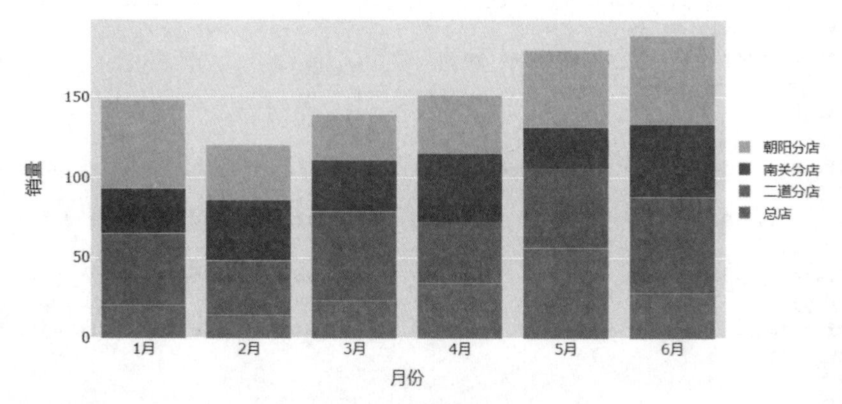

图9.8　堆叠柱形图

实例 9.9　绘制水平条形图（实例位置：资源包 \Code\09\09）

绘制水平条形图同样使用 go.Bar() 函数，只需要将 orientation 参数设置为 h 即可，关键代码如下：

```
trace1=go.Bar(name='总店', x=[20,14,23,34,56,28],y=month,orientation='h')
```

运行程序，自动生成 HTML 网页图表，效果如图 9.9 所示。

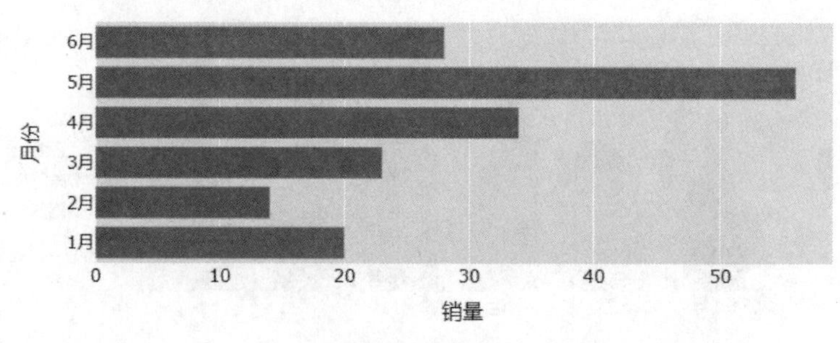

图9.9　水平条形图

9.2.3　饼形图和环形图

绘制饼形图主要使用 Pie() 函数，常用参数说明如下：

☑　values：每个扇区的数值大小。

☑　labels：列表，饼图中每一个扇区的文本标签。

☑　hole：设置环形饼图空白内径的半径，取值0～1，默认值为0，参数是与外径的比值。

☑　hoverinfo：当用户与图表交互时，鼠标指针显示的参数，参数值为"label" "text" "value" "percent" "name" "all" "none"或"skip"，这些参数可以任意组合，组合时用加号“+”连接，默认值为all。如果参数值设置为"none"或"skip"，则鼠标悬停时不显示任何信息；如果参数值设置为"none"，则仍会触发单击和悬停事件。

☑　pull：列表，元素为0～1之间的数值，默认值为0，用于设置各个扇区突出显示的部分。

☑ sort：布尔变量，是否进行扇区排序。

☑ rotation：扇区旋转角度，范围是0～360，默认值为0，即12点位置。

☑ direction：设置饼形图的方向，clockwise表示顺时针，counterclockwise（默认值）表示逆时针。

☑ domain：设置饼形图的位置，适用于多个并列饼形图时。

☑ name：多个并列子饼形图时，设置子饼形图的名称。

☑ type：声明图表类型，设置为pie。

☑ pullsrc：各个扇区比例数组列表。

☑ dlabel：设置饼形图图标的步进值，默认值为1。

☑ label0：设置一组扇区图标的起点数字，默认值为0。

实例 9.10　绘制饼形图（实例位置：资源包 \Code\09\10）

下面使用 Pie() 函数绘制一个简单的饼形图，程序代码如下：

```
01 import plotly as py
02 import plotly.graph_objects as go
03 # 创建 x 轴数据
04 x = [70,35,12,22,16,9]
05 # 绘制饼形图图轨
06 trace=go.Pie(values=x,labels=['总店','二道分店','南关分店','朝阳分店','经开分店',
'绿园分店'])
07 data=[trace]
08 # 显示图表并生成 HTML 网页
09 py.offline.plot(data,filename='pie.html')
```

运行程序，自动生成 HTML 网页图表，效果如图 9.10 所示。

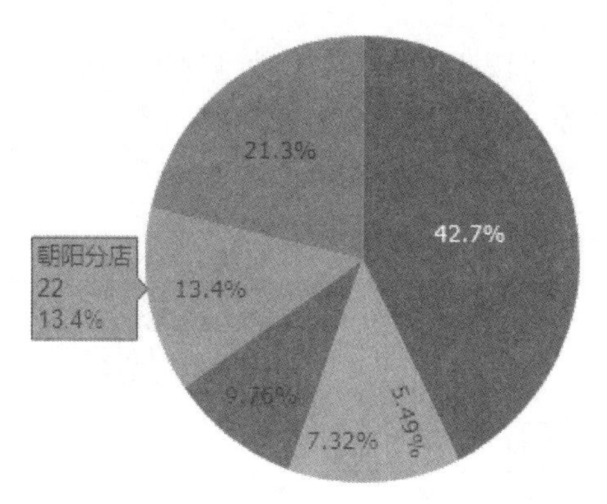

图 9.10　饼形图

实例 9.11　绘制环形图（实例位置：资源包 \Code\09\11）

环形图同样使用 go.Pie() 函数，实现方法就是将饼形图中间的圆部分设置为空白，即设置 hole 参数等于 0~1 之间的值即可，关键代码如下：

```
trace=go.Pie(values=x,labels=['总店','二道分店','南关分店','朝阳分店','经开分店','绿园
分店'],hole=0.5)
```

运行程序，自动生成 HTML 网页图表，效果如图 9.11 所示。

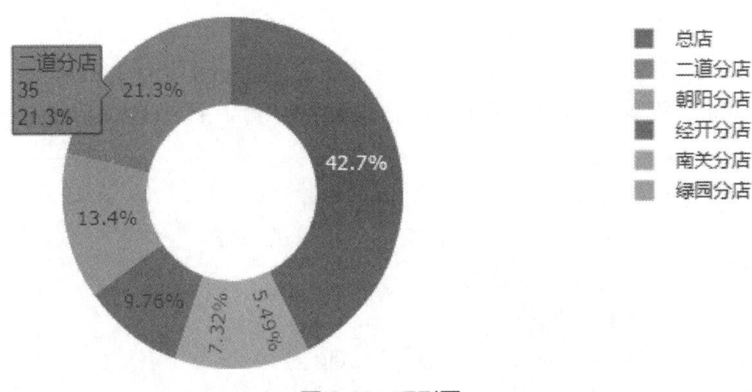

图 9.11 环形图

9.3 图表细节设置

通过前面的学习，我们学会了常用图表的绘制，但这些远远不够，一张能够表达数据意义的、完美的图表，需要在很多细节上下功夫，例如为图表设置标题、图例、文本标记、标注等。

9.3.1 图层布局函数 Layout()

Layout() 是图层布局函数，是 Plotly 中 graph_objects（"go"）模块的函数，在前面的实例中我们多次用到它，实现了图表标题、图例、*x* 轴 *y* 轴标题、字体等的设置，但是，读者可能并不了解它到底能做什么？下面就详细地进行介绍。

Layout() 函数主要用于设置图形外观，例如图表标题、*x* 轴 *y* 轴坐标轴、图例、图形外边距等属性，这些属性包括字体、颜色、尺寸等。Layout() 函数功能强大，它是字典类型，可以使用 help 命令查看 Layout() 函数的参数。下面介绍 Layout() 函数的常用参数，如表 9.1 所示。

表 9.1 Layout() 函数的常用参数

参数	说明
xaxis	*x* 轴相关设置，多个参数使用字典，例如 xaxis=dict(title=' 这是 x 轴标题 ', color='green')
yaxis	*y* 轴相关设置，多个参数使用字典
legend	设置图例，多个参数使用字典，包括图例位置和字体等
annotations	添加标注
autosize	自动调整大小
bargap	柱形图柱子的间距
bargroupgap	柱形图柱组的间距
barmode	柱形图模式
barnorm	柱形图参数
boxgap	箱形图间距
boxgroupgap	箱形图箱子组的间距
boxmode	箱形图模式

续表

参数	说明
calendar	日历
direction	方向
dragmode	图形拖动模式
font	字体
geo	地理参数
height/width	图表高度和宽度
hiddenlabels	隐藏图标
hiddenlabelssrc	隐藏图标参数数组列表
hidesources	隐藏数据源
hovermode	鼠标指针悬停模式
images	图像
mapbox	地图模式
margin	图表边缘间距
orientation	方向
paper_bgcolor	图表桌布背景颜色
plot_bgcolor	图表背景颜色
radialaxis	纵横比
scene	场景
separators	分离参数
shapes	形状
showlegend	是否显示图例
sliders	滑块
ternary	三元参数
title	图表标题
titlefont	标题字体
updatemenus	菜单更新

9.3.2 添加图表标题（title）

一张精美的图表少不了标题，它能够告诉我们当前这个图表是做什么的，就像我们写作文一样需要一个醒目的标题。在 Plotly 中，如果使用 graph_objs（“go”）模块绘图，为图表添加标题主要使用图层布局函数 Layout() 中的 title 参数，例如下面的代码：

```
import plotly.graph_objects as go
go.Layout(title='上半年销量走势图')
```

如果使用 expression（“px”）模块绘图，可以通过图表函数中的 title 参数来设置标题，例如下面的代码：

```
import plotly.express as px
fig = px.scatter(df, x="sepal_width", y="sepal_length", color="species",title="散点图分析鸢尾花")
```

9.3.3 添加文本标记（text）

Plotly为折线图、散点图、柱形图添加文本标记text，参数说明如下：

☑ text：为每个（x,y）坐标设置相关联的文本。如果是单个字符串，那么所有点都会显示该文本，如果为字符串列表，那么会按先后顺序一一映射到每个（x,y）坐标上。默认值为空字符串。

☑ textposition：文本标记在x、y坐标的位置。字符串枚举类型，或字符串枚举类型数组。

➢ 对于scatter图表，设置值为'top left''top center''top right''middle left''middle center'（默认值）'middle right''bottom left''bottom center''bottom right'。

➢ 对于bar图表，设置值为'inside''outside''auto'（默认值）'none'。'inside'表示将文本放在靠近柱子顶部的内侧，'outside'表示放在靠近柱子顶部的外侧，'auto'将文本放在柱子顶部的内侧，如果柱子太小，则会将文本放在外侧，'none'表示不显示文本。

☑ textfont：设置文本标记的字体、字典类型，设置值如下：

➢ color：字体颜色。

➢ family：字体字符串，包括的字体为Arial、Balto、Courier New、Droid Sans、Droid Serif、Droid Sans Mono、Gravitas One、Old Standard TT、Open Sans、Overpass、PT Sans Narrow、Raleway、Times New Roman。

➢ size：字体大小。

实例 9.12 为折线图添加文本标记（实例位置：资源包\Code\09\12）

为折线图添加文本标记主要使用文本标记text，但需要注意的是，为折线图添加文本，要求mode参数必须含有text，如mode='markers+lines+text'，否则文本标记将不显示，关键代码如下：

```
01 trace= go.Scatter(x=x, y=y,  # xy 轴数据
02                   mode='markers+lines+text', # 模式为标记 + 线条 + 文本
03                   text=y, # 标记文本
04                   textposition="top right", # 标记文本的位置
05                   # 标记文本的字体颜色和大小
06                   textfont=dict(color='red',size=12))
```

运行程序，效果如图9.12所示。

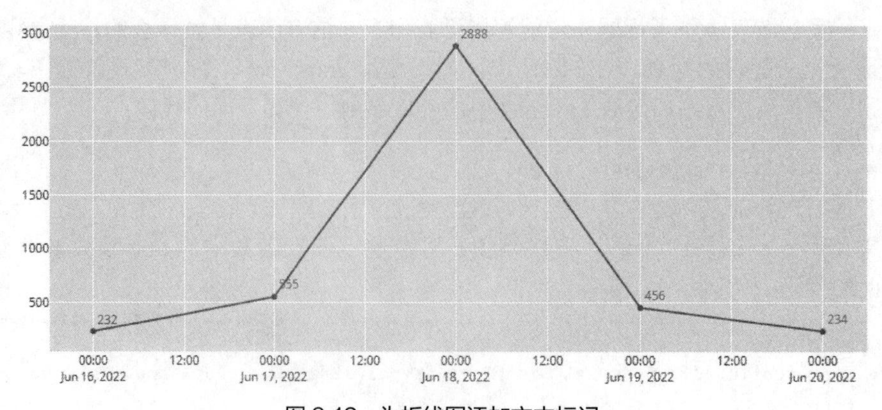

图9.12 为折线图添加文本标记

实例 9.13　为散点图添加文本标记（实例位置：资源包 \Code\09\13）

为散点图添加文本标记直接使用 text 就可以，关键代码如下：

```
fig = px.scatter(df, x="sepal_width", y="sepal_length", color="species",text="sepal_length")
```

实例 9.14　为柱形图添加文本标记（实例位置：资源包 \Code\09\14）

为柱形图添加文本标记同样使用文本标记 text，不同的是文本标记位置 textposition 参数的设置，关键代码如下：

```
01 trace1=go.Bar(x=month,y=counts, # xy 轴数据
02               text=counts, # 标记文本
03               textposition='auto') # 标记文本的位置
```

运行程序，效果如图 9.13 所示。

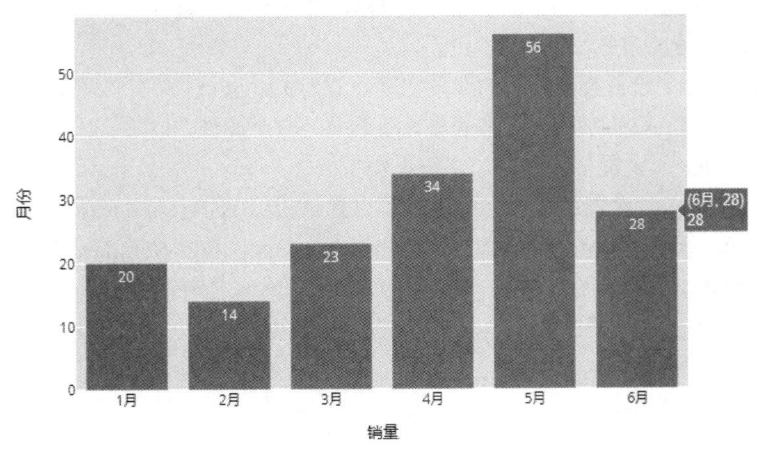

图 9.13　为柱形图添加文本标记

9.3.4　添加注释文本（annotation）

在 Plotly 中，为图表添加注释文本主要使用 annotations，下面介绍 annotations 常用参数。

☑　x：浮点数、整数、字符串。设置 annotation 的 x 轴位置。如果坐标轴的类型是 log，那么传入的 x 应该与取 log 后的值相对应；如果坐标轴的类型是 date，那么传入的 x 也必须是日期字符串；如果坐标轴的类型是 category，那么传入的 x 应该是一个整数，代表期望标记的第 x 个类别，需要注意的是类别从 0 开始，按照出现的顺序依次递增。

☑　y：浮点数、整数、字符串。设置 annotation 的 y 轴位置。如果坐标轴的类型是 log，那么传入的 y 应该与取 log 后的值相对应；如果坐标轴的类型是 date，那么传入的 y 也必须是日期字符串；如果坐标轴的类型是 category，那么传入的 y 应该是一个整数，代表期望标记的第 y 个类别，类别从 0 开始，按照出现的顺序依次递增。

☑　text：字符串和可以转换为字符串的数字。设置与 annotation 相关联的文本。Plotly 支持部分 HTML 标签，例如，换行符
、粗体<b></b>、斜体<i></i>、超链接<a

href='...'></a>等，标签<em>、<sup>、<sub>、<span>也支持。

☑ textangle：文本角度。

☑ opacity：设置annotation的不透明度，包括text和arrow。值为0~1之间的浮点数。

☑ showarrow：布尔类型，是否显示指向箭头。如果为True，则text放置在箭头尾部；如果为False，则text会放在指定的(x, y)位置。

☑ arrowcolor：设置整个箭头的颜色。

十六进制字符串，例如#ff0000。

rgb/rgba字符串，例如rgb(0,255,0)。

hsl/hsla字符串，例如hsl(0,100%,50%)。

hsv/hsva字符串，例如hsv(0,100%,100%)。

CSS颜色字符串，例如darkblue、lightyellow等。

☑ arrowhead：设置annotation箭头头部的样式，值在0~8之间的整数，但8不可用。

☑ arrowside：设置箭头头部的位置，字符串，值为end、start或者end+start、none。end+start表示双向箭头。

☑ arrowsize：设置箭头头部的大小，与arrowwidth属性有关（经测试，该值必须小于arrowwidth一定的范围，如果arrowwidth设置为3，那么该值不能超过2.3）。值在0.3~inf（任意值）之间的浮点数或整数，默认值为1。

☑ arrowwidth：设置整个箭头的线条宽度。值为0.1~inf（任意值）之间的浮点数或整数。

☑ font：设置text的字体。字典类型，支持如下3个属性。

color：设置字体颜色，字符串类型。

family：设置字体，字符串，可以为Arial、Balto、Courier New、Droid Sans、Droid Serif、Droid Sans Mono、Gravitas One、Old Standard TT、Open Sans、Overpass、PT Sans Narrow、Raleway、Times New Roman。

size：设置字体大小。

☑ ax：*x*轴坐标参数。

☑ ay：*y*轴坐标参数。

☑ axref：*x*轴坐标辅助参数。

☑ ayref：*y*轴坐标辅助参数。

☑ bgcolor：背景颜色。

☑ bordercolor：边框颜色。

☑ borderpad：边框排列方式。

☑ borderwidth：边框宽度。

实例9.15 标记股票最高收盘价（实例位置：资源包\Code\09\15）

绘制股票收盘价走势图时，若想直观地看到最高收盘价，可以在最高收盘价处添加一个注释文本，主要使用Layout()函数的annotations参数。程序代码如下：

```
01 import plotly as py
02 import plotly.graph_objs as go
03 import pandas as pd
04 # 读取Excel文件
05 df=pd.read_excel("../../datas/600000.xlsx")
06 # 绘制折线图
```

```
07 trace= go.Scatter(x=df['date'],y=df["close"]) # xy 轴数据
08 # 最高收盘价
09 ymax=df["close"].max()
10 # 获取最高收盘价的那条记录
11 df1=df[df['close']==df["close"].max()]
12 # x 轴日期转换为字符串
13 xdate=" ".join(df1['date'])
14 # 将图轨转换为列表
15 data=[trace]
16 # 设置文字注释内容
17 layout=go.Layout(height=500, # 图表高度
18                  title=' 股票收盘价走势图 ',# 标题
19                  # 注释
20                  annotations=[dict(x=xdate, # x 轴位置
21                                    y=ymax, # y 轴位置
22                                    text=' 最高收盘价 '+str(ymax),# 注释文本
23                                    showarrow=True, # 显示箭头
24                                    arrowcolor='red',# 箭头颜色
25                                    arrowhead=4, # 箭头头部样式
26                                    arrowwidth=4, # 整个箭头的线条宽度
27                                    arrowsize=1, # 箭头头部的大小
28                                    ax=20)])      # x 轴坐标参数
29 # 图轨与图层合并
30 fig=go.Figure(data,layout)
31 # 显示图表并生成 HTML 网页
32 py.offline.plot(fig)
```

运行程序，效果如图 9.14 所示。

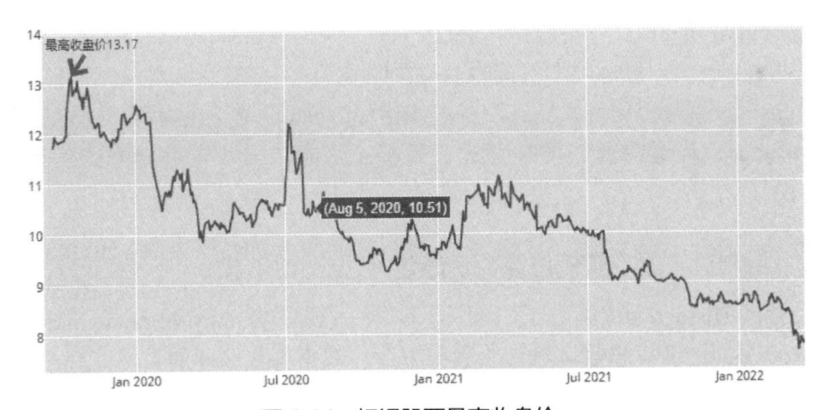

图 9.14　标记股票最高收盘价

9.4 统计图表

很多统计学图表也预先定义在了 Plotly 中，主要包括直方图、箱形图、热力图、等高线图等。

9.4.1 直方图

直方图类似柱形图，却有着与柱形图完全不同的含义。统计图表中的直方图涉及统计学的概念，通过直方图可以观察数据的分布情况，即每个区间的统计数量。

Plotly 绘制直方图主要使用 go.Histogram() 函数，将数据赋值给 x 变量，即 x=data，即可绘制基础直方图；若将数据赋值给 y 变量，则绘制水平直方图，详细参数说明如下：

☑ histnorm：设置纵坐标显示格式。有如下设置项：

➢ 为空("")时，表示纵坐标显示落入区间的样本数目，所有矩形的高相加为总样本数量；

➢ 为percent时，表示纵坐标显示落入区间的样本占总体样本的百分比，所有矩形的高相加为100%；

➢ 为probability时，表示纵坐标显示落入区间的样本频率；

➢ 为density时，表示每个小矩形的面积为落入区间的样本数量，所有面积值相加为样本总数；

➢ 为probability density时，表示每个小矩形的面积为落入区间的样本占总体的比例，所有面积值相加为1。

☑ histfunc：指定分组函数，可选参数有count、sum、avg、min、max，依次按照落入区间的样本进行计数、求和、求均值、求最小值和最大值。

☑ orientation：设置图形的方向，有v和h两个可选参数，v表示垂直显示，h表示水平显示。

☑ cumulative：累积直方图参数，有如下设置项：

➢ enabled是布尔型，设置为True会显示累积直方图，设置为False则不对频率或频数进行累积；

➢ direction用于设置累积方向，确定频率是从1～0(降序)，还是从0～1(升序)；

➢ currentbin有三个选项，即include、exclude、half，为了防止偏差，一般选择half。

☑ autobinx：布尔型，是否自动划分区间。

☑ nbinsx：整型，最大显示区间数目。

☑ xbins：设置划分区间，start设置起始坐标，end设置终止坐标，size设置区间长度。

☑ barmode：设置图表的堆叠方式，为overlay时，表示重叠直方图；为stack时，表示层叠直方图。

实例 9.16 绘制直方图（实例位置：资源包 \Code\09\16）

下面使用 go.Histogram() 函数绘制直方图，首先通过 Numpy 的 random.randint() 函数生成 50 个 0~100 之间的随机整数，然后绘制直方图，观察各个区间的数量，程序代码如下：

```
01 import plotly as py
02 import plotly.graph_objs as go
03 import numpy as np
04 # 生成 50 个 0~100 之间的随机整数
05 n=np.random.randint(0,101,50)
06 # 绘制直方图图轨
07 trace = go.Histogram(x=n)
08 # 将图轨放入列表
09 data = [trace]
10 layout=go.Layout(title=' 学生成绩统计直方图 ')
11 # 将图轨和图层合并
12 fig = go.Figure(data=data, layout=layout)
13 # 显示图表并生成 HTML 网页
14 py.offline.plot(fig,filename='h.html')
```

运行程序，自动生成 HTML 网页图表，效果如图 9.15 所示。

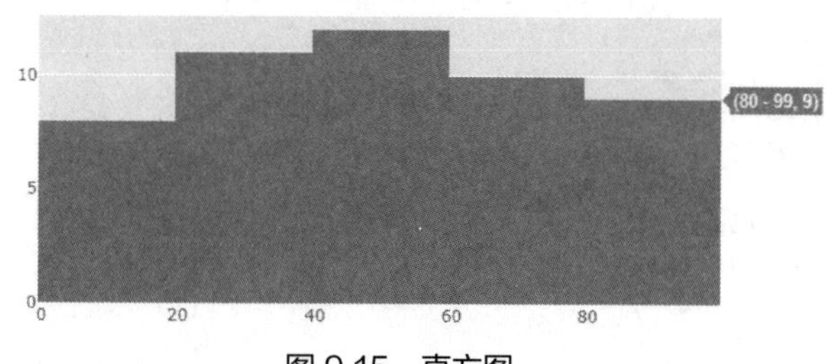

图 9.15　直方图

结论：从图中可以看出学生的分数 40~60 分的居多。

9.4.2　箱形图

箱形图又称箱线图、盒须图或盒式图，它是一种用作显示一组数据分散情况的统计图。因形状像箱子而得名。箱形图最大的优点就是不受异常值的影响（异常值也称为离群值）。Plotly 绘制箱形图主要使用 go.Box() 函数。

实例 9.17　绘制简单的箱形图（实例位置：资源包 \Code\09\17）

下面使用 go.Box() 函数绘制一个简单的箱形图，程序代码如下：

```
01 import plotly as py
02 import plotly.graph_objs as go
03 # 创建数据
04 y=[1,2,3,5,7,9,20]
05 # 绘制箱形图图轨
06 trace = go.Box(y=y)
07 # 将图轨放入列表
08 data = [trace]
09 layout=go.Layout(title=' 箱形图 ')
10 # 将图轨和图层合并
11 fig = go.Figure(data=data, layout=layout)
12 # 显示图表并生成 HTML 网页
13 py.offline.plot(fig,filename='box.html')
```

运行程序，自动生成 HTML 网页图表，效果如图 9.16 所示。

箱形图

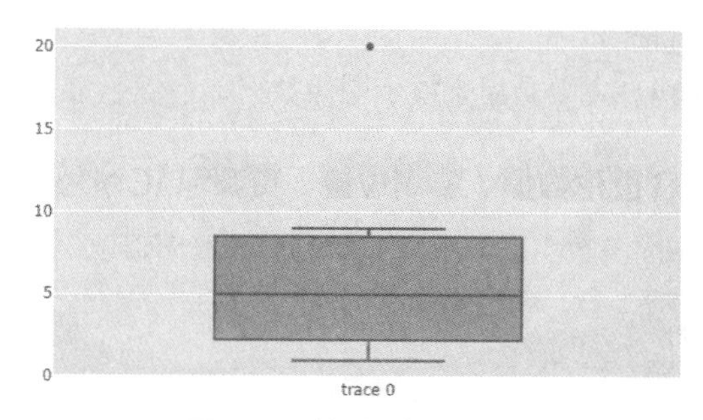

图 9.16　简单的箱形图

实例 9.18 多个箱子的箱形图（实例位置：资源包 \Code\09\18）

下面介绍多个箱子的箱形图，多个箱子通过创建多个图轨完成，程序代码如下：

```
01 import plotly as py
02 import plotly.graph_objs as go
03 import numpy as np
04 np.random.seed(1)  # 设置随机种子
05 # 随机生成 50 个数据
06 y1 = np.random.randn(50)
07 y2 = np.random.randn(50)
08 y3= np.random.randn(50)
09 # 绘制箱形图图轨
10 trace1 = go.Box(y=y1,name=' 箱子 1',marker=dict(color='red'))
11 trace2 = go.Box(y=y2,name=' 箱子 2',marker=dict(color='blue'))
12 trace3 = go.Box(y=y2,name=' 箱子 3',marker=dict(color='yellow'))
13 # 将图轨放入列表
14 data = [trace1,trace2,trace3]
15 layout=go.Layout(title=' 这里是标题 ')
16 # 将图轨和图层合并
17 fig = go.Figure(data=data, layout=layout)
18 # 显示图表并生成 HTML 网页
19 py.offline.plot(fig,filename='boxs.html')
```

运行程序，自动生成 HTML 网页图表，效果如图 9.17 所示。

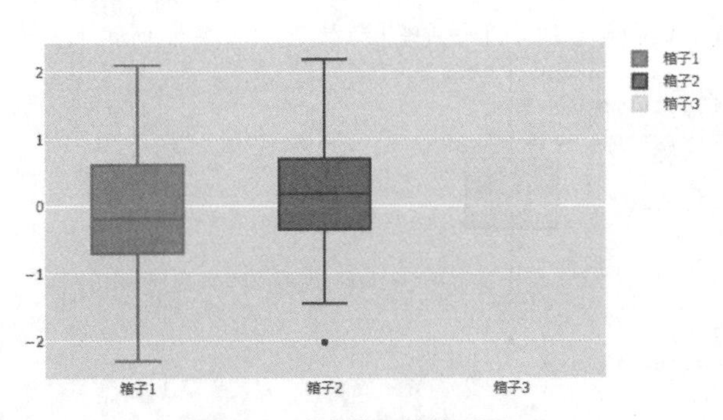

图 9.17　多个箱子的箱形图

9.4.3 热力图

Plotly 绘制热力图有两种方法：一是使用 px.imshow() 函数；二是使用 graph_objects 的 go.Image（仅支持多通道的图像数据）和 go.Heatmap（支持单通道的图像数据）。

1. px.imshow() 函数

Plotly 中的 px.imshow() 主要是用来展示图像数据，当然也可以用来显示热力图。

实例 9.19 实现 RGB 图形数据（实例位置：资源包 \Code\09\19）

下面使用 px.imshow() 函数实现 RGB 图形数据，程序代码如下：

```
import plotly as py
import plotly.express as px
import numpy as np
# 创建数据
```

```
rgb = np.array([[[99, 123, 0], [255, 255, 0], [0, 0, 35]],
                 [[0, 255, 0], [255, 0, 99], [0, 255, 0]]],
                dtype=np.uint8)
# 使用 px.imshow() 函数绘制热力图
fig = px.imshow(rgb)
# 显示图表并生成 HTML 网页
py.offline.plot(fig)
```

运行程序，自动生成 HTML 网页图表，效果如图 9.18 所示。

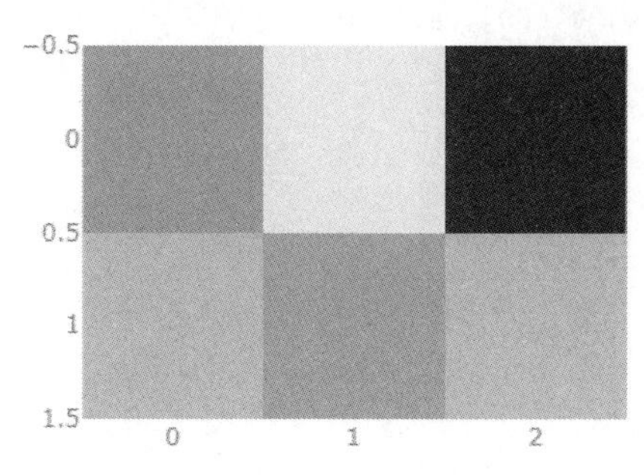

图 9.18　RGB 图形数据

2. go.Image() 函数

实例 9.20　绘制颜色图块（实例位置：资源包 \Code\09\20）

下面使用 go.Image() 函数绘制一个简单的颜色图形，程序代码如下：

```
01 import plotly as py
02 import plotly.graph_objects as go
03 # 创建颜色数组
04 rgb = [[[30, 255, 0], [255, 0, 0], [0, 78, 255]],
05        [[0, 0, 120], [0, 135, 0], [120, 0, 0]]]
06 # 绘制热力图图轨
07 trace = go.Image(z=rgb)
08 # 将图轨放入列表
09 data = [trace]
10 # 将图轨和图层合并
11 fig = go.Figure(data=data)
12 # 显示图表并生成 HTML 网页
13 py.offline.plot(fig,filename='image.html')
```

运行程序，自动生成 HTML 网页图表，效果如图 9.19 所示。

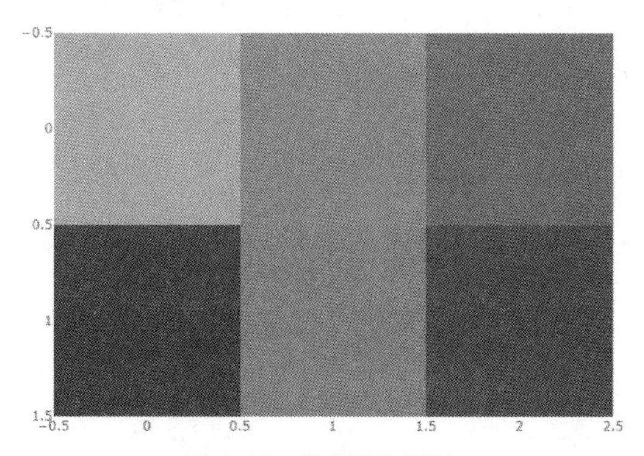

图 9.19　绘制颜色图块

3. go.Heatmap() 函数

实例 9.21 绘制简单热力图（实例位置：资源包 \Code\09\21）

下面使用 go.Heatmap() 函数绘制一个简单的热力图，程序代码如下：

```
01 import plotly as py
02 import plotly.graph_objects as go
03 # 创建二维数组数据
04 aa=[[10, 20, 30],[20, 1, 60],[30, 60, 10]]
05 # 绘制热力图图轨
06 trace=go.Heatmap(z=aa)
07 # 将图轨放入列表
08 data = [trace]
09 # 将图轨和图层合并
10 fig = go.Figure(data=data)
11 # 显示图表并生成 HTML 网页
12 py.offline.plot(fig,filename='heatmap.html')
```

运行程序，自动生成 HTML 网页图表，效果如图 9.20 所示。

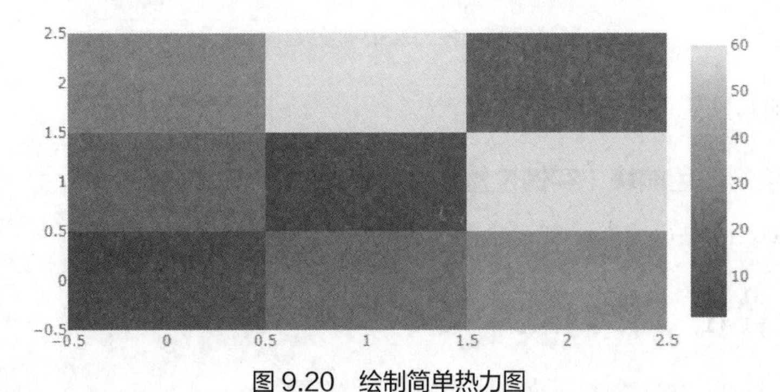

图 9.20　绘制简单热力图

9.4.4　等高线图

等高线图有二维、三维等。在数据分析中，高度表示为该点的数量或出现次数，该指标相同则在一条环线（或高度）处。在 Plotly 中主要使用 go.Contour() 函数实现。

实例 9.22 绘制等高线图（实例位置：资源包 \Code\09\22）

下面使用 go.Contour() 函数绘制二维等高线图，程序代码如下：

```
01 import plotly as py
02 import plotly.graph_objects as go
03 # 创建二维数组数据
04 z=[[9, 11.123,10.5, 15.625, 20],
05         [5.625, 6.25, 8.125, 11.25, 14.125],
06         [2.5, 3.125, 5., 8.125, 12.5],
07         [0.725, 1.25, 2.125, 7.25, 9.6],
08         [0, 0.555, 2.7, 5.6, 10]]
09 # 绘制等高线图图轨
10 trace=go.Contour(z=z)
11 # 将图轨放入列表
12 data = [trace]
13 # 将图轨和图层合并
```

```
14 fig = go.Figure(data=data)
15 # 显示图表并生成 HTML 网页
16 py.offline.plot(fig)
```

运行程序，自动生成 HTML 网页图表，效果如图 9.21 所示。

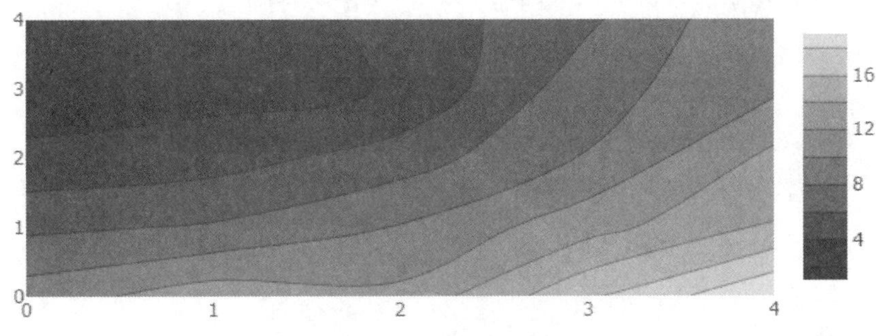

图 9.21　绘制等高线图

9.5 绘制多子图表

9.5.1 绘制基本的子图表

绘制多子图表就是在一个画布上绘制多个图表，主要使用 Plotly.subplots 的 make_subplots() 函数，具体绘制流程如下：

① 绘制多个子图，首先导入 plotly.subplots 模块的 make_subplots() 函数。

```
from plotly.subplots import make_subplots
```

② 多子图需要设置 subplot，主要使用 make_subplots(rows= ,cols=)，其中 rows 和 cols 用于将画布布局分成几行几列。

③ 使用 fig.append_trace() 将每个图轨 trace 绘制在不同的位置上。

④ 根据需求，使用 Layout() 函数布局图表，例如为图表添加标题、设置图表大小等。

⑤ plotly.offline.plot() 方法生成 HTML 网页格式的图表文件。

实例 9.23　绘制一个简单的多子图表（实例位置：资源包 \Code\09\23）

下面使用 make_subplots() 函数绘制一个两行一列的多子图表，程序代码如下：

```
01 import plotly as py
02 import plotly.graph_objs as go
03 from plotly.subplots import make_subplots
04 # 创建一个包含 2 行 1 列的画布
05 fig=make_subplots(rows=2,cols=1)
06 # 创建数据
07 x=[1, 2, 3, 4,5]
08 y1=[12, 5, 8, 23]
09 y2=[22, 5, 21, 23]
10 # 绘制图轨
11 trace1= go.Scatter(x=x, y=y1)
12 trace2 = go.Scatter(x=x, y=y2, mode='markers',marker=dict(size=8, color='red'))
13 # 创建子图表，1 行 1 列为折线图，2 行 1 列为散点图
```

```
14 fig.append_trace(trace1,1,1)
15 fig.append_trace(trace2,2,1)
16 # 显示图表并生成 HTML 网页
17 py.offline.plot(fig)
```

运行程序，自动生成 HTML 网页图表，效果如图 9.22 所示。

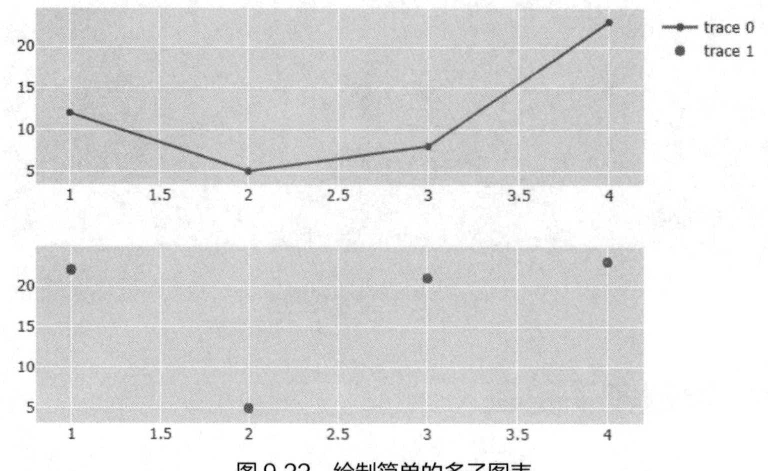

图 9.22　绘制简单的多子图表

9.5.2　自定义子图位置

子图位置主要通过 specs 参数实现，它是一个二维的列表集合，列表中包含行和列（rows 和 cols）两个参数。通过该参数可以绘制出包含多个，且在不同位置的多子图表。

实例 9.24　绘制一个包含 3 个子图的图表（实例位置：资源包 \Code\09\24）

下面实现包含 3 个子图的多子图表，通过该实例了解 specs 参数的用法。首先创建 2×2 的画布，然后通过 specs 参数布局，第 1 行第 1 列一个图表，第 1 行第 2 列一个图表，第 2 行一个图表占据两列位置，程序代码如下：

```
01 import plotly as py
02 import plotly.graph_objs as go
03 from plotly.subplots import make_subplots
04 fig = make_subplots(rows=2, cols=2, # 2 行 2 列
05                     specs=[[{}, {}],  # 第 1 行第 1 列；第 1 行第 2 列
06                            [{"colspan": 2}, None]],  # 在第 2 行占据两列，第 2 列的位
置没有图
07                     subplot_titles=(" 图 1"," 图 2", " 图 3"))
08 # 第 1 个子图在第 1 行第 1 列的位置
09 fig.add_trace(go.Scatter(x=[1,2,3,4,5], y=[10,20,30,40,50]),row=1, col=1)
10 # 第 2 个子图在第 1 行第 2 列的位置
11 fig.add_trace(go.Scatter(x=[2,4,6,8], y=[10,20,30,40]),row=1, col=2)
12 # 第 3 个子图在第 2 行占据两列
13 fig.add_trace(go.Scatter(x=[1,3,5,7], y=[10,20,30,50]),row=2, col=1)
14 # 更新图层
15 fig.update_layout(showlegend=False,    # 不显示图例
16                   title_text=" 多子图表标题 ") # 标题
17 # 显示图表
18 py.offline.plot(fig)
```

运行程序，效果如图 9.23 所示。

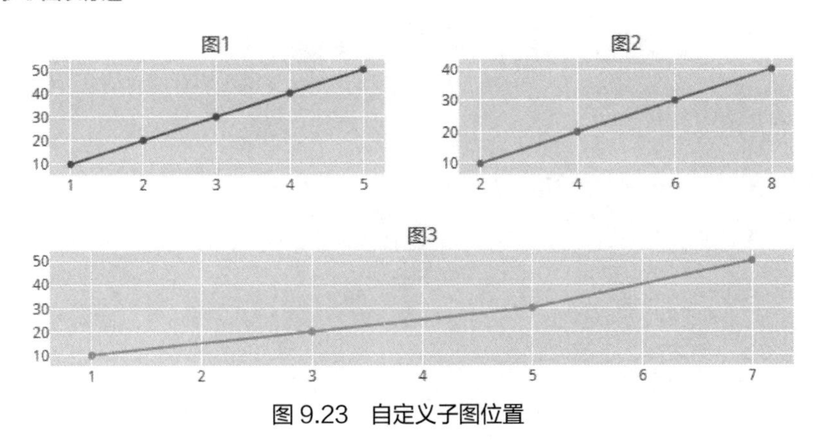

图 9.23　自定义子图位置

9.5.3　子图可供选择的图形类型

在绘制多子图时，不同类型的图形组合在一起，需要设置图形类型，例如柱形图与饼形图组合。设置图形类型主要使用 specs 参数，具体设置值如下：

☑ “xy”：二维的散点图［scatter()］、柱形图［bar()］等。
☑ “scene”：三维图，如 scatter3d、球体 cone。
☑ “polar”：极坐标图形，如 scatterpolar、barpolar 等。
☑ “ternary”：三元图，如 scatterternary。
☑ “mapbox”：地图，如 scattermapbox。
☑ “domain”：针对有一定域的图形，如饼图 pie、parcoords、parcats。

9.6　三维图绘制

Plotly 的三维绘图不仅好看，而且还可以实现交互，非常方便。三维图一般是包括 3 个轴，即 *x* 轴、*y* 轴、*z* 轴。下面介绍三维图中 3D 散点图的绘制方法。

实例 9.25　绘制 3D 散点图（实例位置：资源包 \Code\09\25）

绘制 3D 散点图主要使用 px.scatter_3d() 函数。下面使用 px.scatter_3d() 函数绘制鸢尾花 3D 散点图，程序代码如下：

```
01 import plotly as py
02 import plotly.express as px
03 # 载入 plotly 自带的数据集 iris
04 iris=px.data.iris()
05 # 绘制 3D 散点图
06 fig = px.scatter_3d(iris,x="sepal_length", y="sepal_width", z="petal_
width", color="species")
07 py.offline.plot(fig)
```

运行程序，自动生成 HTML 网页图表，效果如图 9.24 所示。

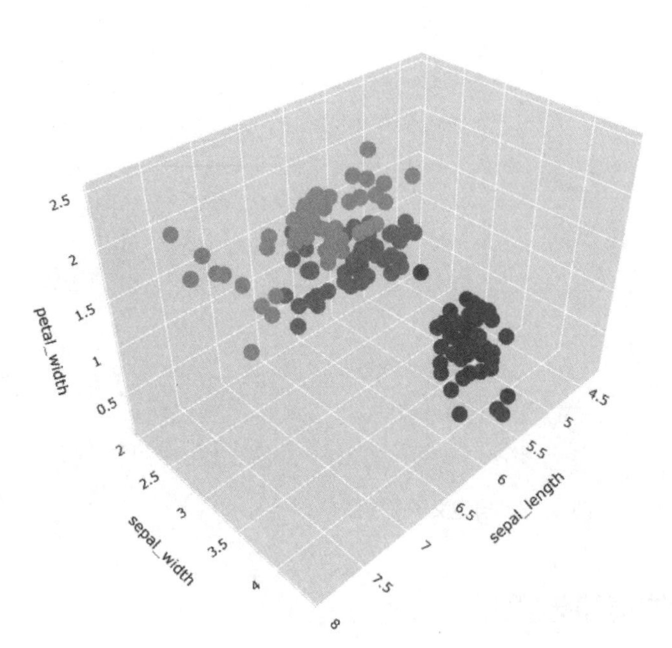

图 9.24　3D 散点图

9.7 绘制表格

Plotly 支持绘制表格图表，而且绘图效果非常美观。在 Plotly 中，绘制表格有两种方法：Table() 函数和 create_table() 函数。

9.7.1 Table() 函数

在 Plotly 中，使用 go.Table() 函数可以实现绘制表格。下面介绍两个主要的参数 header 和 cells。

☑ header：表格的表头，包括如下设置项。

- values：列表，表头的文本内容。
- format：设置单元格值格式规则，类似坐标轴的格式化参数 tickformat。
- prefix：单元格值的前缀。
- suffix：单元格值的后缀。
- height：单元格的高度，默认值为28。
- align：字符串、字符串组成的列表，设置表格内“文本”的水平对齐方式，包括 left、center、right，默认值为 center。
- line：设置边框的宽度和颜色，包括两个子参数 width 和 color。
- fill：设置单元格填充颜色，默认值为 white，它接受特定颜色或颜色数组或2D颜色数组。常用的颜色有 darkslategray、lightskyblue、lightcyan、paleturquoise、lavender、royalblue、paleturquoise、white、grey、lightgrey。
- font：设置表头的文字格式，包括字体、大小、颜色。

☑ cells：表格内容的单元格值，设置项与 header 参数基本一致。

实例 9.26　绘制学生成绩表（实例位置：资源包 \MR\Code\09\26）

下面使用 go.Table() 函数绘制学生成绩表，程序代码如下：

```
01 import plotly as py
02 import plotly.graph_objects as go
03 # 创建表格数据
04 trace=go.Table(header=dict(values=['姓名','语文','数学','英语'],
05                             line_color="black", # 表头线条颜色
06                             fill_color="#44cef6",  # 表头填充色
07                             align="center"),           # 文本居中
08                 cells=dict(values=[['甲','乙','丙'],       # 第 1 列数据
09                                    [105,88,120],          # 第 2 列数据
10                                    [99,115,130],          # 第 3 列数据
11                                    [130,108,110]],        # 第 4 列数据
12                            line_color = "black", # 表格线条颜色
13                            fill_color = "#70f3ff",  # 表格填充色
14                            align = "center"))           # 文本居中
15 # 将图轨转换为列表
16 data=[trace]
17 layout=go.Layout(width=600,height=500)
18 # 将图轨和图层合并
19 fig = go.Figure(data=data, layout=layout)
20 py.offline.plot(fig)
```

运行程序，自动生成 HTML 网页表格，效果如图 9.25 所示。

姓名	语文	数学	英语
甲	105	99	130
乙	88	115	108
丙	120	130	110

图 9.25　绘制学生成绩表

实例 9.27　将 Excel 数据绘制成网页表格（实例位置：资源包 \Code\09\27）

首先通过 Pandas 读取 Excel 文件中的数据，然后使用 go.Table() 函数将 DataFrame 数据直接绘制成表格，并且数据较多的情况下，自动显示滚动条，程序代码如下：

```
01 import plotly as py
02 import plotly.graph_objects as go
03 import pandas as pd
04 # 读取 Excel 文件
05 df=pd.read_excel('../../datas/data3.xlsx')
06 # 输出数据
07 print(df)
08 # 创建表格数据
09 trace=go.Table(header=dict(values=list(df.columns),
10                             line_color="black", # 表头线条颜色
11                             fill_color="#44cef6",  # 表头填充色
12                             align="center"),           # 文本居中
13                 # 加载 DataFrame 对象的数据
14                 cells=dict(values=[df.商品名称,df.浏览量,df.访客数,df.人均浏览
量,df.平均停留时长,df.成交商品件数,df.加购人数],
15                            line_color = "black", # 表格线条颜色
16                            fill_color = "#70f3ff",  # 表格填充色
17                            align = "center"))           # 文本居中
18 # 将图轨转换为列表
```

```
19 data=[trace]
20 layout=go.Layout(width=1000,height=500)
21 # 将图轨和图层合并
22 fig = go.Figure(data=data, layout=layout)
23 py.offline.plot(fig)
```

运行程序，自动生成 HTML 网页表格，数据较多的情况下自动显示滚动条，效果如图 9.26 所示。

商品名称	浏览量	访客数	人均浏览量	平均停留时长	成交商品件数	加购人数
基础学Python（全彩版	68863	26779	3	72	4918	8066
据分析从入门到实践（	23123	9467	2	85	1734	2619
络爬虫从入门到实践（	18842	7530	3	85	1181	2094
on编程超级魔卡（全彩	11549	6411	2	38	992	1847
PyQt5从入门到实践（	9632	4037	2	87	527	938
基础学Java（全彩版	8998	3437	3	85	391	1585
thon+实效编程百例+	8208	3790	2	55	288	661
从入门到项目实践（全	7118	2970	2	79	366	647
基础学C语言（全彩版	6497	2348	3	70	349	546
实效编程百例·综合卷（	6300	2852	2	62	977	823
QL即查即用（全彩版	5097	2209	2	63	344	595
项目开发实战入门（全	4677	2115	2	68	494	512
目开发实战入门（全彩	4518	1586	3	93	209	359

图 9.26　将 Excel 中的数据绘制成网页表格

9.7.2　create_table() 函数

在 Plotly 中，使用 plotly.figure_factory 的 create_table() 函数也可以实现绘制表格。下面介绍几个主要的参数。

☑　table_text：表格数据，通常是一个 DataFrame 类型数据。

☑　index：布尔型，默认值为False，设置是否显示索引列。

☑　index_title：字符串，默认值为空，当index=True时，设置索引列的列名。

☑　colorscale：列表，设置背景填充颜色，默认为[[0, '#66b2ff'], [.5, '#d9d9d9'], [1, '#ffffff']]。第一个元素为0的子列表，用于设置第一行（即表头）和有索引时的第一列的背景填充颜色；第一个元素为0.5的子列表，用于设置表格内容中奇数行的背景填充颜色；第一个元素为1的子列表，用于设置表格内容中偶数行的背景填充颜色。

☑　font_colors：单个或多个元素组成的列表，设置字体颜色，默认为['#000000']。三个元素时，分别设置表头、奇数行、偶数行的字体颜色，也可以实现为每行设置不同的字体颜色。

实例 9.28　将 DataFrame 数据生成表格（实例位置：资源包 \Code\09\28）

下面使用 create_table() 函数将 DataFrame 数据生成表格，程序代码如下：

```
01 import plotly as py
02 import plotly.figure_factory as ff
03 import pandas as pd
04 # 读取 Excel 文件
05 df=pd.read_excel('../../datas/data3.xlsx')
06 # 输出数据
07 print(df)
08 # 将 DataFrame 数据生成表格
09 fig=ff.create_table(df)
10 py.offline.plot(fig)
```

运行程序，自动生成 HTML 网页表格，效果如图 9.27 所示。

商品名称	浏览量	访客数	人均浏览量
零基础学Python（全彩版）	68863	26779	3
Python数据分析从入门到实践（全彩版）	23123	9467	2
Python网络爬虫从入门到实践（全彩版）	18842	7530	3
Python编程超级魔卡（全彩版）	11549	6411	2
Python GUI设计PyQt5从入门到实践	9632	4037	2
零基础学Java（全彩版）	8998	3437	3
Python全能开发三剑客（京东套装共3册）	8208	3790	2
Python从入门到项目实践（全彩版）	7118	2970	2
零基础学C语言（全彩版）	6497	2348	3
Python实效编程百例·综合卷（全彩版）	6300	2852	2
SQL即查即用（全彩版）	5097	2209	2
Python项目开发实战入门（全彩版）	4677	2115	2
C#项目开发实战入门（全彩版）	4518	1586	3

图 9.27　将 DataFrame 数据生成表格（部分数据）

实例 9.29　数据表格与折线图混合图表（实例位置：资源包 \Code\09\29）

数据分析过程中，有时候需要同时以多种方式查看数据，例如通过表格查看数据和通过折线图观察数据走势。下面就通过 create_table() 函数实现这一功能，程序代码如下：

```
01 import plotly as py
02 import plotly.figure_factory as ff
03 import plotly.graph_objs as go
04 import pandas as pd
05 # 读取 Excel 文件
06 df=pd.read_excel('../../datas/JD2020 单品数据 .xlsx')
07 # 输出数据
08 print(df)
09 # 将 DataFrame 数据生成表格
10 fig=ff.create_table(df)
11 # 绘制多折线图
12 fig.add_trace(go.Scatter(name=' 浏览量 ',y=df[' 浏览量 '],marker=dict(color='red'),
xaxis='x2', yaxis='y2'))
13 fig.add_trace(go.Scatter(name=' 访客数 ',y=df[' 访客数 '],marker=dict(color='green'),
xaxis='x2', yaxis='y2'))
14 fig.add_trace(go.Scatter(name=' 成交商品件数 ',y=df[' 成交商品件数 '],marker=dict(color=
'blue'),xaxis='x2', yaxis='y2'))
15 # 布局图表
16 fig.update_layout(title_text=" 商品销售数据走势图表 ",
17                   width=900,
18                   height=400,
19                   margin={"t": 75, "b": 100},
20                   xaxis={'domain': [0, .45]},
21                   xaxis2={'domain': [0.5, 1.]},
22                   yaxis2={'anchor': 'x2'})
23 py.offline.plot(fig)
```

运行程序，自动生成 HTML 网页图表，效果如图 9.28 所示。

商品销售数据走势图表

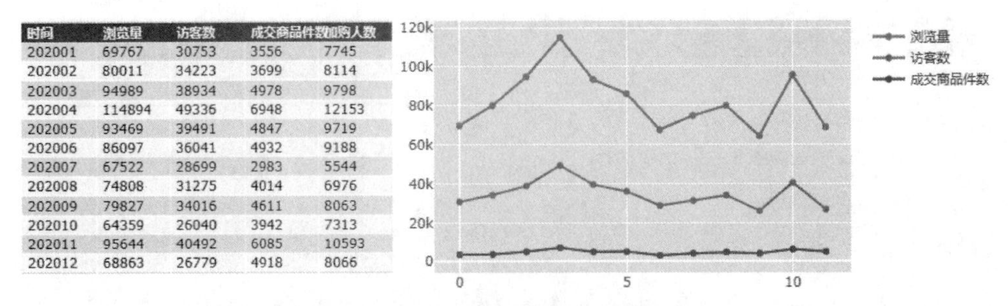

时间	浏览量	访客数	成交商品件数	加购人数
202001	69767	30753	3556	7745
202002	80011	34223	3699	8114
202003	94989	38934	4978	9798
202004	114894	49336	6948	12153
202005	93469	39491	4847	9719
202006	86097	36041	4932	9188
202007	67522	28699	2983	5544
202008	74808	31275	4014	6976
202009	79827	34016	4611	8063
202010	64359	26040	3942	7313
202011	95644	40492	6085	10593
202012	68863	26779	4918	8066

图 9.28　数据表格与折线图混合图表

9.8 综合案例——用户画像

本案例主要实现通过一张图了解用户年龄分布情况、学历分布情况、收入分布情况和性别分布情况，主要应用了多子图，效果如图 9.29 所示。

用户画像

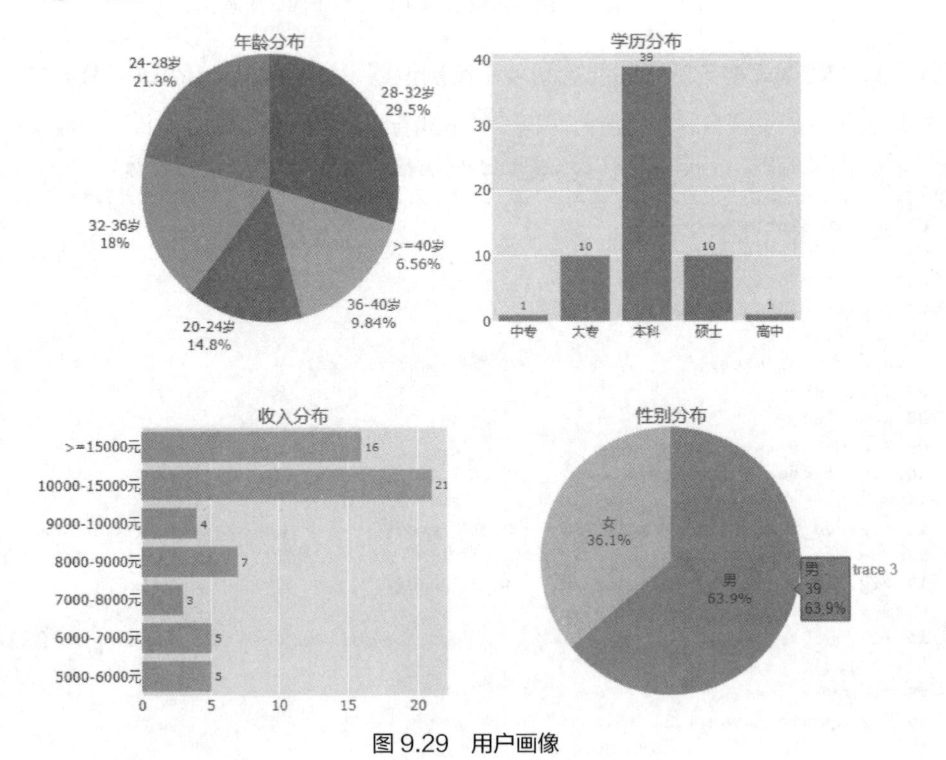

图 9.29　用户画像

具体实现过程如下：

① 导入相关模块。

```
01 import plotly as py
02 import plotly.graph_objs as go
03 from plotly.subplots import make_subplots
```

```
04 import pandas as pd
05 from numpy import random
```

② 读取 Excel 文件中的数据，并随机生成收入数据。

```
01 df = pd.read_excel('读者信息表.xlsx')
02 # 随机生成收入
03 pay = [random.randint(low=5000,high=20000) for i in range(61)]
04 df['收入']=pay
```

③ 创建一个 2×2 的画布，完成相关内容的设置。

```
01 # 创建一个包含 2 行 2 列的画布
02 fig=make_subplots(rows=2,cols=2, # 2 行 2 列
03           # 图形类型
04           specs=[[{'type':'domain'},{'type':'xy'}],[{'type':'xy'},{'type':'domain'
}]] ,
05           subplot_titles=('年龄分布','学历分布','收入分布','性别分布')) # 子图标题
```

④ 绘制图轨，主要包括年龄分布饼形图、学历分布柱形图、收入分布水平条形图和性别分布饼形图。

```
01 # 年龄分布饼形图
02 ages = df['年龄']  # 年龄数据
03 df['年龄区间']=pd.cut(ages, # 年龄数据
04              [20,24,28,32,36,40,70], # 年龄区间
05              # 区间标签
06              labels=[u"20-24 岁",u"24-28 岁",u"28-32 岁",u"32-36 岁",u"36-40 岁",
u">=40 岁"])
07 # 按年龄区间统计人数
08 df_ages=df.groupby('年龄区间').size().reset_index()
09 x = df_ages[0]
10 trace1=go.Pie(values=x,  # 数据
11               labels=df_ages['年龄区间'], # 标签
12               textinfo='percent+label',   # 显示百分比和标签文本
13               textposition='outside')     # 文本位置
14 # 按学历统计人数
15 df_xl=df.groupby('学历').size().reset_index()
16 # 学历分布柱形图
17 trace2= go.Bar(x=df_xl['学历'],y=df_xl[0],  # x 轴 y 轴
18                text=df_xl[0],           # 标注文本
19                textfont=dict(size=10), # 标注文本字体大小
20                textposition="outside", # 位置（值为 inside、outside、auto、none）
21                marker=dict(color='#138FF1'))  # 柱子颜色
22 pay1 = df['收入']   # 收入数据
23 df['收入区间'] = pd.cut(pay1,  # 收入数据
24                     [5000, 6000, 7000, 8000, 9000, 10000, 15000, 20000], # 区间
25                     # 区间标签
26                     labels=[u"5000-6000 元", "6000-7000 元",
27                             u"7000-8000 元", u"8000-9000 元",
28                             u"9000-10000 元", u"10000-15000 元",
29                             u">=15000 元"])
30 # 按收入区间统计人数
31 df_pay = df.groupby('收入区间').size().reset_index()
32 data = df_pay[0]
33 # 收入分布水平条形图
34 trace3= go.Bar(x=data,y=df_pay['收入区间'],  # xy 轴数据
35                text=df_pay[0],   # 标注文本
36                textfont=dict(size=10), # 标注文本字体大小
```

```
37                  textposition="outside",  # 文本位置（值为 inside、outside、auto、none）
38                  orientation='h')  # 水平条形图
39 # 性别分布饼形图
40 df_sex=df.groupby('性别').size().reset_index()
41 x=df_sex[0]
42 trace4=go.Pie(values=x,labels=df_sex['性别'],textinfo='percent+label')
```

⑤ 在画布上添加图轨。

```
01 # 在画布上添加图轨，2 行 2 列
02 fig.append_trace(trace1,1,1)
03 fig.append_trace(trace2,1,2)
04 fig.append_trace(trace3,2,1)
05 fig.append_trace(trace4,2,2)
```

⑥ 更新图表布局。

```
01 fig.update_layout(title='用户画像',          # 图表标题
02                   titlefont=dict(size=20),  # 标题字体大小
03                   height=800,width=800,  # 图表高度和宽度
04                   showlegend=False)        # 不显示图例
```

⑦ 显示图表并生成 HTML 网页。

```
py.offline.plot(fig)
```

9.9 实战练习

通过前面学习的柱形图和水平条形图知识，绘制水平堆叠柱形图，数据集参考【实例 9.7】。

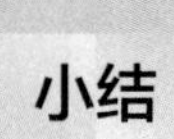

小结

通过本章的学习，读者能够了解 Plotly 绘图原理、掌握 Plotly 绘制图表的相关知识，通过图表细节设置让我们绘制出的图表更加精彩，并应用于实际工作当中。通过综合案例实现了 Pandas 数据处理与 Plotly 多子图表的综合应用，从而提升数据分析、数据可视化综合应用能力。

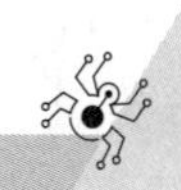

第 10 章 Bokeh 图表

Anaconda 开发环境中还集成了一个叫作 Bokeh 的模块，该模块同样可以根据数据集绘制对应的图表，来满足数据可视化的多种需求。本章将介绍如何使用 Bokeh 模块来绘制数据图表。

10.1 Bokeh 入门

Bokeh 是一个 Python 交互式可视化库，支持 Web 浏览器，提供非常完美的展示功能。Bokeh 的目标是使用 D3.js 样式提供优雅、简洁、新颖的图形化风格，同时提供大型数据集的高性能交互功能。Bokeh 可以快速地创建交互式的绘图，仪表盘和数据应用。

10.1.1 安装 Bokeh

本书安装的 Bokeh 为 2.4.2 版本。

在 cmd 命令提示符窗口中安装 Bokeh 库。在系统搜索框中输入 cmd，单击“命令提示符”打开“命令提示符”窗口，使用 pip 工具安装，命令如下：

```
pip install bokeh==2.4.2
```

当然，也可以在 PyCharm 开发环境中安装。

10.1.2 Bokeh 的基本概念

1. 词汇说明

在学习如何使用 Bokeh 绘图模块时，需要先了解一下词汇说明，具体内容如表 10.1 所示。

表 10.1 Bokeh 模块的词汇说明

词汇名称	说 明
Annotation（注释）	如图表中的标题、图例、标签等，可以更加清晰地明确图表中数据的含义
Application（应用程序）	在 Bokeh 服务上运行一个 Bokeh 文件，便是 Bokeh 应用

续表

词汇名称	说明
BokehJS（Bokeh JavaScript）	渲染图表，可以进行动态可视化交互
Document（文档）	Bokeh 图表文档
Embedding（嵌入）	将图表或小部件嵌入应用或 Web
Glyph（字形）	Glyph 是 Bokeh 图表的基本视觉构建模块，主要包括（散点、折线、矩形、正方形、楔形或圆形）等元素
Layout（布局）	Layout 是 Bokeh 对象的合集，可以是多个图表和小部件，排列在嵌套的行和列中
Model（模型）	是 Bokeh 可视化图表的最低级别的对象，是 bokeh.models 接口的一部分，其中提供了十分灵活的底层样式
Plot（绘图）	包含可视化的各种对象（例如渲染器、字形或注释）的容器
Renderer（渲染器）	绘制绘图元素的任何方法或函数的通用术语
Server（服务器）	Bokeh 服务器是一个可选组件，可以用来共享和发布图表、应用、处理大数据以及复杂的用户交互
Widget（小部件）	图表中的小部件，例如滑动条、下拉菜单、按钮等

2. 接口说明

Bokeh 模块的主要功能所对应的接口及用途如表 10.2 所示。

表 10.2　Bokeh 模块的主要接口及用途

词汇名称	说明
bokeh.colors.color	提供用于表示 RGB(A) 和 HSL(A) 颜色的类，以及定义常见的命名颜色
bokeh.embed	提供在网页中嵌入 Bokeh 独立和服务器内容的功能
bokeh.events	用于触发回调事件
bokeh.layouts	用于安排 Bokeh 布局对象的函数
bokeh.models	用于实现基本绘制图形的基础
bokeh.palettes	内置调色板
bokeh.plotting	用于绘制图表，使用 figure() 方法创建画布，绘制基本图表，如 line() 折线图、vbar() 水平条形图等
bokeh.io	图表的保存与显示
bokeh.themes	改变图表主题颜色

10.1.3　绘制第一张图表（折线图）

在使用 Bokeh 模块绘制一个简单的图表时，大致分为以下几个步骤：

① 导入模块与方法。
② 创建图形画布。
③ 准备数据。
④ 绘制图标。
⑤ 显示或保存图表文件。

实例 10.1　绘制简单的折线图（实例位置：资源包 \Code\10\01）

以绘制折线图为例，调用 line() 方法来进行图表绘制，程序代码如下：

```
01 from bokeh.plotting import figure, show  # 导入图形画布与显示
02 p = figure(plot_width=400, plot_height=400)  # 创建图形画布并设置大小
03 x = [1, 2, 3, 4, 5]              # x 为横轴坐标，图表底部
04 y = [1, 5, 2, 6, 3]              # y 为纵轴坐标，折线对应的数据位置
05 p.line(x,y,line_width = 2) # 绘制折线图，线宽度为 2
06 show(p)                          # 显示图表
```

使用 Bokeh 模块绘制图表时，运行程序后，将自动生成与当前 .py 文件相同名称的 .html 文件，然后通过浏览器自动打开这个 .html 图表文件，效果如图 10.1 所示。

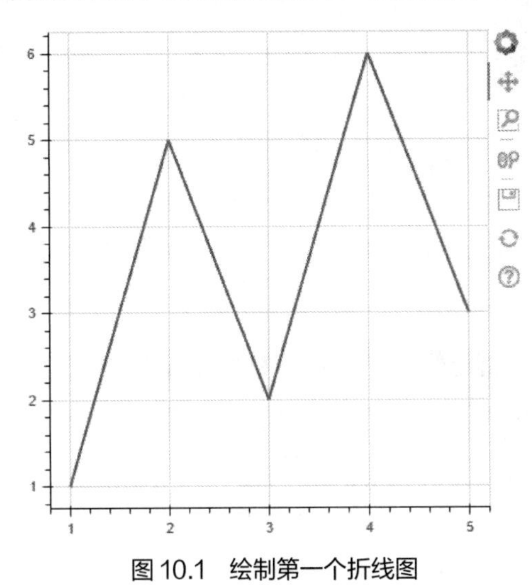

图 10.1　绘制第一个折线图

在 line() 方法中提供了多种参数，用于修改折线图的各种属性，常用参数含义如表 10.3 所示。

表 10.3　line() 方法的参数说明

参数名称	说 明
x	*x* 坐标
y	*y* 坐标
line_alpha	线条透明度，默认为 1.0
line_color	线条的颜色值，默认为 black（黑色）
line_dash	虚线的样式，如 dashed、dotted、dotdash 等
line_width	设置线的宽度
alpha	设置所有线条的透明度
color	设置所有线条的颜色
source	Bokeh 独特的数据格式

如果想要在一个图表中绘制多条折线时，可以通过多次调用 line() 的方式来实现。

实例 10.2　绘制多折线图（实例位置：资源包 \Code\10\02）

使用 line() 方法绘制多折线图，程序代码如下。

```
01 from bokeh.plotting import figure, show
02 # 创建 x 轴 y 轴数据
03 x = [1, 2, 3, 4, 5]
04 y1 = [6, 7, 2, 4, 5]
05 y2 = [2, 3, 4, 5, 6]
06 y3 = [4, 5, 5, 7, 2]
07 # 创建画布
08 p = figure(title=" 多折线图 ", x_axis_label="x", y_axis_label="y")
09 # 绘制多折线图
10 p.line(x, y1, legend_label=" 京东 ", color="blue", line_width=2)
11 p.line(x, y2, legend_label=" 天猫 ", color="red", line_width=2)
12 p.line(x, y3, legend_label=" 自营 ", color="green", line_width=2)
13 # 显示图表
14 show(p)
```

运行程序，效果如图 10.2 所示。

Bokeh 模块还提供了一个可以直接绘制多个折线图的 multi_line() 方法，该方法只需要设置 xs（轴）与 ys（数据轴）的坐标参数即可，但两个参数的值必须是列表数据，其他参数与 line() 方法相同。

实例 10.3 使用 multi_line() 方法绘制多折线图（实例位置：资源包 \Code\10\03）

本实例将使用 multi_line() 方法绘制多折线图，程序代码如下。

```
01 from bokeh.plotting import figure, show     # 导入图形画布与显示
02 p = figure(plot_width=400, plot_height=400) # 创建图形画布并设置大小
03 x = [[1, 2, 3], [4, 5, 6],[7,8,9]]          # x 为横轴坐标，图表底部
04 # 三个子列表，代表三个折线点的数据值
05 y = [[1, 2, 1], [2, 3, 2],[3,4,3]]          # y 为纵轴坐标，折线对应的数据位置
06 # 绘制折线图，并设置三个折线图的颜色
07 p.multi_line(xs=x, ys=y,color=['red','green','blue'])
08 show(p)                                     # 显示图表
```

运行程序，效果如图 10.3 所示。

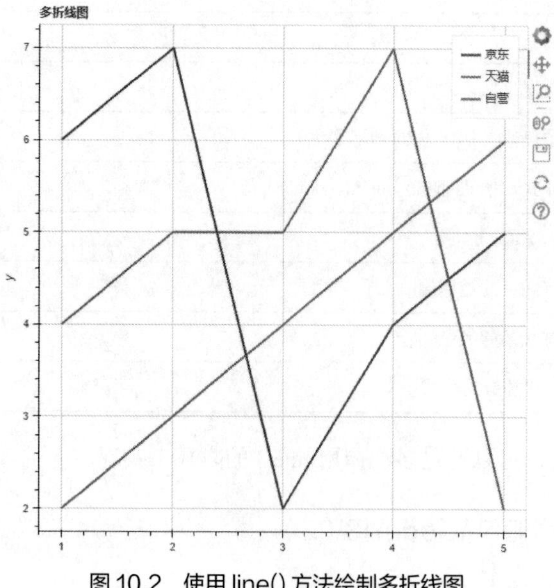

图 10.2　使用 line() 方法绘制多折线图

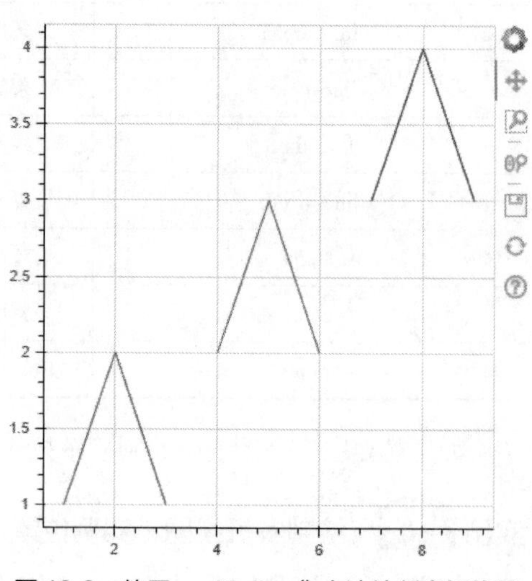

图 10.3　使用 multi_line() 方法绘制多折线图

10.1.4　数据类型

在使用 Bokeh 模块绘制图表时，可以使用多种类型的数据，如 10.1.3 小节中绘制的折线图就是使用了 Python 中的 list（列表）数据，除了 list（列表）数据以外，还可以使用 dict（字典）类型的数据、Numpy 中的 Array（数组）数据、Pandas 中的 DataFrame 以及 Bokeh 模块独特的 ColumnDataSource 数据类型，通过独特的数据类型可以很方便地在绘图方法中直接调用列名进行绘图。

1. Python 字典类型

使用字典数据时，只需要直接获取键（key）所对应的值（value 为列表数据），即可获取到一个列表数据，此时便可以直接使用 Bokeh 模块实现图表的绘制了。

实例 10.4　使用字典类型数据绘制图表（实例位置：资源包 \Code\10\04）

首先通过字典创建 *x* 轴和 *y* 轴数据，然后使用 line() 方法绘制折线图，程序代码如下：

```
01 from bokeh.plotting import figure,show  # 导入图形画布与显示
02 p = figure(plot_width=400, plot_height=400)  # 创建图形画布并设置大小
03 # 字典类型的数据
04 dict_data = {'x':[1, 2, 3, 4, 5],'y':[1,2,3,5,4]}
05 x = dict_data['x']          # x 为横轴坐标，图表底部
06 y = dict_data['y']          # y 为纵轴坐标，折线对应的数据位置
07 p.line(x,y,line_width = 2) # 绘制折线图，线宽度为 2
08 show(p)                     # 显示图表
```

运行程序，效果如图 10.4 所示。

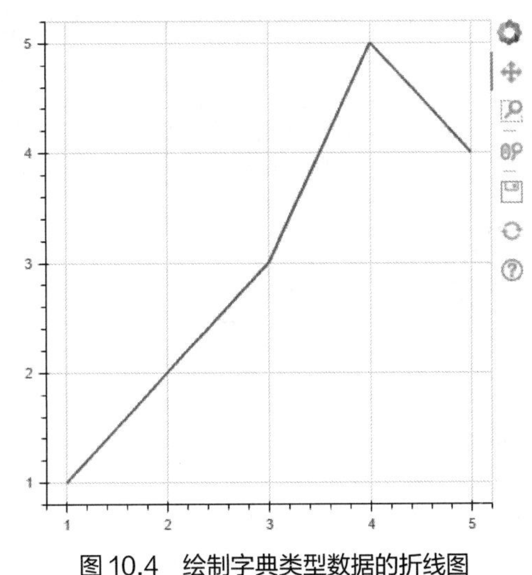

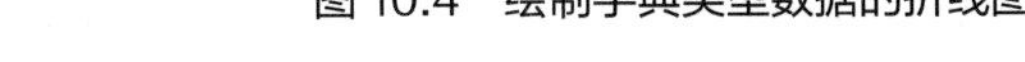
图 10.4　绘制字典类型数据的折线图

说明

在使用字典数据绘制图表时，还可以在绘制图表的方法中填写 source 参数，然后将字典数据直接传递给 source 参数，即可实现图表的绘制。

2. NumPy 数组类型

在使用 NumPy 中的数据绘制图表时，与使用 Python 中 list（列表）数据类似，直接指定数据值即可。

实例 10.5 使用 NumPy 数组类型数据绘制图表（实例位置：资源包 \Code\10\05）

首先创建 x 轴和 y 轴数据，其中 x 轴数据通过列表创建，y 轴数据则使用 NumPy 数组随机创建，程序代码如下：

```
01 from bokeh.plotting import figure,show  # 导入图形画布与显示
02 import numpy as np                      # 导入 numpy 模块
03 p = figure(plot_width=400, plot_height=400)  # 创建图形画布并设置大小
04 x = [1,2,3,4,5]                          # x 为横轴坐标，图表底部
05 y = np.random.randint(1,5,size=5)        # y 为纵轴坐标，numpy 数组随机数据
06 p.line(x,y,line_width = 2) # 绘制折线图，线宽度为 2
07 show(p)                    # 显示图表
```

运行程序，效果如图 10.5 所示。

注意

由于使用了 NumPy 中的随机生成数组，所以每次运行程序，图表中的 y 轴数据都是不同的。

3. DataFrame 类型

Pandas 是数据分析中最好用的一个模块，该模块有一个专属的数据类型 DataFrame，而使用 Bokeh 模块绘图时，只需要将 DataFrame 数据传递给 source 参数即可。

实例 10.6 使用 DataFrame 类型数据绘制图表（实例位置：资源包 \Code\10\06）

首先使用 Pandas 模块的 DataFrame 对象创建数据，然后使用 multi_line() 方法绘制图表，程序代码如下：

```
01 from bokeh.plotting import figure,show  # 导入图形画布与显示
02 import pandas as pd       # 导入 pandas 模块
03 # 创建数据
04 data = {'x':[[1,2,3,4,5],[6,7,8,9,10]],
05         'y':[[5,2,1,4,3],[9,6,8,7,10]]}
06 d_dataframe = pd.DataFrame(data=data)  # 创建 dataframe 数据
07 p = figure(plot_width=400, plot_height=400)  # 创建图形画布并设置大小
08 p.multi_line('x','y',source=d_dataframe,line_width = 2) # 绘制折线图，线宽度为 2
09 show(p)                    # 显示图表
```

运行程序，效果如图 10.6 所示。

4. ColumnDataSource 类型

ColumnDataSource 是 Bokeh 模块独有的一种数据类型，ColumnDataSource 对象中有一个 data 参数，用于传递数据，该参数可以传递三种数据类型，如 dict（字典）、DataFrame 或 DataFrame 中的 groupby（分组统计数据）。

（1）dict（字典）数据

实例 10.7 通过 ColumnDataSource 传递字典数据绘制图表（实例位置：资源包 \Code\10\07）

首先使用字典创建数据，然后通过 ColumnDataSource 对象的 data 参数传递数据并绘制图表，程序代码如下：

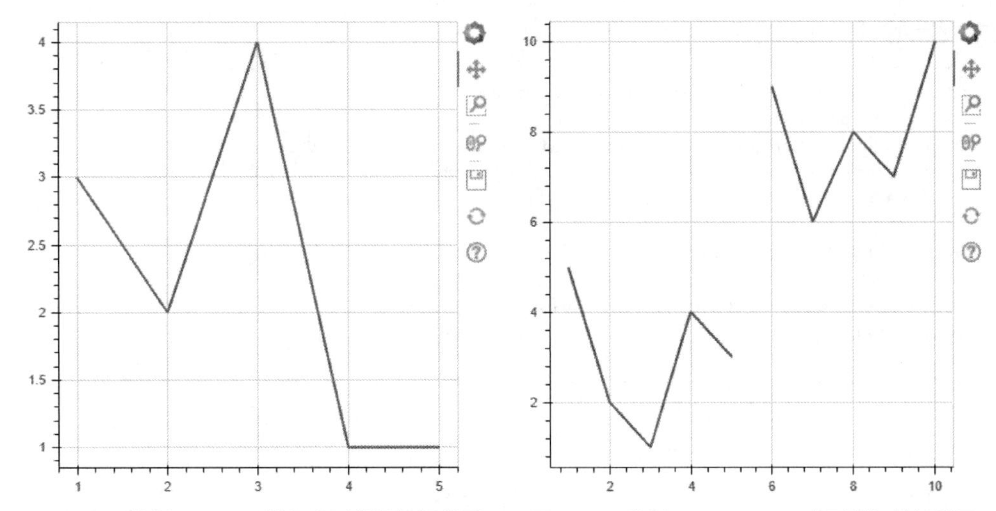

图 10.5　绘制 NumPy 数组类型数据的折线图　　图 10.6　绘制 DataFrame 类型数据的折线图

```
01 from bokeh.plotting import figure,show      # 导入图形画布与显示
02 from bokeh.models import ColumnDataSource  # 导入 ColumnDataSource 类
03 p = figure(plot_width=400, plot_height=400)  # 创建图形画布并设置大小
04 # 字典类型的数据
05 dict_data = {'x_values':[1, 2, 3, 4, 5],'y_values':[1,2,3,1,3]}
06 # 传递字典数据创建 ColumnDataSource 数据对象
07 source = ColumnDataSource(data=dict_data)
08 p.line(x='x_values',y='y_values',source=source) # 绘制折线图
09 show(p)                         # 显示图表
```

运行程序，效果如图 10.7 所示。

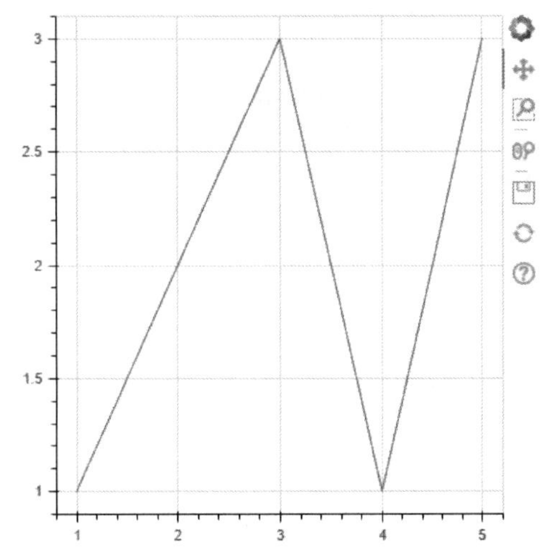

图 10.7　绘制 ColumnDataSource 字典数据的折线图

（2）DataFrame 数据

实例  通过 ColumnDataSource 传递 DataFrame 数据绘制图表（实例位置：资源包 \Code\10\08）

首先使用 DataFrame 对象创建数据，然后通过 ColumnDataSource 对象的 data 参数传递

数据并绘制图表，程序代码如下：

```
01 from bokeh.plotting import figure, show        # 导入图形画布与显示
02 import pandas as pd                             # 导入 pandas 模块
03 from bokeh.models import ColumnDataSource       # 导入 ColumnDataSource 类
04 p = figure(plot_width=400, plot_height=400) # 创建图形画布并设置大小
05 data = {'x_values': [1, 2, 3, 4, 5],           # 字典数据
06         'y_values': [6, 7, 2, 3, 6]}
07 df = pd.DataFrame(data)                         # 转换 DataFrame 数据
08 # 传递 DataFrame 数据创建 ColumnDataSource 数据对象
09 source = ColumnDataSource(data=df)
10 p.line('x_values','y_values',source=source) # 绘制折线图
11 show(p)                                         # 显示图表
```

运行程序，效果如图 10.8 所示。

（3）DataFrame 中的 groupby 数据

实例 10.9 通过 ColumnDataSource 传递分组统计数据绘制图表（实例位置：资源包 \Code\10\09）

首先使用 DataFrame 对象创建数据，然后使用 groupby() 函数统计每月数据，最后通过 ColumnDataSource 对象的 data 参数传递数据并绘制图表，程序代码如下：

```
01 import pandas as pd                             # 导入 pandas 模块
02 from bokeh.plotting import figure,show         # 导入图形画布与显示
03 from bokeh.models import ColumnDataSource       # 导入 ColumnDataSource 类
04 p = figure(plot_width=400, plot_height=400)  # 创建图形画布并设置大小
05 # 创建字典数据，模拟 1-3 月商品销量
06 dict_data = {'month':[1,2,3,2,1,3,2,3,1],'data':[1,3,2,2,3,2,4,6,2]}
07 df = pd.DataFrame(dict_data)                    # 创建 DataFrame 数据
08 group = df.groupby('month').sum()               # 根据月份分组并对每月的数据求和
09 source = ColumnDataSource(data=group)           # 传递字典数据创建 ColumnDataSource 数据
对象
10 p.line(x='month',y = 'data',source=source) # 绘制折线图
11 show(p)                                         # 显示图表
```

运行程序，效果如图 10.9 所示。

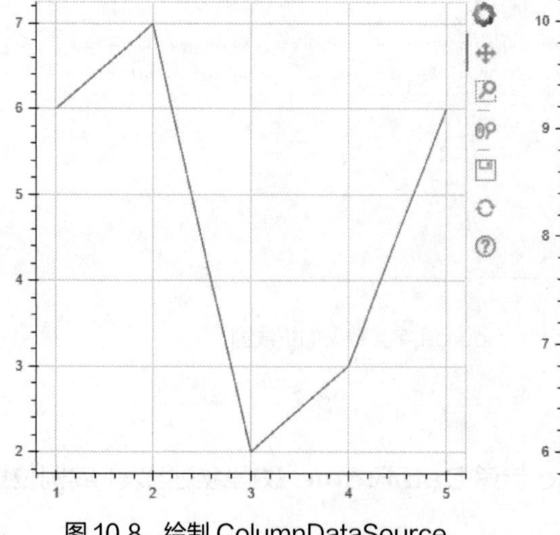

图 10.8 绘制 ColumnDataSource（DataFrame）数据的折线图

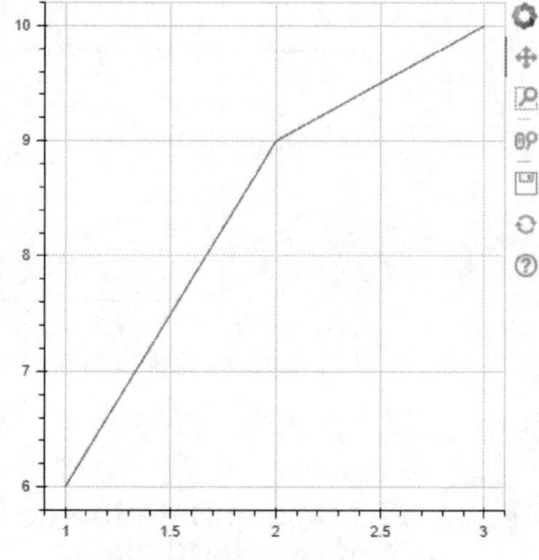

图 10.9 绘制 ColumnDataSource（groupby）数据的折线图

10.2 绘制基本图表

10.2.1 散点图

在绘制散点图时，可以使用 circle() 方法进行绘制，该方法的常用参数如表 10.4 所示。

表 10.4　circle() 方法的参数说明

参数名称	说 明
x	标记中心的 x 轴坐标
y	标记中心的 y 轴坐标
size	以屏幕像素为单位，设置点的大小
alpha	设置透明度，0 表示完全透明、1.0 表示完全不透明，默认 1.0
color	设置点的颜色，表示线和填充颜色
source	数据源
legend	设置图例
fill_alpha	填充透明度，0 表示全透明、1.0 表示不透明，默认 1.0
fill_color	填充颜色，默认灰色
line_alpha	圆点边线的透明度，0 表示全透明、1.0 表示不透明，默认 1.0
line_dash	虚线
line_color	圆点边线颜色，默认黑色
line_width	圆点边线宽度，默认为 1

实例 10.10　使用 circle() 方法绘制散点图（实例位置：资源包 \Code\10\10）

首先创建 x 轴和 y 轴数据，然后使用 circle() 方法绘制散点图，程序代码如下。

```
01 from bokeh.plotting import figure,show        # 导入图形画布与显示
02 p = figure(plot_width=400, plot_height=400)    # 创建图形画布并设置大小
03 x = [1, 2, 3, 4, 5]                            # x 轴数据
04 y = [2, 5, 3, 1, 4]                            # y 轴数据
05 # 绘制散点图
06 p.circle(x = x,y = y , size=30, color="green",
07          alpha=0.8,line_color='black',line_dash = 'dashed',line_width = 2)
08 show(p)      # 显示散点图
```

运行程序，效果如图 10.10 所示。

10.2.2 组合图表

Bokeh 也可以实现在一个画布上绘制多个不同类型的图表，例如在折线图的数据点上绘制一个散点，可以更加清晰地在途中看出数据点所在的位置。

实例 10.11　折线图 + 散点图组合图表（实例位置：资源包 \Code\10\11）

首先创建 x 轴、y 轴数据，然后示例代码如下：

```
01 from bokeh.plotting import figure, show  # 导入图形画布与显示
02 p = figure(plot_width=500, plot_height=500)  # 创建图形画布并设置大小
03 x = [1, 2, 3, 4, 5]          # x 为横轴坐标，图表底部
```

```
04 y = [1.1,1.2,2,1.4,1.7]      # y 为纵轴坐标，折线与散点对应的数据位置
05 y1 = [1.4,1.6,2.6,3.8,2.7] # 第二条折线与散点数据
06 # 绘制折线图与散点图，并设置图例
07 p.line(x,y,legend_label='y',line_width = 2)
08 p.circle(x,y,legend_label='y',fill_color = 'white',line_color='red',size=10)
09 p.line(x,y1,legend_label='y1',line_width = 2)
10 p.circle(x,y1,legend_label='y1',fill_color = 'blue',line_color='red',size=10)
11 show(p)                        # 显示图表
```

程序运行结果如图 10.11 所示。

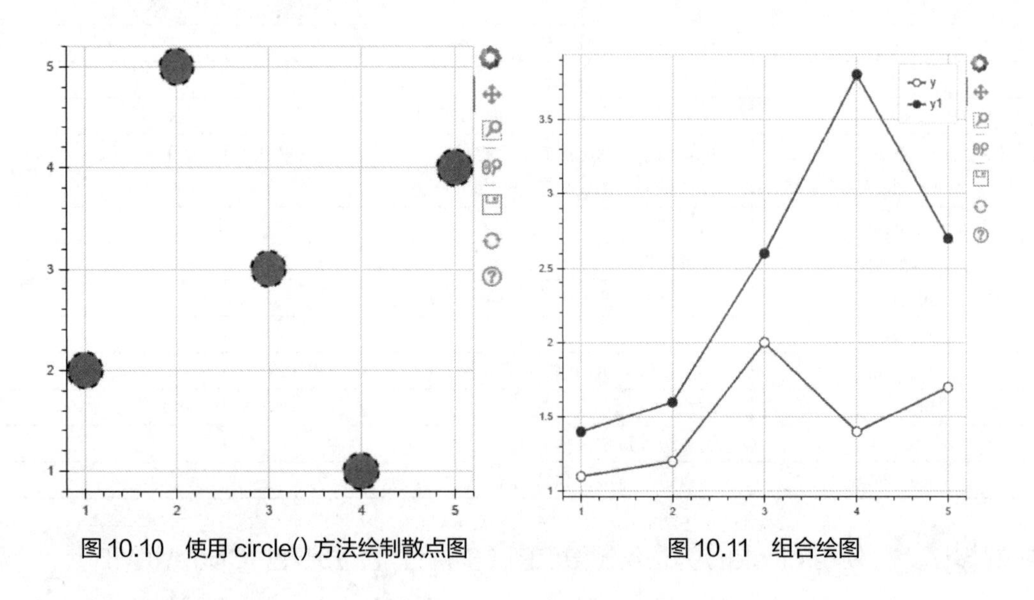

图 10.10　使用 circle() 方法绘制散点图　　　　图 10.11　组合绘图

10.2.3　条形图

1. 垂直条形图

在 Bokeh 模块中，绘制垂直条形图可以使用 vbar() 方法，在该方法中参数 *x* 表示横轴坐标、width 表示条形宽度、bottom 表示条形底部高度、top 表示条形顶部的 *y* 轴坐标，其他边线等参数与绘制散点图类似。

实例 10.12　绘制垂直条形图（实例位置：资源包 \Code\10\12）

下面使用 vbar() 方法绘制垂直条形图，程序代码如下：

```
01 from bokeh.plotting import figure, show          # 导入图形画布与显示
02 p = figure(plot_width=400, plot_height=400)       # 创建图形画布并设置大小
03 p.vbar(x=[1, 2, 3], width=0.5, bottom=0,          # 绘制垂直条形图
04        top=[1.8, 2.3, 4.6], color="firebrick",
05        line_width = 2,line_color = 'black',line_dash ='dashed')
06 show(p)                                           # 显示垂直条形图
```

运行程序，效果如图 10.12 所示。

2. 水平条形图

绘制水平条形图可以使用 hbar() 方法，在该方法中参数 *y* 为纵轴坐标、height 为条形图的高度（厚度）、left 为左边最小值、right 为右边最大值。

实例 10.13　绘制水平条形图（实例位置：资源包 \Code\10\13）

下面使用 hbar() 方法绘制水平条形图，程序代码如下。

```
01 from bokeh.plotting import figure, show            # 导入图形画布与显示
02 p = figure(plot_width=400, plot_height=400)        # 创建图形画布并设置大小
03 # 绘制水平条形图
04 p.hbar(y=[1, 2, 3], height=0.5, left=0,right=[1.6, 3.5, 4.3],
05        color = ['blue','green','red'],
06        line_width = 2,line_color = 'black',line_dash ='dashed')
07 show(p)                                            # 显示水平条形图
```

运行程序，效果如图 10.13 所示。

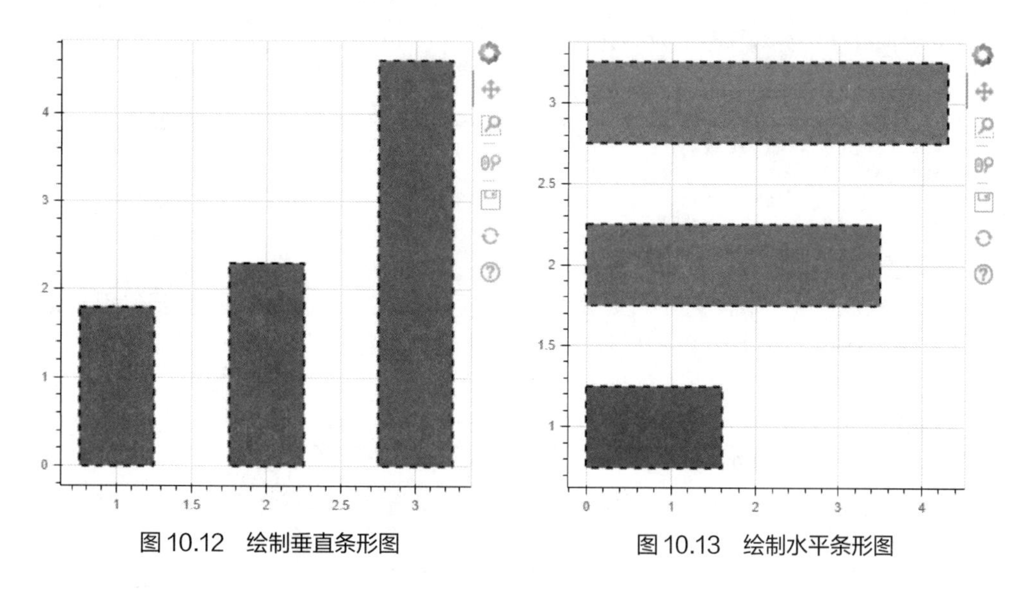

图 10.12　绘制垂直条形图　　图 10.13　绘制水平条形图

10.2.4　饼（环）形图

1. 饼形图

饼形图一般用于表示不同分类的占比情况，主要使用 wedge() 方法绘制，在该方法中参数 *x* 表示圆心横轴的坐标、*y* 表示圆心纵轴的坐标、radius 表示圆的半径、start_angle 表示水平方向起始角度、end_angle 表示水平方向结束角度、direction 表示起始方向（默认逆时针）、legend_field 表示图例。

实例 10.14　绘制饼形图（实例位置：资源包 \Code\10\14）

下面使用 wedge() 方法绘制饼形图，程序代码如下：

```
01 from math import pi                                # 导入圆周率
02 import pandas as pd                                # 导入 pandas
03 from bokeh.plotting import figure, show            # 导入图形画布与显示
04 from bokeh.transform import cumsum                 # 导入数据转换
05 # 定义数据源
06 x = {
07     '上海': 157,
08     '广州': 93,
09     '天津': 89,
```

```
10      '北京': 63,
11      '沈阳': 44,
12      '哈尔滨': 42
13 }
14 # 将x数据转换为DataFrame数据
15 data = pd.Series(x).reset_index(name='value').rename(columns={'index':'city'})
16 # 在数据中添加每个城市计算好的角度
17 data['angle'] = data['value']/data['value'].sum() * 2*pi
18 # 在数据中添加每个城市对应的颜色
19 data['color']= ['#3182bd', '#6baed6', '#9ecae1', '#c6dbef', '#e6550d', '#fd8d3c
']
20 p = figure(plot_width=500, plot_height=350, title="饼图",)      # 创建图形画布并设
置大小
21 # 绘制饼图
22 p.wedge(x=0, y=1, radius=0.5,
23          start_angle=cumsum('angle', include_zero=True), end_
angle=cumsum('angle'),
24          line_color="white",line_width = 2, fill_color='color', legend_
field='city', source=data)
25 show(p)                   # 显示图表
```

运行程序，效果如图10.14所示。

2. 环形图

环形图与饼形图类似，只不过是将中间的区域挖空。绘制环形图主要使用annular_wedge()方法，在该方法中参数*x*表示圆环中心的横轴坐标、*y*表示圆环中心的纵轴坐标、inner_radius表示内环半径、outer_radius表示外环半径。

实例 10.15 绘制环形图（实例位置：资源包\Code\10\15）

下面使用annular_wedge()方法绘制环形图，程序关键代码如下：

```
01 p = figure(plot_width=500, plot_height=350, title="环图",)      # 创建图形画布并设
置大小
02 # 绘制环形图
03 p.annular_wedge(x=0, y=1, outer_radius=0.5,inner_radius=0.4,
04          start_angle=cumsum('angle', include_zero=True), end_angle=cumsum
('angle'),
05          line_color="white",line_width = 2, fill_color='color', legend_field=
'city', source=data)
```

运行程序，效果如图10.15所示。

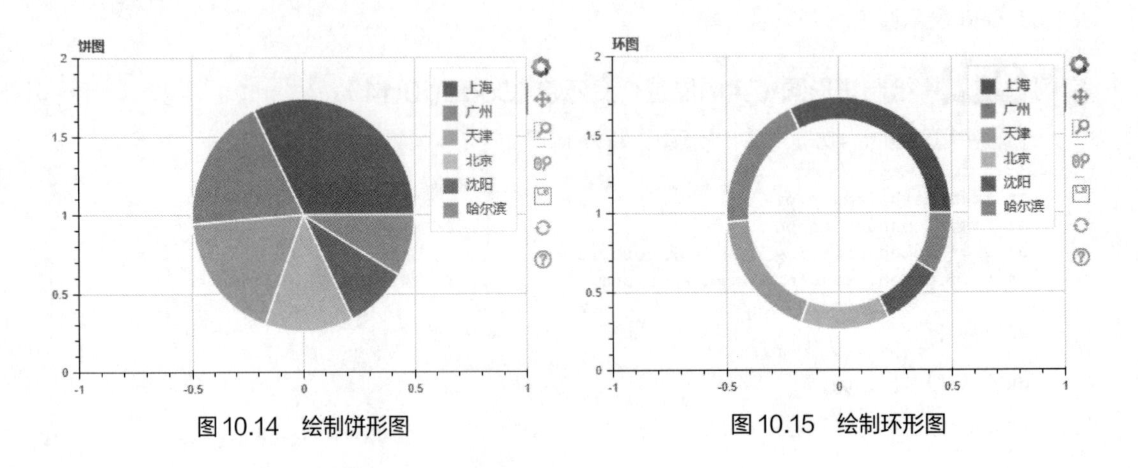

图10.14 绘制饼形图　　图10.15 绘制环形图

10.3 图表设置

10.3.1 图表的布局

1. 列布局

列布局就是垂直方向显示多个图表，实现这种布局方式主要使用 column() 方法，然后将绘制的图表作为参数传入 column() 方法中。

实例 10.16 垂直方向布局多个图表（实例位置：资源包 \Code\10\16）

首先绘制图表，然后使用 column() 方法垂直方向布局图表，程序代码如下：

```
01 from bokeh.plotting import figure, show  # 导入图形画布与显示
02 from bokeh.layouts import column         # 导入列布局
03 p1 = figure(plot_width=200, plot_height=200)  # 创建图形画布并设置大小
04 x = [1, 2, 3, 4, 5]          # x 为横轴坐标，图表底部
05 y = [1, 5, 2, 6, 3]          # y 为纵轴坐标，折线对应的数据位置
06 p1.line(x,y,line_width = 2) # 绘制折线图，线宽度为 2
07 p2 = figure(plot_width=200, plot_height=200)  # 创建图形画布并设置大小
08 # 绘制散点图
09 p2.circle(x = x,y = y , size=30, color="green",
10           alpha=0.8,line_color='black',line_dash = 'dashed',line_width = 2)
11 show(column(p1, p2))          # 列布局显示图表
```

运行程序，效果如图 10.16 所示。

2. 行布局

行布局与列布局类似，只不过是水平方向显示多个图表，实现这种布局方式主要使用 row() 方法，然后将绘制的图表作为参数传入 row() 方法中。

实例 10.17 水平方向布局多个图表（实例位置：资源包 \Code\10\17）

首先绘制图表，然后使用 row() 方法水平方向布局多个图表，程序代码如下：

```
01 from bokeh.plotting import figure, show  # 导入图形画布与显示
02 from bokeh.layouts import row         # 导入行布局
03 p1 = figure(plot_width=200, plot_height=200)  # 创建图形画布并设置大小
04 x = [1, 2, 3, 4, 5]          # x 为横轴坐标，图表底部
05 y = [1, 5, 2, 6, 3]          # y 为纵轴坐标，折线对应的数据位置
06 p1.line(x,y,line_width = 2) # 绘制折线图，线宽度为 2
07 p2 = figure(plot_width=200, plot_height=200)  # 创建图形画布并设置大小
08 # 绘制散点图
09 p2.circle(x = x,y = y , size=30, color="green",
10           alpha=0.8,line_color='black',line_dash = 'dashed',line_width = 2)
11 show(row(p1, p2))          # 行布局显示图表
```

运行程序，效果如图 10.17 所示。

3. 网格布局

网格布局相对比较好理解，就是通过网格的方式显示多个图表，实现这种布局方式可以使用 gridplot() 方法，然后需要将相关参数传入 gridplot() 方法中。

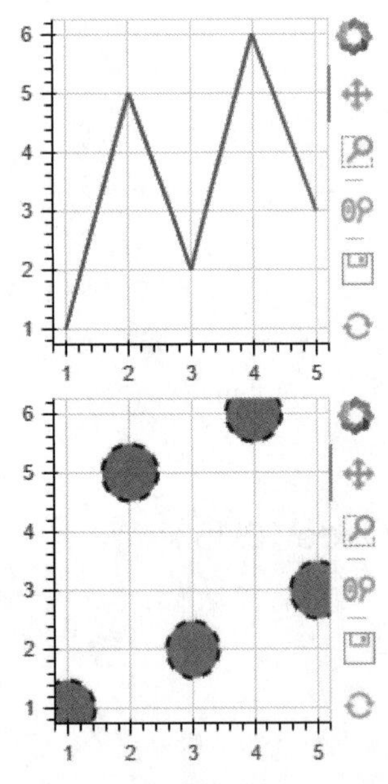

图 10.16 垂直方向布局多个图表

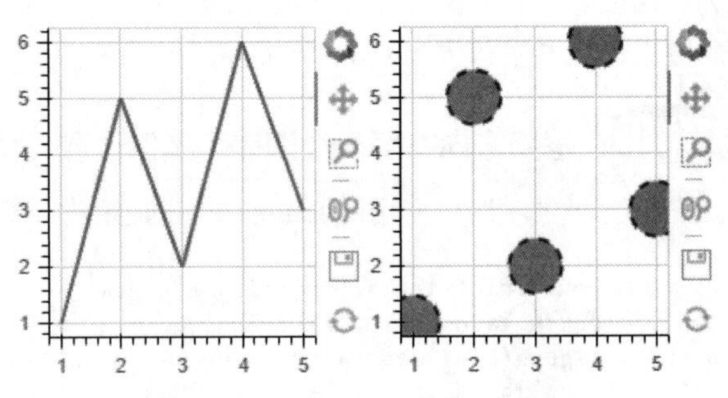

图 10.17 水平方向布局多个图表

实例 10.18 通过网格布局多个图表（实例位置：资源包 \Code\10\18）

首先绘制图表，然后使用 gridplot() 方法实现将多个图表显示在网格中，程序代码如下：

```
01 from bokeh.plotting import figure, show  # 导入图形画布与显示
02 from bokeh.layouts import gridplot          # 导入网格布局
03 x=[1,2,3,4,5]                                # x 为横轴坐标，图表底部
04 y = list(range(1,6))                         # y 为纵轴坐标
05 p1 = figure()  # 创建图形画布
06 # 绘制圆点散点图
07 p1.circle(x=x,y=y,size=10,color='red',line_color='black',line_width = 2)
08 p2 = figure()  # 创建图形画布
09 # 绘制方形散点图
10 p2.square(x=x,y=y,size=10,color='black',line_color='red',line_width = 2)
11 p3 = figure()  # 创建图形画布
12 # 绘制三角散点图
13 p3.triangle(x=x,y=y,size=10,color='yellow',line_color='red',line_width = 2)
14 p4 = figure()  # 创建图形画布
15 # 绘制方形中 pin 散点图
16 p4.square_pin(x=x,y=y,size=10,color='yellow',line_color='red',line_width = 2)
17 # 使用网格布局显示多个图表
18 grid = gridplot([p1, p2, p3,p4], ncols=2, plot_width=250, plot_height=250)
19 show(grid)      # 显示网格布局的图表
```

运行程序，效果如图 10.18 所示。

gridplot() 方法中的 ncols 参数表示网格布局需要以几列进行展示。

10.3.2 配置绘图工具

1. 定位工具栏

工具栏的默认位置一般会显示在图表的右侧位置，如果需要调整工具栏位置，可以用

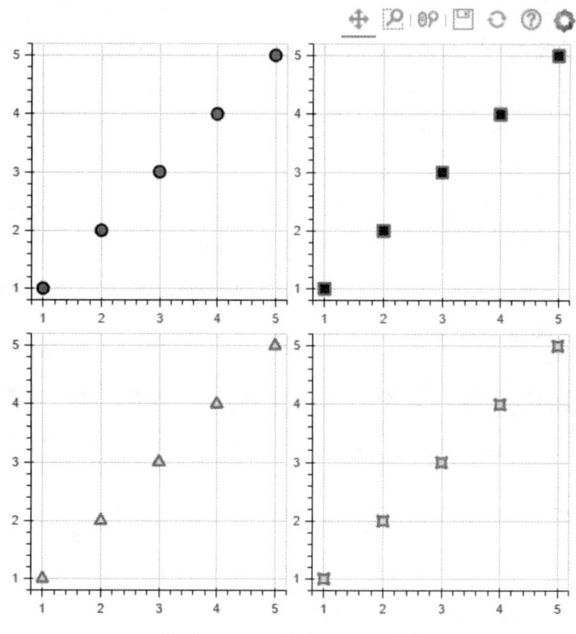

图 10.18　网格布局多个图表

figure() 方法的 toolbar_location 参数来修改。该参数提供了 4 个值，分别为 "above" "below" "left" 以及 "right"，表示工具栏显示在图表的上、下、左、右 4 个位置。

实例 10.19　在图表上显示工具栏（实例位置：资源包 \Code\10\19）

例如将工具栏显示在图表上方，程序代码如下：

```
01 from bokeh.plotting import figure, show  # 导入图形画布与显示
02 x=[1,2,3,4,5]                              # x 为横轴坐标，图表底部
03 y = list(range(1,6))                       # y 为纵轴坐标
04 p1 = figure(plot_width=300, plot_height=300,toolbar_location='above')  # 创建图形画布
05 # 绘制圆点散点图
06 p1.circle(x=x,y=y,size=10,color='red',line_color='black',line_width = 2)
07 show(p1)       # 显示图表
```

运行程序，效果如图 10.19 所示。

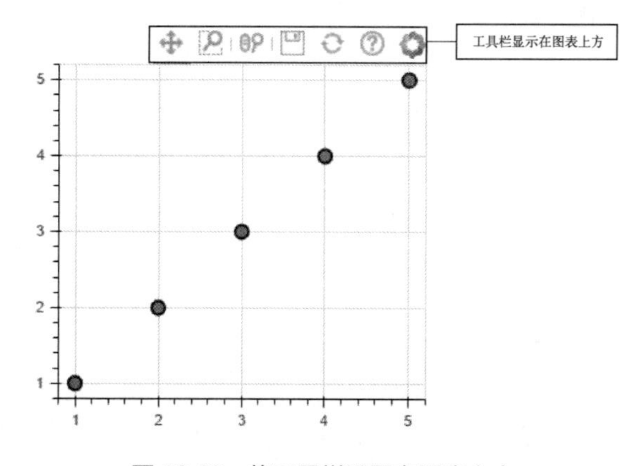

图 10.19　将工具栏设置在图表上方

说明　如果需要隐藏图表中的工具栏可以将toolbar_location参数设置为None。

2. 指定工具

指定工具就是指将需要的工具，添加至工具栏当中，Bokeh模块提供了两种指定工具的方法，一种是将需要添加的工具名称添加至字符串当中，而每个工具名称之间用逗号分隔，然后创建figure()对象时，将工具名称的字符串传递给tools参数。另一种添加工具的方式就是先创建figure()对象，然后通过该对象调用add_tools()方法，再将需要添加的工具对象作为参数传递至add_tools()方法中。

实例 10.20　为图表指定平移、滑轮缩放和悬停工具（实例位置：资源包\Code\10\20）

下面使用add_tools()方法为图表指定平移、滑轮缩放和悬停工具，程序代码如下：

```
01 from bokeh.plotting import figure, show  # 导入图形画布与显示
02 from bokeh.models import WheelZoomTool    # 导入滑轮缩放工具对象
03 tools = 'hover,pan'                     # 字符串方式添加悬停与平移工具名称
04 x=[1,2,3,4,5]                           # x 为横轴坐标，图表底部
05 y = list(range(1,6))                    # y 为纵轴坐标
06 # 创建图形画布
07 p = figure(plot_width=300, plot_height=300,tools=tools)
08 # 绘制圆点散点图
09 p.circle(x=x,y=y,size=10,color='red',line_color='black',line_width = 2)
10 p.add_tools(WheelZoomTool())            # add_tools 添加滑轮缩放工具
11 show(p)                                 # 显示图表
```

运行程序，效果如图10.20所示。

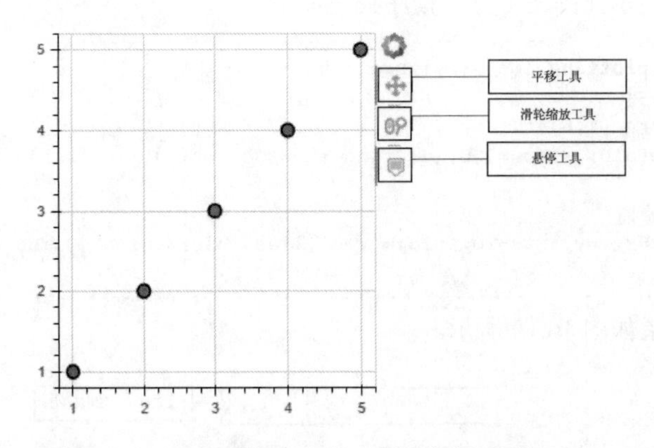

图10.20　为图表指定平移、滑轮缩放和悬停工具

说明　除了以上介绍的两种工具以外，还可以在bokeh.models.tools子模块中查找所有工具。

10.3.3　设置视觉属性

1. 切换主题

Bokeh为了让图表变得更加美观，一共内置了5种主题，分别为caliber、dark_minimal、light_minimal、night_sky和contrast。5种主题样式如图10.21所示。

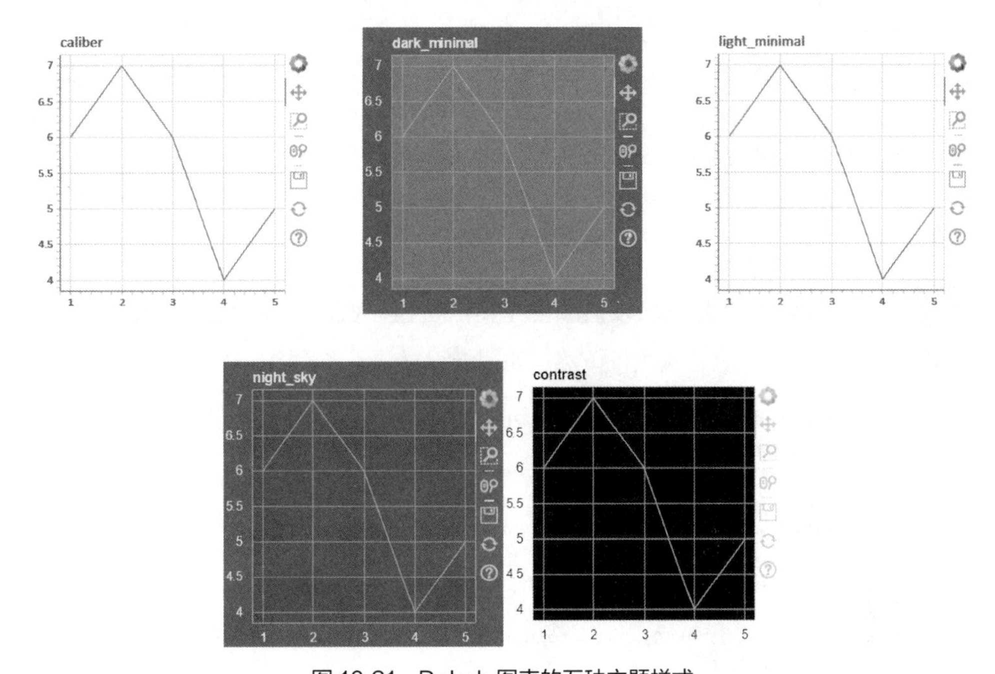

图 10.21　Bokeh 图表的五种主题样式

实例 10.21　为图表设置主题样式（实例位置：资源包 \Code\10\21）

在 Bokeh 图表中设置主题样式非常简单，只需要调用 curdoc().theme 属性并为其赋值为要使用的主题样式即可。切换主题样式的程序代码如下：

```
01 from bokeh.io import curdoc                    # 导入可以切换主题的方法
02 from bokeh.plotting import figure, show        # 导入图形画布与显示
03 x=[1,2,3,4,5]                               # x 为横轴坐标
04 y = list(range(1,6))                        # y 为纵轴坐标
05 curdoc().theme = 'caliber'               # 指定需要切换的主题样式
06 # 创建图形画布
07 p = figure(title='caliber', plot_width=300, plot_height=300)
08 # 绘制散点图
09 p.circle(x=x,y=y,size=10,color='red',line_color='black',line_width = 2)
10 show(p)       # 显示图表
```

运行程序，效果如图 10.22 所示。

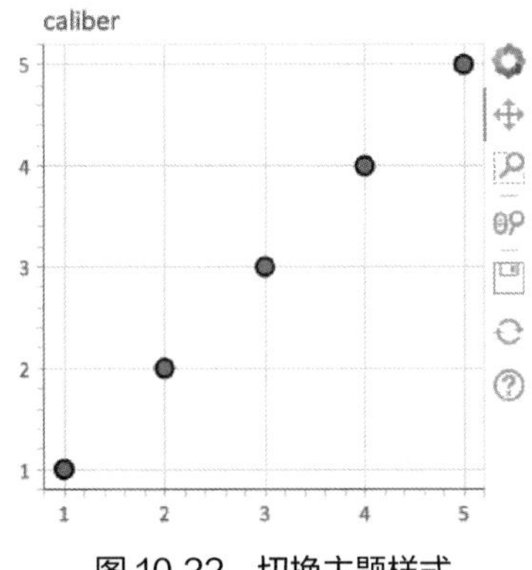

图 10.22　切换主题样式

2. 设置调色板

Bokeh 内置了非常实用的调色板，都可以在 bokeh.palettes 接口中找到。例如，Category20 中就有多达 20 种常用的颜色。

调色板是（十六进制）RGB 颜色字符串，数据类型为字典类型，字典数据中的 key 为调色板前的数字（最小为 3、最大为 20），通过字典中的数字 key 即可获取对应数量的 RGB 颜色字符串。

实例 10.22 使用调色板为图表设置颜色（实例位置：资源包 \Code\10\22）

下面使用 Category20 设置调色板，然后为图表设置颜色，程序代码如下：

```
01 from bokeh.palettes import Category20      # 导入 Category20 调色板
02 from bokeh.plotting import figure, show       # 导入图形画布与显示
03 x=[1,2,3,4,5]                              # x 为横轴坐标
04 y = list(range(1,6))                       # y 为纵轴坐标
05 colors=Category20[5]                       # 获取调色板 5 个颜色值
06 # 创建图形画布
07 p = figure(plot_width=300, plot_height=300)
08 # 绘制散点图
09 p.circle(x=x,y=y,size=10,color=colors,line_color='black',line_width = 2)
10 show(p)          # 显示图表
```

运行程序，效果如图 10.23 所示。

3. 颜色映射器

颜色映射器就是将调色板中的颜色值映射为数据序列的编码，然后再对 color 属性传递这个已经创建好的颜色映射器即可。Bokeh 拥有以下几种映射器来编码颜色：

☑ bokeh.transform.factor_cmap：将颜色映射到特定的分类元素。

☑ bokeh.transform.linear_cmap：将颜色值从高到低映射可用颜色范围内的数值。

☑ bokeh.transform.log_cmap：与 linear_cmap 类似，但使用自然对数比例来映射颜色。

实例 10.23 使用颜色映射器为图表设置颜色（实例位置：资源包 \Code\10\23）

下面使用颜色映射器为图表设置颜色，程序代码如下：

```
01 from bokeh.models import  ColumnDataSource  # 导入数据类
02 from bokeh.palettes import Category20          # 导入调色板
03 from bokeh.plotting import figure,show          # 导入图形画布与显示
04 from bokeh.transform import linear_cmap         # 导入线性颜色映射器
05 x = list(range(1,10))          # 创建横轴坐标
06 y = list(range(1,10))          # 创建纵轴坐标
07 # 创建颜色映射器
08 mapper = linear_cmap(field_name='y', palette=Category20[10] ,low=min(y) ,high=
max(y))
09 # 转换数据类型
10 source = ColumnDataSource(dict(x=x,y=y))
11 # 创建图形画布
12 p = figure(plot_width=400, plot_height=300)
13 # 绘制散点图，传入颜色映射器
14 p.circle(x='x', y='y',color=mapper,size=12, source=source)
15 show(p)       # 显示图表
```

运行程序，效果如图 10.24 所示。

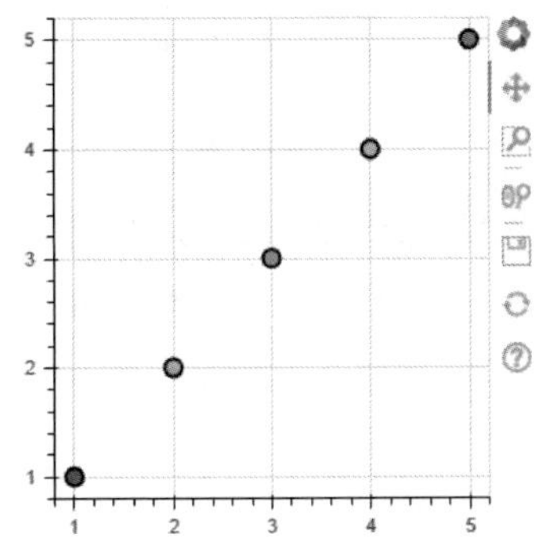

图10.23 使用调色板为图表设置颜色

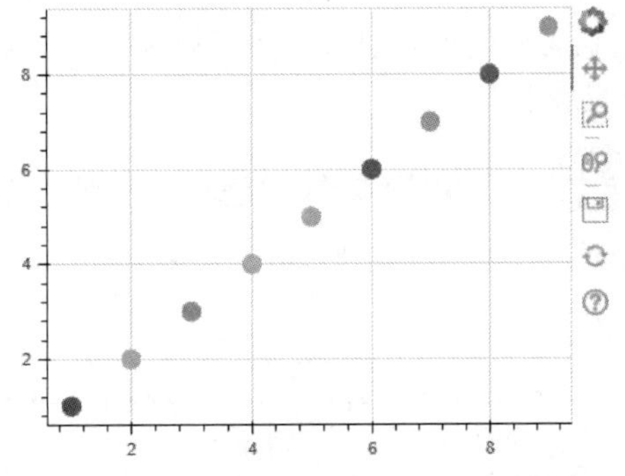

图10.24 使用颜色映射器为图表设置颜色

10.3.4 图表注释

1. 添加标题

图表中最常见的注释就是图表的标题，从标题上可以很清楚地看出当前图表的名称以及图表的意义。在Bokeh中添加图表的标题只需要在创建画布对象（figure）时，添加title参数并指定对应的标题名称即可。

实例 10.24 为图表设置标题（实例位置：资源包\Code\10\24）

下面通过title参数为图表设置标题，程序代码如下：

```
01 from bokeh.plotting import figure,show      # 导入图形画布与显示
02 # 创建图形画布
03 p = figure(title="我是图表标题", plot_width=300, plot_height=300)
04 x = [1,2,3]                # 横轴坐标
05 y = [1,2,1]                # 纵轴坐标
06 p.circle(x,y,size=10)      # 绘制散点图
07 show(p)                    # 显示图表
```

运行程序，效果如图10.25所示。

在添加图表标题时，标题会默认显示在图表的左上方，如果在画布对象（figure）中设置title_location，便可以修改图表标题所显示的位置，如above（上）、below（下）、left（左）、right（右），例如，设置图表标题位于图表下方，关键代码如下：

```
p = figure(title="我是图表标题",title_location='below', plot_width=300, plot_
height=300)
```

运行程序，效果如图10.26所示。

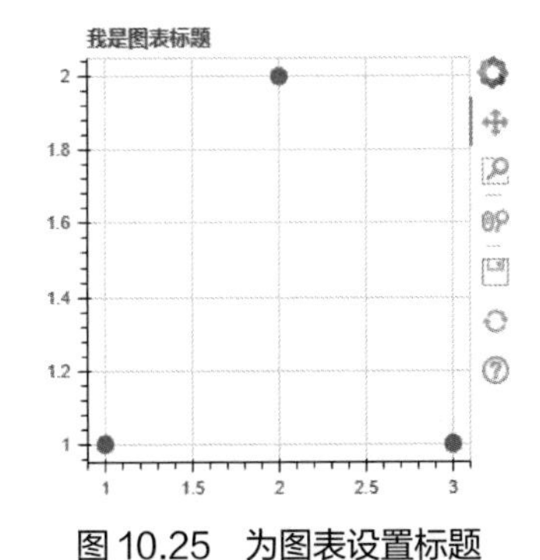

图10.25 为图表设置标题

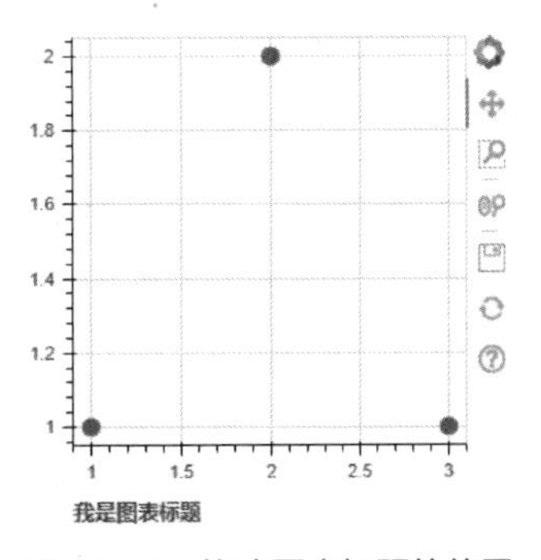

图10.26 修改图表标题的位置

除了设置标题位置以外，还可以通过画布对象（figure）调用 title 对象，然后通过各种属性来自定义标题。

实例 10.25 设置图表标题颜色和大小等（实例位置：资源包 \Code\10\25）

下面使用 title 对象设置图表标题内容、文本方向、文字大小、文字颜色和标题背景颜色，程序代码如下：

```
01 from bokeh.plotting import figure, show     # 导入图形画布与显示
02 p = figure(plot_width=300, plot_height=300) # 创建图形画布
03 x = [1, 2, 3]  # 横轴坐标
04 y = [1, 2, 1]  # 纵轴坐标
05 p.circle(x, y, size=10)  # 绘制散点图
06 # 设置图表标题属性
07 p.title.text = " 我是图表标题 "              # 设置标题内容
08 p.title.align = "center"                    # 设置标题相对于文本的方向 left、center、right
09 p.title.text_color = "white"                # 设置标题文字颜色
10 p.title.text_font_size = "25px"             # 设置标题文字大小
11 p.title.background_fill_color = "red"       # 设置标题背景颜色
12 show(p)  # 显示图表
```

运行程序，效果如图 10.27 所示。

在设置图表标题时，可能会出现需要多个标题的需求，这时就需要单独创建一个标题（Title）对象，然后再通过添加布局的方式，将新创建的标题对象添加在图表的指定位置。

实例 10.26 为图表设置双标题（实例位置：资源包 \Code\10\26）

下面实现为图表设置双标题，程序代码如下：

```
01 from bokeh.models import Title                # 导入标题类
02 from bokeh.plotting import figure, show       # 导入图形画布与显示
03 # 创建图形画布
04 p = figure(title=" 我是上标题 ", align="center",
05            plot_width=300, plot_height=300)
06 x = [1, 2, 3]  # 横轴坐标
07 y = [1, 2, 1]  # 纵轴坐标
08 p.circle(x, y, size=10)  # 绘制散点图
09 # 添加标题对象
10 new_title = Title(text=" 我是下标题 ", align="left")
11 # 添加布局的方式，添加标题
12 p.add_layout(new_title, "below")
13 show(p)           # 显示图表
```

运行程序，效果如图 10.28 所示。

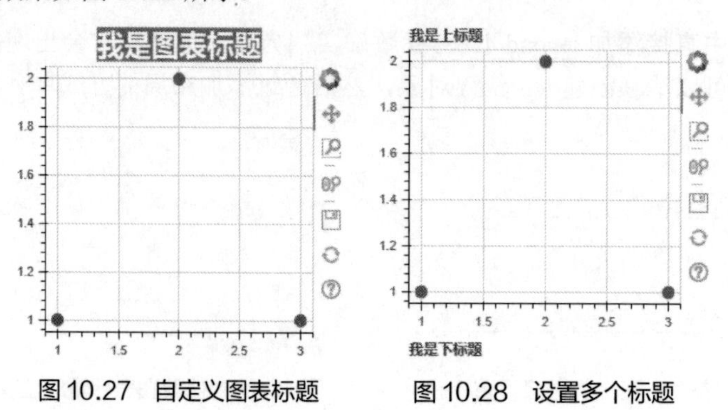

图 10.27 自定义图表标题　　图 10.28 设置多个标题

2. 添加图例

如果图表中出现多个数据时，就可以在绘图方法中添加图例参数（legend_label），这样可以更加清晰地区分每个数据。

实例 10.27 为图表添加图例（实例位置：资源包 \Code\10\27）

绘制折线图并添加图例，程序代码如下：

```
01 from bokeh.plotting import figure, show  # 导入图形画布与显示
02 x=[1,2,3,4,5]                            # 横轴坐标
03 # 纵轴坐标
04 y = [1,2,1,2,1]
05 y2 = [2,3,2,3,2]
06 y3 = [3,4,3,4,3]
07 p = figure(plot_width=400, plot_height=300) # 创建画布
08 # 绘制圆散点与对应折线
09 p.circle(x,y,size=10,color='yellow',legend_label=' 圆 ',line_color='red',line_
width = 2)
10 p.line(x,y,color='yellow',legend_label=' 圆 ',line_color='red',line_width = 2)
11 # 绘制三角散点与对应折线
12 p.triangle(x=x,y=y2,size=10,color='yellow',legend_label=' 三角 ',line_
color='red',line_width = 2)
13 p.line(x=x,y=y2,color='yellow',legend_label=' 三角 ',line_color='red',line_
width = 2)
14 # 绘制方形散点与对应折线
15 p.square(x=x,y=y3,size=10,color='yellow',legend_label=' 方形 ',line_
color='red',line_width = 2)
16 p.line(x=x,y=y3,color='yellow',legend_label=' 方形 ',line_color='red',line_
width = 2)
17 show(p)        # 显示图表
```

运行程序，效果如图 10.29 所示。

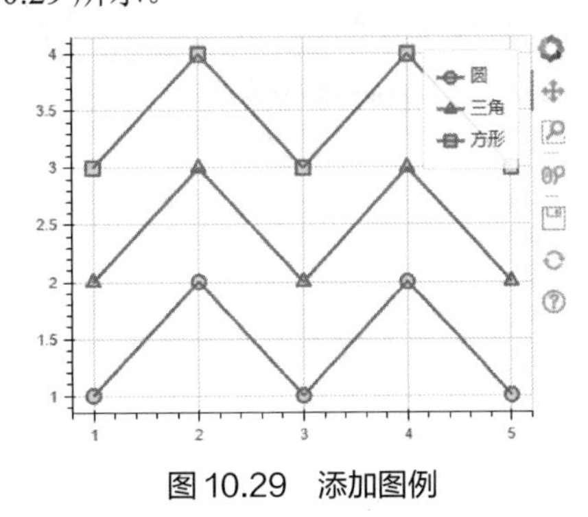

图 10.29 添加图例

在绘图方法中直接添加 legend_label 参数确实很方便，但是经常会出现图例遮挡部分图表的现象，此时可以单独创建 legend() 对象，然后通过添加布局的方式单独指定图例所显示的位置，这样既方便图表数据的观看又不会遮挡图表。

实例 10.28 指定图例所显示的位置（实例位置：资源包 \Code\10\28）

通过添加布局的方式单独指定图例所显示的位置，程序代码如下：

```
01 from bokeh.models import Legend              # 导入 Legend 类
02 from bokeh.plotting import figure, show      # 导入图形画布与显示
03 x=[1,2,3,4,5]                                # 横轴坐标
```

```
04 # 纵轴坐标
05 y = [1,2,1,2,1]
06 y2 = [2,3,2,3,2]
07 y3 = [3,4,3,4,3]
08 p = figure(plot_width=400, plot_height=300) # 创建画布
09 # 绘制圆散点与对应折线
10 c0=p.circle(x,y,size=10,color='yellow',line_color='red',line_width = 2)
11 c1=p.line(x,y,color='yellow',line_color='red',line_width = 2)
12 # 绘制三角散点与对应折线
13 t0=p.triangle(x=x,y=y2,size=10,color='yellow',line_color='red',line_width = 2)
14 t1=p.line(x=x,y=y2,color='yellow',line_color='red',line_width = 2)
15 # 绘制方形散点与对应折线
16 s0=p.square(x=x,y=y3,size=10,color='yellow',line_color='red',line_width = 2)
17 s1=p.line(x=x,y=y3,color='yellow',line_color='red',line_width = 2)
18 # 创建 Legend 对象
19 legend = Legend(location='center',items=[(' 圆 ',[c0,c1]),
20                                          (' 三角 ',[t0,t1]),
21                                          (' 方形 ',[s0,s1])])
22 p.add_layout(legend, 'right')            # 图例添加在图表右侧
23 show(p)        # 显示图表
```

运行程序，效果如图 10.30 所示。

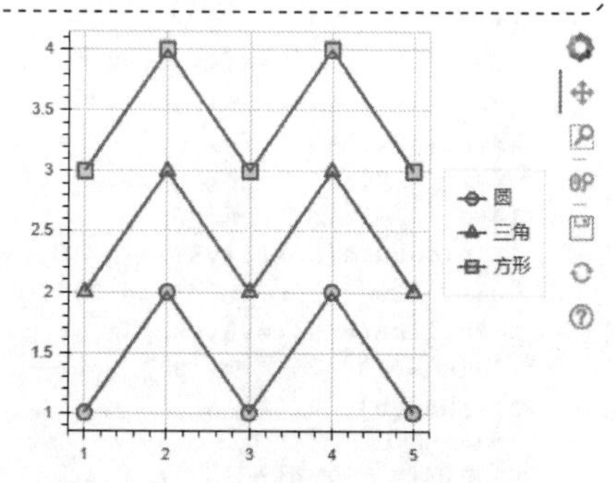

图 10.30　修改图例显示位置

3. 图例自动分组

如果使用的数据是 ColumnDataSource 类型，Bokeh 便可以从 ColumnDataSource 数据中的 label 列生成对应的图例名称，从而实现图例的自动分组。

实例 10.29　图例自动分组（实例位置：资源包\Code\10\29）

下面实现图例自动分组，程序代码如下：

```
01 from bokeh.models import ColumnDataSource    # 导入 ColumnDataSource
02 from bokeh.plotting import figure, show      # 导入图形画布与显示
03 # 创建数据
04 source = ColumnDataSource(dict(
05     x=[1, 2, 3, 4, 5, 6],
06     y=[2, 1, 2, 1, 2, 1],
07     color=['red', 'blue', 'red', 'blue', 'red', 'blue'],
08     label=[' 红 ', ' 蓝 ', ' 红 ', ' 蓝 ', ' 红 ', ' 蓝 ']
09 ))
10 # 创建画布
11 p = figure(x_range=(0, 7), y_range=(0, 3), plot_height=300)
12 # 绘制散点图，图例通过数据中 label 进行分组
13 p.circle(x='x', y='y', size = 15,color='color', legend_group='label', source=
source)
14 show(p)          # 显示图表
```

程序运行，效果如图 10.31 所示。

10.4 可视化交互

10.4.1 微调器

微调器是 Bokeh 中的一个小部件，通过它可以实现图表属性的调节，在图表中添加微调

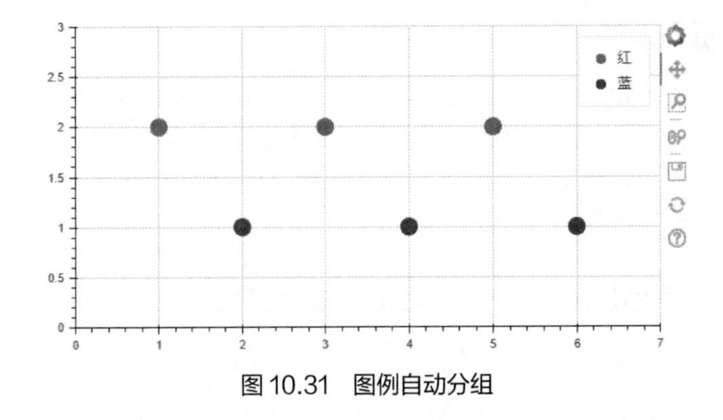

图 10.31　图例自动分组

器需要创建微调器对象（Spinner），然后再调用 js_link() 方法实现当微调器数值修改的同时修改图表所对应的属性。

实例 10.30　通过微调器调节散点图中散点的大小（实例位置：资源包 \Code\10\30）

下面实现使用微调器调节散点图中散点的大小，程序代码如下：

```
01 from bokeh.layouts import column, row           # 导入行列布局
02 from bokeh.models import Spinner                 # 导入微调器
03 from bokeh.plotting import figure,show           # 导入图形画布与显示
04 from bokeh.palettes import Category20            # 导入调色板
05 x = [1,2,3,4,5]                          # 横轴坐标
06 y = [1,2,1,2,1]                          # 纵轴坐标
07 colors = Category20[5]                   # 调色板中五个颜色
08 p = figure(plot_width=300, plot_height=300)      # 创建画布
09 points=p.circle(x,y,color=colors,size = 10)                # 绘制散点图
10 # 创建微调器对象
11 spinner = Spinner(title=" 微调器 ", low=1, high=40, step=2, value=10, width=80)
12 # 调用 js 事件处理，用于通过微调器值修改图表中散点大小
13 spinner.js_link('value', points.glyph, 'size')
14 # 使用行与列布局将微调器显示出来
15 show(row(column(spinner, width=100), p))
```

运行程序将显示如图 10.32 所示的图表，然后将微调器值调大，此时图表中的散点将同时变大，如图 10.33 所示。

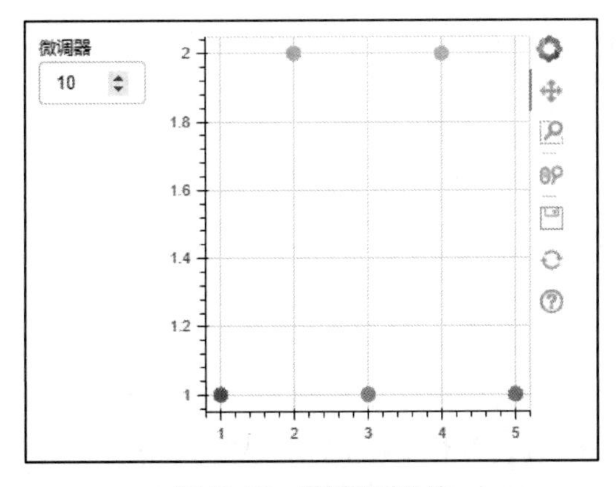

图 10.32　微调器默认值

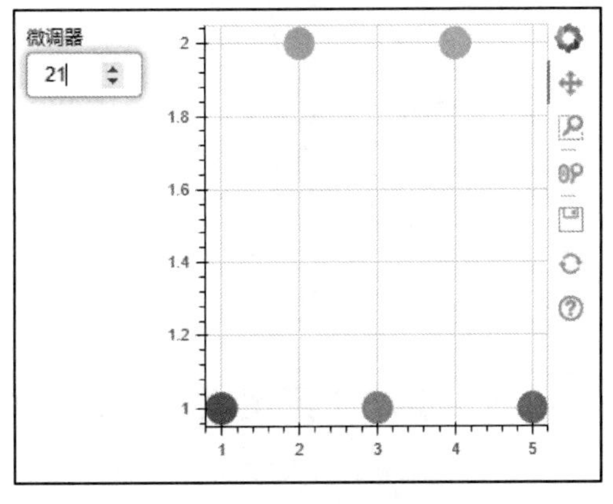

图 10.33　微调器值变大

10.4.2 选项卡

如果需要实现在一个页面中显示多个图表，可以使用选项卡小部件，这样既可以节省空间还可以切换查看更多的图表。例如在一个页面中实现两个图表之间的切换时，需要创建两个选项卡（Panel）对象，然后需要对这两个选项卡指定对应的图表，最后再将两个选项卡（Panel）添加至 Tabs 对象当中。

实例 10.31 为图表添加选项卡（实例位置：资源包 \Code\10\31）

下面实现在图表中添加选项卡，通过选项卡查看不同的图表，程序代码如下：

```
01 from bokeh.plotting import figure, show         # 导入图形画布与显示
02 from bokeh.models.widgets import Panel,Tabs     # 导入选项卡
03 p_v = figure(plot_width=400, plot_height=400)     # 创建图形画布并设置大小
04 p_v.vbar(x=[1, 2, 3], width=0.5, bottom=0,        # 绘制垂直条形图
05         top=[1.8, 2.3, 4.6], color="firebrick",
06         line_width = 2,line_color = 'black',line_dash ='dashed')
07 tab_v = Panel(child=p_v,title=' 垂直条形图 ')      # 第一个选项卡
08 p_c = figure(plot_width=400, plot_height=400)     # 创建图形画布并设置大小
09 x = [1, 2, 3, 4, 5]                              # x 轴数据
10 y_c = [2, 5, 3, 1, 4]                             # y 轴散点数据
11 y_l = [1, 5, 2, 6, 3]                             # y 轴折线数据
12 # 绘制散点图
13 p_c.circle(x = x,y = y_c , size=30, color="green",
14            alpha=0.8,line_color='black',line_dash = 'dashed',line_width = 2)
15 tab_c = Panel(child=p_c,title=' 散点图 ')        # 第二个选项卡
16 p_l = figure(plot_width=400, plot_height=400)  # 创建图形画布并设置大小
17 p_l.line(x,y_l,line_width = 2) # 绘制折线图，线宽度为 2
18 tab_l = Panel(child=p_l,title=' 折线图 ')        # 第三个选项卡
19 tabs = Tabs(tabs = [tab_v,tab_c,tab_l])          # 集中选项卡
20 show(tabs)                                       # 显示选项卡及图表
```

运行程序后将默认显示如图 10.34 所示的带选项卡的图表，然后通过选项卡依次切换到散点图、折线图，效果如图 10.35 和图 10.36 所示。

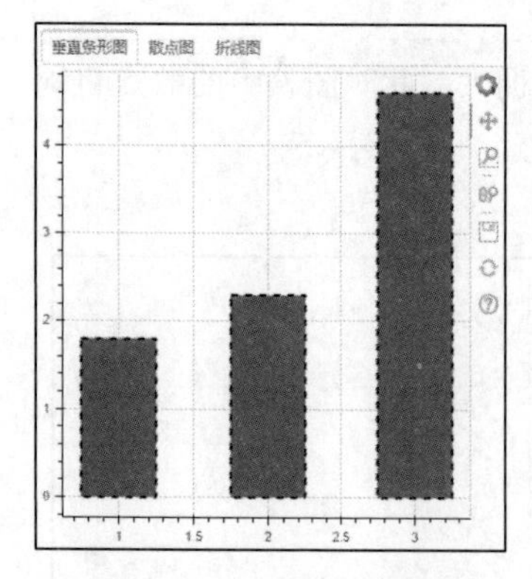

图 10.34　选项卡 1 图表

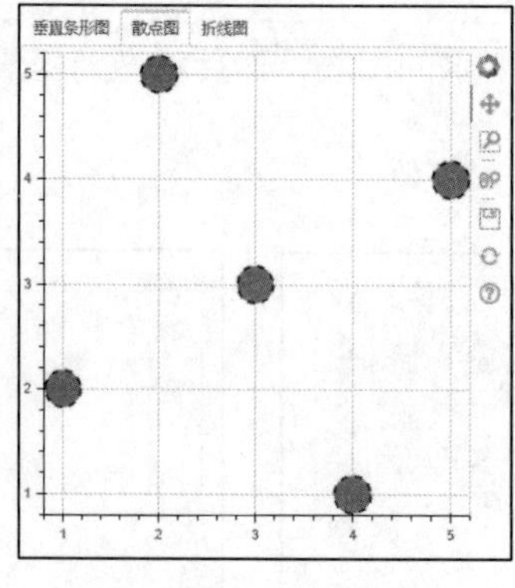

图 10.35　选项卡 2 图表

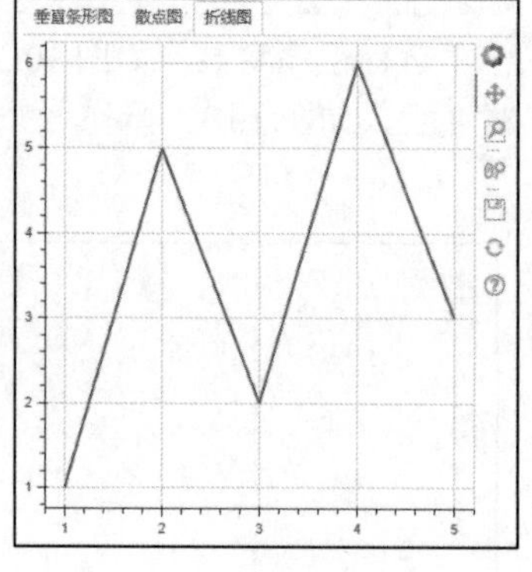

图 10.36　选项卡 3 图表

10.4.3 滑块（自定义 js 回调）

除了微调器可以实现调节图表属性以外，还可以使用滑块来调节图表中的数据值，从而实现让图表根据滑块值的变化，来改变图表自身的形态。不过在创建滑块（Slider）对象前

需要先自定义一个 JS 回调函数，通过该函数来动态修改图表中的数据值，然后再创建滑块（Slider）对象并通过该对象调用 js_on_change() 方法实现回调函数的执行。

实例 10.32　通过滑块调整图表（实例位置：资源包 \Code\10\32）

下面使用滑块修改折线图的数值，程序代码如下：

```
01 from bokeh.layouts import column              # 导入列布局
02 # 导入 ColumnDataSource 数据、CustomJS 自定义 js 函数、Slider 滑块
03 from bokeh.models import ColumnDataSource, CustomJS, Slider
04 from bokeh.plotting import Figure,show     # 导入图形画布与显示
05 x = [x*0.005 for x in range(0, 200)]       # x 轴数据
06 y = x                                      # y 轴与 x 轴同样数据
07 source = ColumnDataSource(data=dict(x=x, y=y))    # 将数据转换为 ColumnDataSource 类型
08 plot = Figure(plot_width=400, plot_height=400)    # 创建画布
09 plot.line('x', 'y', source=source, line_width=3, line_alpha=0.6)    # 绘制线图
10 # 创建 js 回调函数
11 callback = CustomJS(args=dict(source=source), code="""
12     var data = source.data;
13     var f = cb_obj.value
14     var x = data['x']
15     var y = data['y']
16     for (var i = 0; i < x.length; i++) {
17         y[i] = Math.pow(x[i], f)
18     }
19     source.change.emit();
20 """)
21 # 创建滑块对象
22 slider = Slider(start=1, end=10, value=1, step=1, title=" 滑块 ")
23 # 调用可以实现回调函数的方法
24 slider.js_on_change('value', callback)
25 layout = column(slider, plot)       # 列布局滑块与图表
26 show(layout)                        # 显示布局内容
```

运行程序后将默认显示如图 10.37 所示的图表，然后将图表上方的滑块滑动至右侧，图表数据将被动态修改，效果如图 10.38 所示。

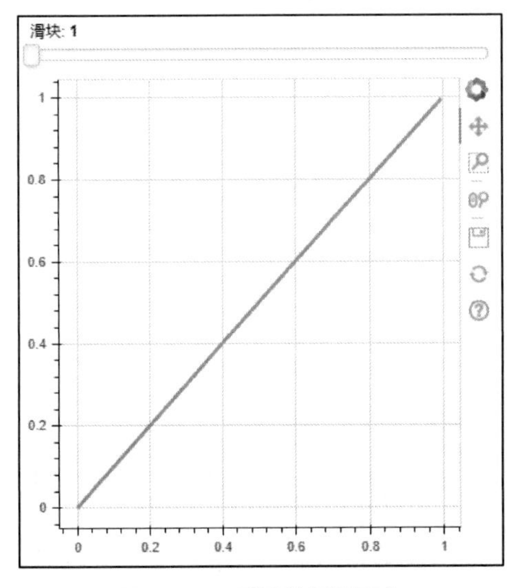

图 10.37　默认数据的图表

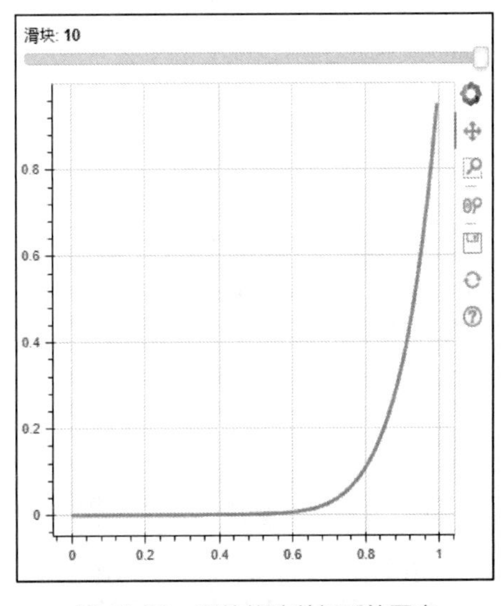

图 10.38　滑块修改数据后的图表

10.5 综合案例

对于线上图书销售额的统计，如果要统计各个平台的销售额，可以使用多条形图，不同颜色的柱子代表不同的平台，如京东、天猫、自营等，效果如图 10.39 所示。

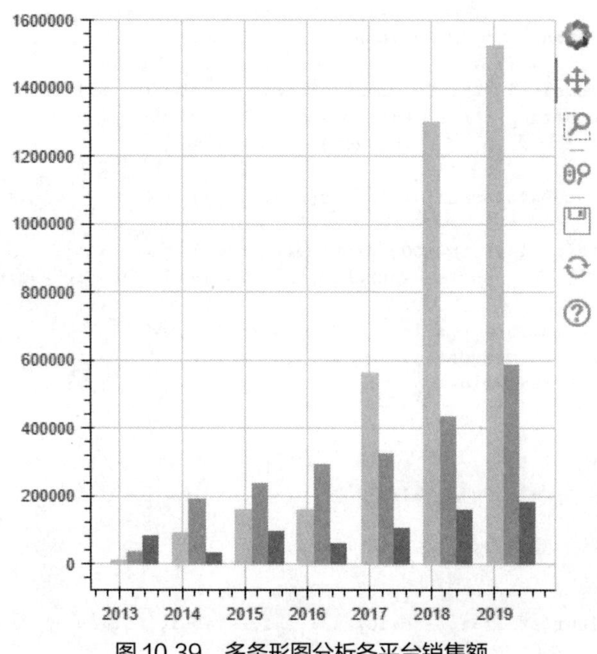

图 10.39 多条形图分析各平台销售额

程序代码如下：

```
01 from bokeh.plotting import figure,show  # 导入图形画布与显示
02 import pandas as pd        # 导入 pandas 模块
03 # 读取 Excel 文件
04 df = pd.read_excel('../../datas/books.xlsx',sheet_name='Sheet2')
05 # x 轴、y 轴数据
06 x=df['年份']
07 y1=df['京东']
08 y2=df['天猫']
09 y3=df['自营']
10 # 定义条形图的柱子宽度
11 width =0.25
12 p = figure(plot_width=400, plot_height=400)     # 创建图形画布并设置大小
13 p.vbar(x=x, width=width, bottom=0,          # 绘制第一个条形图
14           top=y1, color="darkorange")
15 p.vbar(x=x+width, width=width, bottom=0,        # 绘制第二个条形图
16           top=y2, color="deepskyblue")
17 p.vbar(x=x+2*width, width=width, bottom=0,        # 绘制第三个条形图
18           top=y3, color="green")
19 show(p)                                           # 显示多条形图
```

运行上述代码时，由于 y 轴数据比较大，出现了科学记数法。下面通过一行代码解决这个问题。

```
p.yaxis.formatter.use_scientific = False     # 取消科学记数法
```

10.6 实战练习

使用 bokeh.models.annotations 的 Span 模块为垂直条形图绘制平均值辅助线，效果如图 10.40 所示。首先导入 Span 模块，然后创建数据并求平均值，最后绘制柱形图和平均值辅助线。

```
from bokeh.models.annotations import Span
```

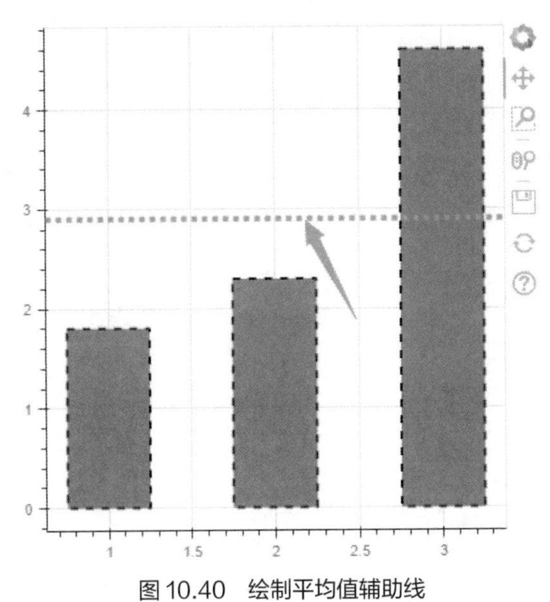

图 10.40　绘制平均值辅助线

小结

通过本章内容可以学习如何使用 Bokeh 绘制各种图表，但是 Bokeh 并没有提供特别复杂的绘图功能，例如各种三维曲线图和曲面图等。

另外，Bokeh 不是基于 Python 语言开发的交互工具，它实质上是用 JavaScript 实现在浏览器中绘图的工具，和 Python 常用的绘图工具并没有什么关系，Python 中绝大多数的绘图工具都是基于 Matplotlib 实现的，是纯 Python 语言的绘图。而 Bokeh 更像是 Echart，因此实现 Matplotlib 和 Bokeh 交互比较难，而用 JavaScript 会更容易一些，但同时也要求对 JavaScript 有一定的了解。

Python

第3篇
案例篇

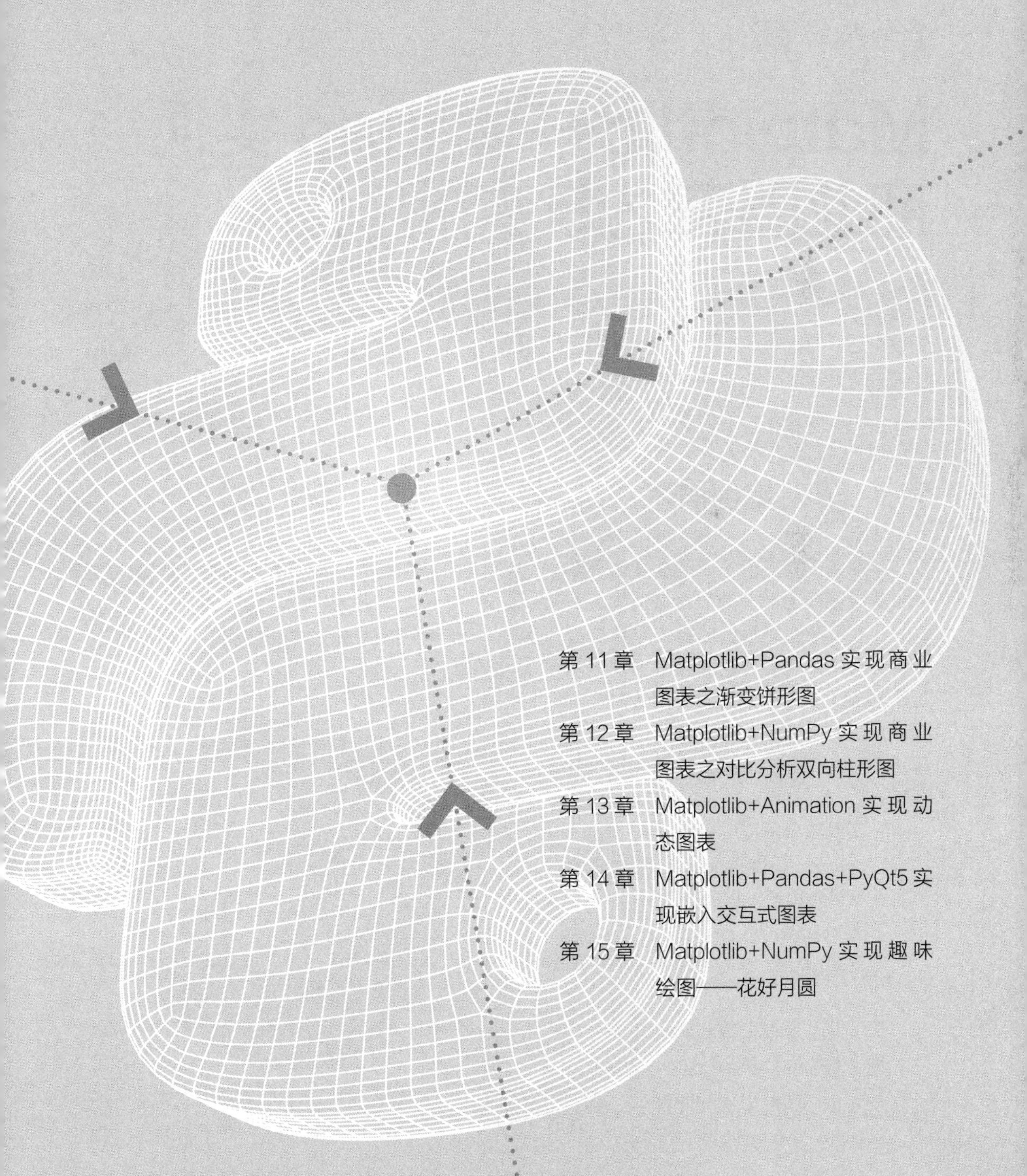

第11章　Matplotlib+Pandas 实现商业图表之渐变饼形图

第12章　Matplotlib+NumPy 实现商业图表之对比分析双向柱形图

第13章　Matplotlib+Animation 实现动态图表

第14章　Matplotlib+Pandas+PyQt5 实现嵌入交互式图表

第15章　Matplotlib+NumPy 实现趣味绘图——花好月圆

第11章 Matplotlib+Pandas实现商业图表之渐变饼形图

绘制商业图表过程中，每一次都苦于颜色设置问题，数据较多的情况下，不知道该如何配色，手动配色费时费力。本案例实现将数据映射到颜色，由浅入深，颜色根据变量值的大小进行变化，从而形成颜色渐变的饼形图。

11.1  案例描述

本案例主要实现了通过渐变饼形图分析各区域线上图书销量占比情况。那么，在实现渐变饼形图前需要对数据进行拆分处理，主要使用Pandas模块，然后绘制渐变颜色的饼形图，将数据映射到颜色，值越大颜色越深，值越小颜色越浅，主要使用Matplotlib内置颜色映射模块cm。

1. 案例效果预览

Matplotlib结合Pandas实现商业图表之渐变饼形图，如图11.1所示。

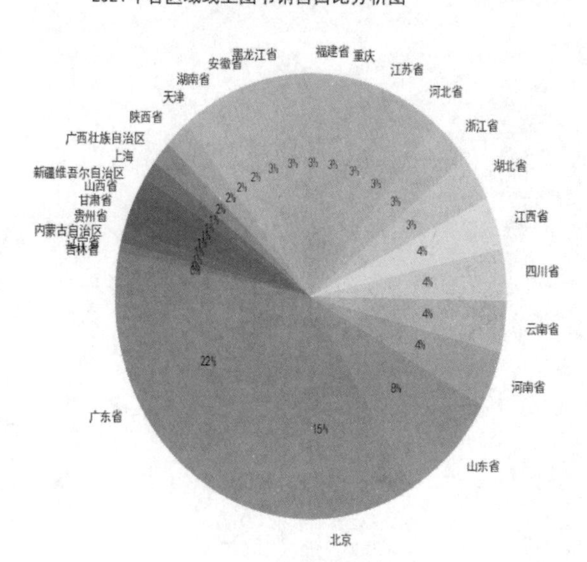

图11.1 渐变饼形图

2. 案例准备

本章案例运行环境及所需模块具体如下：

- ☑ 操作系统：Windows 10。
- ☑ Python版本：Python 3.9。
- ☑ 开发工具：PyCharm。

☑　第三方模块：pandas（1.2.4）、openpyxl（3.0.7）、xlrd（2.0.1）、xlwt（1.3.0）、matplotlib（3.4.2）、NumPy（1.22.3）。

11.2　实现过程

11.2.1　数据准备

本案例使用的数据集为 Excel 文件（mrbooks.xlsx），如图 11.2 所示，该文件包括 6 列“买家会员名”“买家实际支付金额”“宝贝总数量”“宝贝标题”“订单付款时间”和“收货地址”，198 行数据。首先创建案例文件夹，然后将资源包 datas 文件夹中的“mrbooks.xlsx”文件拷贝到案例所在文件夹下。

	A	B	C	D	E	F
1	买家会员名	家实际支付金	宝贝总数量	宝贝标题	订单付款时间	收货地址
2	mr00001	748.5	1	PHP程序员开发资源库	2021/1/1	重庆 重庆市 南岸区
3	mr00003	90	1	个人版编程词典加点	2021/1/1	江苏省 苏州市 吴江区 吴江经济技术开发区亨通路
4	mr00004	10	1	邮费	2021/1/1	江苏省 苏州市 园区 苏州市工业园区唯亭镇阳澄湖大道维纳阳光花园
5	mr00002	269	4	零基础学Java全彩版 ，Java精彩编程200例，Java项目开发实战入门全彩版	2021/1/1	重庆 重庆市 南岸区 长生桥镇茶园新区长电路11112号
6	mr00005	50.86	1	零基础学PHP全彩版	2021/1/1	安徽省 滁州市 明光市 三界镇中心街10001号
7	mr00006	39.9	1	软件项目开发全程实录：C语言项目开发全程实录（附光盘）	2021/1/1	山东省 潍坊市 寿光市 圣城街道潍坊科技学院
8	mr00007	55.86	1	零基础学PHP全彩版	2021/1/1	吉林省 长春市 二道区 东盛街道彩虹风景
9	mr00008	48.86	1	Java Web项目开发实战入门全彩版	2021/1/2	福建省 厦门市 湖里区 江头街道厦门市湖里区祥店福满园小区
10	mr00009	55.86	1	零基础学JavaScript	2021/1/2	山西省 吕梁市 离石区 滨河街道山西省吕梁市离石区后瓦师巷
11	mr00010	50.86	1	零基础学PHP全彩版	2021/1/2	河南省 濮阳市 华龙区 中原路街道中原路与107国道交叉口东
12	mr00012	69.25	1	SQL Server 从入门到精通（第2版）（配光盘）	2021/1/2	广东省 深圳市 宝安区 松岗街道松岗镇潭头第二工业区
13	mr00013	299	4	零基础学C#全彩版，C#精彩编程200例全彩版，C#项目开发实战入门全彩	2021/1/2	河北省 石家庄市 辛集市 辛集镇辛集市新皮革城7期125楼
14	mr00015	50.86	1	零基础学Oracle	2021/1/2	广东省 深圳市 宝安区 松岗街道松岗镇潭头第二工业区
15	mr00016	55.86	1	零基础学HTML5+CSS3	2021/1/2	贵州省 贵阳市 花溪区 党武镇师范大学师大超市
16	mr00017	48.86	1	零基础学Java全彩版	2021/1/2	广东省 深圳市 福田区 沙头街道上沙龙秋村五十巷
17	mr00019	50.86	1	零基础学C#全彩版	2021/1/3	福建省 福州市 闽侯县 上街镇福州闽侯上街国宾大道202001号
18	mr00020	50.86	1	零基础学HTML5+CSS3	2021/1/3	湖北省 鄂州市 鄂城区 西山街道江碧路和馨居
19	mr00021	55.86	1	零基础学HTML5+CSS3	2021/1/3	上海 上海市 松江区
20	mr00022	48.86	1	零基础学C语言包邮	2021/1/3	山东省 青岛市 市北区

图 11.2　数据集

11.2.2　数据处理

本案例主要实现了通过渐变饼形图分析各区域线上图书销量占比情况，但由于原始数据中省份与“收货地址”在一起，而不是单独的字段，那么这就需要对数据进行简单的处理，将“收货地址”中的“省”“市”和“区”拆分开。Pandas 的 Series 对象中的 str.split() 内置函数可以实现对字符串进行拆分，语法如下：

```
Series.str.split(pat=None, n=-1, expand=False)
```

参数说明：

☑　pat：字符串、符号或正则表达式，字符串分割的依据，默认以空格分割字符串。

☑　n：整型，分割次数，默认值是 -1，0 或 -1 都将返回所有拆分。

☑　expand：布尔型，分割后的结果是否转换为 DataFrame，默认值是 False。

返回值：Series 对象、DataFrame 对象、索引或多重索引。

下面对数据进行简单的处理，首先使用 str.split() 内置函数将“收货地址”拆分为“省”“市”和“区”，然后使用 DataFrame 对象的 groupby() 方法按“省”统计数量。

① 首先将案例用到的模块全部导入程序中，代码如下：

```
01 import matplotlib.pyplot as plt
02 from  matplotlib import cm
03 import pandas as pd
04 import numpy as np
```

② 处理数据，代码如下：

```
01 # 设置数据显示的列数和宽度
02 pd.set_option('display.max_columns',500)
03 pd.set_option('display.width',1000)
04 # 解决数据输出时列名不对齐的问题
05 pd.set_option('display.unicode.east_asian_width', True)
06 # 读取 Excel 文件指定列数据（"买家会员名"和"收货地址"）
07 df = pd.read_excel('mrbooks.xls',usecols=['收货地址','宝贝总数量'])
08 # 使用 split() 函数分割"收货地址"为省市区
09 series=df['收货地址'].str.split(' ',expand=True)
10 df['省']=series[0]
11 df['市']=series[1]
12 df['区']=series[2]
13 # 按省统计数量
14 df=df.groupby('省').sum()
15 print(df.head())  #显示前 5 条数据
```

代码解析：

第 09 行代码：这段代码中，直接将特征数据切出来，即省、市、区和地址，并且“收货地址”切分后直接转成了 DataFrame 对象，设置 expand 参数为 True。

运行程序，效果如图 11.3 所示。

	宝贝总数量
省	
上海	4
云南省	11
内蒙古自治区	3
北京	43
吉林省	1

图 11.3　输出前 5 条数据

11.2.3　绘制渐变饼形图

绘制渐变饼形图主要使用 Matplotlib 的 pie() 函数，实现渐变颜色主要使用了 Matplotlib 的 cm 颜色地图模块，代码如下：

```
01 # 绘制渐变饼形图
02 plt.rcParams['font.sans-serif']=['SimHei'] #解决中文乱码
03 plt.style.use('ggplot')  # 设置图表风格
04 # 标签
05 labels=df.index
06 # 数量
07 sizes=df['宝贝总数量']
08 # 创建子图，设置画布大小
09 # 返回画布和坐标轴对象
10 fig, ax = plt.subplots(figsize=(6,6))
11 # cool 为颜色，将数据映射到颜色
12 # 生成与"宝贝总数量"长度一致的数据集
```

```
13 # 将数据集处理为 0~1 之间的数据
14 colors = cm.gist_rainbow(np.arange(len(sizes))/len(sizes))
15 # 绘制饼形图
16 ax.pie(sizes,# 绘图数据
17         labels=labels,# 添加区域水平标签
18         autopct='%1.0f%%',# 设置百分比的格式，这里保留整数
19         shadow=False,  # 是否带阴影
20         startangle=170, # 设置饼图的初始角度
21         colors=colors,  # 设置饼图颜色
22         textprops = {'fontsize':9, 'color':'k'}) # 设置文本标签的属性值
23 # 设置 x 轴、y 轴刻度一致，保证饼图为圆形
24 ax.axis('equal')
25 # 图表标题
26 ax.set_title('2021 年各区域线上图书销售占比分析图 ', loc='left')
27 # 图形元素进行一定程度的自适应
28 plt.tight_layout()
29 # 显示图表
30 plt.show()
```

运行程序，效果如图 11.4 所示。

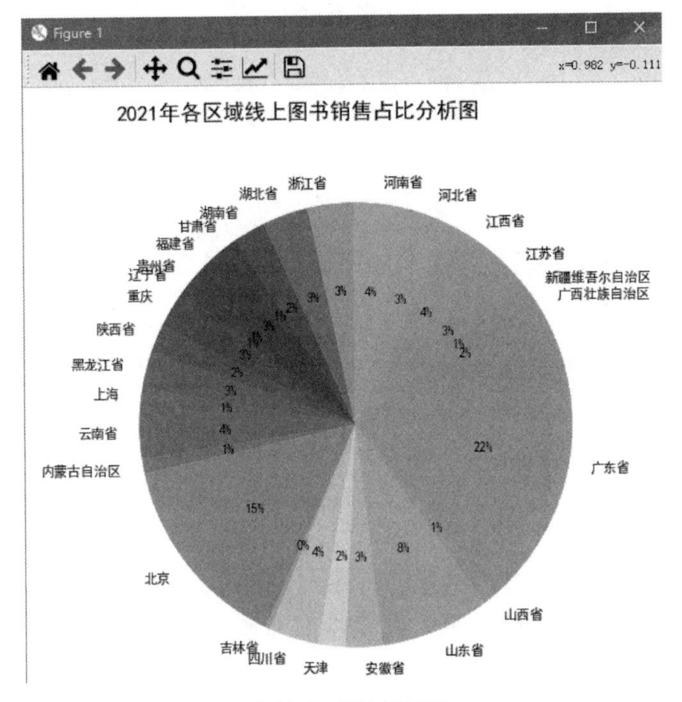

图 11.4　渐变饼形图

上述图 11.4 数据分布比较杂乱，没有顺序，很难直观地看出哪个区域销量多哪个区域销量少。下面对代码稍作修改，对数据进行降序排序，主要使用 DataFrame 对象的 sort_values() 方法。排序代码放在“数据处理”部分的按省统计数量的代码后面，完整代码如下：

```
df=df.groupby(' 省 ').sum().sort_values(by=' 宝贝总数量 ',ascending=False)
```

再次运行程序，效果如图 11.5 所示。

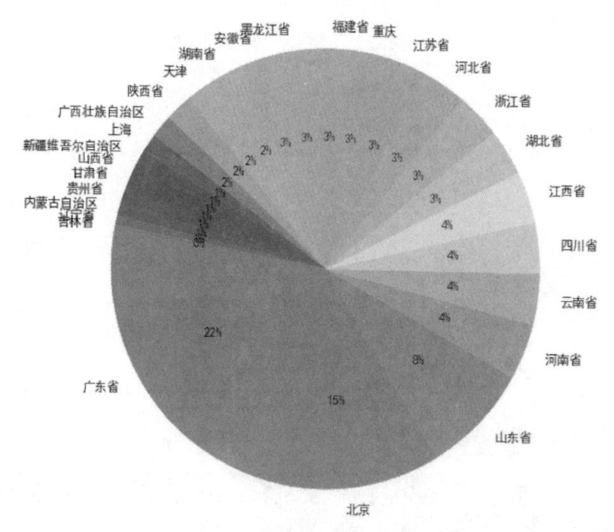

图 11.5　渐变饼形图（排序后）

结论：从运行结果可以直观地看出，广东是销量大省，其次是北京、山东等。

11.3 关键技术

本案例的关键在于如何实现将数据映射到颜色，由浅入深，颜色根据变量值的大小进行变化，从而形成颜色渐变的饼形图，其中主要使用了 Matplotlib 内置颜色映射模块 cm，在该模块中指定数据集和颜色就可以生成多种颜色，由浅入深。使用方法如下：

```
matplotlib.cm.[ 颜色 ]('[ 数据集 ]')
```

上述代码表示对数据集应用颜色。当图表颜色与数据集中某个变量的值相关，颜色随着该变量值的变化而变化，以反映数据变化趋势、数据的聚集、分析者对数据的理解等信息，这时，我们就要用到 Matplotlib 的颜色映射功能，即将数据映射到颜色。要实现数据映射到颜色需要做到以下两点：

① 变量值的变化范围很大，Matplotlib 用 [0, 1] 区间的浮点数表示颜色 RGB 值，首先需要将不同的变量值映射到 [0, 1] 区间。

② 将映射 [0, 1] 区间的变量值映射到颜色。

例如，下面的代码：

```
colors = cm.gist_rainbow(np.arange(len(sizes))/len(sizes))
```

gist_rainbow 表示颜色映射表名称，如图 11.6 所示。np.arange(len(sizes))/len(sizes) 表示生成指定数量的数据集，然后将其转换成 0~1 之间的数据集。

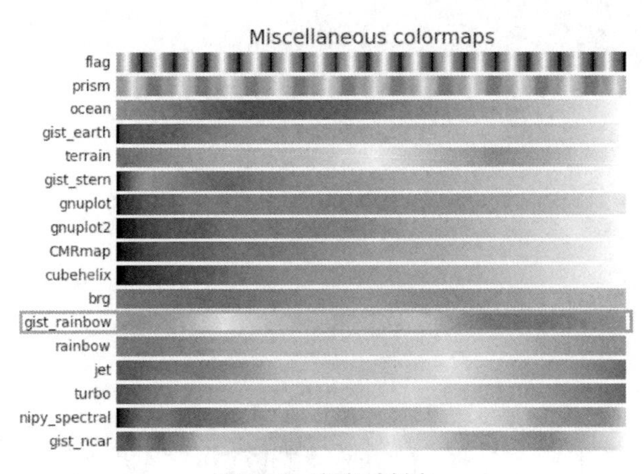

图 11.6　颜色映射表

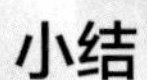

说明

颜色映射表名称也可以是其他名称，例如改为cool，效果如图11.7所示。更多的内置颜色映射表可参考附录。

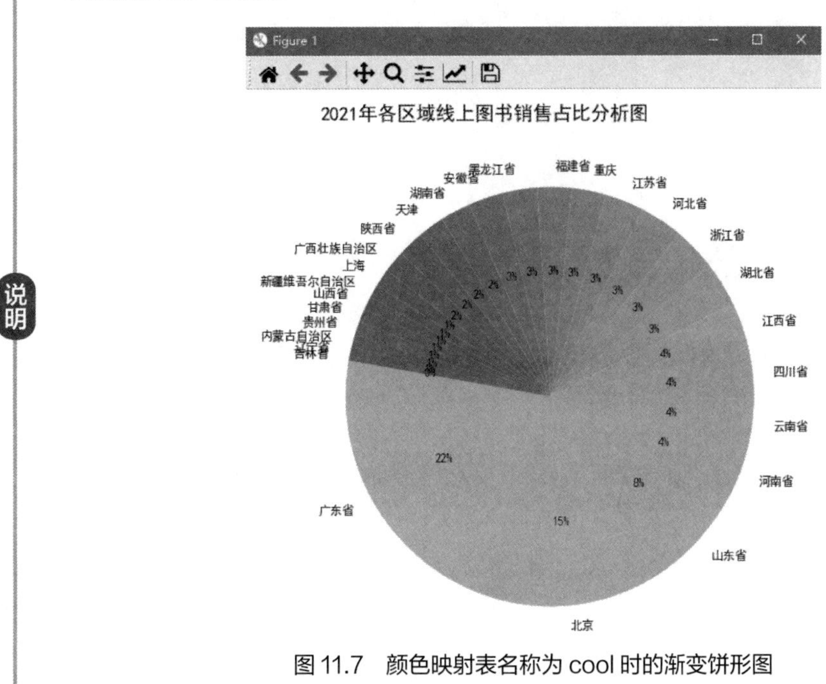

图 11.7　颜色映射表名称为 cool 时的渐变饼形图

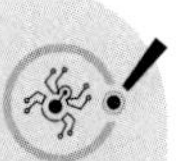

小结

通过本章案例的学习，能使读者学会使用 Pandas 模块进行数据拆分处理，使用 Matplotlib 内置颜色映射模块 cm 实现将数据映射到颜色。本案例不仅可以作为学习案例，还可以应用到实践中。

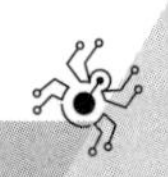

第 12 章 Matplotlib+NumPy 实现商业图表之对比分析双向柱形图

很多时候我们希望数据对比情况通过数据可视化进行展现，这样的数据看上去更加清晰、直观，数据对比更加鲜明。本案例将实现这样一款图表，通过 Matplotlib+NumPy 实现商业图表之对比分析双向柱形图。

12.1 案例描述

对比分析是将两个或两个以上的数据进行比较，分析其中的差异，从而揭示数据发展变化情况和规律性。通过对比分析可以非常直观地看出数据的变化或差距，而且可以准确、量化地表示出变化的差距是多少。例如通过多柱形图对比分析每个店铺的销量，通过堆叠柱形图对比分析各项费用成本情况、通过多折线图对比不同商家收入情况、对比不同银行净利息收入情况等。本案例则通过双向柱形图，即 y 正负两个方向的柱形图，进行对比分析收入与支出情况，正数表示收入，负数表示支出。通过该图表可以直观地看出收入与支出情况，呈现鲜明的对比。

1. 案例效果预览

本案例通过 Matplotlib 结合 NumPy 实现了对比分析双向柱形图，如图 12.1 所示。

2. 案例准备

本章案例运行环境及所需模块具体如下：

- ☑ 操作系统：Windows 10。
- ☑ Python 版本：Python 3.9。
- ☑ 开发工具：PyCharm。
- ☑ 第三方模块：matplotlib（3.4.2）、NumPy（1.22.3）。

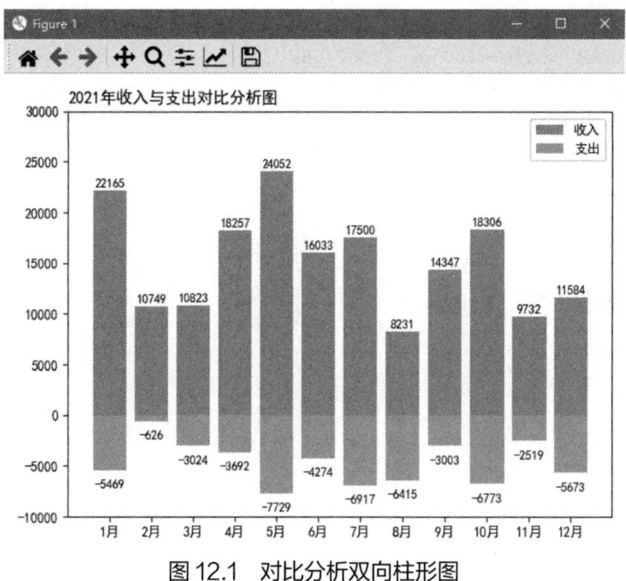

图 12.1　对比分析双向柱形图

12.2 实现过程

12.2.1 数据准备

本案例自定义 x 轴数据为“月份”，并通过 NumPy 随机生成 12 个月的“收入”和“支出”数据，如图 12.2 所示。

```
['1月', '2月', '3月', '4月', '5月', '6月', '7月', '8月', '9月', '10月', '11月', '12月']
[22165.20543354 10748.91832815 10822.91633299 18257.01796217
 24052.49733659 16032.96706979 17500.14418109  8231.12003161
 14347.33493256 18305.77590025  9731.9156774  11583.70052949]
[5469.0089807    626.23062793 3023.53173815 3692.4259824   7728.86091163
 4273.68044056 6916.53143359 6415.10996189 3003.36999671 6772.50806577
 2518.9953213   5672.93528621]
```

图 12.2　数据集

说明　由于数据是随机生成的，因此你的数据和上述数据会有所不同。

12.2.2 绘制双向柱形图

双向柱形图主要实现正反分类数据对比、新旧数据可视化对比，实际上就是双 y 轴的柱形图，第一个 y 轴数据为正数，第二个 y 轴数据为负数，这样绘制出来的柱形图就是双向柱形图了。绘制双向柱形图，主要使用 Matplotlib 的 bar() 函数，程序代码如下：

```
01 import matplotlib.pyplot as plt
02 import numpy as np
03 n = 12
04 x=['1月','2月','3月','4月','5月','6月','7月','8月','9月','10月','11月','12月']
```

```
05 # 随机生成"收入"和"支出"数据
06 y1 = np.random.uniform(8000, 25000, n)
07 y2 = np.random.uniform(0, 8000, n)
08 # 输出数据
09 print(x)
10 print(y1)
11 print(y2)
12 # 解决中文乱码
13 plt.rcParams['font.sans-serif'] = ['SimHei']
14 # 解决负号不显示
15 plt.rcParams['axes.unicode_minus'] = False
16 # 绘制收入和支出柱形图
17 plt.bar(x, y1, facecolor='#ff6600')
18 plt.bar(x, -y2, facecolor='#00ff00')
19 # 添加文本注释
20 for a, b in zip(x, y1):
21     plt.text(a, # x值
22              # y值
23              b + 100,
24              # 设置百分比并保留整数
25              '%.f' % b,
26              ha='center',# 水平居中对齐
27              va='bottom',# 垂直底部对齐
28              # 设置字体
29              fontdict={'fontsize':9})
30 for a, b in zip(x, y2):
31     plt.text(a, -(b+2000), '-%.f' % b, ha='center', va='bottom',fontdict={'font
size':9})
32 # 设置y轴的坐标轴范围
33 plt.ylim(-10000, 30000)
34 # 图表标题
35 plt.title('2021年收入与支出对比分析图', loc='left')
36 # 图例
37 plt.legend(['收入', '支出'])
38 # 图形元素进行一定程度的自适应
39 plt.tight_layout()
40 # 显示图表
41 plt.show()
```

运行程序，效果如图12.3所示。

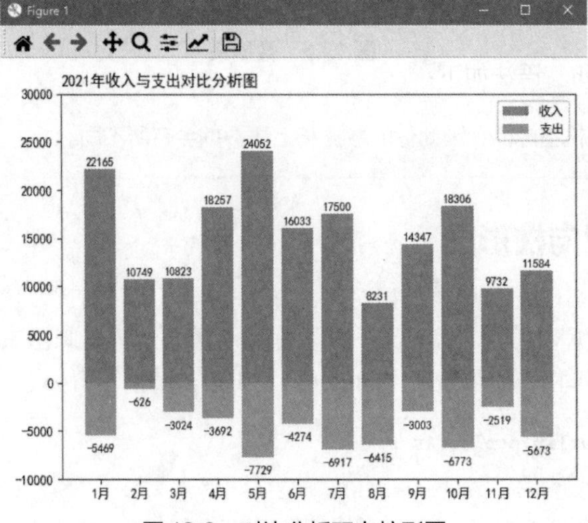

图12.3　对比分析双向柱形图

当然，双向柱形图也可以是水平两个方向，主要使用 barh() 函数，例如下面的代码。

```
01 # 绘制收入和支出柱形图
02 plt.barh(x, y1, facecolor='green')
03 plt.barh(x, -y2, facecolor='yellow')
```

运行程序，效果如图 12.4 所示。

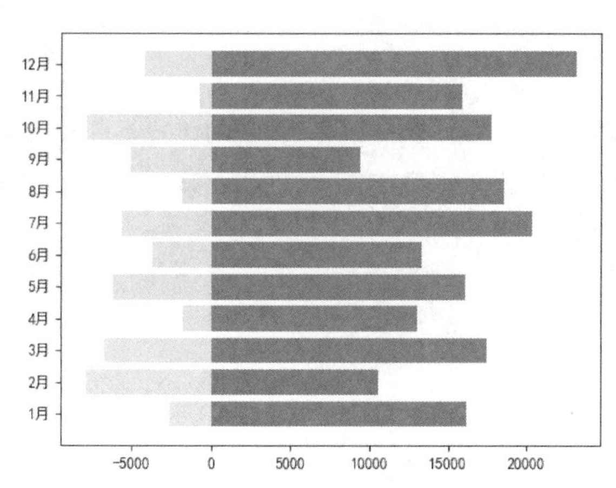

图 12.4　对比分析双向柱形图（水平方向）

12.3　关键技术

在没有合适的数据集的情况下，我们可以自己造数据。Python 中的 NumPy 模块可以随机创建各种数据。本案例就使用 NumPy 随机创建了 12 个月的“收入”和“支出”数据，其中“收入”是 8000~25000 之间随机产生的浮点数,“支出”是 0~8000 之间随机产生的浮点数。主要使用了 NumPy 的 random.uniform() 函数，下面介绍该函数。

random.uniform() 函数用于从一个均匀分布 [low,high) 中随机采样，区间为左闭右开，即包含 low，不包含 high。语法如下：

```
numpy.random.uniform(low,high,size)
```

参数说明：

☑　low：采样下界，float类型，默认值为0。

☑　high：采样上界，float类型，默认值为1。

☑　size：输出样本数目，为int整型或元组（tuple）类型，例如，size=(m,n,k)，输出m×n×k个样本，默认输出1个值。

返回值：ndarray 类型，其形状和参数 size 中描述一致。

NumPy 还有以下生成随机数组的函数：

① rand() 函数：numpy.random.rand(d0,d1,d2,d3....dn)，用于生成 (0,1) 之间的随机数组，传入一个值随机生成一维数组，传入一对值随机生成二维数组。

② randn() 函数：numpy.random.randn(d0,d1,d2,d3....dn)，用于从正态分布中返回随机生成的数组。

③ randint() 函数：numpy.random.randint(low,high=None,size=None)，用于生成一定范围内的随机数组，左闭右开区间。

④ normal() 函数：numpy.random.normal(loc,scale,size)，用于生成正态分布的随机数组。

⑤ random_sample() 函数：numpy.random.random_sample(size=None)，生成 [0,1) 随机数组。

⑥ sample() 函数：用于在 NumPy 中进行随机采样的函数之一，返回指定形状的数组，并在半开间隔中将其填充为随机浮点数 [0.0, 1.0)。

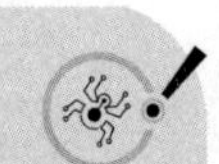

小结

通过本章案例的学习，能够使读者掌握对比分析方法，以及如何实现双向柱形图，包括垂直方向和水平方向。同时也了解了在没有数据的情况下，如何使用 NumPy 随机创建数据。

第 13 章 Matplotlib+Animation 实现动态图表

人都是视觉动物，一款图表绘制出来一定要让人愿意看才行。一款好的图表一定不是枯燥的堆叠，而是简洁、美观、准确，将所要传达的信息一目了然地展现出来。显然动态图表更加生动。本案例将使用 Atplotlib+Animation 实现动态图表。

13.1 案例描述

对于 Matplotlib 相信大家都已经非常熟悉了，它可以绘制许多种图表，但这些图表都是静态的。而有些时候我们希望以动画的形式展示图表，让数据动起来，这样的图表不仅“颜值高”，而且看起来不枯燥，让人更愿意看。例如，在绘制折线图时，让折线动起来，就可以动态地观察数据趋势。

Matplotlib 不仅可以绘制静态图表，也可以绘制动态图表。在 Matplotlib 中绘制动态图表的方法主要有两种：第一种是使用 animation 模块；第二种是使用 pyplot 模块的 API。但是，如果需要将动态图表保存为 .gif 格式的文件，那么就需要使用 animation 模块。本案例将通过 Matplotlib 和其自带的 animation 模块实现双 y 轴动态图表。

1. 案例效果预览

Matplotlib 结合 animation 模块实现双 y 轴动态折线图，效果如图 13.1 和图 13.2 所示。

2. 案例准备

本章案例运行环境及所需模块具体如下：

☑ 操作系统：Windows 10。

☑ Python 版本：Python 3.9。

☑ 开发工具：PyCharm。

☑ 第三方模块：pandas（1.2.4）、openpyxl（3.0.7）、xlrd（2.0.1）、xlwt（1.3.0）、matplotlib（3.4.2）。

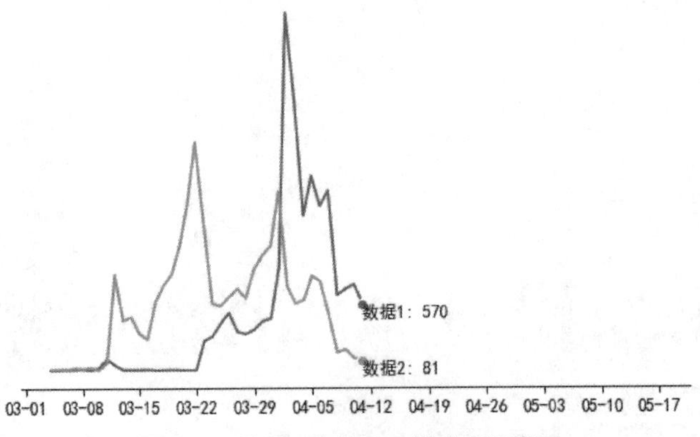

图 13.1　绘制一半的双 y 轴动态折线图

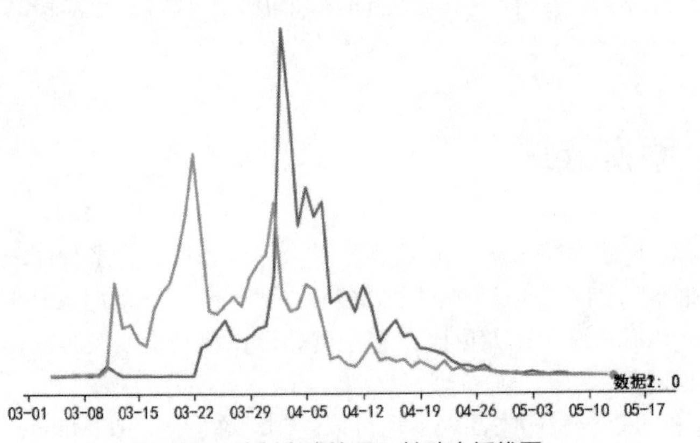

图 13.2　绘制完成的双 y 轴动态折线图

13.2 实现过程

13.2.1 数据准备

本案例使用的数据集为 Excel 文件（data1.xlsx），如图 13.3 所示，该文件包括 3 列“日期”“数据 1”和“数据 2”，75 行数据。首先创建案例文件夹，然后将资源包 datas 文件夹中的“data1.xlsx”文件拷贝到案例所在文件夹下。

13.2.2 绘制双 y 轴动态图表

绘制双 y 轴动态图表，具体实现步骤如下：

	A	B	C
1	日期	数据1	数据2
2	2022/3/4	0	5
3	2022/3/5	0	7
4	2022/3/6	5	7
5	2022/3/7	6	17
6	2022/3/8	10	12
7	2022/3/9	0	23
8	2022/3/10	21	2
9	2022/3/11	97	63
10	2022/3/12	42	831
11	2022/3/13	3	430
12	2022/3/14	3	460

图 13.3　数据集

① 导入相关模块。

```
01 import matplotlib.pyplot as plt
02 import matplotlib.animation as animation
03 import matplotlib.dates as mdates # 导入日期模块
04 import pandas as pd
```

② 数据准备。通过 pandas 模块读取 Excel 文件，代码如下。

```
01 # 读取 Excel 文件
02 df=pd.read_excel("data1.xlsx")
```

③ 设置画布，设置 x 轴、y 轴数据。

```
01 # 解决中文乱码
02 plt.rcParams['font.sans-serif']=['SimHei']
03 # 设置画布
04 fig = plt.figure(figsize=(7, 4))
05 # 设置 x 轴数据
06 x = df['日期']
07 # 设置第一个 y 轴和第二个 y 轴数据
08 y1, y2 =df['数据1'], df['数据2']
```

④ 使用 subplot() 方法绘制双 y 轴折线图。

```
01 # 创建子图返回坐标轴对象 axes
02 ax = plt.subplot()
03 # 第一个 y 轴折线图
04 (line1,) = ax.plot(x, y1,    # xy 轴数据
05                    marker="o", # 标记
06                    markevery=[-1], # 设置每 N 个点只显示一个标记
07                    markeredgecolor="white")  # 标记边的颜色
08 # 第二个 y 轴折线图
09 (line2,) = ax.plot(x, y2, marker="o",markevery=[-1], markeredgecolor="white")
```

⑤ 为了清晰地在图表上看到数据，为图表设置注释文本。

```
01 # 设置注释文本（在日期所在的位置显示数据）
02 text1 = ax.text(x[0],y1[0], '', ha="left", va="top")
03 text2 = ax.text(x[0],y2[0], '', ha="left", va="top")
```

⑥ 设置坐标轴，使图表更美观。

```
01 # 设置 x 坐标轴刻度为 x
02 ax.set_xticks(x)
03 # 设置 y 坐标轴刻度为空
04 ax.set_yticks([])
05 # 设置连接坐标轴刻度的线不可见
06 # spines 是连接坐标轴刻度的线
07 ax.spines["top"].set_visible(False)
08 ax.spines["left"].set_visible(False)
09 ax.spines["right"].set_visible(False)
10 # 日期显示格式为月日
11 ax.xaxis.set_major_formatter(mdates.DateFormatter('%m-%d'))
12 # 日期刻度定位为星期
13 ax.xaxis.set_major_locator(mdates.WeekdayLocator())
```

⑦ 自定义更新函数，这一步非常重要。若要图表动起来，关键是要给出不断更新的函数，这就是 update() 函数，其中 frame 为当前帧数。

```
01 # 自定义更新函数 update()
02 def update(frame):
03     line1.set_data(x[:frame+1], y1[:frame+1])
04     line2.set_data(x[:frame+1], y2[:frame+1])
05     text1.set_position((x[frame], y1[frame]))
06     text1.set_text(f' 数据 1: {y1[frame]}')
07     text2.set_position((x[frame], y2[frame]))
08     text2.set_text(f' 数据 2: {y2[frame]}')
09     return line1,line2
```

⑧ 最后一步执行动画，显示图表，并将动画保存为 .gif 格式的文件。

```
01 # 执行动画
02 ani = animation.FuncAnimation(fig, update, interval=100,frames=len(x))
03 # 显示图表
04 plt.show()
05 # 将动画保存为 .gif 格式
06 ani.save('myline.gif',writer='pillow',fps=100)
```

代码解析：

第 02 行代码：fig 表示基于哪个窗口绘图；update 为更新函数；interval 为更新速度，默认值为 200，值越大停顿越久；frames 为更新帧数。

13.2.3 程序调试

当我们第一次在 PyCharm 运行程序时，出现了如下错误，如图 13.4 所示。

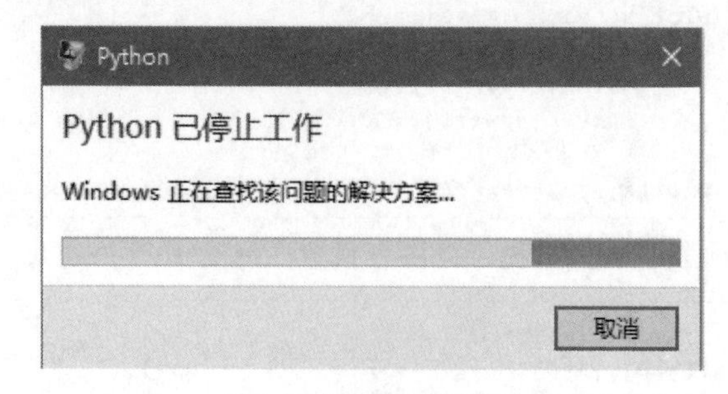

图 13.4 错误提示框

不显示详细的报错信息，只出现如下提示信息：

```
Process finished with exit code -1073740791 (0xC0000409)
```

接下来要解决这个问题，首先要查看详细的报错信息，需要进行如下设置，具体步骤如下：

① 选择 Run → Edit Configurations…菜单，如图 13.5 所示。

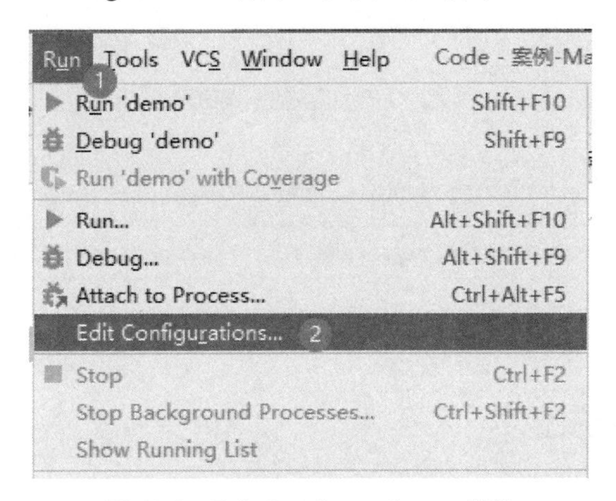

图 13.5　Edit Configurations…菜单

② 打开 Run/Debug Configurations 窗口，勾选 Emulate terminal in output console 复选框，然后单击“Apply”按钮，单击“OK”按钮。如图 13-6 所示。

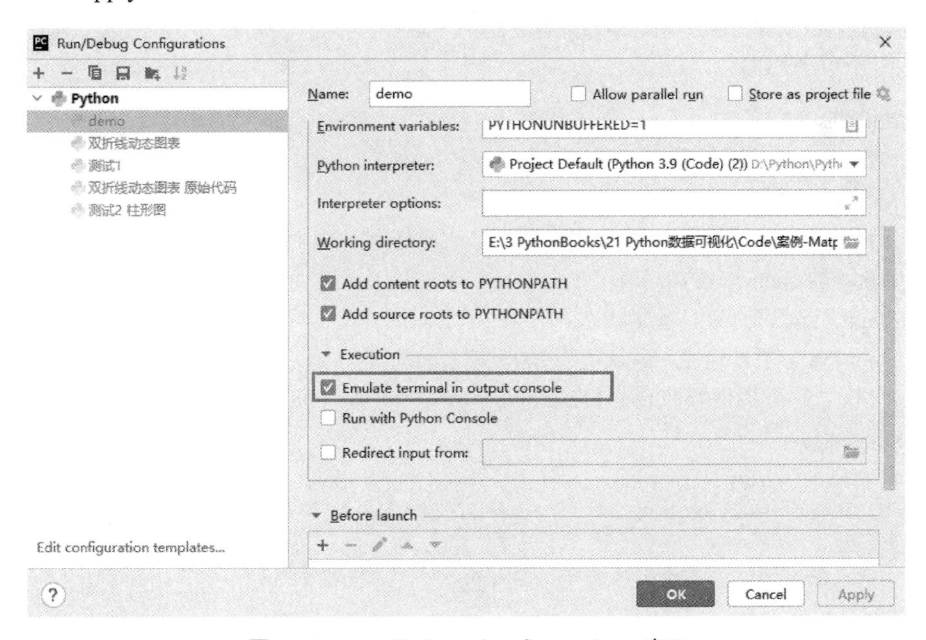

图 13.6　Run/Debug Configurations 窗口

完成以上操作，就可以在 PyCharm 控制台看见详细的报错信息了，如图 13.7 所示，根据这个错误信息就可以对程序进行调试了。

经过分析得知：在执行动画时，数据超出了范围，从而出现溢出现象。解决方法是在执行动画的代码中加入动画长度，也就是帧数（即一次循环包含的帧数），帧数等于 x 轴数据

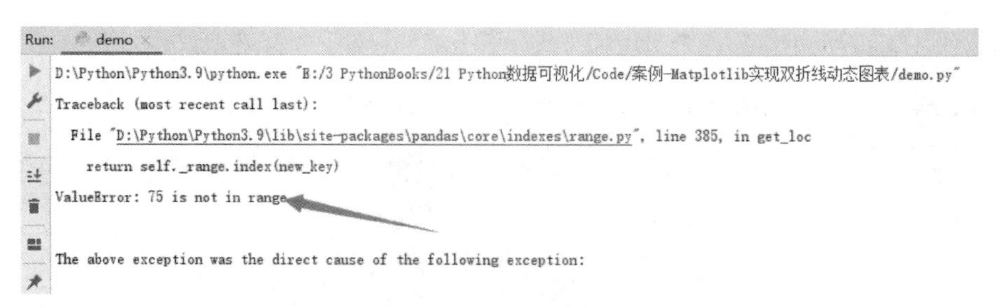

图 13.7　详细的错误信息

的长度，使用 len() 函数，即 frames=len(x)，完整代码如下：

```
ani = animation.FuncAnimation(fig, update, interval=100,frames=len(x))
```

修改后，问题就解决了。

13.3 关键技术

实现本案例主要使用了 Matplotlib 的 animation 模块。它是 Matplotlib 中制作实时动画最简单的方法，是 Matplolib 的一个动画类。而实现动画最关键的是使用 FuncAnimation() 函数，该函数通过反复调用函数 func() 来制作动画。语法如下：

```
ani=animation.FuncAnimation(fig=fig,func=update,frames=100,init_func=init,interval=
20,blit=False)：
```

参数说明：

☑ fig：绘制动画的画布。

☑ func：动画更新函数。

☑ frames：动画长度，也就是帧数，一次循环包含的帧数，在函数运行时，其值会传给动画更新函数 update(i) 的形参 i。

☑ init_func：动画的起始状态。

☑ interval：更新速度，默认值为200，帧之间的延迟，以毫秒为单位，值越大停顿越久。

☑ blit：是否更新整张图，False表示更新整张图，True表示只更新有变化的点。mac 用户使 blit=False。

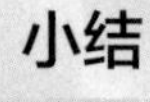
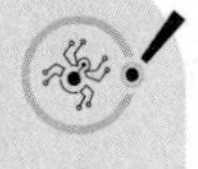

小结

通过本章案例的学习，能够使读者掌握如何使用 Matplotlib 绘制动态图表，以及 Matplotlib 的 animation 模块的使用方法。

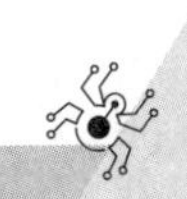

第 14 章 Matplotlib+Pandas+PyQt5 实现嵌入交互式图表

在开发数据分析项目时，界面的设计和与用户实现交互这两点非常重要，这关系到用户使用的方便性，也会使你的界面更有吸引力。本案例将通过 Matplotlib+Pandas+PyQt5 实现嵌入交互式图表，用户通过界面中的按钮选择需要展示的数据，系统自动生成图表，从而实现与用户交互。

14.1  案例描述

通过前面章节的学习，我们学会了使用各种绘图工具绘制不同的图表，但是有些时候，尤其设计大型项目时，经常需要将图表嵌入界面当中，然后根据指定的查询条件动态生成图表。本案例将通过 Matplotlib 与 PyQt5 的完美结合，实现嵌入交互式图表，即将 Matplotlib 模块嵌入 PyQt5 图形用户界面当中，用户单击不同的按钮时，动态生成不同的图表，实现与用户交互。

1. 案例效果预览

Matplotlib 结合 PyQt5 实现嵌入式交互图表，即电商销售数据分析系统，当用户单击“最近 7 天”按钮时，在图形用户界面中显示最近 7 天的数据趋势分析图，如图 14.1 所示；当用户单击“最近 14 天”按钮时，在图形用户界面中显示最近 14 天的数据趋势分析图，如图 14.2 所示；当用户单击“最近 30 天”按钮时，在图形用户界面中显示最近 30 天的数据趋势分析图，如图 14.3 所示。

2. 案例准备

本章案例运行环境及所需模块具体如下：

☑ 操作系统：Windows 10。

☑ Python 版本：Python 3.9。

☑ 开发工具：PyCharm。

☑ Python 内置模块：sys。

☑ 第三方模块：pandas（1.2.4）、openpyxl（3.0.7）、xlrd（2.0.1）、xlwt（1.3.0）、matplotlib（3.4.2）、PyQt5（5.15.4）、PyQt5Designer（5.14.1）、pytq5-tools（5.15.3.3.1）。

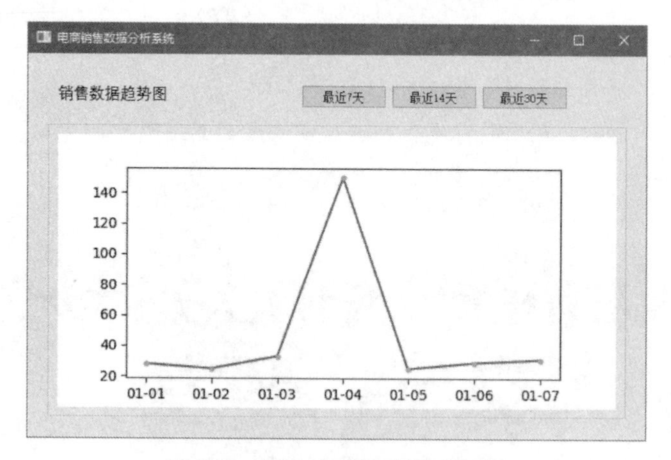

图 14.1　最近 7 天数据趋势分析图

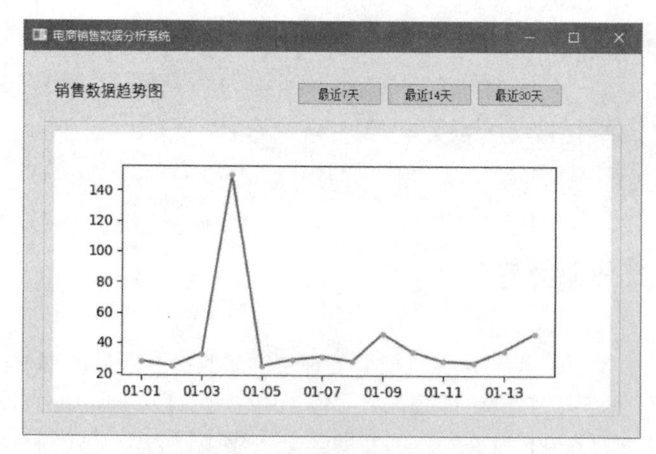

图 14.2　最近 14 天数据趋势分析图

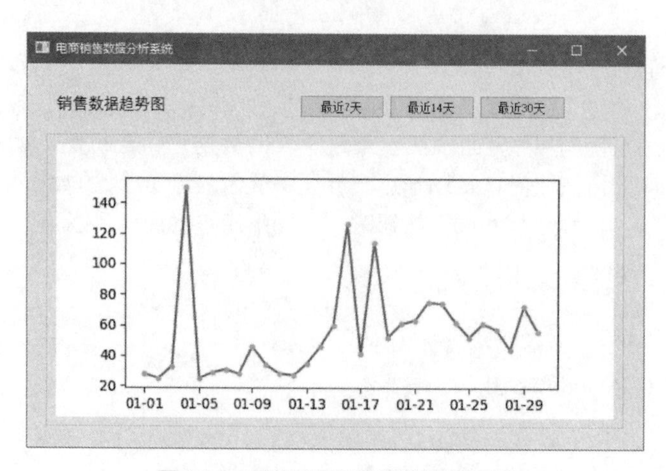

图 14.3　最近 30 天数据趋势分析图

14.2 界面设计环境安装与配置

对于 Python 程序员来说，用纯代码编写应用程序并不稀奇。不过，大多程序员还是喜欢使用可视化的方法来设计图形用户界面，大大减少程序代码量，设计起来也更加方便清晰。Qt 设计器（Qt Designer）则为我们提供了这样一种可视化的设计环境，可以随心所欲地设计出自己想要的图形用户界面。

可视化设计环境主要使用 PyQt5、PyQt5Designer 和 pytq5-tools 三个模块，具体安装配置步骤如下：

① 安装模块　首先在 PyCharm 开发环境中搜索 PyQt5，筛选与 PyQt5 相关的模块，即 PyQt5、PyQt5Designer 和 pytq5-tools，如图 14.4 所示，然后分别进行安装。

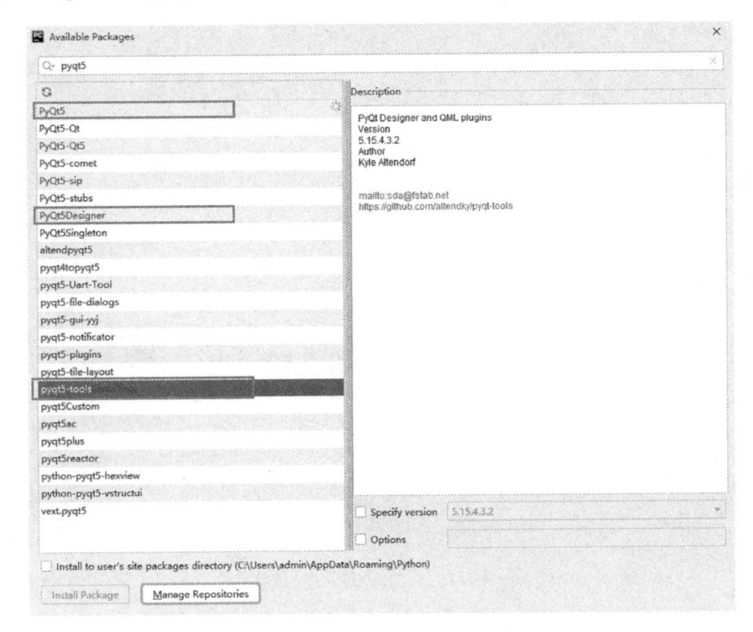

图 14.4　筛选与 PyQt5 相关的模块

② 配置可视化设计环境 Qt Designer　运行 PyCharm，选择文件 \ 设置，打开设置窗口（Settings），选择工具→外部工具（Tools → External Tools）子菜单项，单击“+”按钮，打开“Create Tool”（新建工具）窗口，在工具名称“Name”文本框中输入 Qt Design，然后在 Program 程序文本框选择 designer.exe 文件的安装路径：“E:\Python\Python 3.9\Lib\site-packages\QtDesigner\designer.exe”，最后在 Working diretory 工作目录文本框输入“$ProjectFileDir$”，单击“OK”按钮，Qt Designer 的配置工作就完成了，如图 14.5 所示。

③ 配置 PyUIC　配置 PyUIC 也就是将 .ui 文件转换为 .py 文件。运行 PyCharm，选择“文件 \ 设置”，打开设置窗口，选择工具→外部工具（Tools → External Tools）子菜单项，单击“+”按钮，打开“Create Tool”（新建工具）窗口，在“Name”工具名称文本框输入 PyUIC，然后在“Program”程序文本框选择 python.exe 文件的安装路径：“E:\Python\Python 3.9\python.exe”，接着在“Arguments”参数文本框输入“-m PyQt5.uic.pyuic $FileName$ -o $FileNameWithoutExtension$.py”，最后在“Working directory”工作目录文本框输入 $FileDir$，单击“OK”按钮，配置工作就完成了，如图 14.6 所示。

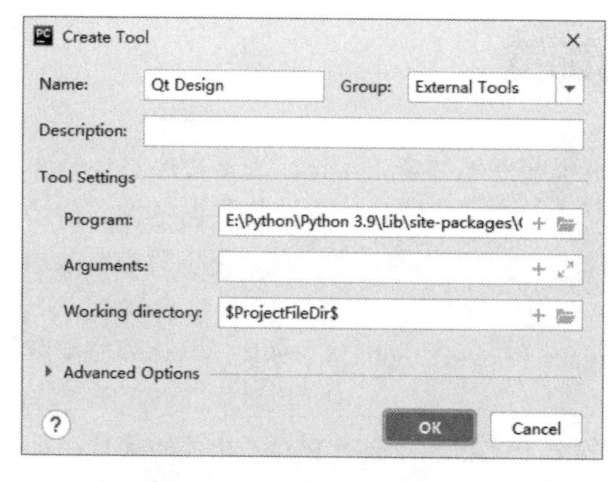

图 14.5 配置 Qt Designer

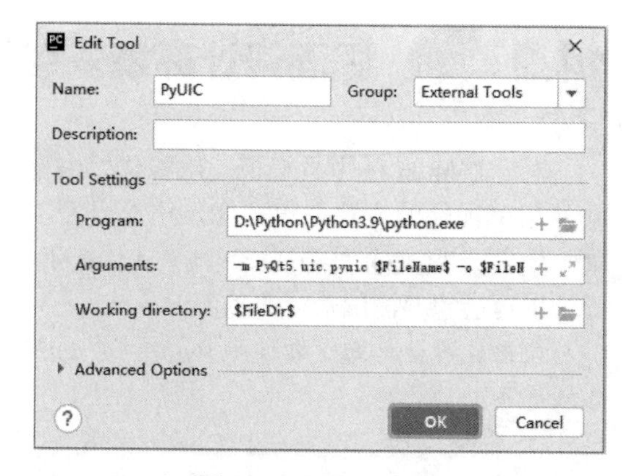

图 14.6 配置 PyUIC

④ 完成以上配置工作后，这时在 Tools → External Tools（工具→外部工具）子菜单中，将可以看到“Qt Design”和“PyUIC”两个菜单项了，如图 14.7 所示。

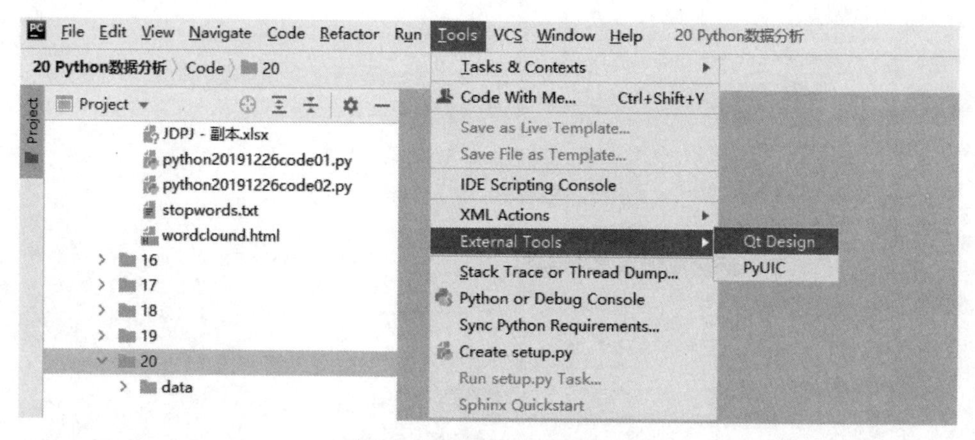

图 14.7 配置完成后的效果

注意

如果进行窗体界面设计可以选择“Qt Design”菜单项，如果需要将 .ui 文件转为 .py 文件，则需要选择“PyUIC”菜单项，前提是事先设计好 ui 文件，否则可能会出现错误。

14.3 实现过程

14.3.1 窗体设计

设计窗体前首先要创建一个窗体，然后将需要的控件放置在窗体上。具体步骤如下：

☑ 创建窗体

运行 PyCharm，选择菜单 Tools（工具）→ External Tools（外部工具）→ Qt Design（菜单项），打开“Qt 设计师”窗口，在弹出的“新建窗体”窗口中，选择 Widget，单击“创建”按钮，窗体就创建完成了，如图 14.8 所示。

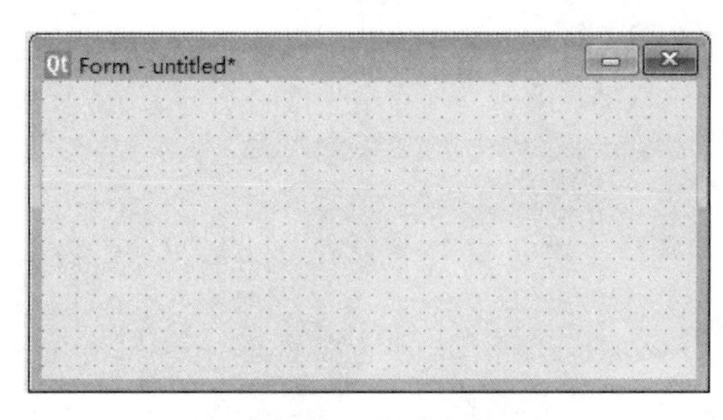

图 14.8　创建窗体

接下来，在“属性编辑器”中找到 WindowTitle 属性，设置窗体标题为“电商销售数据分析系统”。

☑　在窗体上添加控件

① 首先在窗体上添加一个 Widget 控件。

② 然后在 Widget 控件里添加一个 Label 控件，设置 Text 属性为“销售数据趋势图”，设置 Font 属性的字体大小为 12。

③ 在 Widget 控件里添加 3 个按钮，通过“属性编辑器”设置 objectName 属性分别为 Button1、Button2 和 Button3，设置 Text 属性分别为“最近 7 天”“最近 14 天”和“最近 30 天”。

④ 在 Widget 控件里添加一个 Group Box 控件，通过“属性编辑器”设置 title 属性为空。该控件主要用于显示图表，这一步非常重要。至此，所有控件就添加完成了，添加步骤如图 14.9 所示。

⑤ 相关控件和属性全部设置完成后，是不是迫不及待地想看下效果呢？下面预览窗体，选择“窗体”→“预览”菜单项，最后别忘记 Ctrl+S 保存文件，将窗体保存为 gui.ui 文件，路径为案例所在文件夹（例如“E:\Python 数据可视化 \Code\ 案例 -Matplotlib+Pandas+PyQT5 实现嵌入交互式图表”）。

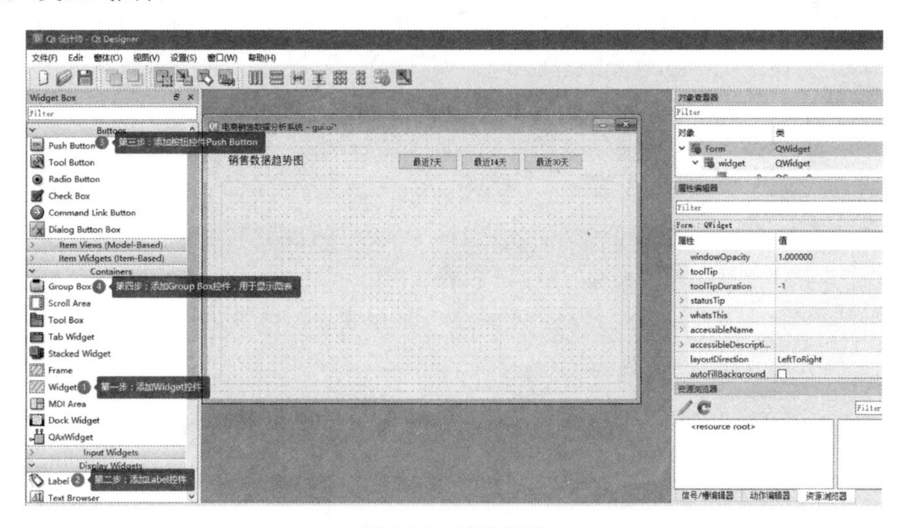

图 14.9　窗体设计

14.3.2　.ui 文件转换为 .py 文件

窗体设计完成后，接下来的任务就是将 .ui 文件转换为 .py 文件，这样才可以在 Python 环境中使用。首先运行 PyCharm，打开案例文件夹，选择 gui.ui，然后选择菜单 Tools → External Tools → PyUIC 菜单项，将自动在案例文件夹中生成一个名为 gui.py 文件，如图 14.10 所示。

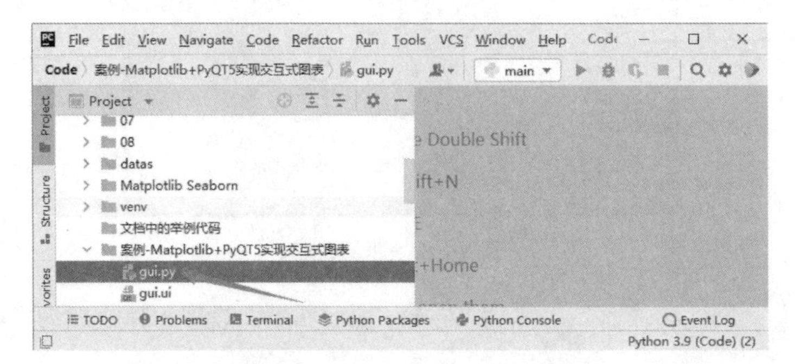

图 14.10 .ui 文件转换为 .py 文件

此时，如果运行 gui.py 文件，将什么都不显示，那么，接下来要做的就是设计主程序模块。

14.3.3 主程序模块

主程序模块主要用于将 Matplotlib 模块嵌入到 PyQt5 图形用户界面中，然后实现读取 Excel 数据，并进行简单的数据处理，其次绘制图表，最后显示窗体（gui.py）。具体实现步骤如下：

① 将资源包中“datas”文件夹中的数据集 Excel 文件（销售表 .xlsx）拷贝到案例文件夹。

② 在案例文件夹中，新建一个 Python 文件，命名为 main.py。

③ 导入相关模块。

```
01 import sys  # 导入系统模块
02 # 导入 QtWidgets 模块中的所有函数和方法等
03 from PyQt5.QtWidgets import *
04 from gui import Ui_Form # 导入 ui 界面文件
05 import matplotlib.dates as mdates # 导入日期模块
06 # 通过 matplotlib.backends.backend_qt5agg 类来连接 PyQt5
07 import matplotlib
08 matplotlib.use("Qt5Agg")  # 声明使用 Qt5
09 from matplotlib.backends.backend_qt5agg import FigureCanvasQTAgg as FigureCanvas
10 from matplotlib.figure import Figure
11 # 导入 pandas 模块处理数据
12 import pandas as pd
```

④ 读取 Excel 文件，导入数据。

```
# 读取 Excel 文件
df=pd.read_excel('销售表.xlsx')
```

⑤ 创建一个 matplotlib 图形绘制类（MyFigure 类），通过继承 FigureCanvas 类，使得该类既是一个 PyQt5 的 Qwidget，又是一个 matplotlib 的 FigureCanvas，这是 Matplotlib 模块嵌入到 PyQt5 的关键部分，代码如下：

```
01 # 创建 MyFigure 类
02 class MyFigure(FigureCanvas):
03     def __init__(self,width, height, dpi):
04         # 创建一个 Figure，该 Figure 为 matplotlib 下的 Figure，不是 matplotlib.pyplot 下面的 Figure
```

```
05          self.fig = Figure(figsize=(width, height), dpi=dpi)
06          # 在父类中激活 Figure 窗口，否则不显示图形
07          super(MyFigure,self).__init__(self.fig)
```

⑥ 创建主窗口类，自定义方法根据数据绘制图表，代码如下：

```
01 # 创建主窗口类 Mainwindow
02 class Mainwindow(QWidget, Ui_Form):
03     def __init__(self):
04         super(Mainwindow,self).__init__()
05         self.setupUi(self)
06         # 设置画布大小和像素
07         self.F = MyFigure(width=3, height=2, dpi=100)
08     # 自定义 plot() 方法
09     def plot(self):
10         # 在 GUI 的 groupBox 中创建一个布局，用于添加 MyFigure 类的实例（即图形）
11         self.gridlayout = QGridLayout(self.groupBox)
12         self.gridlayout.addWidget(self.F)
13     # 自定义 plot_a() 方法
14     def plot_a(self):
15         # 清除画布
16         self.F.figure.clear()
17         # 调用 Figure 的 add_subplot() 方法，类似于 matplotlib.pyplot 的 add_subplot()
方法
18         # 返回坐标轴对象 axes
19         ax=self.F.fig.add_subplot(111)
20         # 最近 7 天数据
21         df1=df.head(7)
22         # x 轴、y 轴数据
23         x = df1['日期']
24         y = df1['成交件数']
25         # 调用 plot() 方法
26         self.plot()
27         # 日期显示格式为月日
28         ax.xaxis.set_major_formatter(mdates.DateFormatter('%m-%d'))
29         # 绘制图表
30         # mrker 标记样式，mfc 标记颜色，ms 标记大小，mec 标记边框颜色
31         ax.plot(x, y, marker='o', ms=3,mfc='orange',mec='orange')
32         # 重绘当前图形
33         self.F.draw()
34     # 自定义 plot_b() 方法
35     def plot_b(self):
36         # 清除画布
37         self.F.figure.clear()
38         # 调用 Figure 的 add_subplot() 方法
39         # 返回坐标轴对象 axes
40         ax=self.F.fig.add_subplot(111)
41         # 最近 14 天数据
42         df1 = df.head(14)
43         # x 轴、y 轴数据
44         x = df1['日期']
45         y = df1['成交件数']
46         # 调用 plot() 方法
47         self.plot()
48         # 日期显示格式为月日
49         ax.xaxis.set_major_formatter(mdates.DateFormatter('%m-%d'))
50         # 绘制图表
51         # mrker 标记样式，mfc 标记颜色，ms 标记大小，mec 标记边框颜色
52         ax.plot(x, y, marker='o', ms=3, mfc='orange', mec='orange')
53         # 重绘当前图形
```

```
54          self.F.draw()
55      # 自定义 plot_c() 方法
56      def plot_c(self):
57          # 清除画布
58          self.F.figure.clear()
59          # 调用 Figure 的 add_subplot() 方法
60          # 返回坐标轴对象 axes
61          ax=self.F.fig.add_subplot(111)
62          # 最近 30 天数据
63          df1 = df.head(30)
64          # x 轴、y 轴数据
65          x = df1['日期']
66          y = df1['成交件数']
67          # 调用 plot() 方法
68          self.plot()
69          # 日期显示格式为月日
70          ax.xaxis.set_major_formatter(mdates.DateFormatter('%m-%d'))
71          # 绘制图表
72          # mrker 标记样式，mfc 标记颜色，ms 标记大小，mec 标记边框颜色
73          ax.plot(x, y, marker='o', ms=3, mfc='orange', mec='orange')
74          # 重绘当前图形
75          self.F.draw()
```

⑦ 显示窗体。

```
01 # 每个 Python 文件都包含内置的变量 __name__,
02 # 当该文件被直接执行时,
03 # 变量 __name__ 就等于文件名（.py 文件）
04 # 而 "__main__" 则表示当前所执行文件的名称
05 if __name__ == '__main__':
06     # 实例化一个应用对象
07     app = QApplication(sys.argv)
08     # 窗体对象
09     main = Mainwindow()
10     # 显示窗体
11     main.show()
12     # 确保主循环安全退出
13     sys.exit(app.exec_())
```

⑧ 切换到 gui.py 文件，编写按钮事件。

在 class Ui_Form(object): 类中的 def setupUi(self, Form): 方法的 self.retranslateUi(Form) 代码后面添加按钮单击事件代码，调用绘制图表的方法。

```
01 # 按钮单击事件
02 self.Button1.clicked.connect(Form.plot_a)
03 self.Button2.clicked.connect(Form.plot_b)
04 self.Button3.clicked.connect(Form.plot_c)
```

代码解析：

第 02 行代码：单击“最近 7 天”按钮，调用 main.py 文件中的 plot_a() 方法，将最近 7 天的“成交件数”数据绘制成折线图。

第 03 行代码：单击“最近 14 天”按钮，调用 main.py 文件中的 plot_b() 方法，将最近 14 天的“成交件数”数据绘制成折线图。

第 04 行代码：单击“最近 30 天”按钮，调用 main.py 文件中的 plot_c() 方法，将最近 30 天的“成交件数”数据绘制成折线图。

14.4 关键技术

本案例主要使用了两大关键技术：一是通过 Qt 设计器设计图形用户界面；二是编写代码实现将 Matplotlib 嵌入 PyQt5 当中，从而实现交互式图表。下面简单介绍这两大关键技术。

（1）Qt 设计器

Qt 设计器（Qt Designer）是 Qt 集成开发环境中自带的一款可视化界面设计器，它可以帮助我们快速创建应用程序界面，随心所欲地设计出自己想要的图形用户界面，并且可以实现多种高级功能，以及实时地预览界面设计效果。界面设计完成后，保存为 .ui 文件，而通过将 .ui 文件转换为 .py 文件，就可以轻松实现在 Python 环境中使用。通过 Qt 设计器完成图形用户界面，省去了大量手动敲代码的过程，非常方便快捷。Qt 设计器中包括很多的控件，案例中主要应用了以下控件：

① QWidge 是所有用户界面对象的基类，称为基础窗口部件。

② QGroupBox 是一个组合框控件，就跟分类一样，我们可以把相同的控件放在一起，也可以把达到某项功能所需要的一些控件放在一起，等等。合理地运用该控件可以让界面更加清晰，用户体验度更好。

③ Label 是一个标签控件，主要用于显示文本。

④ QPushButton 是一个命令按钮控件。按钮或命令按钮是图形用户界面中最常用的控件，按下（或者单击）按钮以命令计算机执行某个操作或回答问题。典型的按钮是确定、应用、取消、退出等。

（2）编写代码实现 Matplotlib 嵌入 PyQt5 当中

PyQt5 是一套 Python 绑定 Digia Qt5 应用的框架，而 QtWidgets 是 PyQt5 下面的一个模块，包含了一整套 UI 元素组件，用于建立符合系统风格的程序界面。QWidget 则是 QtWidgets 模块下面的一个类，它是一个非常基础的类，是所有图形用户界面中控件的基类，例如，按钮、标签、文本框、单选 / 复选框等等。同时，QWidget 还拥有很多的方法，具体可以参考 Qt 官网。下面介绍 Matplotlib 嵌入 PyQt5 当中的具体设计思路。

① 首先创建一个 Matplotlib 图形绘制类（MyFigure 类），通过继承 FigureCanvas 类，使得该类既是一个 PyQt5 的 Qwidget，又是一个 Matplotlib 的 FigureCanvas，这是 Matplotlib 模块嵌入到 PyQt5 当中的关键部分，代码如下：

```
# 创建 MyFigure 类
class MyFigure(FigureCanvas):
      def __init__(self,width, height, dpi):
            # 创建一个 Figure，该 Figure 为 matplotlib 模块的 Figure，不是 matplotlib.pyplot 模块的 Figure
            self.fig = Figure(figsize=(width, height), dpi=dpi)
            # 在父类中激活 Figure 窗口，否则不显示图形
            super(MyFigure,self).__init__(self.fig)
```

② 创建主窗体类（Mainwindow），将 ui 界面加入程序中，把 Ui_Form 作为工程的父类，加入 self.setupUi(self)，代码如下。

```
from gui import Ui_Form
```

gui 是 .ui 转换成 .py 的文件名；Ui_Form 是转换后的类名。

```
class Mainwindow(QWidget, Ui_Form):
    def __init__(self):
        super(Mainwindow,self).__init__()
        self.setupUi(self)
        # 设置画布大小和像素
        self.F = MyFigure(width=3, height=2, dpi=100)
```

③ 自定义方法 plot()，在 gui 的 groupBox 中创建一个布局，用于添加 MyFigure 类的实例（即图形），代码如下：

```
def plot(self):
    self.gridlayout = QGridLayout(self.groupBox)
    self.gridlayout.addWidget(self.F)
```

以上就是实现 Matplotlib 嵌入到 PyQt5 当中的关键。那么，最后为了实现图表实时更新，每次单击按钮都会清除画布、创建子图和重绘当前图形。

小结

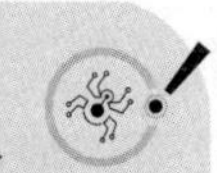

通过本章案例的学习，能够使读者了解 PyQt5，学会如何设计图形用户界面，并将 Matplotlib 嵌入到其中，实现交互式动态生成图表。

第 15 章 Matplotlib+NumPy 实现趣味绘图——花好月圆

Matplotlib 是 Python 基础且重要的绘图工具，它不仅可以绘制各种图表，还可以绘制各种图形，其应用也非常广泛。如数学中各种几何图形，使用 Matplotlib 绘制简单快捷。本章将使用 Matplotlib+Numpy 实现趣味绘图——花好月圆，对 Matplotlib 和 Numpy 模块进行充分的应用。

15.1 案例描述

通过前面章节的学习，我们知道 Matplotlib 可以绘制很多不同形状的图形，而结合 NumPy 的三角函数还可以绘制各种弧形、扇形等等。本案例将通过 Matplotlib 结合 NumPy 实现趣味绘图——花好月圆，绘制出类似月饼的形状。通过该案例巩固 matplotlib.patches 模块的 Circle() 函数和 Arc() 函数，通过 Circle() 函数绘制圆形，通过 Arc() 函数绘制椭圆弧，同时还能够学习 NumPy 模块的 sin()、cos() 和 pi() 函数的应用。

1. 案例效果预览

“花好月圆”主要通过 NumPy 和 Matplotlib 模块实现，案例效果如图 15.1 所示。

2. 案例准备

本章案例运行环境及所需模块具体如下：

☑ 操作系统：Windows 10。
☑ Python 版本：Python 3.9。
☑ 开发工具：PyCharm。
☑ 第三方模块：NumPy（1.20.3）、matplotlib（3.4.2）。

图 15.1 “花好月圆”案例效果

15.2 实现过程

15.2.1 图案设计草图

本案例将要实现的是“花好月圆”，也就是绘制一个月饼，图案设计草图如图 15.2 所示。

图 15.2 “花好月圆”设计草图

15.2.2 算法公式

首先设置初始位置坐标长度为常量 length，值为 20（该值可以随意设置），然后利用三角函数计算圆的半径和弧半径，公式如下：

圆半径（*R*）：

$$\frac{\sqrt{3}\,\text{length}}{\sqrt{3}\cos\frac{\pi}{12}-\sin\frac{\pi}{12}}$$

弧半径（r）：

$$\frac{2\sin\frac{\pi}{12}\times R}{\sqrt{3}}$$

在 Python 中的计算公式如下：

① 初始位置坐标长度：length = 20。

② 圆半径：R = 3**0.5*length/(3**0.5*cos(pi/12)-sin(pi/12))。

③ 弧半径：r = 2*sin(pi/12)*R/3**0.5。

公式中的**0.5在Python中表示开根号，3**0.5也就是$\sqrt{3}$。

15.2.3　绘制“花好月圆”

① 首先导入相关模块，代码如下：

```
from numpy import sin, cos, pi
import matplotlib.pyplot as plt
from matplotlib.patches import Arc, Circle
```

② 初始位置坐标长度为常量，其余坐标、圆的半径、弧的半径均通过初始坐标计算得来。该值可以随意设置。

```
length = 20
```

③ 计算圆半径和弧半径，代码如下：

```
01 # 圆半径，**0.5 表示开根号
02 R = 3**0.5*length/(3**0.5*cos(pi/12)-sin(pi/12))
03 # 弧半径，**0.5 表示开根号
04 r = 2*sin(pi/12)*R/3**0.5
```

④ 使用 Circle() 函数绘制圆形，代码如下：

```
01 # 解决中文乱码
02 plt.rcParams['font.sans-serif']=['SimHei']
03 # 绘制一个圆
04 circle = circle((0,0),
05                 radius=R,      # 半径
06                 ec='orange',    # 线条颜色为橘色
07                 fc='#D2691E', # 填充色为巧克力色
08                 linewidth=4)    # 线宽
```

⑤ 使用 Air() 函数绘制 12 个椭圆弧，代码如下：

```
01 # 绘制椭圆弧
02 # xy：椭圆的中心坐标
03 # width：水平轴的长度
04 # height：垂直轴的长度
05 # angle：椭圆的旋转度（逆时针）
06 # theta1：弧的起始角度
07 # theta2：弧的终止角度
```

```
08 # ec：edgecolor，线条颜色
09 # linewidth：线宽
10 arc1 = Arc([0, length], width=2*r, height=2*r,
11            angle=0, theta1=30, theta2=150, ec='orange', linewidth=4)
12 arc2 = Arc([-length/2, length/2*3**0.5], width=2*r, height=2*r,
13            angle=0, theta1=60, theta2=180, ec='orange', linewidth=4)
14 arc3 = Arc([-length/2*3**0.5, length/2], width=2*r, height=2*r,
15            angle=0, theta1=90, theta2=210, ec='orange', linewidth=4)
16 arc4 = Arc([-length, 0], width=2*r, height=2*r, angle=0, theta1=120,
theta2=240, ec='orange', linewidth=4)
17 arc5 = Arc([-length/2*3**0.5, -length/2], width=2*r, height=2*r,
18            angle=0, theta1=150, theta2=270, ec='orange',fc='DeepPink',linewid
th=4)
19 arc6 = Arc([-length/2, -length/2*3**0.5], width=2*r, height=2*r,
20            angle=0, theta1=180, theta2=300, ec='orange', linewidth=4)
21 arc7 = Arc([0, -length], width=2*r, height=2*r, angle=0, theta1=210, theta2=330,
ec='orange', linewidth=4)
22 arc8 = Arc([length/2, -length/2*3**0.5], width=2*r, height=2*r,
23            angle=0, theta1=240, theta2=360, ec='orange', linewidth=4)
24 arc9 = Arc([length/2*3**0.5, -length/2], width=2*r, height=2*r,
25            angle=0, theta1=270, theta2=390, ec='orange', linewidth=4)
26 arc10 = Arc([length, 0], width=2*r, height=2*r, angle=0, theta1=300, theta2=420,
ec='orange', linewidth=4)
27 arc11 = Arc([length/2*3**0.5, length/2], width=2*r, height=2*r,
28             angle=0, theta1=330, theta2=450, ec='orange', linewidth=4)
29 arc12 = Arc([length/2, length/2*3**0.5], width=2*r, height=2*r,
30             angle=0, theta1=0, theta2=120, ec='orange', linewidth=4)
```

⑥ 绘制“花好月圆”，将圆与椭圆弧组合并添加文本标签，代码如下：

```
01 # 将椭圆弧添加到列表中
02 art_list = [arc1,arc2, arc3, arc4, arc5, arc6, arc7, arc8, arc9, arc10, arc11,
arc12]
03 # 在列表中追加圆
04 art_list.extend([circle])
05 # 创建子图
06 fig, ax = plt.subplots(figsize=(7,7))
07 ax.set_aspect('equal')
08 # 将列表中的形状添加到轴的补丁
09 for a in art_list:
10     ax.add_patch(a)
11 # 关闭坐标轴
12 plt.axis('off')
13 # 添加文本标签
14 plt.text(-15, -2.5, '明日科技',
15          # 矩形框
16          # boxstyle：矩形框样式
17          # linewidth：线宽
18          # fc：填充色为白色
19          # ec：线条橘色
20          bbox=dict(boxstyle='roundtooth',linewidth=4,fc="w",ec='orange'),
21          fontsize=40, # 字体大小
22          color='#A0522D') # 黄土赭色
23 plt.text(-28, -33, '明月几时有，把酒问青天',fontsize=30, color='#A0522D')
24 # y 轴范围
25 plt.ylim([-35, 35])
26 # x 轴范围
27 plt.xlim([-35, 35])
28 # 显示图形
29 plt.show()
```

代码解析：

第 20 行代码：boxstyle 表示矩形框的类型，值为 square（矩形）、circle（圆形）、larrow（左箭头）、rarrow（右箭头）、darrow（双向箭头）、round（圆角矩形）、round4（圆边矩形）、sawtooth（有锯齿状轮廓的矩形）、roundtooth（有圆形锯齿形轮廓的矩形）。

15.3 关键技术

绘制“花好月圆”的关键是如何绘制“月饼”的弧，主要使用 matplotlib.patches.Arc，语法如下：

```
matplotlib.patches.Arc(xy, width, height, angle=0.0, theta1=0.0, theta2=360.0, **kwargs)
```

Arc() 函数主要用于绘制椭圆弧，即椭圆的一段。

参数说明：

☑ xy：浮点型，椭圆的中心。

☑ width：浮点型，水平轴的长度。

☑ height：浮点型，垂直轴的长度。

☑ angle：浮点型，椭圆的旋转度（逆时针）。

☑ theta1、theta2：浮点型，默认值为0，360。表示弧的起始角和终止角（度）。这些值是相对于角的，例如角度=45 和 theta1=90，那么绝对起始角为 135。theta1=0，theta2=360，即完整椭圆。沿逆时针方向绘制圆弧。大于或等于 360 或小于 0 的角度用 [0，360] 范围内的等效角度表示，方法是取输入值 mod 360。

☑ **kwargs：其他参数，如表 15.1 所示。

表 15.1　其他参数

参数	说明
agg_filter	一种过滤函数，它接收一个（m,n,3）浮点数组和一个 dpi 值，并返回一个（m,n,3）数组
alpha	浮点型，透明度
animated	布尔型，用于设置动画状态
capstyle	“对接”“圆形”“突出”
clip_box	剪辑 Bbox
clip_on	布尔型
clip_path	面片或（路径、变换）或无
color	颜色
edgecolor	简称 ec，线条颜色或无或“自动”
facecolor	简称 fc，填充颜色或无
figure	Figure
fill	布尔型
gid	字符串

续表

参数	说明
hatch	'/'、''、'-'、'+'、'X'、'O'、'O'、'、'*'
in_layout	布尔型
joinstyle	'miter' 'round' 'bevel'
label	标签
linestyle	简称 ls，线型 '-'、'- -'、'-.'、':
linewidth	线宽
path_effects	AbstractPathEffect
picker	None、布尔型
rasterized	布尔型或 None
sketch_params	浮点型，比例、长度、随机性
snap	布尔型或 None
transform	Transform
url	字符串
visible	布尔型
zorder	浮点型

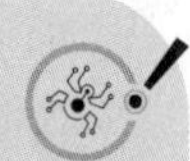
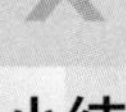

小结

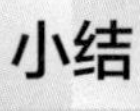

通过本章案例的学习，能够使读者掌握如何使用 Matplotllib 绘制自己想要的图形，而不是简简单单的几何图形。同时还能够了解 NumPy 模块的用法，通过 NumPy 实现各种计算，从而绘制出更加精彩的图形。

附录

附录 1 Matplotlib 速查表

Matplotlib 常见问题速查

（1）解决中文乱码

plt.rcParams['font.sans-serif']=['SimHei']

（2）用来正常显示负号

plt.rcParams['axes.unicode_minus'] = False

（3）图形元素进行一定程度的自适应

plt.tight_layout()

（4）取消科学记数法

ax.get_yaxis().get_major_formatter().set_scientific(False)

plt.gca().get_yaxis().get_major_formatter().set_scientific(False)

Matplotlib 模块速查表

图表绘制专属函数	说明	图表绘制专属函数	说明
acorr()	绘制 x 的自相关图	phase_spectrum	绘制相位谱
angle_spectrum	绘制角度谱	pie()	绘制饼形图
bar()	绘制柱形图	plot()	绘制折线图
barh()	绘制水平条形图	plot_date()	绘制时间序列图
boxplot()	绘制箱形图	polar()	绘制极坐标图
broken_barh()	绘制水平断条图	psd()	绘制功率谱密度图
contour()/contourf	绘制等高线图	scatter()	绘制散点图
csd()	绘制交叉谱密度图	specgram()	绘制声谱图
fill()	绘制填充多边形	stackplot()	绘制堆叠面积图
hexbin()	绘制二维六角形多色柱状图	step()	绘制阶梯图
hist()	绘制直方图	subplot()	绘制子图表
magnitude_spectrum()	绘制震级谱	subplots()	绘制子图表
pcolor()	绘制二维阵列的伪彩色图	table()	绘制表格
pcolormesh	绘制四边形网格	violinplot()	绘制小提琴图
图表设置函数	说明	图表设置函数	说明
annotate()	注释	imread()	读取图像
arrow()	在坐标轴上添加一个箭头	imsave()	保存图像
axex()	添加一个轴	imshow()	显示图像
axis()	获取或设置 axis 属性的方法	legend()	图例
box()	打开 / 关闭“坐标轴”框	savefig()	保存当前画布（图表）
cla()	清除当前轴	show()	显示所有画布（图表）

续表

图表设置函数	说明	图表设置函数	说明
clabel()	等高线图标签	subplots_adjust()	图表与画布边缘间距
clf()	清除当前画布	suptitle()	子图标题
colorbar()	在绘图中添加一个颜色条	text()	文本标签
draw()	重新绘制当前图形	title()	图表标题
errorbar()	绘制误差线	twinx()/ twiny()	共享 x 轴 /y 轴
figtext()	向图中添加文本	xcorr()	绘制相关性
figure()	创建新的画布	xlabel()/ylabel()	x 轴标题 /y 轴标题
grid()	为图表设置网格线	xlim()/ylim()	x 轴 /y 轴的坐标范围
hlines()	绘制水平线（横线）	xscale()/yscale()	x 轴 /y 轴刻度
vlines()	绘制垂直线（竖线）	xticks()/yticks()	x 轴 /y 轴刻度位置与标签

Matplotlib 常用设置速查表

1. 常用颜色

blue	green	red	cyan	magenta	yellow	black	white
b	g	r	c	m	y	k	w

通过十六进制字符串或者颜色名称设置颜色。

浮点形式的 RGB 或 RGBA 元组 例如：[(0.5,0.2,0.7),(0.3,0.1,0.9),(0.4,0.1,0.6),(0.6,0.1,0.8,0.3)]	1 2 3 4 5
十六进制的 RGB 或 RGBA 字符串 例如：['#00FF7F', '#3CB371', '#2E8B57', '#F0FFF0']	1 2 3 4 5
0~1 的小数作为的灰度值 例如：['0.88', '0.65', '0.47', '0.24']	1 2 3 4 5
X11/CSS4 规定中的颜色名称在 Xkcd 中指定的颜色名称 例如：{'xkcd:sky blue', 'xkcd:flat blue', 'xkcd:baby blue', 'xkcd:mid blue'}	1 2 3 4 5
Tableau T10 调色板颜色 例如：{'tab:blue', 'tab:orange', 'tab:green', 'tab:purple'}	1 2 3 4 5
CN 格式颜色循环 例如：['#9467bd', '#8c564b', '#e377c2', '#7f7f7f']	1 2 3 4 5

2. 线型与标记

<table>
<tr><th>线型</th><th>说明</th><th>标记符</th><th>说明</th><th>标记符</th><th>说明</th><th>标记符</th><th>说明</th></tr>
<tr><td>-</td><td>实线</td><td>.</td><td>点</td><td>1</td><td>下花三角</td><td>h</td><td>竖六边形</td></tr>
<tr><td>--</td><td>双划线</td><td>,</td><td>像素</td><td>2</td><td>上花三角</td><td>H</td><td>横六边形</td></tr>
<tr><td>-.</td><td>点划线</td><td>o</td><td>实心圆</td><td>3</td><td>左花三角</td><td>+</td><td>加号</td></tr>
<tr><td>:</td><td>虚线</td><td>v</td><td>倒三角</td><td>4</td><td>右花三角</td><td>x</td><td>叉号</td></tr>
<tr><td></td><td></td><td>^</td><td>上三角</td><td>8</td><td>八边形</td><td>X</td><td>叉号（满）</td></tr>
<tr><td></td><td></td><td>></td><td>右三角</td><td>s</td><td>实心正方</td><td>D</td><td>大菱形</td></tr>
<tr><td></td><td></td><td><</td><td>左三角</td><td>p</td><td>实心五角星</td><td>d</td><td>小菱形</td></tr>
<tr><td></td><td></td><td>*</td><td>星形标记</td><td>P</td><td>加号（满）</td><td>|</td><td>垂直线</td></tr>
<tr><td></td><td></td><td></td><td></td><td></td><td></td><td>-</td><td>水平线</td></tr>
</table>

3. 图表内置样式

样式字符串	说明	样式字符串	说明
bmh	灰色网格	seaborn-muted	白色画布 + 灰白网格
classic	经典白灰	seaborn-notebook	白色画布 + 灰白网格
dark_background	黑色	seaborn-paper	白色画布 + 灰白网格
fast	白色	seaborn-pastel	白色画布 + 灰白网格
fivethirtyeight	黑色画布 + 灰色网格	seaborn-poster	白色画布 + 灰白网格
ggplot	灰色画布 + 灰色网格	seaborn-talk	白色画布 + 灰白网格
grayscale	白色画布 + 白色网格	seaborn-ticks	白色画布 + 白色
seaborn-bright	灰色画布 + 白色网格	seaborn-white	白色画布 + 白色无刻度
seaborn-colorblind	灰色画布 + 白色网格	seaborn-whitegrid	白色网格
seaborn-dark-palette	灰色画布 + 白色网格	seaborn	seaborn 风格
seaborn-dark	灰色画布 + 白色	Solarize_Light2	白色画布 + 黄色网格
seaborn-darkgrid	白色画布 + 灰白网格	tableau-colorblind10	黄色画布 + 黄色网格
seaborn-deep	白色画布 + 灰白网格	classic_test	黄色画布 + 白色

示例代码：

```
import matplotlib.pylab as plt
plt.style.use('bmh')
```

4. 图例位置

位置字符串	位置代码	说明	位置字符串	位置代码	说明
best	0	自适应	center left	6	左侧中间位置
upper right	1	右上方	center right	7	右侧中间位置
upper left	2	左上方	lower center	8	上方中间位置
lower left	3	左下方	upper center	9	下方中间位置
lower right	4	右下方	center	10	正中央
right	5	右侧			

bbox_to_anchor 参数灵活控制图例位置：

bbox_to_anchor 参数是元组类型，包括两个值，num1 用于控制 legend 的左右移动，值越大越向右边移动，num2 用于控制 legend 的上下移动，值越大，越向上移动。

示例代码：

```
plt.legend(('成绩',),loc='best', bbox_to_anchor=(0.5, 0., 0.5, 0.5))
plt.legend(('成绩',),loc='upper right', bbox_to_anchor=(0.5, 0.5))
```

5. 图表与画布边缘间距

位置字符串	建议值	说明
left	0.125	距离画布左边的距离，值越小，空白越少
right	0.9	距离画布右边的距离，值越大，空白越少
bottom	0.1	距离画布底部的距离，值越小，空白越少
top	0.9	距离画布顶部的距离，值越大，空白越少
wspace	0.2	预留空白的宽度
hspace	0.2	预留空白的高度

示例代码：

```
plt.subplots_adjust(left=0.2, right=0.9, top=0.9, bottom=0.2)
plt.subplots_adjust(left=0, bottom=0, right=1, top=1,hspace=0.1,wspace=0.1)
```

6. 箭头样式

箭头样式字符串	属性
-	None
->	head_length=0.4,head_width=0.2
-[	widthB=1.0,lengthB=0.2,angleB=None
|-|	widthA=1.0,widthB=1.0
-|>	head_length=0.4,head_width=0.2

续表

箭头样式字符串	属性
<-	head_length=0.4,head_width=0.2
<->	head_length=0.4,head_width=0.2
<|-	head_length=0.4,head_width=0.2
<|-|>	head_length=0.4,head_width=0.2
fancy	head_length=0.4,head_width=0.4,tail_width=0.4
simple	head_length=0.5,head_width=0.5,tail_width=0.2
wedge	tail_width=0.3,shrink_factor=0.5

示例代码：

```
plt.annotate('最高体温', xy=(9,37.1), xytext=(10.5,37.1),xycoords='data',
           arrowprops=dict(arrowstyle='-|>'))
```

附录 2 颜色值速查表

颜色名称	X11/CSS4	RGB	颜色	说明
LightPink	#FFB6C1	255,182,193		浅粉色
Pink	#FFC0CB	255,192,203		粉红
Crimson	#DC143C	220,20,60		深红色
LavenderBlush	#FFF0F5	255,240,245		淡紫色
PaleVioletRed	#DB7093	219,112,147		浅紫红 \ 苍紫罗蓝色
HotPink	#FF69B4	255,105,180		桃红色 \ 艳粉色 \ 亮粉色
DeepPink	#FF1493	255,20,147		深粉色
MediumVioletRed	#C71585	199,21,133		适中的紫罗兰红色
Orchid	#DA70D6	218,112,214		兰花 淡紫色
Thistle	#D8BFD8	216,191,216		蓟、苍紫色
Plum	#DDA0DD	221,160,221		李子 紫红色
Violet	#EE82EE	238,130,238		紫罗兰色
Magenta	#FF00FF	255,0,255		洋红
DarkMagenta	#8B008B	139,0,139		深洋红色
Purple	#800080	128,0,128		紫色
MediumOrchid	#BA55D3	186,85,211		中紫色
DarkVoilet	#9400D3	148,0,211		深紫罗兰色
DarkOrchid	#9932CC	153,50,204		暗紫色
Indigo	#4B0082	75,0,130		靛蓝色
BlueViolet	#8A2BE2	138,43,226		蓝紫色
MediumPurple	#9370DB	147,112,219		中紫色
MediumSlateBlue	#7B68EE	123,104,238		中石板蓝色
SlateBlue	#6A5ACD	106,90,205		石蓝色
DarkSlateBlue	#483D8B	72,61,139		暗灰蓝色
Lavender	#E6E6FA	230,230,250		薰衣草 淡紫色
GhostWhite	#F8F8FF	248,248,255		幽灵白色
Blue	#0000FF	0,0,255		纯蓝色
MediumBlue	#0000CD	0,0,205		中蓝色
MidnightBlue	#191970	25,25,112		午夜蓝色
DarkBlue	#00008B	0,0,139		深蓝色
Navy	#000080	0,0,128		海军蓝 深蓝色 藏青色
RoyalBlue	#4169E1	65,105,225		宝蓝色
CornflowerBlue	#6495ED	100,149,237		矢菊花蓝 浅蓝色
LightSteelBlue	#B0C4DE	176,196,222		淡钢蓝色
LightSlateGray	#778899	119,136,153		浅蓝灰色
SlateGray	#708090	112,128,144		石板灰 灰石色
DoderBlue	#1E90FF	30,144,255		道奇蓝色

续表

颜色名称	X11/CSS4	RGB	颜色	说明
AliceBlue	#F0F8FF	240,248,255		爱丽丝蓝色
SteelBlue	#4682B4	70,130,180		钢蓝色 铁青色
LightSkyBlue	#87CEFA	135,206,250		浅天蓝色
SkyBlue	#87CEEB	135,206,235		天蓝色
DeepSkyBlue	#00BFFF	0,191,255		深天蓝色
LightBLue	#ADD8E6	173,216,230		浅蓝色
PowDerBlue	#B0E0E6	176,224,230		火药青 粉蓝色
CadetBlue	#5F9EA0	95,158,160		军蓝色
Azure	#F0FFFF	240,255,255		蔚蓝色
LightCyan	#E1FFFF	225,255,255		淡青色
PaleTurquoise	#AFEEEE	175,238,238		苍白的宝石绿色
Cyan	#00FFFF	0,255,255		蓝绿色
DarkTurquoise	#00CED1	0,206,209		深宝石绿色
DarkSlateGray	#2F4F4F	47,79,79		墨绿色
DarkCyan	#008B8B	0,139,139		深青色
Teal	#008080	0,128,128		水鸭色 青色 蓝绿色
MediumTurquoise	#48D1CC	72,209,204		中宝石绿色
LightSeaGreen	#20B2AA	32,178,170		浅海蓝色 淡绿
Turquoise	#40E0D0	64,224,208		绿松石 蓝绿色
MediumAquamarine	#00FA9A	0,250,154		中碧绿色
MediumSpringGreen	#F5FFFA	245,255,250		中亮绿色 春天的绿色
MintCream	#00FF7F	0,255,127		薄荷奶油色
SpringGreen	#3CB371	60,179,113		春天的绿色 春绿色
SeaGreen	#2E8B57	46,139,87		海藻绿 海绿色
Honeydew	#F0FFF0	240,255,0		蜜瓜 蜜色
LightGreen	#90EE90	144,238,144		淡绿色
PaleGreen	#98FB98	152,251,152		苍绿色
DarkSeaGreen	#8FBC8F	143,188,143		深绿色 青绿色
LimeGreen	#32CD32	50,205,50		橙绿色
Lime	#00FF00	0,255,0		绿黄色
ForestGreen	#228B22	34,139,34		森林绿 葱绿色
Green	#008000	0,128,0		纯绿色
DarkGreen	#006400	0,100,0		深绿色 暗绿色
Chartreuse	#7FFF00	127,255,0		淡黄绿色
LawnGreen	#7CFC00	124,252,0		草绿色
GreenYellow	#ADFF2F	173,255,47		黄绿色
OliveDrab	#556B2F	85,107,47		橄榄土褐色
Beige	#F5F5DC	245,245,220		米色
LightGoldenrodYellow	#FAFAD2	250,250,210		浅金黄色

续表

颜色名称	X11/CSS4	RGB	颜色	说明
Ivory	#FFFFF0	255,255,240		象牙色 乳白色
LightYellow	#FFFFE0	255,255,224		浅黄色 鹅黄
Yellow	#FFFF00	255,255,0		纯黄色
Olive	#808000	128,128,0		橄榄色
DarkKhaki	#BDB76B	189,183,107		暗卡其色
LemonChiffon	#FFFACD	255,250,205		柠檬纱色
PaleGodenrod	#EEE8AA	238,232,170		灰秋麒麟色
Khaki	#F0E68C	240,230,140		卡其色
Gold	#FFD700	255,215,0		金色
Cornislk	#FFF8DC	255,248,220		玉米色
GoldEnrod	#DAA520	218,165,32		秋麒麟色
FloralWhite	#FFFAF0	255,250,240		花白色
OldLace	#FDF5E6	253,245,230		浅米色
Wheat	#F5DEB3	245,222,179		小麦色
Moccasin	#FFE4B5	255,228,181		鹿皮色
Orange	#FFA500	255,165,0		橙色
PapayaWhip	#FFEFD5	255,239,213		番木瓜色
BlanchedAlmond	#FFEBCD	255,235,205		白杏色
NavajoWhite	#FFDEAD	255,222,173		纳瓦白
AntiqueWhite	#FAEBD7	250,235,215		古董白色
Tan	#D2B48C	210,180,140		棕褐色 黝黑色
BrulyWood	#DEB887	222,184,135		实木色
Bisque	#FFE4C4	255,228,196		橘黄色
DarkOrange	#FF8C00	255,140,0		深橙色
Linen	#FAF0E6	250,240,230		亚麻色
Peru	#CD853F	205,133,63		秘鲁色
PeachPuff	#FFDAB9	255,218,185		桃色
SandyBrown	#F4A460	244,164,96		黄褐色 沙棕色
Chocolate	#D2691E	210,105,30		巧克力色
SaddleBrown	#8B4513	139,69,19		马鞍棕色 重褐色
SeaShell	#FFF5EE	255,245,238		海贝壳色
Sienna	#A0522D	160,82,45		黄土赭色
LightSalmon	#FFA07A	255,160,122		浅肉色
Coral	#FF7F50	255,127,80		珊瑚
OrangeRed	#FF4500	255,69,0		橙红色
DarkSalmon	#E9967A	233,150,122		深肉色
Tomato	#FF6347	255,99,71		番茄色
MistyRose	#FFE4E1	255,228,225		浅玫瑰色
Salmon	#FA8072	250,128,114		浅橙红色

续表

颜色名称	X11/CSS4	RGB	颜色	说明
Snow	#FFFAFA	255,250,250		雪白色
LightCoral	#F08080	240,128,128		浅珊瑚色
RosyBrown	#BC8F8F	188,143,143		玫瑰棕色
IndianRed	#CD5C5C	205,92,92		印度红色
Red	#FF0000	255,0,0		纯红色
Brown	#A52A2A	165,42,42		棕色
FireBrick	#B22222	178,34,34		砖红色
DarkRed	#8B0000	139,0,0		深红色
Maroon	#800000	128,0,0		栗色
White	#FFFFFF	255,255,255		纯白色
WhiteSmoke	#F5F5F5	245,245,245		烟白色
Gainsboro	#DCDCDC	220,220,220		亮灰色
LightGray	#D3D3D3	211,211,211		浅灰色
Silver	#C0C0C0	192,192,192		银灰色
DarkGray	#A9A9A9	169,169,169		深灰色
Gray	#808080	128,128,128		灰色
DimGray	#696969	105,105,105		暗灰色
Black	#000000	0,0,0		纯黑色

附录 3 Matplotlib 颜色图

Matplotlib 常用颜色

blue	green	red	cyan	magenta	yellow	black	white
b	g	r	c	m	y	k	w

Matplotlib 颜色映射颜色图

1. Sequential：连续化按顺序的颜色图

在两种色调之间近似平滑变化。通常是从低饱和度到高饱和度（例如从白色到明亮的蓝色）。适用于大多数科学数据，可直观地看出数据从低到高的变化。

①以中间值颜色命名。例如，第一个 viridis（松石绿），如附图 1 所示。

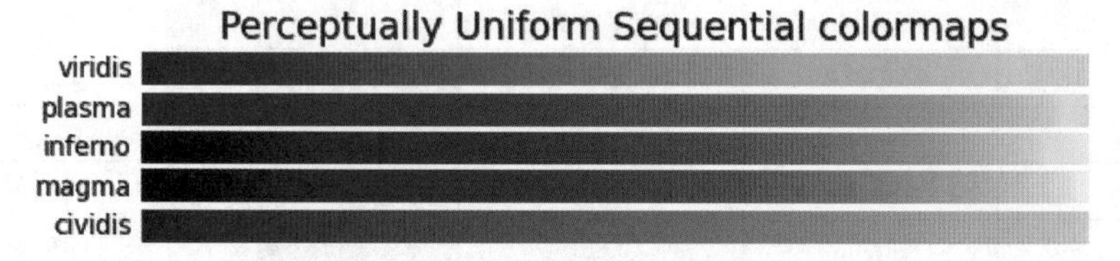

附图 1

②以色系名称命名，由低饱和度到高饱和度过渡。例如 YlOrRd = yellow-orange-red，如附图 2 所示。

Sequential colormaps

Greys
Purples
Blues
Greens
Oranges
Reds
YlOrBr
YlOrRd
OrRd
PuRd
RdPu
BuPu
GnBu
PuBu
YlGnBu
PuBuGn
BuGn
YlGn

附图 2

③以风格命名，如附图 3 所示。

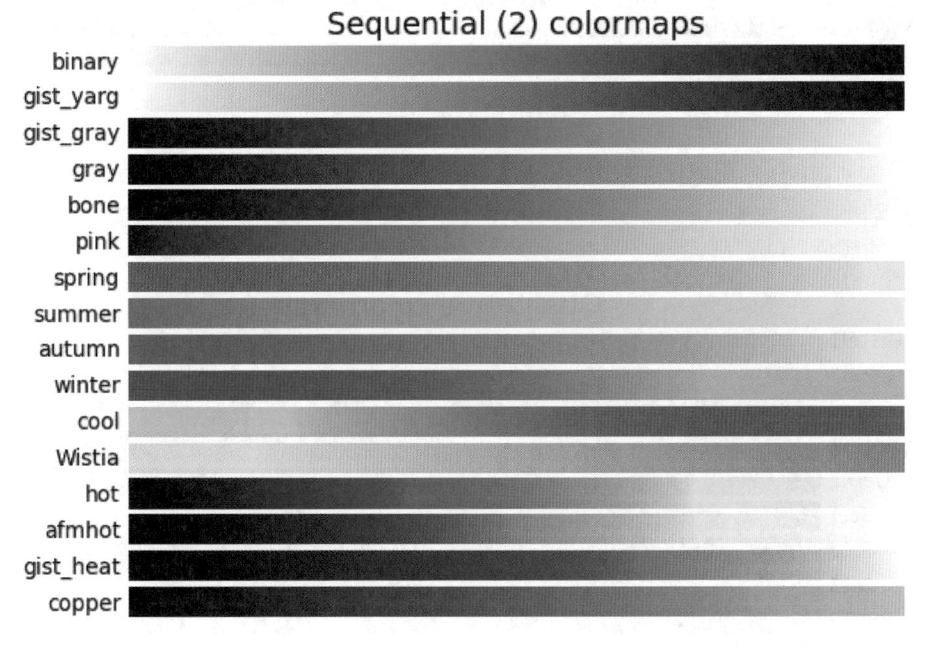

附图 3

2. Diverging：两端发散的颜色图

具有中间值（通常是浅色），并在高值和低值处平滑变化为两种不同的色调（附图 4），适用于数据的中间值很大的情况（例如 0，因此正值和负值分别表示为颜色图中的不同颜色）。

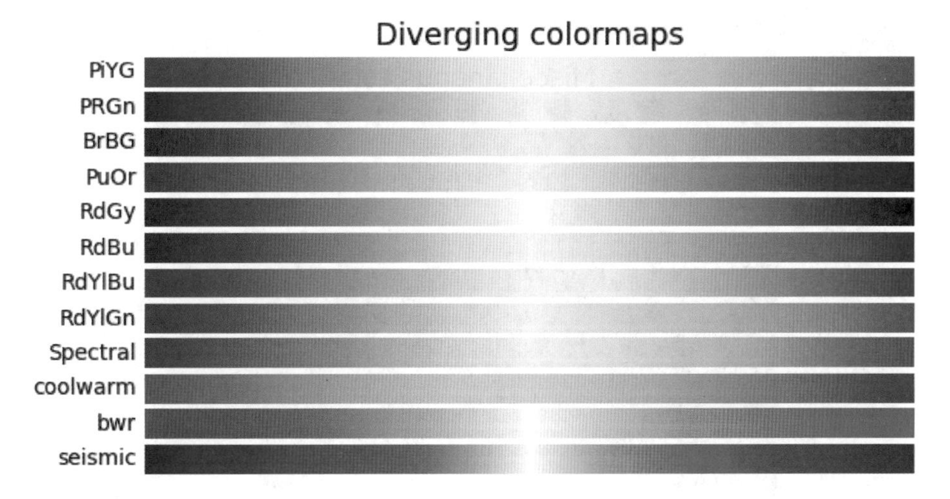

附图 4

3. Cyclic：循环颜色图

开始和结束的颜色相同，并在中间相遇一个对称的中心点，从开始到中间单调变化，从中间到结束相反变化，如附图 5 所示。

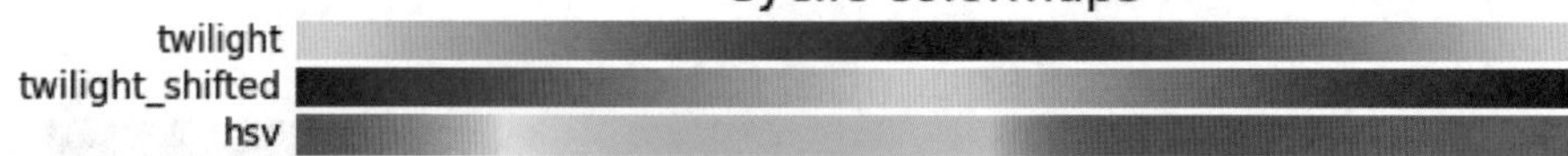

附图 5

4. Qualitative：离散化颜色图

离散的颜色组合（附图 6），在深色背景上绘制一系列线条时，可以在定性色图中选择一组离散的颜色。

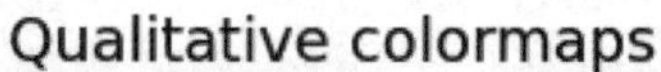

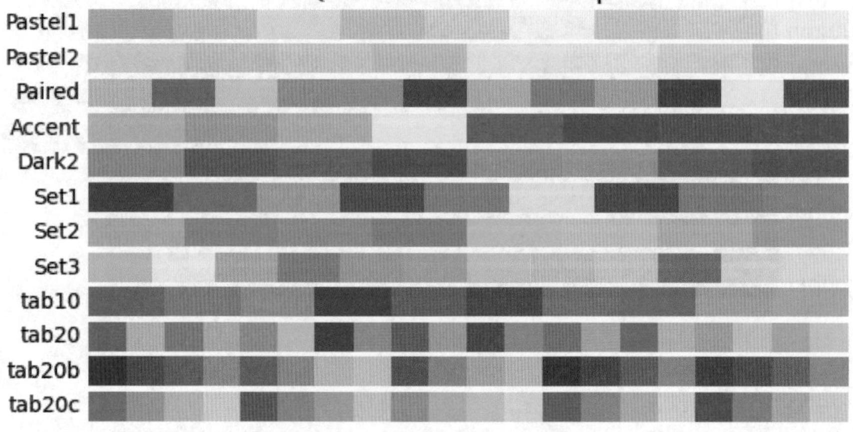

附图 6

5. Miscellaneous：定性的颜色图

常为杂色，用于表示没有顺序或关系的数据信息，如附图 7 所示。

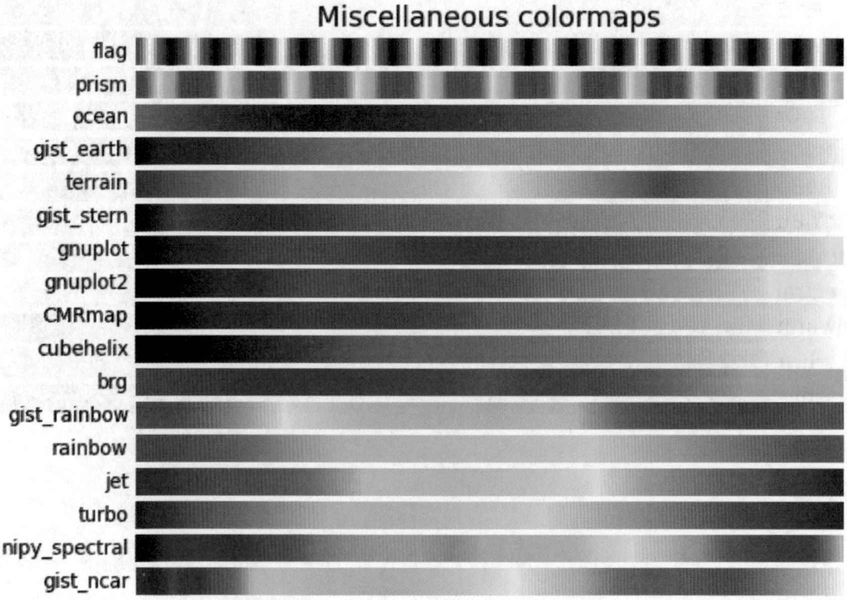

附图 7

附录 4 Plotly 配色

Plotly 配色是给了三套配色（大类），具体如下：

☑ 层次渐变Sequential Color scales。

☑ 强烈的对比渐变Diverging Color scales。

☑ 循环渐变Cyclical Color scales。

1. 层次渐变 Sequential Color scales

```
import plotly.express as px
fig = px.colors.sequential.swatches_continuous()
fig.show()
```

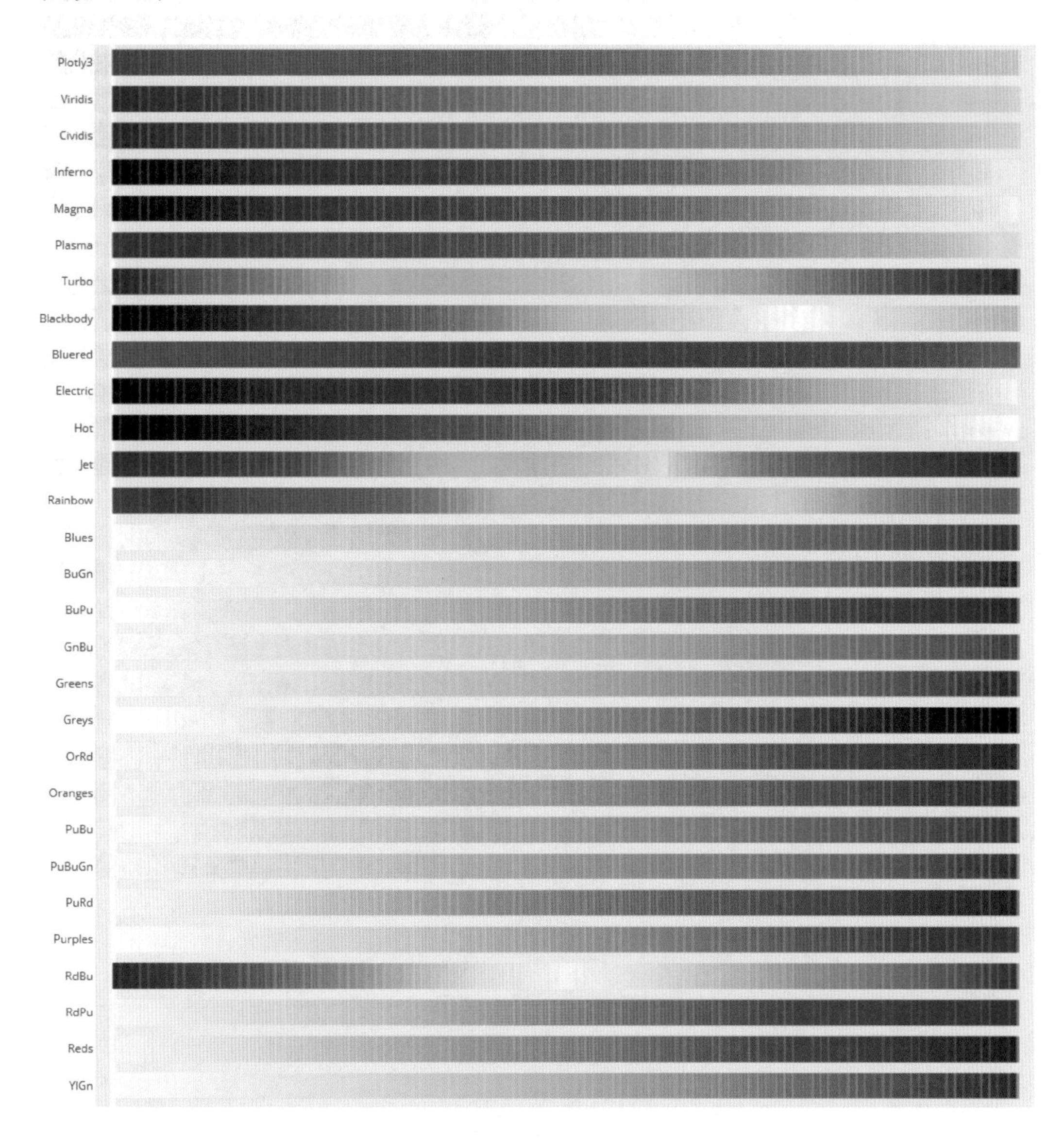

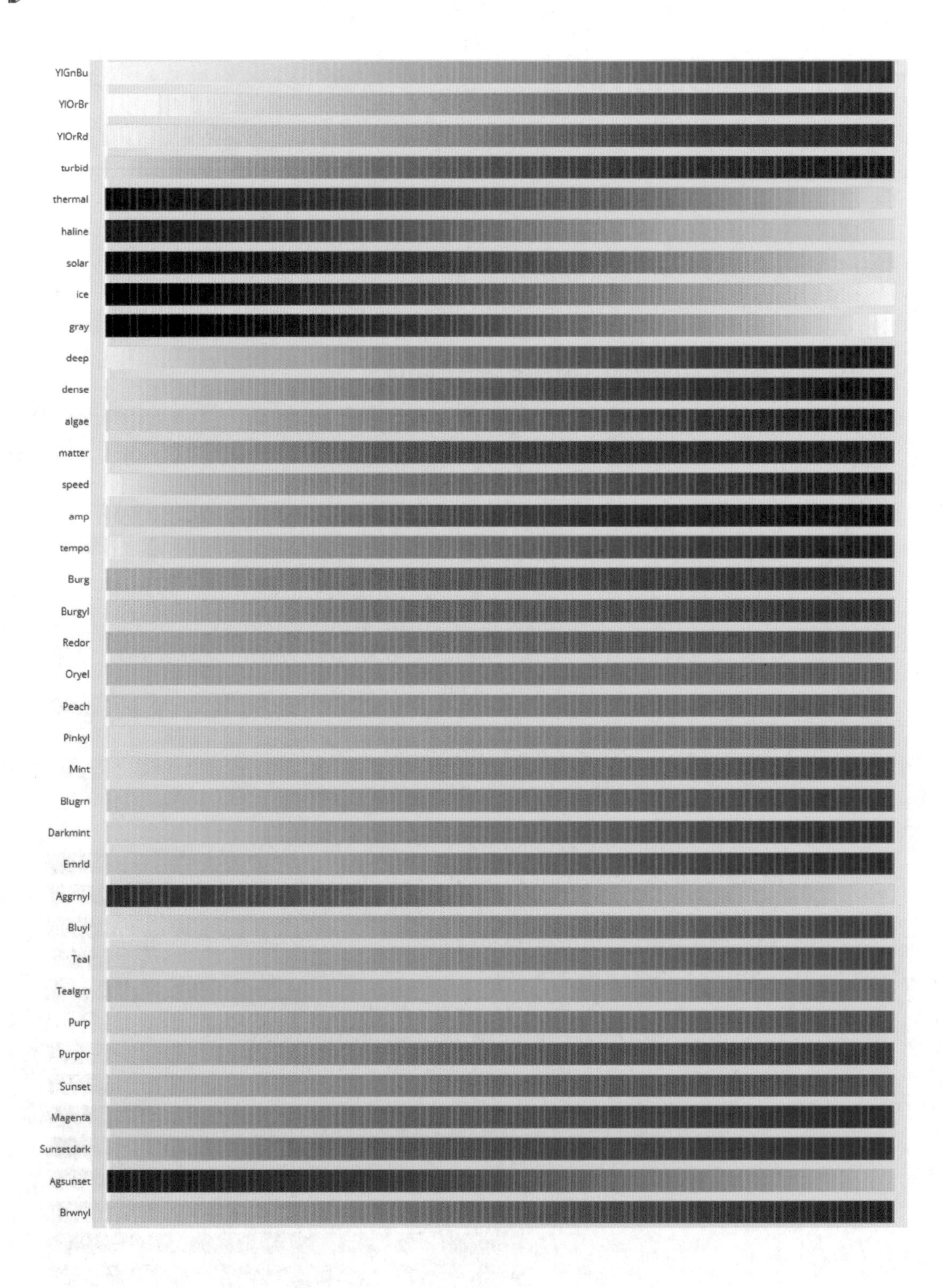
YlGnBu
YlOrBr
YlOrRd
turbid
thermal
haline
solar
ice
gray
deep
dense
algae
matter
speed
amp
tempo
Burg
Burgyl
Redor
Oryel
Peach
Pinkyl
Mint
Blugrn
Darkmint
Emrld
Aggrnyl
Bluyl
Teal
Tealgrn
Purp
Purpor
Sunset
Magenta
Sunsetdark
Agsunset
Brwnyl

2. 强烈的对比渐变 Diverging Color scales

```
import plotly.express as px
fig = px.colors.diverging.swatches_continuous()
fig.show()
```

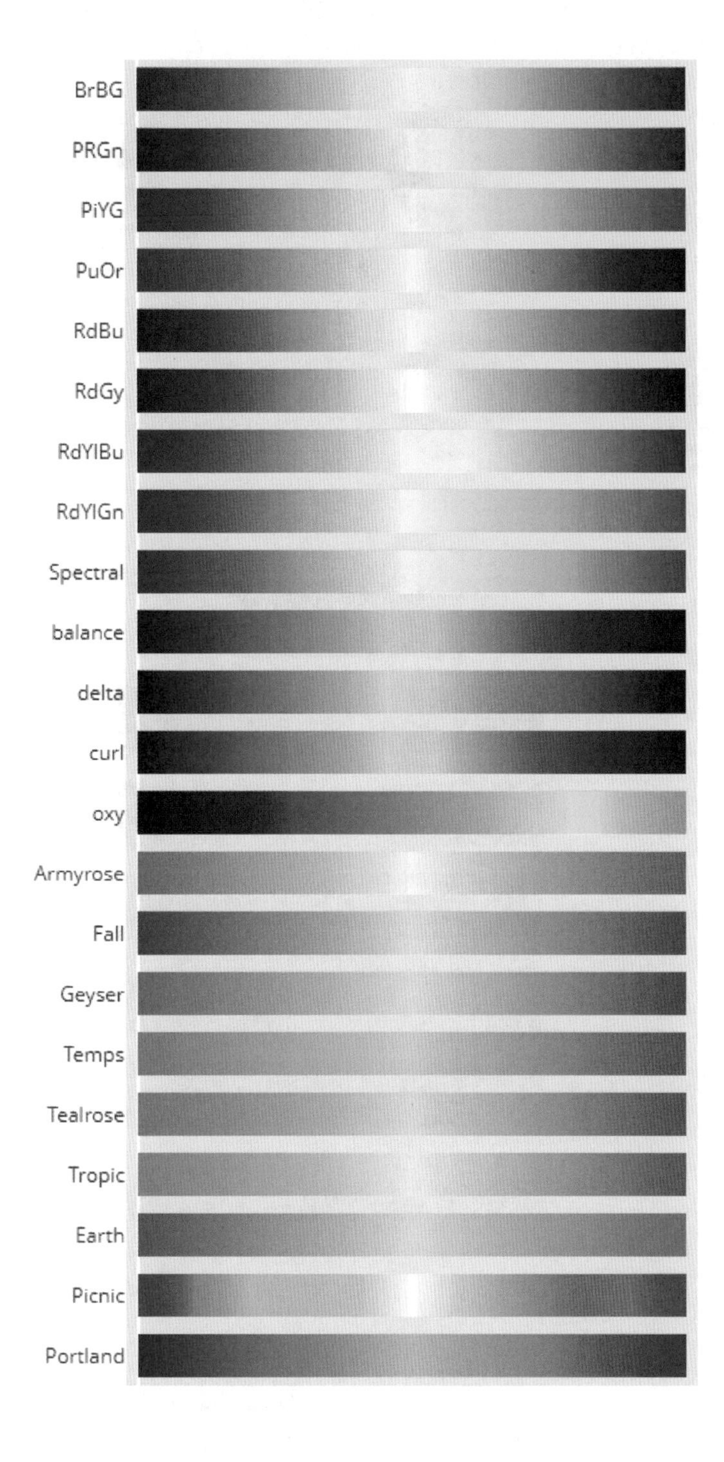

3. 循环渐变 Cyclical Color scales

```
import plotly.express as px
fig = px.colors.cyclical.swatches_cyclical()
fig.show()
fig = px.colors.cyclical.swatches_continuous()
fig.show()
```

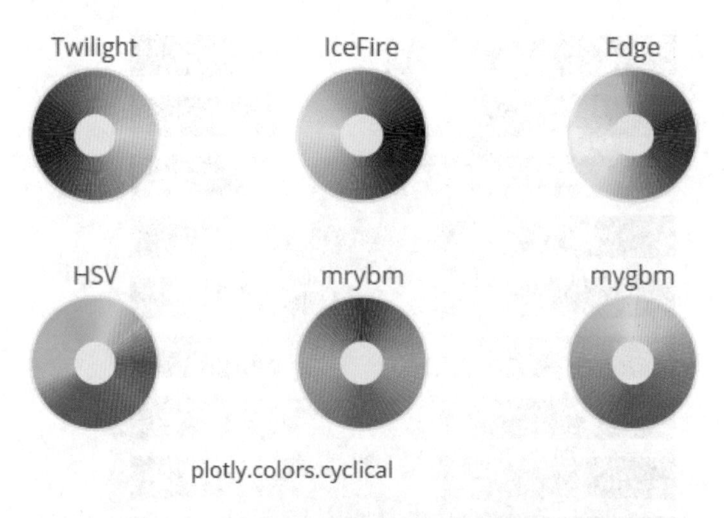

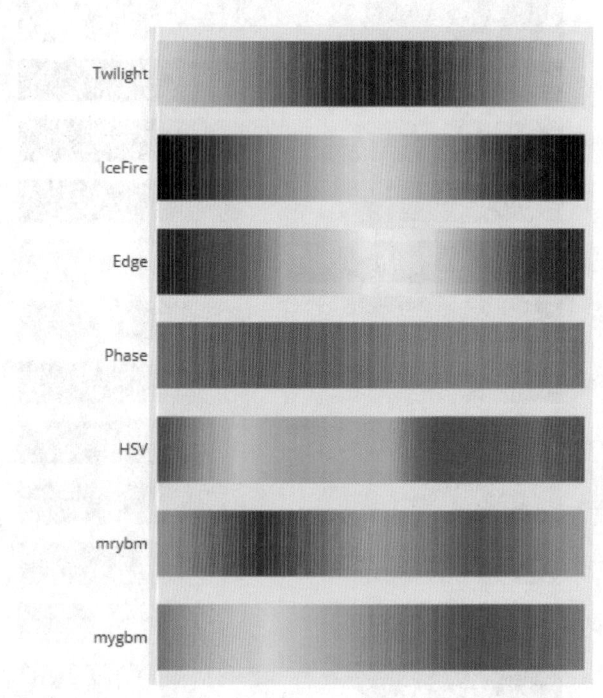

附录 5  Turtle 常见命令速查表

backward()/bd()/back()：向当前画笔相反方向移动指定的像素长度。
begin_fill()：准备开始填充图形。
circle()：画圆，半径为正（负），表示圆心在画笔的左边（右边）画圆。
clear()：清空 turtle 窗口，但是 turtle 的位置和状态不会改变。
clearstamp(stampid)：删除给定 stamp_id 对应的标记。
clearstamps(n=None)：删除标记的全部或前 / 后 *n* 个。
color()：同时设置画笔和填充色，如 pencolor=color1，fillcolor=color2。
degrees()：将角度设置为度量单位，如 degrees(fullcircle=360.0)。
dot()：使用给定颜色绘制给定直径大小的圆点，如 dot(size=None,*color)。
end_fill()：填充完成。
fillcolor()：绘制图形的填充颜色，如 fillcolor(colorstring)。
filling()：返回当前是否在填充状态。
forward()/fd()：向当前画笔方向移动指定的像素长度。
goto(x，y)/setpos()/setposion()：将画笔移动到坐标为（x,y）的位置。
hide()：隐藏箭头显示。
home()：设置当前画笔位置为原点，朝向东。
isvisible()：返回当前 turtle 是否可见。
left()/lt()：逆时针移动。
pencolor()：画笔颜色。
pendown()：移动时绘制图形。
pensize(width)：绘制图形时的宽度。
penup()：移动时不绘制图形，提起笔，用于另起一个地方绘制图形时用。
position()/pos()：返回海龟当前的位置 (x,y)。
radians()：将弧度设置为角度度量单位。
reset()：清空窗口，重置 turtle 状态为起始状态。
right()/rt()：顺时针移动。
setheading()/seth()：设置当前朝向为某个角度。
setx()、sety()：将当前 x 轴、y 轴移动到指定位置。
show()：与 hideturtle() 函数对应。
speed(speed)：画笔绘制的速度，speed 范围 0~10。
stamp()：复制乌龟形状的副本在当前 canvas 上，返回 stamp_id。
undo()：撤销（重复）最后一次动作，撤销操作数由取消缓冲区的大小决定。
xcor()、ycor()：返回画笔 x 坐标、y 坐标。